U0325666

# 固体电解质材料

GUTI DIANJIEZHI CAILIAO

王洪涛　著

作为新能源之一的燃料电池引起了人们的研究兴趣，燃料电池(FC)可以直接高效地将碳氢燃料的化学能转化为电能，它是一种重要的洁净能源转化技术。

**图书在版编目（CIP）数据**

固体电解质材料/王洪涛著．—北京：中国书籍出版社，2016.9
ISBN 978－7－5068－5746－8

Ⅰ.①固…　Ⅱ.①王…　Ⅲ.①固体电解质—复合材料
Ⅳ.①O646.1②TB33

中国版本图书馆CIP数据核字（2016）第190182号

**固体电解质材料**

王洪涛　著

---

**责任编辑**　李　燕　刘　娜
**责任印制**　孙马飞　马　芝
**封面设计**　中联华文
**出版发行**　中国书籍出版社
**地　　址**　北京市丰台区三路居路97号（邮编：100073）
**电　　话**　（010）52257143（总编室）　（010）52257153（发行部）
**电子邮箱**　chinabp@vip.sina.com
**经　　销**　全国新华书店
**印　　刷**　北京天正元印务有限公司
**开　　本**　710毫米×1000毫米　1/16
**字　　数**　304千字
**印　　张**　18
**版　　次**　2017年1月第1版　2017年1月第1次印刷
**书　　号**　ISBN 978－7－5068－5746－8
**定　　价**　54.00元

---

# 前　言

由于污染物的排放等问题而引起的全球气候变化使得人类的生存发展面临着前所未有的严峻挑战，能源危机和环境污染迫在眉睫，要解决能源安全和可持续发展的问题，我们不仅需要大大提高现有能源高效、清洁的开发技术和使用效率，而且必须开发绿色环保、高效便捷的新型持续的能源技术。作为新能源之一的燃料电池引起了人们的研究兴趣，燃料电池（FC）可以直接高效地将碳氢燃料的化学能转化为电能，它是一种重要的洁净能源转化技术。电解质材料是燃料电池最核心的部件。有关各种电解质的制备、导电性及应用研究报道，世界范围内均做出了大量研究和取得了重大进展。

本书共分为6章：第1章为钙钛矿结构铈酸钡电解质材料，主要包括其结构分析、制备方法、性能研究以及应用。第2章为钙钛矿结构铈酸锶电解质材料。第3章为掺杂镓酸镧电解质材料，从晶格结构、力学性能、缺陷化学、合成方法等方面进行论述。第4章为 $ZrO_2$ 基电解质材料。第5章为掺杂氧化铈电解质材料。第6章为新型氧离子导体钼酸镧（$La_2MO_2O_q$）。

本书编者2002年至今从事固体电解质材料研究已14年，积累了不少关于固体电解质材料的合成、导电性能及燃料电池性能的测试与研究经验。深入研究过系列质子导电性 $SrCe_{1-x}Yb_xO_{3-\alpha}$ 电解质、新型中温氧离子导体钼酸镧及中温离子导体焦磷酸锡，也参与过 $BaCeO_3$ 基材料、镓酸镧基陶瓷及薄膜燃料电池的研究。本书是编者根据多年从事固体电解质材料的研究，参考国内外该领域的众多科研论文及图书资料编写而成。本书可作为高等学校无机非金属材料专业研究生的研究参考用书，也可供科研部门有关专业的科技人员参考。

本书得到了国家自然科学青年基金项目(批准号:51402052)经费的资助,特此表示感谢。

编者 王洪涛

2016 年 6 月

# 目　录
CONTENTS

# 第 1 章

# 钙钛矿结构铈酸钡电解质材料

全球人口的不断增长和经济的迅猛发展趋势,使得人类长期以来过度开发利用能源所造成的环境污染和生态破坏等问题变得日益严重,另外由于污染物的排放等问题而引起的全球气候变化使得人类的生存发展面临着前所未有的严峻挑战,能源危机和环境污染迫在眉睫,要解决能源安全和可持续发展的问题,我们不仅需要大大提高现有能源高效、清洁的开发技术和使用效率,而且必须开发绿色环保、高效便捷的新型持续的能源技术,这将成为人类发展生存的重大课题。作为新能源之一的燃料电池[1-50]引起了人们的研究兴趣,已经有了长足的进步,因为与传统发电系统相比,燃料电池具有能量转换效率高、小型便捷、无噪声、污染小等优点,是一种高效清洁的能源技术,成为继水电、火力和核电的第四代新型发电技术[51-57]。

## 1.1 燃料电池(FC)

燃料电池是通过化学反应直接将化学能转换成电能的一种装置,具有以下特点:(1)因为它不经过燃烧,所以不受卡诺循环的限制,没有中间转换能量损失,综合能量利用率较高,因此具有较高的发电效率;(2)设备容量对发电效率无影响;(3)小型轻便,适用于分散型供电系统,无须远距离传输系统;(4)电池工作时没有噪声,被称为“安静电站”;(5)排放废物量少,污染较小[52]。

现阶段主要将燃料电池分为五类:碱性燃料电池(Alkaline Fuel Cell,AFC)、质子交换膜型燃料电池(Proton Exchange Membrane Fuel Cell,PEMFC)、磷酸盐型燃料电池(Phosphoric Acid Fuel Cell,PAFC)、熔融碳酸盐型燃料电池(Molten Carbonate Fuel Cell,MCFC)和固体氧化物型燃料电池(Solid Oxide Fuel Cell,SOFC)[54],

其中 AFC 是现阶段技术比较成熟稳定的主要用于航空任务的燃料电池；PEMFC 由于其电解质膜成本昂贵而阻碍商业化进程；PAFC 是目前商业化应用程度最高的但是需要贵金属铂作催化剂的燃料电池；MCFC 发电站现今已接近商业化发展；SOFC 是具有诸多优点的全固态封装结构的无须贵金属作催化剂的最具发展潜力的燃料电池[51]。

## 1.2 固体氧化物燃料电池(SOFC)

SOFC 单电池是一层致密的电解质材料与两层多孔电极三层结构组成的电化学发电装置，多孔电极主要发生电化学催化反应及其传输电流，电解质层传导氧离子或是质子，并且具有隔离作用[51]。SOFC 的工作原理如图 1-1 所示。

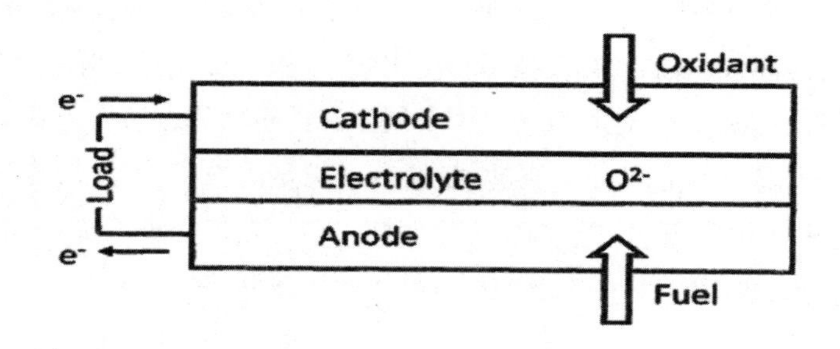


图 1-1 SOFC 的工作原理

阳极端(是燃料发生氧化反应的主要场所)通入燃料气($H_2$、CO、$CH_4$等)，阴极端(是氧化剂发生还原反应的主要场所)通入氧化气($O_2$或者空气)；电解质隔断氧化气和燃料气直接接触；$O_2$在阴极端发生吸附和催化反应，得到由外电路传导来的电子生成 $O^{2-}$，$O^{2-}$通过电解质传导至阳极端；燃料气体在阳极端发生吸附和催化反应，与 $O^{2-}$ 反应并向外电路释放电子[54]。

SOFC 具有如下的一系列优点：(1)不受卡诺循环限制，能源转换效率高，污染小；(2)使用全固体组件，不存在蒸发、腐蚀和电解液流失等问题；(3)操作温度高，排出的高质量余热既可用于取暖也可与蒸汽轮机联用循环发电，可提高能量利用综合效率；(4)不需使用贵金属电极，因而电池成本大大下降；(5)燃料范围广，不仅可用 $H_2$和 CO，而且可直接用天然气和其他碳氢化合物为燃料[53]。

### 1.2.1　阳极材料

燃料气和从电解质中迁移过来 $O^{2-}$ 在阳极反应,因此阳极材料应满足:(1)电子导电性好,反应时能够实现快速电荷交换;(2)透气性好,使燃料气顺利地扩散到电极各处参与反应并将产生的水移走;(3)在还原气氛下稳定,对燃料气具有良好的氧化催化活性;(4)耐热,能够适应从室温到高温的热循环,还要有合适的力学、热力学和化学兼容性,以匹配 SOFC 其他元部件。

鉴于这些要求,只有少数金属或陶瓷可作为备选材料。目前最常用的阳极材料为金属陶瓷复合体,如 Ni – YSZ(钇稳定的 $ZrO_2$)金属陶瓷,YSZ 一来可作为 Ni 粒子的支架,限制 Ni 金属晶粒的增长和团聚而导致阳极活性降低,同时使得阳极的热胀系数与电解质(YSZ)相匹配,保持 Ni 的分散性和阳极的多孔性,多孔 Ni 粒子不仅可以提供阳极中电子流的通道,还对氢的还原有催化作用;二来可提供氧离子电导,使阳极的电化学反应活性区域得到扩展,但 Ni 陶瓷阳极使用碳氢化合物为燃料时碳氢键会催化断裂,造成阳极上碳沉积,会破坏阳极的多孔性结构,阻碍燃料气与 Ni 的接触,而且 Ni 的活性位会被碳覆盖,从而电池的活化极化被大幅增加导致电池性能降低,制约 Ni 基阳极应用的另一障碍是较低的耐硫性。目前,探索防止碳沉积的阳极新材料已经成为 SOFC 最活跃的研究领域之一[52-55]。

### 1.2.2　阴极材料

SOFC 的阴极是为氧化剂的电化学还原提供场所,因此阴极材料应具备:(1)高的电子导电率;(2)在高温氧化状态下耐腐蚀;(3)透气性好;(4)与电解质的热匹配性好。

Ag、Pt、Pb 等对氧分压变化敏感,具有优良的吸附、催化、抗中毒性能,是人们较早深入研究的一类阴极材料,但是由于其成本较高和高温稳定性差等原因,目前已很少单独使用,对于贵金属修饰的陶瓷的阴极氧还原催化机制有待进一步研究。

钙钛矿结构的 $ABO_3$ 型氧化物和类钙钛矿的 $A_2BO_4$ 型氧化物是目前研究较热的阴极材料,比较常见的钙钛矿阴极有锰酸镧基和亚钴酸镧基阴极材料,其中以比较有实用性的 $La_{1-x}Sr_xMnO_3$(LSM)为代表。

### 1.2.3　连接材料

SOFC 的连接材料主要起到:一将电池单元之间点连接起来,二是将阴极氧化气和阳极燃料气隔开的作用，因此应具备：(1)好的电子导电性和低的离子导电性；(2)在氧化与还原气氛中性能稳定；(3)与电池各结构材料不发生反应又有良好的热匹配性；(4)较高的机械强度和热导率以及不透气[52]。目前研究最深入且应用效果最好的连接材料是 Ca、Sr 或 Mg 掺杂的铬酸镧钙钛矿材料。这类材料在高温下化学稳定性和热匹配性都比较良好，与其他连接材料相比价格相对昂贵，机械强度和导热性较差，在高温下 $Cr_2O_3$ 易挥发，但是这类材料延展性优良，容易加工成型，并且电子电导和热导率都很高，基本满足 SOFC 连接材料的要求[55]。

### 1.2.4 电解质材料

电解质是 SOFC 的核心，一般都是采用陶瓷氧化物制作，电解质的性能直接影响电池的工作温度和性能，主要起到对燃料气及氧化气的隔离作用和在阴、阳极之间传递氧离子的作用，因此必须满足：(1)氧离子导电率高，较低的电子电导率；(2)相稳定性好；(3)有足够的机械强度；(4)抗热冲击性好；(5)在反应气体中具有最佳稳定性；(6)不透气性。

现在研究较多类型主要有萤石型、钙钛矿型和磷灰石型等，下面将主要说明 $ABO_3$ 型钙钛矿电解质[58-93]。钙钛矿型高温质子导体分为两类：第一类是简单钙钛矿型结构，通式为 $ABO_3$，A 代表 +2 价阳离子，如 $Ba^{2+}$、$Ca^{2+}$、$Sr^{2+}$ 等，B 代表 +4 价阳离子，如 $Ce^{4+}$、$Zr^{4+}$，经过低价元素 M(如三价稀土)掺杂后，产生氧缺陷，可表示为 $AB_{1-x}M_xO_{3-\delta}$(x 是掺杂元素形成固溶体的范围，通常 $\leqslant 0.2$，δ 代表每个钙钛矿型氧化物单元的氧缺陷数)；第二类是复合钙钛矿型结构，通式为 $A_2(B'B'')O_6$ 和 $A_3(B'B''_2)O_9$，这里 A 通常代表 +2 价阳离子，B′离子为 +3 价或 +2 价，B″代表 +5 价阳离子。B′与 B″偏离了化学计量比后，产生氧晶格缺陷，化学通式可以表示为 $A_2(B'_{1+x}B''_{1-x})O_{6-\delta}$ 或者 $A_3(B'_{1+x}B''_{2-x})O_{9-\delta}$[72]。

钙钛矿结构示意图如图 1-2 所示，在钙钛矿的晶格结构中，半径较小的 B 位离子和 O 离子构成 $BO_6$ 八面体结构，O 离子位于此八面体中心，而 B 位离子位于立方体的 8 个面的中心，半径较大的 A 位离子位于立方体的 8 个顶点。当低价元素对 A、B 位元素进行掺杂时，晶体无法通过阳离子的变价达到电中性，从而产生氧离子空位即点缺陷，引起氧离子电导[56]。由于 A 离子与 O 离子同在一个密堆层，其结合具有离子键的特征，因此 A 位的价态变化必然直接影响 O 离子的状态，是产生氧空位的直接原因。而 B 位离子价态的变化也会随之影响周围 O 离子的配位状态，并引起多面体结构的演变。这意味着 B 位离子价态的调整同样有利于氧空位的形成[57]。

这一结构中,A 位元素通常为大半径、低电价的 La 系稀土金属元素,B 位元素通常为化合价较高而半径较小的过渡金属元素。材料的电导率与 A 位元素密切相关,在 A 位掺杂碱土金属,会明显提高其电导率,其中 Sr 掺杂的电导率最高。发现最早、应用最广的是以二价碱土氧化物和三价稀土氧化物稳定的钙钛矿型结构的 $ZrO_2$ 固溶体。在氧离子导体电解质材料中,$LaGaO_3$ 基材料是比较典型的钙钛矿型氧化物,这一结构中 A 位的 $La^{3+}$ 可以被 $Ca^{2+}$、$Sr^{2+}$、$Ba^{2+}$ 等取代,B 位的 $Ga^{2+}$ 可以被 $Mg^{2+}$、$Fe^{2+}$、$Co^{3+}$ 等取代。当 A 位和 B 位的离子被部分取代后,会产生氧空位,从而较大程度地增加了离子导电率。研究发现,经过掺杂的 $LaGaO_3$ 的离子导电性可以扩展到很低的氧分压范围[57]。

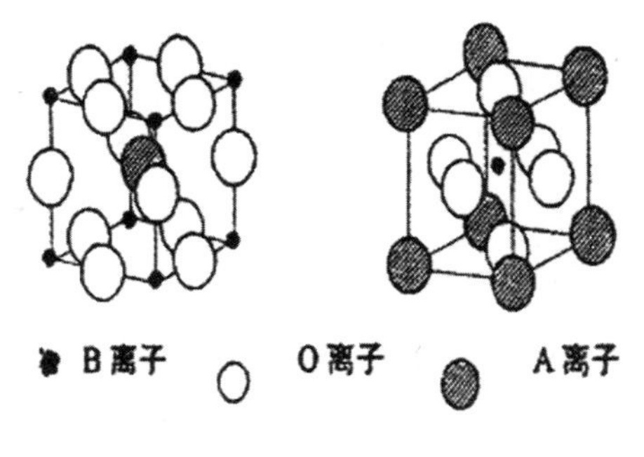


**图 1－2　钙钛矿结构示意图**

目前对钙钛矿型质子导体的研究主要集中于高的质子传导性能和高质子浓度等方面,而研究存在的问题主要是如何提高固体电解质质子传导效率。岩原发现,某些以低价金属阳离子掺杂的钙钛矿型 $SrCeO_3$ 和 $BaCeO_3$ 烧结体在高温下不含氢气或水蒸气的气氛中表现为 P 型电子导电,当该气氛为 $H_2$ 或水蒸气时,电子导电性降低,质子导电性增加,而在纯氢气气氛中则几乎显示纯质子导电性,电导率可达到 $10^{-2} \sim 10^{-3}S \cdot cm^{-1}$。这种质子导电的出现是建立在晶体中电子空穴的消耗上,导电不是由于晶界而是由于晶体本身产生的,氧化物中掺杂的离子对质子导电的发生是必不可少的,掺杂所产生的电子空穴和氧离子空位对质子的产生起着重要的作用[56]。

## 1.3 铈酸钡电解质材料的结构分析

### 1.3.1 XRD 分析

A. Radojkovic[1]等对 $BaCe_{0.9}Ee_{0.1}O_{2.95}$(BCE)的 XRD 分析显示 BCE 试样为正交晶结构，但是仍然可以看到 $BaCO_3$的杂质峰，Rietveld 分析显示 $BaCe_{0.9}Ee_{0.1}O_{2.95}$(BCE)的体积比熟知的 $BaCe_{0.9}Y_{0.1}O_{2.95}$要稍大一些，这可能将导致更高的质子迁移率，如表 1－1 所示。Eu 的掺杂也提高了 $BaCeO_3$的烧结性，因为在 1450℃下烧结 5h 后可获得由 1～2μm 的晶粒组成致密的单相 BCE 电解质的微观结构，Eu 的掺杂提高了其晶格参数和体积，这种掺杂产生氧缺陷而维持了材料的电中性，对 BCE 衍射峰的扩展和其微观结构的观察显示氧原子的部分标准偏差比其他原子要大一些，这表示氧内部的点阵可能发生了变形。

**表 1－1　$BaCe_{0.9}Ee_{0.1}O_{2.95}$(BCE)的 Rietveld 分析显示结果**

| Chemical formula | $BaCe_{0.9}Eu_{0.1}O_{2.95}$ | | | |
|---|---|---|---|---|
| S.G. *Pmcn*, orthorhombic | | | | |
| *Unit cell parameters:* $a=0.8781(1)$ nm; $b=0.6250(1)$ nm; $c=0.6228(1)$ nm | | | | |
| *Atom* | *x* | *y* | *z* | *Occ* |
| Ba | 0.25 | −0.0061(4) | 0.0142(2) | 0.50 |
| Ce | 0 | 0.5 | 0 | 0.45 |
| Eu | 0 | 0.5 | 0 | 0.05 |
| O1 | 0.25 | 0.419(3) | −0.016(3) | 0.485 |
| O2 | 0.0353(13) | 0.718(3) | 0.282(3) | 1.00 |
| $B_{overall}=0.726(12)$ | | | | |
| *Interatomic distances/nm* | | | *Bond angles/°* | |
| $d_{Ce/Eu\text{-}O1}$ | 0.2255(4) | | O1-Ce/Eu-O1 | 180.0(3) |
| $d_{Ce/Eu\text{-}O2}$ | 0.2244(19) | | O1-Ce/Eu-O2 | 87.9(8) |
| | | | | 89.1(8) |
| | | | | 90.9(9) |
| | | | | 92.1(10) |
| $d_{Ce/Eu\text{-}O2}$ | 0.2246(19) | | O2-Ce/Eu-O2 | 88.7(12) |
| | | | | 91.3(12) |
| | | | | 180.0(15) |
| *Reliability factors* | | | | |
| $\chi^2=1.08$ | $R_{Bragg}=3.10$ | $R_f=5.38$ | $R_{wp}=9.24$ | |

Ranjit Bauri[2]等由 SCS 和 MCS 两种方法制备的试样 XRD 图可以看出杂相 $BaCO_3$ 和 $CeO_2$的形成是因为在和 $CO_2$ 反应中 $BaCeO_3$ 的分解，另外 $BaCO_3$ 也可能是 $Ba(OH)_2$和 $CO_2$反应得到的；由 MCS 法合成的 BCE 粉体在 1000℃煅 1h 的 XRD 图显示为正交单相结构，而 SCS 在煅烧后仍然有 $BaCO_3$ 相的存在；由在 pH =4，煅烧温度为 1000℃的 BCE 粉体在不同煅烧时间的 XRD 图 1 –3 中可以看出，随着煅烧时间的增加，其晶粒尺寸也随着变大。

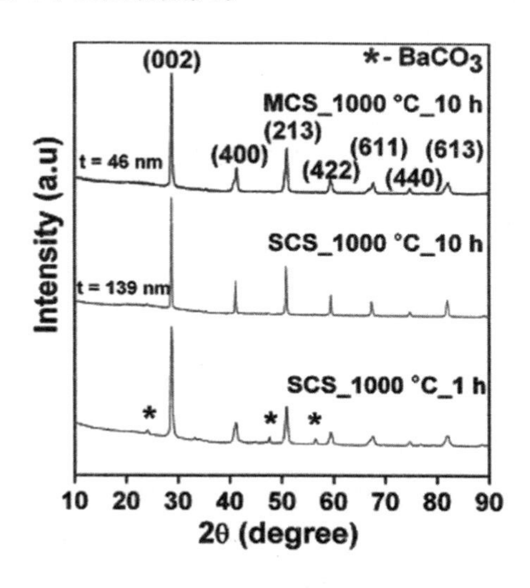


图 1 –3　BCE 粉体不同煅烧时间的 XRD

Po – ChunChen[4]等对 $BaCe_{0.4}Zr_{0.4}Gd_{0.1}Dy_{0.1}O_{3-\delta}$（BCZGD）试样抛光，对比抛光前后的 XRD 图显示未抛光试样表面有一些 $CeO_2$沉淀，而试样的大部分相组成都和标样 $BaCeO_3$一样，抛光后试样的衍射角与抛光前相比更小，另外样品的晶格参数比标样 $BaCeO_3$要小，其 XRD 图如图 1 –4 所示。Hyon Hee Yoon[5]等对 $BaZr_{0.1}Ce_{0.7}Y_{0.2}O_{3-\delta}$（BZCY）的 XRD 分析表示随着烧结温度的提高，相的纯度也越高，最后形成单相的正交晶结构且具有较大颗粒尺寸的电解质其衍射峰强度较那些尺寸较小的要弱一些，从 Scherrer 公式可计算得出平均颗粒尺寸在 1000℃下约为 60nm。Zr 的替代效应和在不同氛围中的处理对相结构、单位晶胞参数和粉体的微观结构均会产生不同的影响。

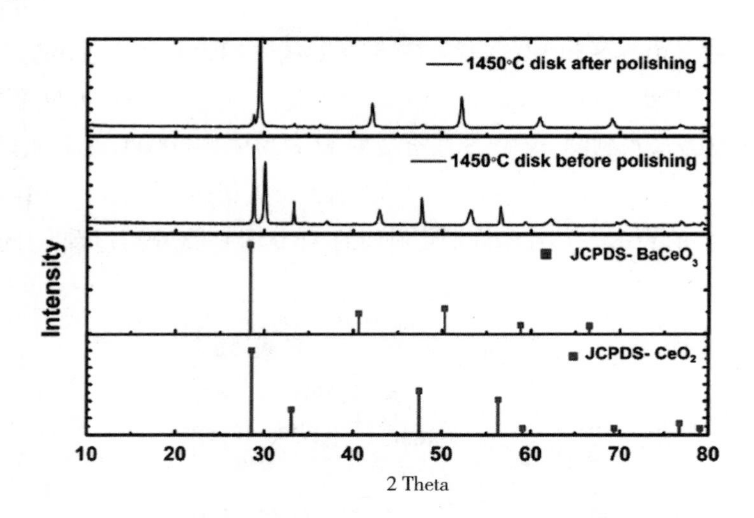


图 1-4 $BaCe_{0.4}Zr_{0.4}Gd_{0.1}Dy_{0.1}O_{3-\delta}$（BCZGD）试样抛光前后的 XRD 图

A. Demin[6] 等对未处理试样 $BaCe_{0.8-x}Zr_xY_{0.2}O_{3-\delta}$（BCZYx）的 XRD 分析显示在全部 x 范围内均为单相，而处理后的 BCZYx 展现了不同的相结构，当 $0\leqslant x\leqslant 0.2$ 时形成正交晶系，当 $0.4\leqslant x\leqslant 0.8$ 时形成立方晶系，当 $x=0.3$ 时形成斜方晶系，如图 1-5 所示。P. Tsiakaras[7] 等对 $BaCe_{0.8-x}Zr_xY_{0.2}O_{3-\delta}$（BCZYx）试样的 XRD 分析显示当 $0\leqslant x\leqslant 0.2$ 时形成正交晶系，当 $0.4\leqslant x\leqslant 0.8$ 时形成立方晶系，当 $x=0.3$ 时形成斜方晶系。

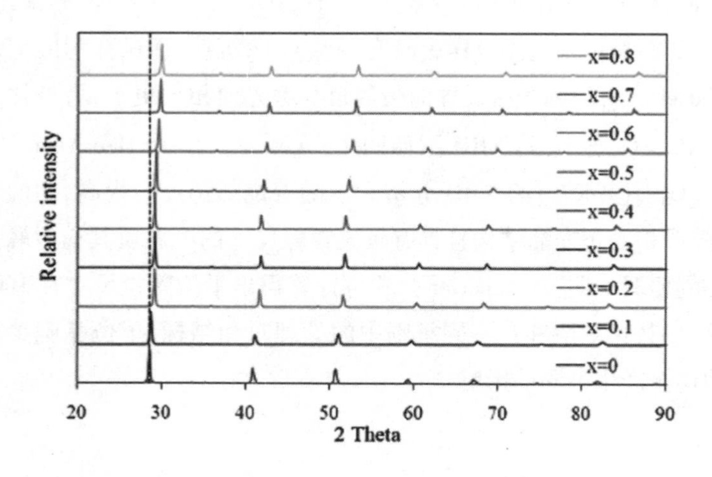


图 1-5 $BaCe_{0.8-x}Zr_xY_{0.2}O_{3-\delta}$（BCZYx）的 XRD 图

### 1.3.2 SEM、TEM 分析

A. Radojkovic[1]等对 $BaCe_{0.9}Ee_{0.1}O_{2.95}$(BCE)的试样分别在 1450℃、1500℃、1550℃烧结 5h 后的 SEM 显示，在 1450℃、1500℃的试样其平均晶粒尺寸(AGS)稍大于 1μm，尽管它们的密度均超过理论密度 95%，而 1550℃时其晶粒尺寸大于 2.5μm，密度超过 98%，这说明烧结温度高于 1550℃，无论是对于晶粒尺寸还是密度都是最佳条件，虽然没有观察到 $BaCO_3$相，但是当在 1500℃、1550℃时却看到有 $CeO_2$相的存在，并且在高于 1500℃时试样的脆性增大，这都会削弱 BCE 的性能。其 SEM 图如图 1 - 6 所示。

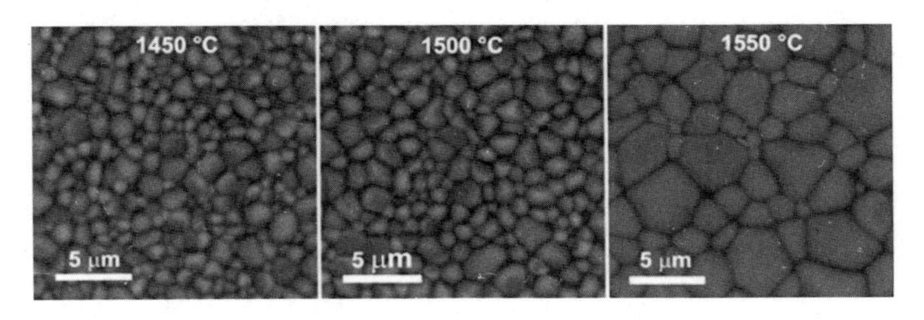


图 1 - 6 $BaCe_{0.9}Ee_{0.1}O_{2.95}$在 1450℃、1500℃、1550℃烧结 5h 后的 SEM 图

Ranjit Bauri[2]等用透射电子显微镜(TEM)显示当在 1000℃下延长煅烧时间时，SCS 粉体的尺寸明显增大，而 MCS 粉体仍然保持超细结构。对柠檬酸 - 硝酸溶液 pH 的改变对相的稳定性和形态有重大的影响，SEM 显示粉体的形态也随着 pH 的改变而改变，从 pH = 4 的不规则混乱球状变为 pH = 6 和 8 的半球状；因此 MCS 是合成超细 $BaCeO_3$基质子导电氧化物的有效途径，典型 SEM、TEM 图如图 1 - 7 所示。

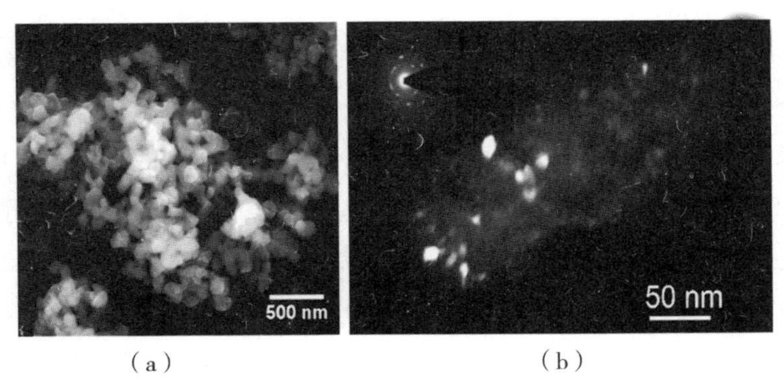


(a) (b)

图 1 - 7 典型 SEM、TEM 图

Po - Chun Chen[4]等对 $BaCe_{0.4}Zr_{0.4}Gd_{0.1}Dy_{0.1}O_{3-\delta}$(BCZGD)SEM 显示高温烧结后抛光样品的晶界变得模糊不清并且表面更加致密且伴随着一些小气孔,如图 1-8 所示。从 X 射线能量衍射图(EDX)结果得知尽管 Ce 的量少于 Zr 的量,但是其组成和预期接近,这和我们发现的 $CeO_2$ 在试样表面的形成和可通过机械抛光处理除去一致。

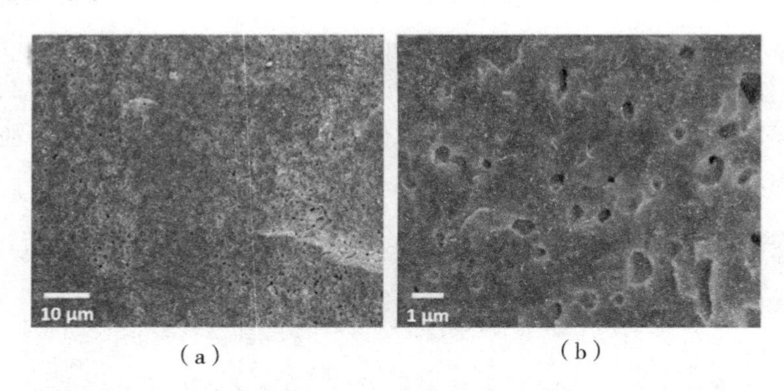


(a) (b)

**图 1-8 $BaCe_{0.4}Zr_{0.4}Gd_{0.1}Dy_{0.1}O_{3-\delta}$(BCZGD)典型 SEM 图**

Hyon Hee Yoon[5]等对 $BaZr_{0.1}Ce_{0.7}Y_{0.2}O_{3-\delta}$(BZCY)的 SEM 显示随着温度的增加 BZCY 的晶粒尺寸也会增加,平均晶粒尺寸在 1500℃下为 1~2μm,并且其相对密度也会增加,气孔率也会减少。

## 1.4 $BaCeO_3$ 基电解质材料的制备方法

### 1.4.1 柠檬酸-硝酸盐燃烧法(CNA)

A. Radojkovic[1]等以 $Ba(NO_3)_2$、$Eu_2O_3$、$Ce(NO_3)_2 \cdot 6H_2O$、柠檬酸为起始物,通过柠檬酸的硝酸自燃烧法(CNA)合成 $BaCe_{0.9}Ee_{0.1}O_{2.95}$(BCE)纳米粉体,首先将 $Eu_2O_3$ 溶于 $HNO_3$(65%)中,之后按以往路线合成。A. Demin[6]等用柠檬酸-硝酸盐法制备了 $BaCe_{0.8-x}Zr_xY_{0.2}O_{3-\delta}$(BCZYx)粉体。该法以 $Ba(NO_3)_2$、$Ce(NO_3)_3 \cdot 6H_2O$、$Y(NO_3)_3 \cdot 6H_2O$、CuO、$Co_3O_4$ 和柠檬酸为起始原料,混合均匀后溶于化学计量的 Zr 的含氧酸盐和甘油中,柠檬酸和甘油作为螯合剂和络合剂与金属硝酸盐的摩尔比率大约为 0.5:1.5:1,将所得溶液在 100℃下加热搅拌

0.5h 后滴加 $NH_4OH$ 调节 pH 至 8 ~ 9，之后溶液在 250℃ 下加热蒸发后形成凝胶，最后燃烧得到灰色的（含 Zr 少的）或者黑色的（含 Zr 多的）粉体，随后在 700℃ 空气中燃烧 1h 除去有机残渣，在 1150℃ 煅烧 5h 形成单相产品，将粉体 250rpm 球磨 1h 后单轴压制成 $4ton \cdot cm^{-2}$ 后再 1450℃ 烧结 5h。

P. Tsiakaras[7] 等用有机金属化合物在高温下分解的柠檬酸 – 硝酸盐燃烧合成法来制备 $BaCe_{0.8-x}Zr_xY_{0.2}O_{3-\delta}$（BCZYx）粉体，以纯度均大于 99.5% $Ba(NO_3)_2$、$Ce(NO_3)_3 \cdot 6H_2O$、$Y(NO_3)_3 \cdot 6H_2O$、CuO、$Co_3O_4$ 和柠檬酸为起始原料，完全混合后溶于符合化学计量的 Zr 的含氧酸盐和甘油中。柠檬酸和甘油作为螯合剂和化合剂与金属硝酸盐的摩尔比率大约为 0.5 : 1.5 : 1，将所得溶液在 100℃ 下加热搅拌 0.5h 后滴加 $NH_4OH$ 调节 pH 至 8 ~ 9，之后溶液在 250℃ 下加热蒸发过多的水和帮助发泡，最后自动氧化得到灰色的（含 Zr 少的）或者黑色的（含 Zr 多的）粉体，随后在 700℃ 下燃烧 1h 除去有机残渣，最后煅烧压制烧结。Ranran Peng[8] 等以 $Ba(CH_3COO)_2$、$BaF_2$、$Ce(NO_3)_3 \cdot 6H_2O$、$Sm(NO_3)_3$ 为原料，用柠檬酸硝酸盐燃烧法合成 F 参杂的 $BaCe_{0.8}Sm_{0.2}O_{3-\delta}$（BCSF）粉体。先称取适量的 $BaF_2$ 溶于柠檬酸溶液中，$Ba(CH_3COO)_2$、$Ce(NO_3)_3 \cdot 6H_2O$ 和 $Sm(NO_3)_3$ 加入到上述溶液中，其摩尔比 $BaF_2 : Ba(CH_3COO)_2 : Ce(NO_3)_3 \cdot 6H_2O : Sm(NO_3)_3 = 0.05 : 0.95 : 0.8 : 0.2$ 滴加 $NH_4OH$ 调节 pH = 7，然后将所形成的溶液加热形成黏性的溶胶，将此烧至成灰末后在 1100℃ 下加热 2h 去除碳残渣后制备成氟掺杂的 $BaCe_{0.8}Sm_{0.2}O_{3-\delta}$ 粉体。不含 $BaF_2$ 的以相似的方法可以制备 $BaCe_{0.8}Sm_{0.2}O_{2.9}$ 粉体。根据以前的报道用甘氨酸硝 – 酸盐法可以制备 NiO 和 $La_{0.6}Sr_{0.4}Co_{0.2}Fe_{0.8}O_3$（LSCF）粉体。

**表 1 – 2　传统沉淀和超声沉淀协助法相结合的方法参数**

| Route | | Precursor | Precipitation agent | Precipitation concentration | Temperature ℃ | %perovskite | | Crystal size nm | |
|---|---|---|---|---|---|---|---|---|---|
| | | | | | | As precipitated | After calcination | As precipitated | After calcination |
| Conventional | | Chloride base | NaOH | 20 | 25 | 26.6 | 50.6 | 6.4 | 23.9 |
| | | | | 20 | 70 | 26.7 | 52.8 | 7.6 | 28.7 |
| | | | | 20 | 90 | 31.9 | 62.5 | 8.2 | 34.2 |
| | | | | 15 | 90 | 29.1 | 37.4 | 7.7 | 23.7 |
| | | | | 10 | 90 | 28.8 | 37.3 | 7.1 | 20.9 |
| | | Nitrate base | $(NH_4)_2C_2O_4$ | 1 | 90 | 30.6 | 100 | 18.7 | 29.8 |
| Ultrasonic assisted | Low intensity | Chloride base | NaOH | 20 | 90 | 23.5 | 65.7 | 4.9 | 27.1 |
| | | Nitrate base | $(NH_4)_2C_2O_4$ | 1 | 90 | 17.9 | 100 | 7.6 | 27.5 |
| | High intensity | Chloride base | NaOH | 20 | 90 | 49.6 | 74.9 | 4.2 | 15.2 |
| | | Nitrate base | $(NH_4)_2C_2O_4$ | 1 | 90 | 45.9 | 100 | 6.3 | 18.4 |

P. Kim – Lohsoontorn[10] 等用传统沉淀和超声沉淀相结合的方法合成了 $BaCeO_3$，如表 1 – 2 所示。以 99.9% 纯度的 $CeCl_3 \cdot 7H_2O$、$BaCl_2 \cdot 2H_2O$ 和 Ce

$(NO_3)_3 \cdot 6H_2O$ 制备 $1mol \cdot L^{-1}$ 的 50ml 前驱溶液，适量的 $BaCl_2 \cdot 2H_2O$ 和 $HNO_3$ 反应形成 $Ba(NO_3)_2$，NaOH 和 $(NH_4)_2C_2O_4$ 作为沉淀剂，将沉淀剂各制备成 10 ~ $20mol \cdot L^{-1}$ 和 $1mol \cdot L^{-1}$ 的溶液。将前驱溶液以 $0.5ml \cdot min^{-1}$ 的速率加入到沉淀剂中以 120rpm 搅拌以防止其自沉淀。反应在 25℃ ~90℃ 范围内 30min 完成。对于超声协助沉淀法，分别用低强度和高强度的超声沉淀后，将沉淀分别洗涤至洗液成中性为止，之后在 110℃ 干燥 24h，之后再在 900℃ 下煅烧 5h。Xingqin Liu[21] 等采用柠檬酸 - 硝酸盐自燃烧法制备 $NdBaCo_2O_{5+\delta}$ (NBCO) 粉体，该法以 Nd $(NO_3)_3$、$Ba(NO_3)_2$ 和 $Co(NO_3)_3$ 为起始物溶于去离子水，而后按摩尔比柠檬酸:金属 =1.5:1 加入柠檬酸作为络合剂，之后搅拌蒸发至有黑色泡沫，最后灼烧成黑灰，将此灰 700℃ 煅烧 2h 去除含碳杂质形成 $NdBaCo_2O_{5+\delta}$ (NBCO) 粉体；$BaZr_{0.1}Ce_{0.7}Y_{0.2}O_{3+\delta}$ (BZCY) 也是自燃烧法制备，以 $Ba(NO_3)_2$、$Zr(NO_3)_4$、$Ce(NO_3)_3$ 和 Y $(NO_3)_3$ 为原料按摩尔比混合 1000℃ 煅烧 2h。

Wei Liu[30] 等用柠檬酸—硝酸盐溶胶自燃烧法制备 $Ba_{0.5}Sr_{0.5}FeO_{3-\delta}$ (BSF) 和 $BaZr_{0.1}Ce_{0.7}Y_{0.2}O_{3-\delta}$ (BZCY) 粉体。BSF 的合成以 $Ba(CH_3COO)_2$、$Sr(NO_3)_2$ 和 Fe $(NO_3)_3 \cdot 9H_2O$ 为起始原料，BZCY 的合成以 $Ba(CH_3COO)_2$、$Zr(NO_3)_4 \cdot 5H_2O$、$Ce(NO_3)_3 \cdot 6H_2O$ 和 $Y_2O_3$ 为起始原料。自燃烧后将粉体在 950℃ 煅烧 4h 得到 BSF 的立方晶钙钛矿结构，BZCY 粉体在 1000℃ 煅烧 3h。将 NiO - $BaZr_{0.1}Ce_{0.7}Y_{0.2}O_{3-\delta}$ (BZCY) 按比重 6 : 4 通过一步溶胶燃烧法制备阳极基质，在装置电池之前将阳极基质复合物在 1000℃ 煅烧 3h，阳极半电池用共压法装置后在 1250℃ 共烧 5h。将 BSF 和 BZCY 粉体按比重 7 : 3 和 6wt. % 的乙基纤维素 - 松油醇混合完全制备阴极浆料，然后将浆料涂于致密的 BZCY 电解质膜上，而后在 1000℃ 灼烧 3h 形成多孔阴极层。

### 1.4.2　甘氨酸 - 硝酸盐合成法(GNP)

Po - Chun Chen[4] 等用甘氨酸 - 硝酸盐湿法合成 $BaCe_{0.4}Zr_{0.4}Gd_{0.1}Dy_{0.1}O_{3-\delta}$ (BCZGD) 粉体。该法将 $Ba(NO_3)_2$、$Ce(NO_3)_3 \cdot 6H_2O$、$ZrO(NO_3)_3 \cdot 6H_2O$、Py $(NO_3)_3 \cdot 5H_2O$、$Cd(NO_3)_3 \cdot 6H_2O$ 溶于去离子水中和甘氨酸混合后在 60℃ 下加热 4h，随后 450℃ 处理开始自燃烧反应形成 BCZGD 前驱粉体，将该前驱粉体放于 1300℃ 的熔炉中煅烧 10h 后球磨 24h 过 200 目筛，之后在 440MP 下单轴压制成直径为 13mm 的圆片，最后 1450℃ 烧结 24h 后形成 850μm 厚的圆片，而后机械抛光去除表面氧化物。Lei Yang[50] 等用固相反应法(SSR) 和甘氨酸 - 硝酸盐法

(GNP)制备了 $Ba(Zr_{0.1}Ce_{0.7}Y_{0.2})O_{3-\delta}$(BZCY)。SSR:适量高纯度的 $BaCO_3$、$CeO_2$、$ZrO_2$ 和 $Y_2O_3$ 混合球磨 48h 后,干燥后 1100℃煅烧 10h 后,球磨和煅烧条件一样重复上述步骤两遍获得纯相;GNP:适量的 $Ba(NO_3)_2$、$Ce(NO_3)_3$、$Y(NO_3)_3$ 和 $ZrO(NO_3)_2$ 溶于去离子水中,加入甘氨酸(摩尔比硝酸盐:甘氨酸 = 1.5 : 1),而后将溶液加热蒸发至变成凝胶状后燃烧成灰后,900℃烧 2h 得 BZCY 粉体。

### 1.4.3　共沉淀法

Hyon Hee Yoon[5] 等以 99% 的 $Ba(NO_3)_2$、$ZrO(NO_3)_2 \cdot 6H_2O$、$Ce(NO_3)_3 \cdot 6H_2O$ 和 $Y(NO_3)_3 \cdot 6H_2O$ 为起始原料,用 $(NH_4)_2CO_3$ 共沉淀法制备 $BaZr_{0.1}Ce_{0.7}Y_{0.2}O_{3-\delta}$(BZCY)粉体,然后在高温下煅烧成致密电解质粉体。将 BZCY 和 NiO 按重量比 35 : 65 混合,而后与乙醇混合球磨 24h,干燥去乙醇后过筛,将此作阳极粉体,进一步压制成为直径 31mm 的圆片状后在 800℃烧结 2h 得阳极基底。而后用旋转覆盖法制电解质的悬浆,首先将 BZCY 和有机媒介(3% 的乙基纤维素和 97% 的松油醇)混合后超声波处理 48h,之后将电解质悬浆涂在 NiO – BZCY 阳极基底上,而后在 1400℃烧结 5h;对于阴极,BZCY 粉体与 $LaSr_3Co_{1.5}Fe_{1.5}O_{10-\delta}$(LSCF)按重量比 3 : 7 在有机媒介(6% 的乙基纤维素和 94% 的松油醇)中混合,将此悬浆涂在电池电解质表面之后再 1000℃烧结 2h;电解质层有 8μm 厚而阴极层有 30μm 厚,电池的有效面积约为 $0.75cm^2$。

P. Kim – Lohsoontorn[10] 等用传统沉淀和超声沉淀协助法相结合合成了 $BaCeO_3$,以 99.9% 纯度的 $CeCl_3 \cdot 7H_2O$、$BaCl_2 \cdot 2H_2O$ 和 $Ce(NO_3)_3 \cdot 6H_2O$ 制备 $1mol \cdot L^{-1}$ 的 50ml 前驱溶液,适量的 $BaCl_2 \cdot 2H_2O$ 和 $HNO_3$ 反应形成 $Ba(NO_3)_2$,NaOH 和 $(NH_4)_2C_2O_4$ 作为沉淀剂,将沉淀剂各制备成 $10 \sim 20mol \cdot L^{-1}$ 和 $1mol \cdot L^{-1}$ 的溶液。将前驱溶液以 $0.5ml \cdot min^{-1}$ 的速率加入到沉淀剂中以 120rpm 搅拌以防止其自沉淀。反应在 25℃ ~90℃范围内 30min 完成。对于超声协助沉淀法,分别用低强度和高强度的超声沉淀后,将沉淀分别洗涤至洗液成中性为止,之后在 110℃干燥 24h,之后再在 900℃下煅烧 5h。Zhimin Zhong[13] 等用共沉淀和冷冻干燥法制备 $BaCe_{0.9-x}Zr_xY_{0.1}O_{2.95}$($0 \leqslant x \leqslant 0.9$)。以 $Ba(NO_3)_2$、$Ce(NO_3)_3 \cdot 6H_2O$、$Y(NO_3)_3 \cdot xH_2O$、$ZrO(NO_3)_2 \cdot xH_2O$ 为金属源,将金属硝化物溶于去离子水中,在另一烧杯中将 $(NH_4)_2CO_3$(99.999%)和 $NH_4OH$(28% ~30.0%)水溶液按摩尔比 1 : 2 混合作为金属沉淀剂,在沉淀剂(pH 约为 12.5)中滴加($2ml \cdot min^{-1}$)硝

酸溶液(pH 约为 2),然后边搅拌边超声以消除浓度和 pH 梯度,将沉淀出来的金属过滤冷冻干燥 2 天,然后在空气和氩气中煅烧。

### 1.4.4 火花等离子体烧结法(SPS)

Junfu Bu[9]等用火花等离子体烧结法(SPS)制备 $BaZr_xCe_{0.8-x}Y_{0.2}O_{3-\delta}$(x = 0.5,0.6,0.7)质子导体。$BaZr_{0.5}Ce_{0.3}Y_{0.2}O_{3-\delta}$(x = 0.5,BZCY532),$BaZr_{0.6}Ce_{0.2}Y_{0.2}O_{3-\delta}$(x = 0.6,BZCY622)和 $BaZr_{0.7}Ce_{0.1}Y_{0.2}O_{3-\delta}$(x = 0.7,BZCY712)粉体是用固相反应法结合冷冻干燥法合成。预处理过程中的预烧温度和压力分别为 600℃和 0.6MPa 并保持 3min;之后的烧结温度和压力增至 1350℃(约 100℃ · $min^{-1}$)和 1.3MPa 约 7.5min,在此条件下保持 5min;之后自然冷却,从 1350℃到 400℃常常少于 5min,冷却速率大于 200℃ · $min^{-1}$;最后将此在 1350℃的空气中热处理 2h。

### 1.4.5 固相反应法(SSR)

H. D. Wiemhijfer[15]等将 $BaCO_3$ 和 Ce、Zr、Nd 的金属氧化物直接混合反应制备多晶致密 $BaCe_{0.9-x}Zr_xNd_{0.1}O_{2.95}$($0.1 \leqslant x \leqslant 0.9$),将此在 1350℃下煅烧 10h 和在 1500℃的空气中用氧化铝坩埚烧结 12h。Abul K. Azad[16]用固相反应法制备多晶试样 $BaCe_{0.5}Zr_{0.35}Sc_{0.1}Zn_{0.05}O_{3-\delta}$(BCZSZ5),该法用化学计量的 $BaCO_3$、$CeO_2$、$ZrO_2$、ZnO 和 $Sc_2O_3$ 加入丙酮在氧化锆的容器内球磨后 950℃灼烧,压制成片在 1150℃和 1250℃煅烧,终烧结温度为 1350℃。而后可得理论密度 >96% 的致密试样。

Xingqin Liu[17]等用固相反应法在 1300℃下煅烧 24h 制备 $BaCe_{0.7}Nb_{0.1}Gd_{0.2}O_{3-\delta}$(BCNG)和 $BaCe_{0.8}Gd_{0.2}O_{3-\delta}$(BCG)试样,压制成片在 1500℃下烧结 5h。J. T. S. Irvine[18]等用固相反应法制备多晶 $BaCe_{0.45}Zr_{0.45}Sc_{0.1}O_{3-\delta}$(BCZS10)和 $BaCe_{0.4}Zr_{0.4}Sc_{0.2}O_{3-\delta}$(BCZS20)试样,将化学计量的 $BaCO_3$、$CeO_2$、$ZrO_2$ 和 $Sc_2O_3$ 加入丙酮在氧化锆容器中混合球磨后 950℃灼烧后压制成片。而后在 1350℃和 1450℃两个温度阶段烧结,烧结终温为 1600℃。Ruiqiang Yan[20]等用固相反应法在 1000℃下烧结 10h 制备得 $BaCo_{0.8}Nb_{0.1}Fe_{0.1}O_{3-\delta}$(BCNF),将 $BaCO_3$、$CoCO_3$、$Nb_2O_5$ 和 $Fe_2O_3$ 与乙醇混合球磨,100℃干燥后于 1000℃下烧结 10h。

Guilin Ma[38]等用固相反应法制备 $Ba_xCeO_{3-\alpha}$($0.90 \leqslant x \leqslant 1.10$)该法以 $Ba(CH_3COO)_2$(99.9%)和 $CeO_2$(99.9%)为原材料,在玛瑙研钵中和乙醇混合均匀

后在红外灯下烘干，烘干的粉体放于瓷坩埚中，而后将坩埚放在燃烧炉中至粉体燃烧为止，得到的粉体经过研磨并在 1250℃ 下煅烧 10h，而后球磨 3h 红外烘干过筛，而后压制成直径 18mm 的小圆片，在 1650℃ 烧结 10h，将它切成 5mm × 5mm × 5mm 的立方体或者直径 13mm 厚 0.6mm 的圆片。Guilin Ma[39] 等用高温固相反应法制备试样 $Ba_{1-x}La_{0.90-x}Y_{0.10+x}O_{3-\alpha}$（$0 \leqslant x \leqslant 0.4$，$\alpha = 0.05$），以高纯度的适量 $Ba(CH_3COO)_2$、$CeO_2$、$La_2O_3$ 和 $Y_2O_3$ 按比例和酒精混合均匀后用红外灯烘干，放于坩埚中，将坩埚放于燃烧炉中至粉体燃烧为止，将得到的混合物在 1500℃ 下煅烧 10h，而后混合乙醇球磨 3h 过筛，而后压制成直径 17mm 的小圆片，在 1650℃ 烧结 10h。

C. K. Loong[40] 等用固相反应法制备多晶试样 $BaCe_{1-x}Y_xO_{3-\alpha}$（$x = 0$、0.1、0.15、0.2、0.25 和 0.3），该法将适量的 $BaCeO_3$、$CeO_2$ 和 $Y_2O_3$ 加入 2 - 丙醇后球磨 24h 形成悬浆液后干燥过筛，将粉体在 800℃ 的真空（约 3 托 $O_2$）中煅烧 6h，之后在 1000℃ 的大气压力下的 $O_2$ 流中煅烧 12h，第一阶段煅烧后，将粉体球磨再在 1200℃ 的空气中煅烧 10h 去除碳酸盐残渣，而后在压制前重复球磨、烘干、过筛几个过程，压制成片后放于铝坩埚中在实验室条件（一般该空气中含约 15torr $H_2O$）在 1600℃ 煅烧 5h，用砂纸打磨和铝接触的试样表面，而后进行中子衍射实验。

Xingqin Liu[42] 等用固相反应法制备 $BaCe_{0.8-x}Nb_xSm_{0.2}O_{3-\alpha}$（$x = 0$，0.05，0.1）。该法将 $BaCO_3$、$CeO_2$、$Sm_2O_3$ 和 $Nb_2O_5$ 与乙醇混合球磨 24h，干燥后在 1300℃ 空气中烧结 24h。Xingqin Liu[44] 等用固相反应法制备了用于测定其化学稳定性的 $BaCe_{0.5}Zr_{0.3}Y_{0.2}O_{3-\delta}$（BZY）和 $BaCe_{0.4}Zr_{0.3}Sn_{0.1}Y_{0.2}O_{3-\delta}$（BSY）试样，该法以 $BaCO_3$、$CeO_2$、$ZrO_2$、$SnO_2$ 和 $Y_2O_3$ 混合球磨后在 1200℃ 烧结 10h。Wei Liu[47] 等用固相反应法制备 $BaCe_{1-x}Ga_xO_{3-\delta}$（$x = 0.1$，0.2），以 $BaCO_3$、$CeO_2$ 和 $Ga_2O_3$ 为原材料在乙醇中球磨 24h，干燥后 1300℃ 烧结 5h。Meilin Liu[48] 等用固相反应法制备 $Ba(Zr_{0.1}Ce_{0.7}Y_{0.2})O_{3-\delta}$（BZCY7），将适量高纯度的 $BaCO_3$、$CeO_2$、$ZrO_2$ 和 $Y_2O_3$ 混合球磨 48h 后，干燥后 1100℃ 煅烧 10h 后，将此球磨 24h 后于 1150℃ 煅烧 10h。

马桂林，陈蓉，王茂元[60-62,64,66,69,71,72,80,82-83,85,87,90] 等用高温固相法合成所需要的固体电解质，如图 1-9 和图 1-10 所示。合成过程分别如下：

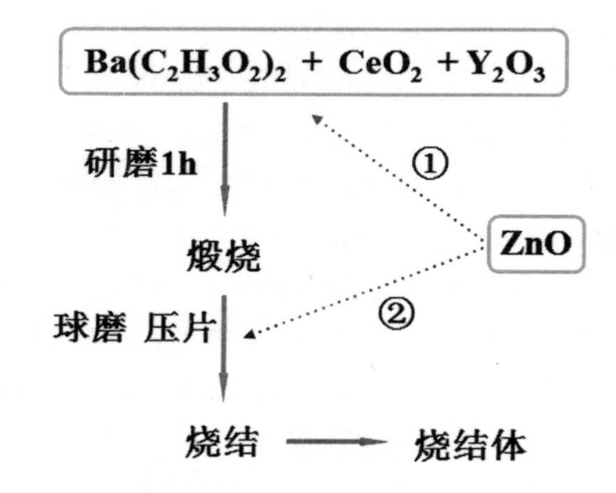


图1-9 固相法合成路线图

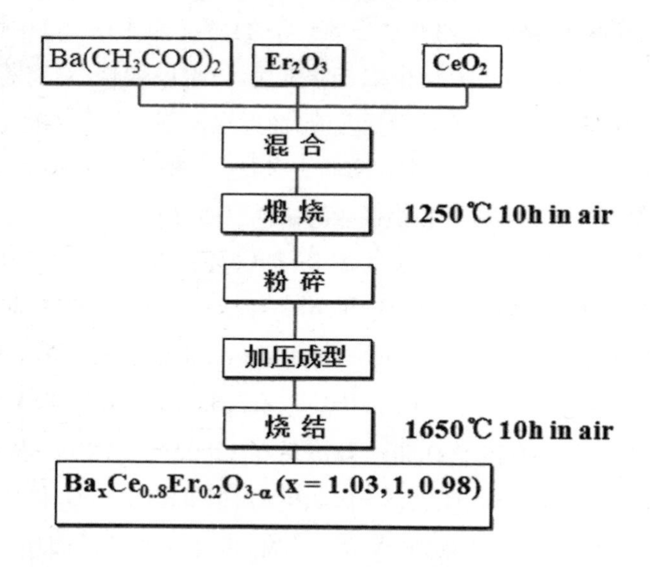


图1-10 固相法合成路线图

马桂林[60-62,64]等用 $Ba(CH_3COO)_2$，$CeO_2$，$Y_2O_3$ 按所需摩尔比称重，湿式混合，烘干，灼烧，然后置于电炉中，以1250℃煅烧10h后经湿式球磨、烘干、过筛，在不锈钢模具中以 $2\times10^3kg\cdot cm^{-2}$ 静水压压制成直径约18mm圆柱体，置于电炉中，以1650℃烧结10h，即可合成 $Ba_xCe_{0.90}Y_{0.10}O_{3-\alpha}$ 固体电解质。陈蓉[66]等用 $Ba(CH_3COO)_2$，$CeO_2$，$Dy_2O_3$ 按所需摩尔比称量，湿式混合，烘干，灼烧，压片，在电炉中以1250℃预烧10h。产物经星式微粒粉碎机球磨5h，烘干，进一步处理后在模

具中以 $2\times10^3kg\cdot cm^{-2}$ 静水压压制成直径约为20mm的薄片，置于电炉内，在空气中1650℃烧结10h，合成 $Ba_{1.03}Ce_{0.8}Dy_{0.2}O_{3-\alpha}$ 固体电解质。马桂林[69]等用 $Ba(CH_3COO)_2$，$CeO_2$，$Sm_2O_3$ 为原料，按所需摩尔比称重，湿式混合，烘干，灼烧后压片，在电炉中以1250℃预烧10h。产物经星式微粒粉碎机球磨5h，烘干，过筛后在不锈钢模具中以 $2\times10^3kg\cdot cm^{-2}$ 静水压压制成直径约为20mm的薄片，置于电炉内，在空气中1650℃烧结10h，合成 $Ba_xCe_{0.8}Sm_{0.2}O_{3-\alpha}$ 固体电解质。陈蓉[71]等以 $Ba(CH_3COO)_2$，$CeO_2$，$Gd_2O_3$ 为原料，按所需摩尔比称重，湿式混合，烘干，灼烧，压片，在电炉中以1250℃下预烧10h。产物经星式微粒粉碎机湿式球磨5h，烘干，过筛，在模具中以 $2\times10^2$ MPa等静水压力压制成直径约为20mm的薄片，置于电炉内，在空气中以1650℃烧结10h，合成 $Ba_{1.03}Ce_{0.8}Gd_{0.2}O_{3-\alpha}$ 固体电解质。

王茂元[78,80,82,85]等以 $Ba(CH_3COO)_2$，$CeO_2$，$ZrO_2$ 和 $La_2O_3$ 为原料，以无水乙醇为介质进行湿式混合研磨烘干，置于电炉中，在空气中以1250℃预烧10h。产物经星式球磨机研磨5h、烘干、过筛后在不锈钢模具中以10MPa等静水压力压制成直径约为18mm、厚度2mm的圆形薄片，置于电炉中，在空气中以1550℃烧结20h，合成 $Ba_xCe_yZr_zLa_{0.1}O_{3-\alpha}$ 固体电解质。刘魁[83]等以 $BaCO_3$，$CeO_2$，$Y_2O_3$，$TiO_2$ 为原料，按所需摩尔比称重，湿磨3h，磨好的原料在空气中自然晾干后，放入电炉中，在900℃预烧5h。降温后，加入1% PVB，再次在无水乙醇介质中球磨3h，自然晾干后，在玛瑙研钵中把粉体中的结块磨细，利用YP-2压片机把粉体压制成直径15mm，厚度约1~2mm的圆片，之后在250MPa条件下做等静压，分别在1500℃、1600℃进行最终烧结，合成 $BaCe_{0.8}Y_xTi_{0.2-x}O_{3-\delta}$ 固体电解质。江虹[87]等以 $BaCO_3$，$CeO_2$，$Y_2O_3$，$ZrO_2$ 为原料，按所需摩尔比称重，球磨8h，混合物经过干燥、过筛后，在1300℃煅烧4h，得到 $BaZr_{0.90-x}Ce_xY_{0.10}O_{3-\delta}$（$x=0.09$、0.18、0.27）前驱体粉体，分别记作 $C_1$、$C_2$、$C_3$。将粉体过筛、成型、等静压，将圆柱形生坯试样在1600℃烧结4h。再向 $C_3$ 系列粉体中添加ZnO，添加量分别为1mol%、2mol%、3mol%、4mol%，分别记作 $C_3-Z_1$、$C_3-Z_2$、$C_3-Z_3$、$C_3-Z_4$，再次球磨、干燥、过筛、成型、等静压，然后将试样在1450℃下烧结6h，合成 $BaZr_{0.90-x}Ce_xY_{0.10}O_{3-\delta}$（$x=0.09$、0.18、0.27）固体电解质。王茂元[90]等以 $Ba(CH_3COO)_2$，$CeO_2$，$Nd_2O_3$，$Sr(CH_3COO)_2$ 为原料，按所需摩尔比称重，湿式混合研磨1h后烘干，置于电炉中，在空气中1250℃下预烧10h。产物经星式球磨机研磨7h，烘干，过筛后在不锈钢模具中以10MPa等静水压力压制成直径约为18mm，厚度约2mm的圆形薄片，置于电炉中，在空气中以1550℃烧结20h，合成 $Ba_{0.9}Sr_{0.1}Ce_{0.9}Nd_{0.1}O_{3-\alpha}$ 固体电解质。

### 1.4.6 流延法

Guangyao Meng[12]等应用凝胶—流延法制备阳极支撑的NiO - BZCYZn，其法是用一定比例的金属氧化物NiO、$BaCO_3$、$ZrO_2$、$CeO_2$、$Y_2O_3$和ZnO作为前驱体合成$BaCe_{0.5}Zr_{0.3}Y_{0.16}Zn_{0.04}O_{3-\delta}$(BZCYZn)。并且NiO：BZCYZn = 6：4，将此氧化物粉末在乙醇中球磨24h后80℃干燥，与有机单体（丙烯酰胺 - AM：N，N - 二甲基丙烯酰胺 - MBAM = 5：1）在水溶液中混合，将此悬浆和（$(NH_4)_2S_2O_8$）倒入磨具中后于80℃烤箱中1h，将溶胶切成圆盘在80℃干燥24h备用。应用在BZCYZn薄膜上的悬浆氧化物$BaCO_3$、$ZrO_2$、$CeO_2$、$Y_2O_3$和ZnO通过加压旋转法涂在NiO - BZCYZn阳极上，将BZCYZn分布于乙醇中球磨24h形成10wt.%的BZCYZn悬浆，10wt.%的三乙醇胺作分散剂，二丁基 - 邻苯二甲酸酯（DBP）、5wt.%的聚乙烯乙二醇作塑化剂，并加入5wt.%的聚乙烯丁缩醛（PVB）作黏接剂，旋转过程中加热处理，双层电解质和阳极支撑在1350℃烧结5h，$SrCo_{0.9}Sb_{0.1}O_{3-\delta}$(SCS)粉体用流延法制备，用$Sb_2O_3$，$SrCO_3$和$Co_3O_4$作前驱体，而后在1100℃烧结10h，将SCS悬浆涂于电解质上后在1000℃烧结3h形成多孔阴极。

Wei Liu[19]等用流延/共烧法制备$BaCe_{0.5}Zr_{0.3}Y_{0.16}Zn_{0.04}O_{3-\delta}$(BCZYZ)电解质作为固体氧化物燃料电池的质子导体，用$BaCO_3$、$CeO_2$、$Y_2O_3$、$ZrO_2$、ZnO、NiO、石墨作阳极，$BaCO_3$、$CeO_2$、$ZrO_2$、$Y_2O_3$、ZnO作电解质。流延悬浆通过两步球磨过程而制备：第一步，将所有的金属氧化物和金属碳酸盐粉体均匀分散在乙醇/2 - 丁酮溶剂中，以三乙醇胺为分散剂；第二步聚乙烯醇缩丁醛（PVB）、聚乙二醇（PEG）、二丁基邻二苯甲酸酯（DBP）作为黏接剂和塑化剂添加而提供悬浆适当的黏度。流延过程也包括两步：首先将去气电解质悬浆浇铸在Mylar薄膜上（0.05mm厚）；其次将去气阳极悬浆浇铸在干燥的电解质生胚上（约0.25mm厚），干燥24h后，将双层生胚切成40mm×40mm的矩形片，而后在不同温度下共烧。将$LaSr_3Co_{1.5}Fe_{1.5}O_{10-\delta}$(LSCF)和$BaCe_{0.5}Zr_{0.3}Y_{0.16}Zn_{0.04}O_{3-\delta}$(BCZYZ)粉体混合用甘氨酸 - 硝酸盐法（GNP法）制备阴极悬浆，重量比为混合粉体：乙基纤维素：松油醇 = 0.5：0.5：1，将悬浆涂于电解质上于1000℃烧结3h，其有效面积为$2cm^2$，阳极置于流速为$92ml \cdot min^{-1}$的湿氢氛中，阴极置于空气中。

### 1.4.7 Pechini法

Jun Xu[23]等用Pechini法制备$BaCe_{0.5}Zr_{0.3}Y_{0.16}O_{3-\delta}$(BZCYZ)电解质粉体，柠

檬酸盐和乙二胺四乙酸(EDTA)作络合剂 $Y_2O_3$、ZnO 溶于柠檬酸，$Ba(NO_3)_3 \cdot 9H_2O$、$Ce(NO_3)_3 \cdot 6H_2O$、$Zr(NO_3)_3 \cdot 4H_2O$ 溶于 EDTA - $NH_3$水溶液加热搅拌成凝胶状后灼烧成灰，之后700℃空气中煅烧5h。阳极支撑的双层 BZCYZ 电解质用一步干压/共灼烧法制备，NiO，BCZYZ 和淀粉按重量比 60% ：40% ：20% 在 250MPa 下压制作阳极基质，将制备好的疏松 BZCYZ 分散于该基质上在 250MPa 下压制于 1250℃烧结 5h 形成致密 BZCYZ 薄膜。多层的 $SmBa_{0.5}Sr_{0.5}Co_2O_{5+\delta}$(SB-SC)用 Pechini 法均以 99.9% 的 $Sm(NO_3)_3 \cdot 6H_2O$、$Ba(NO_3)_2 \cdot 9H_2O$、$Sr(NO_3)_2$ 和 $Co(NO_3)_2 \cdot 6H_2O$ 为起始物于 1000℃煅烧 10h，将 SBSC 和 10wt. % 的乙基纤维素 - 松油醇黏接剂混合制备阳极悬浆，而后将此涂于 BZCYZ 电解质薄膜上于 1000℃煅烧 3h 形成 NiO - BCZYZ/BCZYZ/SBSC 单电池。

Xingjian Xue[24]等用改进的 Pechini 法制备 $BaZr_{0.1}Ce_{0.7}Y_{0.2}O_{3-\delta}$(BZCY7)电解质粉体，该法以柠檬酸盐乙二胺四乙酸(EDTA)作络合剂，$Y_2O_3$首先溶于柠檬酸，$Ba(NO_3)_3 \cdot 9H_2O$、$Ce(NO_3)_3 \cdot 6H_2O$、$Zr(NO_3)_3 \cdot 4H_2O$ 溶于 EDTA - $NH_3$水溶液，EDTA：柠檬酸：总金属阳离子 =1：1.5：1 引入柠檬酸加热搅拌成凝胶状后灼烧成灰，之后 1100℃空气中煅烧 5h 形成粉体。阳极支撑的双层 BZCY7 电解质用一步干压/共灼烧法制备，NiO，BCZY7 和淀粉按重量比 60% ：40% ：20% 在 200MPa 下压制作阳极基质，将阳极功能层(将 NiO：BCZY7 =60% ：40% 混合)涂于该基质上，在 250MPa 下压制于 1400℃烧结 5h 形成致密 BZCY7 薄膜。多层的 Gd-$BaCoFeO_{5+\delta}$(GBCF)粉体用 Pechini 法以 $Gd_2O_3$、$Ba(NO_3)_2 \cdot 9H_2O$、$Fe(NO_3)_2 \cdot 5H_2O$ 和 $Co(NO_3)_2 \cdot 6H_2O$ 为起始物于 1000℃煅烧 10h，将 GBCF 和 6wt. % 的乙基纤维素 - 松油醇黏接剂混合制备阳极悬浆，而后将此涂于 BZCY7 电解质薄膜上于 1000℃煅烧 3h 形成 NiO - BCZY7/BCZY7/GBCF 单电池。

Guangyao Meng[25]等用改进的 Pechini 法制备 $BaCe_{0.5}Zr_{0.3}Y_{0.16}Zn_{0.04}O_{3-\delta}$(BC-ZYZn)电解质粉体，该法以柠檬酸盐和乙二胺四乙酸(EDTA)作络合剂，$Ba(NO_3)_3 \cdot 9H_2O$、$Ce(NO_3)_3 \cdot 6H_2O$、$Zr(NO_3)_3 \cdot 4H_2O$、$Y_2O_3$、ZnO 溶于 EDTA - $NH_3$水溶液，加热搅拌成凝胶状后灼烧成灰，之后在 850℃ ~1100℃空气中加热速率以 100℃ · $h^{-1}$煅烧 5h 形成粉体，然后将粉体在熔炉管中加热速率以 5℃/min，在 1000℃煅烧 5h，再加乙醇球磨 24h 后干燥压制成片在 1150℃ ~1250℃空气中以加热速率 100℃ · $h^{-1}$烧结。Xingjian Xue[31]等用改进的 Pechini 法制备 $BaZr_{0.1}Ce_{0.7}Y_{0.2}O_{3-\delta}$(BZCY7)电解质粉体，该法以柠檬酸盐和乙二胺四乙酸(EDTA)作络合剂，$Y_2O_3$首先溶于柠檬酸溶液，适量的 $Ba(NO_3)_3 \cdot 9H_2O$、Ce · $(NO_3)_3 \cdot 6H_2$

O、$Zr(NO_3)_3 \cdot 4H_2O$ 溶于 EDTA－$NH_3$水溶液，搅拌均匀，按摩尔比 EDTA：柠檬酸：总金属阳离子 =1：1.5：1 引入柠檬酸，加热搅拌成凝胶状后灼烧成灰，之后在 1100℃空气中煅烧 5h 形成纯钙钛矿氧化物，得到 BZCY7 粉体。$PrBa_{0.5}Sr_{0.5}Co_2O_{5+\delta}$(PBSC)粉体也由 Pechini 过程制备，以 $Pr_6O_{11}$、$Ba(NO_3)_2 \cdot 9H_2O$、$Sr(NO_3)_2$ 和 $Co(NO_3)_2 \cdot 6H_2O$ 为前驱体，而后在 1000℃煅烧 5h。

Xingjian Xue[33]等用改进的 Pechini 法制备 $BaZr_{0.1}Ce_{0.7}Y_{0.2}O_{3-\delta}$(BZCY7)电解质粉体。该法以柠檬酸盐和乙二胺四乙酸(EDTA)作络合剂，$Y_2O_3$在加热下首先溶于柠檬酸溶液，适量的 $Ba(NO_3)_3 \cdot 9H_2O$、$Ce(NO_3)_3 \cdot 6H_2O$、$Zr(NO_3)_3 \cdot 4H_2O$ 溶于 EDTA－$NH_3$水溶液，搅拌均匀，按摩尔比 EDTA：柠檬酸：总金属阳离子 =1：1.5：1 引入柠檬酸，加热搅拌成凝胶状后灼烧成灰，之后在 1100℃空气中煅烧 5h 形成纯钙钛矿氧化物，得到 BZCY7 粉体。双层 BZCY7 电解质阳极用干压法制备，将 NiO、BZCY7 和淀粉按 60%：40%：20% 称重，在 200MPa 下压制成阳极基质，再将阳极功能层(重量比 NiO：BZCY7 = 60%：40% 混合物)压于该基质上，最后将上述制备好的 BZCY7 粉体均匀分散在阳极基质上，在 250MPa 下压制而后在 1400℃烧结 5h 得致密 BZCY7 电解质膜。多层 $GdBaFe_2O_{5+\delta}$(GBF)粉体也用改进的 Pechini 法制备，以 $Gd_2O_3$、$Ba(NO_3)_2 \cdot 9H_2O$ 和 $Fe(NO_3)_3 \cdot 5H_2O$ 为前驱体，而后在 1000℃烧结 10h，制备好的 GBF 粉体和 6wt.% 的乙基纤维素—松油醇黏接剂混合完全制备阴极浆料，将该浆料涂于 BZCY7 电解质膜上，而后 1000℃烧结 3h 形成 NiO－BZCY7/BZCY7/GBF 单电池。Wei Liu[35]等用 Pechini 法和固相反应法相结合制备 $BaCe_{0.7}Ta_{0.1}Y_{0.2}O_{3-\delta}$(BCTY10)粉体，该法将 $Ba(NO_3)_2$、$Ce(NO_3)_3 \cdot 6H_2O$ 和 $Y(NO_3)_3$按化学或计量比溶解后加入柠檬酸作络合剂，摩尔比柠檬酸/金属离子 =1.5，之后加入 $Ta_2O_5$(～17μm)而后将溶液加热搅拌蒸发至凝胶状灼烧成灰，球磨 24h 后在 1000℃煅烧 3h 制得 BCTY10 粉体。

### 1.4.8 溶胶－凝胶法(sol－gel)

Zongping Shao[28]等用 EDTA－柠檬酸盐络合的溶胶－凝胶法制备 $Ba_{0.5}Sr_{0.5}Co_{0.8}Fe_{0.2}O_{3-\delta}$(BSCF)和 $BaZr_yCe_{0.8-y}Y_{0.2}O_{3-\delta}$(BZCYy，$0.0 \leq y \leq 0.8$)，该法以分析纯的金属硝酸盐 $Ba(NO_3)_2$、$Zr(NO_3)_4 \cdot 5H_2O$、$Sr(NO_3)_2$、$Ce(NO_3)_3 \cdot 6H_2O$ 和 $Y(NO_3)_3 \cdot 6H_2O$ 为起始原料，以 $BaZr_{0.1}Ce_{0.7}Y_{0.2}O_{3-\delta}$(BZCY0.1)为例，将适量的金属硝酸盐混合均匀，以摩尔比总金属离子：EDTA：柠檬酸 =1：1：2 加入 EDTA 和柠檬酸作络合剂，用 $NH_4OH$ 调剂 pH 至约 6，90℃加热至透明溶胶状，而后

240℃预热处理去除有机物，在 900℃ ~1000℃空气中煅烧 5h。

陶宁，梅辉，王金霞[65,70-71,75-76,81,89,91,93]等用溶胶-凝胶法合成所需的固体电解质，合成过程如下：

陶宁[65]等将 $RE_2O_3$ 和 $Ce_2(C_2O_4)_3 \cdot 9H_2O$ 溶于硝酸制备 $RE(NO_3)_3$ 和 $Ce(NO_3)_3$ 溶液，以标准 EDTA 标定其浓度，按 $BaCe_{1-x}RE_xO_{3-\delta}$ 化学计量比将相应硝酸盐溶液混合，钡组分以 $Ba(CH_3COO)_2$ 固体加入，再加入 2 倍金属离子总摩尔数的柠檬酸，用氨水调节 pH≈8，于 50℃ ~70℃水浴蒸发，得到透明溶胶，继续蒸发，得到凝胶，在 120℃下干燥 24h，900℃灼烧 8h，压片后于 1300℃烧结 10h，等自然退火至室温即可得到产物。

梅辉[70]等采用直接滴定的络合滴定方法测定溶液中金属离子物质的量，按 $BaCe_{0.95}Yb_{0.05}O_{3-\alpha}$ 化学计量比 Ba： Ce： Yb =1： 0.95： 0.05 将相应硝酸盐溶液混合，在混合溶液中再加入柠檬酸，配备 5 份溶液，加入柠檬酸与溶液中金属离子物质的量的比[n(C)： n(M)]分别为 0： 1，1： 1，1.5： 1，2： 1，2.5： 1，然后分别用氨水和醋酸调节 pH≈7，搅拌回流使溶液充分混合呈亮黄色透明溶液。将上述混合溶液 60℃ ~70℃水浴蒸发，得到可以拉丝的琥珀色透明溶胶，继续蒸发，得到凝胶。将此凝胶置于恒温干燥箱中，120℃ 干燥 24h，形成干凝胶。将干凝胶在 253.8℃左右点燃，发生了不同程度的燃烧反应形成泡沫状粉末。选择粉末为蓬松、均一的浅黄色粉末，作为试验研究用，将选取的粉末在各指定温度时间下进行焙烧，849.8℃左右得到预期的单相超细粉体。粉体压制成 10mm ×1mm 的圆片，在 1300℃下烧结 2h 成高温氢传感器陶瓷片。

陈蓉[71]等按所需摩尔比称量 $Ba(CH_3COO)_2$、$Ce(CH_3COO)_3$、$Gd_2O_3$ 溶于盐酸溶液中，加热使之溶解，再加入柠檬酸水溶液（柠檬酸与总金属离子的摩尔比约为 2 ∶ 1），加入适量氨水，调节 pH 至 8 ~9，充分搅拌，加热，使柠檬酸与金属离子充分配位，形成无色透明的溶胶，继续加热形成凝胶。凝胶蒸发后为淡黄色固体，研磨后用不锈钢模具压成圆柱体，置于电炉中，在空气气氛中以 1250℃灼烧 10h。样品取出后球磨 5h，烘干，过筛，再以 $2 \times 10^2$ MPa 等静水压力压制成直径约为 18mm 的圆片，置于电炉中、空气氛围中 1450℃烧结 10h。

王金霞[75]等用化学试剂为 $Ba(CH_3COO)_2$，$Ce(NO_3)_3 \cdot 6H_2O$，$Y_2O_3$(99%)和 $C_6H_8O_7 \cdot H_2O$（柠檬酸），按照分子式 $BaCe_{0.75}Y_{0.25}O_{3-\delta}$ 和 n(柠檬酸) ∶ n(总的金属离子) =1.2 ∶ 1 分别称料。将 $Y_2O_3$ 溶于浓硝酸中，制成 $Y(NO_3)_3$，用超纯去离子水将原料溶解成水溶液，混合后搅拌均匀，配成质量百分比为 5% ~10% 的水溶

液；用浓度为25%的氨水采用滴定方式调节pH至8，用水浴锅对溶液60℃恒温加热，用磁力搅拌器搅拌至溶胶。随着水分的不断蒸发，溶胶成为淡黄色的网状凝胶，在空气中自燃，得到淡黄色疏松块状物，研磨后获得原粉。

刘进伟[81]等根据$BaCe_{0.9}Ca_{0.1}O_{3-\alpha}$的化学计量比称取适量的$Ba(C_2H_3O_2)_2$，$Ce(NO_3)_3 \cdot 6H_2O$，CaO原料，制得混合水溶液。称取适量的柠檬酸溶于上述溶液中（柠檬酸与总金属离子的摩尔比约为3：1），加入适量氨水，将溶液的pH调至8~9，在80℃水浴中蒸发成为透明溶胶，继续蒸发成为透明湿凝胶。将湿凝胶在120℃烘箱中烘干成为干凝胶，置于瓷坩埚中在煤气灯上灼烧灰化，将得到的初级粉体用不锈钢模具压成圆柱体，在程控高温炉中1050℃下煅烧10h。将煅烧产物湿法球磨2h，烘干，过筛，经处理后的粉体用$2\times10^8$Pa的等静水压力压制成直径约20mm、厚度约2mm的圆形薄片，在电炉中以1500℃烧结12h获得致密的$BaCe_{0.9}Ca_{0.1}O_{3-\alpha}$陶瓷样品。

蒋红旺[89]等准确移取$NH_4NO_3$，$Ce(NO_3)_3 \cdot 6H_2O$和$Ba(NO_3)_2$溶液于烧杯中，均匀混合后待用。按物质的量比1：1取柠檬酸和乙二胺四乙酸放入上述混合溶液中，滴加氨水调节溶液pH值。将所得溶液冷凝回流2h后，在60℃水浴中缓慢蒸发，得到湿凝胶，将其置入120℃干燥箱中保温24h，得到前驱体粉末，再将前驱体粉末放入马弗炉中于不同温度煅烧4h，冷却，研磨后即得所需产物样品。

韩伟[91]等根据BCZY71的化学计量比称取$Y_2O_3$，$Ba(NO_3)_2$，$Ce(NO_3)_3 \cdot 6H_2O$，$Zr(NO_3)_3 \cdot 4.5H_2O$原料，再称取柠檬酸（CA：$M^{n+}$=1：1摩尔比）和乙二胺四乙酸（EDTA：M=3：2摩尔比），首先把$Y_2O_3$溶于稀硝酸中，然后放入其他金属硝酸盐制备成硝酸盐水溶液，把硝酸盐水溶液倒入EDTA氨水溶液中，然后加入柠檬酸，在80℃水浴搅拌加热，最后加入氨水调节溶液的pH大约到6。把搅拌后的溶液放入100℃的烘箱中烘烤2天，得到干凝胶，在500℃、1000℃分别焙烧干凝胶2h，用来研究结晶过程。将1000℃焙烧2h，得到的粉末用不锈钢模具压成圆柱体，在电炉中空气气氛下以1450℃烧结5h，获得致密的BCZY71陶瓷样品。

王静任[93]等按摩尔比1：1分别称取$CeO_2$和$BaCeO_3$、$CeO_2$和BCY、GDC和$BaCeO_3$以及GDC和BCY。将4组粉末分别倒入球磨罐并加入无水乙醇，在球磨机上球磨5h，后烘干，制备出混合均匀的$CeO_2-BaCeO_3$、$CeO_2$-BCY、GDC-$BaCeO_3$、GDC-BCY复合粉末。备好的GDC、BCY及复合粉末在300MPa的压力下压制成直径为12mm、厚度为0.5mm的圆片。在空气气氛中将复合片放在程控高温箱式炉中，以3℃·$min^{-1}$的升温速率升到1550℃并保温5h。

### 1.4.9 微乳法(ME)

Guilin Ma[36]等用微乳法制备 $BaCe_{1-x}Y_xO_{3-\alpha}$($x=0.05$、0.10、0.15、0.20)陶瓷粉体,参考如图1-11所示。乳剂A:将化学计量的 $Ba(C_2H_3O_2)_2$、$Ce(C_2H_3O_2)_3$、$Y(C_2H_3O_2)_3 \cdot 4H_2O$ 搅拌溶于去离子水中,然后将适量的环乙烷(作油相)、无水乙醇(作助活性剂)、聚乙烯乙二醇 PEG(作表面活性剂)加入搅拌。乳剂B:包括 $NH_4)_2CO_3-NH_4OH$(作共沉淀剂)、环乙烷、无水乙醇、聚乙烯乙二醇 PEG,而后将B倒入A中搅拌,将生成的白色悬浆过滤干燥,在1150~1200℃中煅烧10h后在无水乙醇中球磨干燥过筛,将制得的陶瓷粉体压制后在1500℃中煅烧10h后压制成片。Guilin Ma[37]等还用微乳法制备 $BaCe_{1-x}Gd_xO_{3-\alpha}$($0.05 \leqslant x \leqslant 0.20$)陶瓷粉体。乳剂A:将化学计量分析纯的 $Ce(NO_3)_3 \cdot 6H_2O$、$Ba(NO_3)_2$ 和 $Gd(NO_3)_3 \cdot 6H_2O$ 搅拌溶于去离子水中,然后将适量的环乙烷(作油相)、正丁醇(作助表面活性剂)、聚乙烯乙二醇4000,即PEG4000(作表面活性剂)加入搅拌。乳剂B:包括 $(NH_4)_2CO_3-NH_3 \cdot H_2O$(作共沉淀剂),而后在60℃下将B倒入A中搅拌,将生成的白色悬浆过滤干燥,在1000℃中煅烧10h后球磨,压制后在1500℃中煅烧10h。

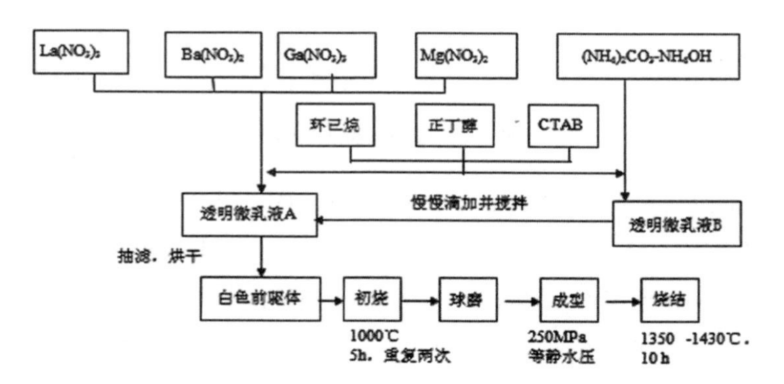


图1-11 微乳法制备陶瓷样品路线图

## 1.5 $BaCeO_3$基电解质材料的性能研究

### 1.5.1 电导率

A. Radojkovic[1]等对 $BaCe_{0.9}Ee_{0.1}O_{2.95}$（BCE）电导率测试其总电导率取决于 500～700℃，BCE 在 600℃的湿氢气氛中的电导率达 $1.2\times10^{-2}S\cdot cm^{-1}$，这可以视为在 $BaCeO_3$基质子导体中电导率最高的一种，如图 1－12 所示。

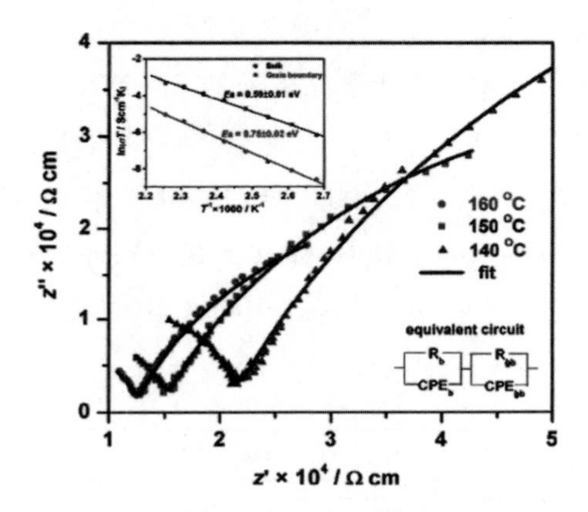


1－12 $BaCe_{0.9}Ee_{0.1}O_{2.95}$（BCE）电导率测试

Po－Chun Chen[4]等对 $BaCe_{0.4}Zr_{0.4}Gd_{0.1}Dy_{0.1}O_{3-\delta}$（BCZGD）进行电导率分析，对于质子导电陶瓷，电导率是由于质子、电子或者两者同时迁移造成的，原则上，陶瓷可以通过两种路径产生质子，一是水蒸气分解成为 $OH^-$ 和 $H^+$，或者提高温度分解 $H_2$，电导率和温度曲线结果分析显示水蒸气可以有效地提高试样的电导率，湿氛中的电导率明显高于干氛，尤其是在 $N_2$氛中电导率的提高有助于水蒸气的分解，在不同氛围中试样的活化能在 0.41～0.78V 之间，湿氛中的活化能要比干氛中的小一些，另外氢氛中的活化能比氮氛和氧氛中的活化能要低，很明显有电导率随着活化能的降低而增加，如表 1－3、表 1－4 所示。

表 1-3　$BaCe_{0.4}Zr_{0.4}Gd_{0.1}Dy_{0.1}O_{3-\delta}$(BCZGD)不同气氛下电导率

| Conductivity/($S\cdot cm^{-1}$) | | | | | |
|---|---|---|---|---|---|
| Atmosphere | 700 °C | 600 °C | 500 °C | 400 °C | 300 °C |
| Dry $H_2$ | 1.43E-03 | 1.03E-03 | 4.91E-04 | 1.33E-04 | 2.18E-05 |
| Dry $N_2$ | 1.37E-03 | 7.36E-04 | 2.19E-04 | 3.54E-05 | 2.15E-06 |
| Dry $O_2$ | 1.85E-03 | 1.20E-03 | 3.46E-04 | 9.06E-05 | 5.84E-06 |
| Wet $H_2$ | 1.93E-03 | 1.15E-03 | 5.95E-04 | 2.16E-04 | 7.80E-05 |
| Wet $N_2$ | 2.04E-03 | 9.76E-04 | 4.26E-04 | 9.75E-05 | 1.72E-05 |
| Wet $O_2$ | 1.85E-03 | 1.27E-03 | 6.40E-04 | 1.97E-04 | 4.03E-05 |

表 1-4　$BaCe_{0.4}Zr_{0.4}Gd_{0.1}Dy_{0.1}O_{3-\delta}$(BCZGD)的活化能

| Activation energy | | |
|---|---|---|
| Atmosphere | Wet /eV | Dry / eV |
| Hydrogen | 0.41 | 0.5 |
| Nitrogen | 0.59 | 0.78 |
| Oxygen | 0.47 | 0.71 |

A. Demin[6]等发现在干氛中试样 BCZY0. 3 的电导率和未处理试样相比，在高温区，处理过的试样电导率值存在较小的偏离，这表示在处理 10h 后陶瓷体积(电导率和它有关)没有明显的变化，而在低温区，BCZY0. 3 试样的电导率也没有增大；而未处理 BCZY0. 3 陶瓷试样在电导率上的温度效应是不同的，首先，在高温区的氧化氛中其电导率较低温区要高，这种差异受 $pO_2$ 的影响，因为在 $pO_2$ 较高时是离子 - 空穴混合电导率，而 $pO_2$ 较低时是纯离子传导，如图 1-13 所示。这种差异在空气和 $H_2$ 之间随着温度的升高而变大，因为相应的空穴传导对电导率的贡献增大；其次，蒸汽压也影响电导率，因为质子和氧离子对总电导率的贡献在变化，在干氛中，氧离子的传导取决于氧空穴的迁移，而水蒸气存在时，质子传输成为电导率的主要来源，尤其是在低温范围内。

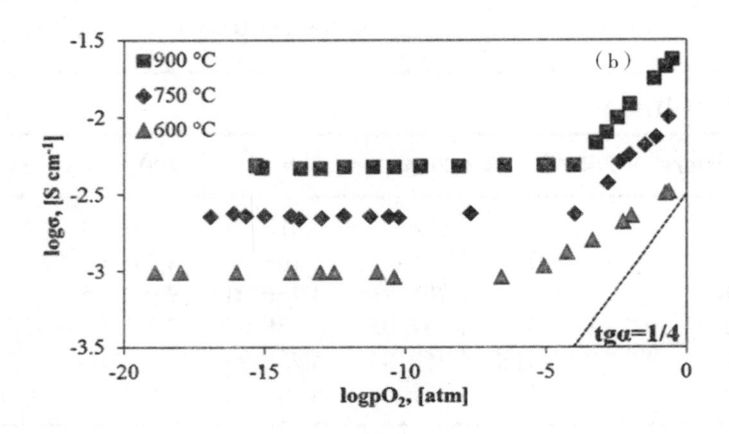


图 1-13 电导率与氧分压的关系

P. Tsiakaras[7] 等对 $BaCe_{0.8-x}Zr_xY_{0.2}O_{3-\delta}$(BCZYx)分析显示 Zr 浓度从 0 增加到 0.8 会导致:(1)晶体结构的自由体积从 31.6Å$^3$降到 21.72Å$^3$;(2)对总的单电池体积的贡献从 37.1% 降到 29.2%;(3)陶瓷平均晶粒尺寸从 7.4μm 降到 0.25μm;这些下降趋势加上 Ce 和 Zr 元素的电中性导致 $BaCe_{0.8-x}Zr_xY_{0.2}O_{3-\delta}$(BCZYx)的总离子电导率分别在 600℃时从 13.6mS·cm$^{-1}$降到 0.2mS·cm$^{-1}$、900℃时从 40.6mS·cm$^{-1}$降到 0.4mS·cm$^{-1}$,BZCYx 的电导率分别在 300℃时从 0.85mS·cm$^{-1}$降到 0.02mS·cm$^{-1}$(~98%)、900℃时从 69.9mS·cm$^{-1}$降到 17.9mS·cm$^{-1}$(~75%),同时随 x 增加空穴对电导率的增加贡献也增大。

Junfu Bu[9] 等对 $BaZr_{0.5}Ce_{0.3}Y_{0.2}O_{3-\delta}$(x=0.5,BZCY532)、$BaZr_{0.6}Ce_{0.2}Y_{0.2}O_{3-\delta}$(x=0.6,BZCY622)和 $BaZr_{0.7}Ce_{0.1}Y_{0.2}O_{3-\delta}$(x=0.7,BZCY712)在湿氢氛中测定三者的质子电导率,其在 600℃的阻抗谱显示三者的质子电导率分别为 2.6mS·cm$^{-1}$、0.44mS·cm$^{-1}$和 0.16mS·cm$^{-1}$,这些数据为它们在中温固体氧化物燃料电池(ITSOFCs)中作为有前景的质子导体奠定基础,如图 1-14 所示。

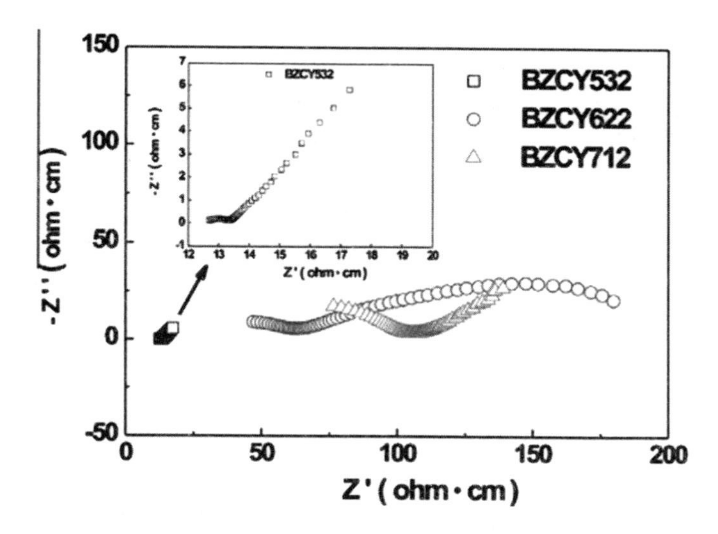


**图 1-14 BZCY532、BZCY622、BZCY712 在 600℃的阻抗谱**

P. Kim - Lohsoontorn[10]等将用 1mol · $L^{-1}$的$(NH_4)_2C_2O_4$作沉淀剂且用高强度超声沉淀法合成的 $BaCeO_3$装成单电池，电池在蒸汽条件件电解，20% $H_2O$、40% $H_2$和 40% $N_2$混合气通入阳极室，$N_2$通入阴极室，操作温度在 600℃ ~800℃，其电导率从 600℃的 $2.67 \times 10^{-6}Scm^{-1}$增加到 800℃的 $1.56 \times 10^{-5}S \cdot cm^{-1}$，传导活化能是 0.78eV(75kJ · $mol^{-1}$)，这和掺杂的 $BaCeO_3$相比电导率相对较小。Ruiqiang Yan[20]等对 $BaCo_{0.8}Nb_{0.1}Fe_{0.1}O_{3-\delta}$(BCNF)进行电导率测试发现，在空气中从 700℃ ~900℃高达 $10^{-1}S \cdot cm^{-1}$。

Wei Liu[34]等对 $BaCe_{0.7}In_{0.3}O_{3-\alpha}$(BCI30)试样通过交流阻抗法测定 BCI30 隔膜的电导率得 1150℃烧结的电导率最低，1250℃电导率急剧增加，而与 1250℃相比 1350℃仅仅有小幅度增长，这表示高温烧结对电导率的影响较小。因此，虽然 Cell - 1150 有最低的极化电阻，但其低的电导率限制了它在 SOFC 中的应用，Cell - 1350 尽管有最高的电导率，但它的极化电阻太高，所以 Cell - 1250 因它有较高的电导率和合理的极化电阻，其电池总电阻最低，最好的电池性能，1250℃为最佳烧结温度。

Guilin Ma[36]等发现 $BaCe_{1-x}Y_xO_{3-\alpha}$(x = 0.05、0.10、0.15、0.20)在湿氢氛中的电导率 - 温度曲线显示，其电导率顺序为 $\sigma(x=0.15) > \sigma(x=0.20) > \sigma(x=0.10) > \sigma(x=0.05)$，在 600℃时 x = 0.15 的最高电导率为 $1.04 \times 10^{-2}S \cdot cm^{-1}$。在 300℃ ~600℃时，研究了 x = 0.15 在 $H_2O$ - Ar(20℃水蒸气饱和的 Ar)和 $D_2O$ - Ar(20℃重水蒸气饱和的 Ar)同位素效应对电导率的影响结果表示，其指前因子比率 $A_D/A_H$ = 1.30，接近理论值，表明 x = 0.15 在该条件下有质子导电性，如图 1 - 15 所示。

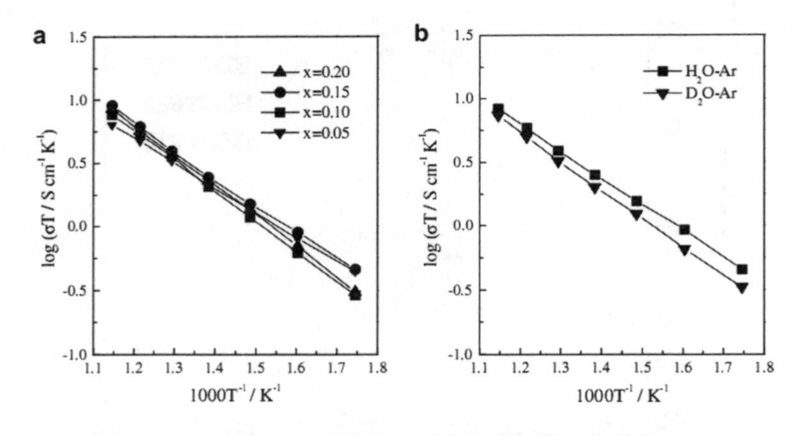


**图 1-15 $BaCe_{1-x}Y_xO_{3-\alpha}$的电导率及同位素效应**

XingqinLiu[42]等对试样 $BaCe_{0.8-x}Nb_xSm_{0.2}O_{3-\alpha}$(x=0,0.05,0.1)在 500℃~800℃的湿氢氛中的电导率测试显示 $BaCe_{0.7}Nb_{0.1}Sm_{0.2}O_{3-\alpha}$在 700℃时电导率值为 0.0026S·$cm^{-1}$,如图 1-16 所示。Meilin Liu[48]等对 $Ba(Zr_{0.1}Ce_{0.7}Y_{0.2})O_{3-\delta}$进行电导率测试,从(BZCY7)电导率-温度曲线图可得,BZCY7 在湿 4% $H_2$/Ar 氛中其离子电导率明显高于 $ZrO_2$(YSZ),$La_{0.8}Sr_{0.2}Ga_{0.8}Mg_{0.2}O_3$(LSGM)和 $Ce_{0.8}Gd_{0.2}O_3$(GDC)的离子电导率在 550℃以上却比 BZCY7 的要高,在 550℃以下,BZCY7 的离子电导率最高;另外质子导体 BZCY7 的活化能比那些例如氧空位传导的氧离子导体 GDC、LSGM 和 YSZ 要小。

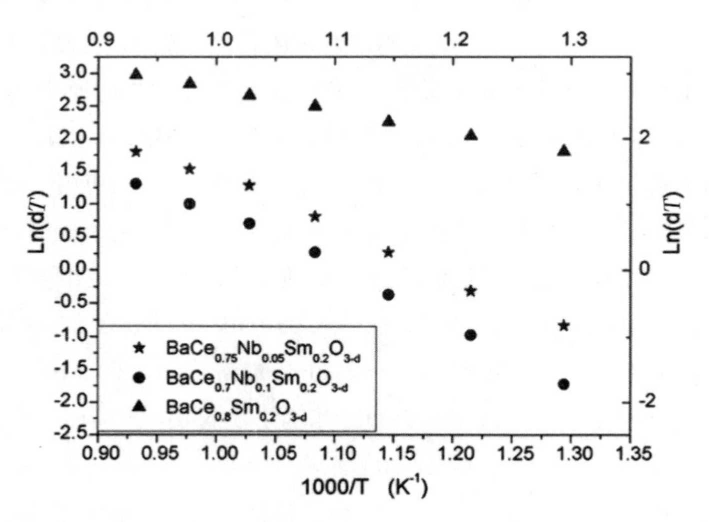


**图 1-16 $BaCe_{0.8-x}Nb_xSm_{0.2}O_{3-\alpha}$在 500℃~800℃的湿氢氛中的电导率**

Lei Yang[50]等对 $Ba(Zr_{0.1}Ce_{0.7}Y_{0.2})O_{3-\delta}$(BZCY)烧结体和 BZCY 支撑的阳极膜在湿氢氛的燃料电池条件下测试其电导率,BZCY 烧结体在 1350℃和 1550℃烧结 10h,而在 SSR/SSR 和 GNP/SSR 电池中的电解质膜在 1350℃烧结 6h,很明显 GNP/SSR 电池中的电解质膜在 700℃时的电导率为 $0.025S \cdot cm^{-1}$ 比 SSR/SSR 电池中电解质膜或是在 1350℃烧结 10h 的 BZCY 烧结体要大得多,这些电导率上的差异来源于电解质试样的多孔性。2002 年,陈蓉,马桂林等[66]报道了掺杂的 $BaCeO_3$ 在 600℃ ~1000℃下氢气氛中几乎是一个纯质子导体。徐志弘和温廷琏[58]在试验中发现,在整个测试温度范围内,掺杂 $BaCeO_3$ 和 $SrCeO_3$ 在各种气氛下的电导性能是不同的。其中,在氧气气氛下的电导率较其他气氛下的电导率在整个温度范围内都大,是由于在富氧气氛下,掺杂 $BaCeO_3$ 和 $SrCeO_3$ 表现为氧离子和电子的混合导体。这样导致了在氧气气氛下的电导率较其他气氛下的电导率高。

### 1.5.2 热重性能

Ranjit Bauri[2]等首先对 $BaCe_{0.9}Er_{0.1}O_{3-\delta}$(BCE)试样进行 TGA/DSC 分析来确定煅烧温度,从制备好的 $BaCeO_3$ 的 TGA/DSC 图 1-17 所示来看,吸热峰在 800℃左右有助于 $BaCO_3$ 从正交晶到六方晶的转变,这种转变可以加速超过 800℃的 $BaCO_3$ 的分解,从 800℃ ~1000℃的急剧重量损失有助于 $BaCO_3$ 的分解同时伴随着 $BaCeO_3$ 相的形成,1100℃之后重量变化不大说明去碳酸盐和新相的形成几乎完成,根据这些可以选定最佳煅烧温度在 1000℃ ~1300℃。

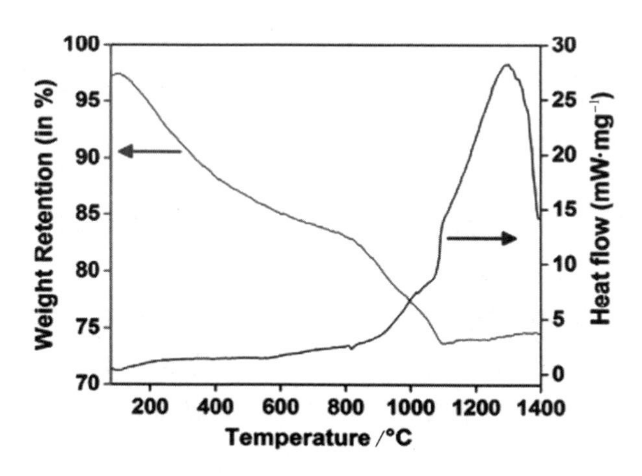


**图 1-17 $BaCe_{0.9}Er_{0.1}O_{3-\delta}$(BCE)试样:TGA/DSC**

Abul K. Azad[16]等对脱水试样 $BaCe_{0.5}Zr_{0.35}Sc_{0.1}Zn_{0.05}O_{3-\delta}$（BCZSZ5）在热的 3% $H_2O$/5% $H_2$/Ar 氛中的热重量分析显示，原始试样的重量损失随着温度的增加先增加后减少至最后减少极少。

J. T. S. Irvine[18]等对 $Ba(Ce,Zr)_{1-x}Sc_xO_{3-\delta}$（x = 0.1，0.2）进行 TGA 分析可得最大水分摄取量在400℃左右。Masatsugu Oishi[46]等对 $BaCe_{0.9}Y_{0.1}O_{3-\delta}$进行重量分析，由其在相对重量变化（$\Delta w/w_{sample}$）－$P_{O2}$、$P_{H2O}$ 曲线可以得出在干氛中 $\Delta w/w_{sample}$很少受 $P_{O2}$ 和温度的影响，而在湿氛中，$\Delta w/w_{sample}$受温度影响较大而受 $P_{O2}$ 影响较小，在 $BaCe_{0.9}Yb_{0.1}O_{3-\delta}$上也得到类似的结果，这些结果表明在试样和气相之间的氧气变化和吸收与水蒸气相比是可以忽略的，这符合以往的报道。Wei Liu[47]等通过在 $CO_2$ 中的热重量分析法，$BaCe_{0.9}Ga_{0.1}O_{3-\delta}$（BCG10）和 $BaCe_{0.8}Ga_{0.2}O_{3-\delta}$（BCG20）有很高的稳定性，而 $BaCeO_3$ 则明显的发生反应分解成为 $CeO_2$ 和 Ba-$CO_3$。

### 1.5.3 阻抗谱图

A. Radojkovic[1]等对 $BaCe_{0.9}Ee_{0.1}O_{2.95}$（BCE）的电化学阻抗谱（EIS）分析显示，分离的晶粒和晶界对低于200℃的总电解质电导率有贡献，晶界电导率比晶粒电导率低 1～2 个数量级，而其活化能则稍大，这显示了晶界对电荷载体迁移率的阻碍作用，这种阻碍作用在500℃以上就完全消失。Hyon Hee Yoon[5]等对试样 $BaZr_{0.1}Ce_{0.7}Y_{0.2}O_{3-\delta}$（BZCY）进行交流电阻抗分析表明：离子电导率受温度影响较小而晶界电导率在较高烧结温度下尺寸的增大会更高。Ranran Peng[8]等分别对 $BaCe_{0.8}Sm_{0.2}O_{2.9}$（BCS）和 $BaCe_{0.8-x}F_xSm_{0.2}O_{2.9}$（BCSF）两者进行阻抗分析，显示 BCSF 的极化电阻远远小于 BCS，而两者的欧姆电阻几乎相同，在500℃、600℃、700℃测定 BCSF 和 BCS 的极化电阻分别为 2.32Ω·$cm^2$、0.48Ω·$cm^2$、0.09Ω·$cm^2$ 和 11.48Ω·$cm^2$、0.60Ω·$cm^2$、0.139Ω·$cm^2$，BCSF 较低的极化电阻表示其电化学性能的提高，这主要根源于电极反应的加速。

Hailei Zhao[11]等将掺杂 ZnO（0.5wt.%、1wt.%、2wt.%）的 $Ba_{1.03}Ce_{0.5}Zr_{0.4}Y_{0.1}O_{3-\delta}$试样 EIS 测试进行，阻抗谱显示纯试样由于其多孔结构未检测到电导率，阻抗谱图由高频区、中频区和低频区相对应晶粒、晶界和电极响应三部分组成，低温时（≤250℃），三个圆弧都可以看到，其电容分别为 $10^{-10}$F·$cm^{-1}$、$10^{-8}$F·$cm^{-1}$、$10^{-6}$F·$cm^{-1}$，高温时（≥300℃），高频区半圆相对应的晶粒响应由于仪器检测所限不能看到，如图 1－18 所示。因此，晶粒响应是中频弧与实轴在高频区的截距，在低频区,除了来自电极之外还有一个来自电极/电解质分散过程的弧,可以看出试样在干氛中的电阻要比湿氛中的电阻大,晶粒和晶界电导率都随温度的升高而增加,而这种趋势在高于 600℃后逐渐减缓,这种减缓的增长是由于水分损失而使质子浓度降低热活性和质子电荷载体移动性的增加,在 200℃ ~600℃温度范围内的晶粒传导活化能约为 0.52eV,而 600℃ ~800℃内活化能更小为 0.21eV,但是在 200℃ ~600℃其晶界传导的活化能约为 0.66eV,600℃ ~800℃为 0.26eV,表明可能存在质子和氧离子或者空穴传导占主导的混合传导。

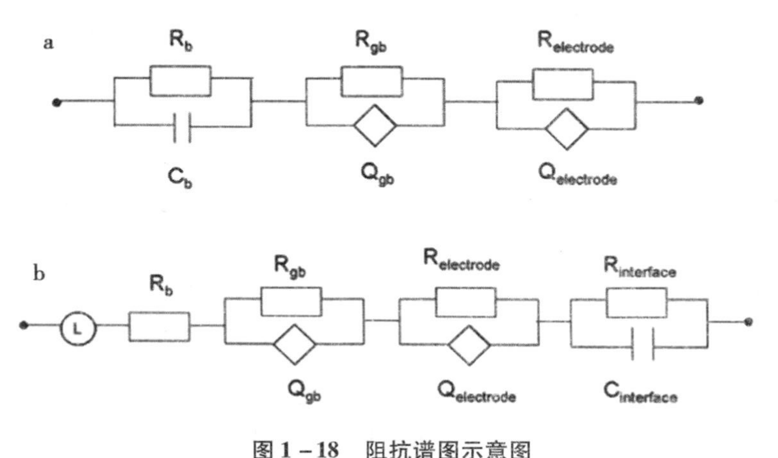


**图 1-18 阻抗谱图示意图**

**(a)低温时(≤250℃);(b)高温时(≥300℃)**

Guangyao Meng[12] 等将 $BaCe_{0.5}Zr_{0.3}Y_{0.16}Zn_{0.04}O_{3-\delta}$(BZCYZn)和 $SrCo_{0.9}Sb_{0.1}O_{3-\delta}$(SCS)组成电池 Ni - BZCYZn/BZCYZn/SCS,在不同温度下的开路电流条件下测定其阻抗谱,在低频区与实轴的截距表示电池总电阻,在高频区表示电解质电阻,而在两者之间的差值表示阴极 - 电解质和阳极 - 电解质两界面之间的总电阻,温度的增加导致界面电阻降低,从 500℃的 $0.83\Omega \cdot cm^2$ 降到 700℃的 $0.07\Omega \cdot cm^2$,这表示 SCS 立方钙钛矿阴极可作为低于 700℃的良好材料,另外电池性能受界面电阻的影响,尤其是在低于 550℃,在 550℃电极的极化电阻约为 $0.83\Omega \cdot cm^2$,而电解质电阻只有 $0.81\Omega \cdot cm^2$,所以找到适当的阴极材料是低温 PCMFC 发展的一个挑战。Zhimin Zhong[13] 等测定 $BaCe_{0.7}Zr_{0.2}Y_{0.1}O_{2.95}$ 在 700℃和 900℃的湿空气条件下阻抗谱,在 700℃时谱图与实轴的截距从左到右分别为晶粒电阻、晶界电阻和界面电阻,可以明显看到每个电阻,而在 900℃时,晶粒和晶界电阻就分辨不出来,它们不再分开。

Wei Liu[32]等将 $Sm_{0.5}Sr_{0.5}CoO_{3-\delta}$(SSC)、$Ce_{0.8}Sm_{0.2}O_{2-\delta}$(SDC)和 $BaZr_{0.1}Ce_{0.7}Y_{0.2}O_{3-\delta}$(BZCY)组装成电池 SSC - BZCY 和 SSC - SDC,该电池在不同温度下的开路电流阻抗图显示低频和高频与实轴的截距分别表示电池的总电阻($R_{total}$)和欧姆电阻($R_{ohm}$),这两者之间的差值表示电解质和电极之间的极化电阻($R_p$),可以看出随温度的升高电阻都减小,从不同温度下的估算电阻($R_{total}$、$R_{ohm}$、和 $R_p$),在 700℃获得低区域性 $R_p$为 0.066Ω · $cm^2$,这非常有利于输出高性能,操作温度从 700℃降到 500℃,单电池的 $R_{ohm}$也从 0.35Ω · $cm^2$增加到 0.82Ω · $cm^2$,而 $R_p$从 0.066Ω · $cm^2$增加到 3.74Ω · $cm^2$,$R_{ohm}$双倍增加,$R_p$几乎增加 56 倍,这表示在低温区极化电阻对总电阻的影响占主要部分。Xingjian Xue[33]等将 $GdBaFe_2O_{5+\delta}$(GBF)在质子陶瓷隔膜燃料电池(PCMFC)中作阴极材料,用电化学阻抗谱检测其性能,在开路电压不同温度条件下的阻抗谱由两部分组成,高频弧可归因于电荷转移过程的极化,低频弧可归因于在阴极表面氧的吸附、解吸作用和氧离子的分散,操作温度的增加导致界面极化电阻 $R_p$的降低,从 600℃的 0.75Ω · $cm^2$降到 700℃的 0.18Ω · $cm^2$。Wei Liu[34]等用 $BaCe_{0.7}In_{0.3}O_{3-\alpha}$(BCI30)作电解质的单电池,在开路电压条件下的电阻通过交流阻抗法测定,低频和高频与实轴的截距分别表示电池的总电阻($R_{total}$)和欧姆电阻($R_{ohm}$)(包括电解质离子电阻和一些与界面相联系的接触电阻,称为电解质总电阻),这两者之间的差值表示电解质和电极之间的极化电阻($R_p$),在 700℃时 Cell - 1150,Cell - 1250 和 Cell - 1350 的阻抗谱显示,电解质总电阻分别为 1.45Ω · $cm^2$、0.86Ω · $cm^2$ 和 1.6Ω$cm^2$,极化电阻($R_p$)分别为 0.25Ω · $cm^2$、0.33Ω · $cm^2$ 和 1.23Ω · $cm^2$,显然,$R_p$随温度升高而增大。

### 1.5.4 材料的稳定性研究

Po - Chun Chen[4]等研究 $BaCe_{0.4}Zr_{0.4}Gd_{0.1}Dy_{0.1}O_{3-\delta}$(BCZGD)的化学稳定性,将烧结体放入充满不同氛围的熔炉中,例如空气、氢气、氧气,熔炉加热到 800℃保持 4h,为了确定任何可能的分解,相关实验在干的和湿的条件下进行。从其 XRD 图中得试样对测试条件都有非常高的稳定性,为更进一步研究其化学稳定性,我们用 TGA 达 850℃记录试样在 $CO_2$中的重量变化,从其 25℃ ~850℃的 TGA 图中可得其化学稳定性良好,结果表明 Zr 的掺杂确实可以提高试样抗碳氧化物氛围的稳定性。A. Demin[6]等将 BCZYx 在 700℃的 $H_2O$ 氛中处理 10h,其 XRD 分析没有 $CeO_2$和 $Ba(OH)_2$产生,表示其在 $H_2O$ 氛中有足够的化学稳定性;而当在 $CO_2$氛中时,x 较低时试样将会和 $CO_2$反应,x 较高时其化学稳定性良好,Zr 的掺杂可以提高试样的热力学稳定性是因为 M - O 键强的减弱,使得相应的氧化物性能从碱性变为酸性;试样在 $H_2S$ 中时的 XRD 结果显示杂质衍射峰强度随着 x 的增加而降低,当 x≥0.4 时,杂质峰可忽略,另外相对于 $H_2O$ 和 $CO_2$而言硫化作用也很显著,当 x=0、0.1 时,试样在高 $H_2S$ 氛中损毁严重,而富含较高 Zr 试样的衍射强度仍然很高,这个事实表明硫化作用并不仅仅局限于陶瓷表面而是深入到陶瓷体积内部,这才导致试样损毁严重,结合 XRD 和 SEM 结果有 BCZYx 系统在 $CO_2$中其稳定范围为 0.3≤x≤0.8,而在高浓度的 $H_2S$ 氛中稳定范围是 0.4≤x≤0.8。

P. Tsiakaras[7]等对 $BaCe_{0.8-x}Zr_xY_{0.2}O_{3-\delta}$(BCZYx)分析显示取决于温度(热膨胀)和氧分压或者水蒸气分压(化学膨胀)的膨胀要求可以阻止功能材料的分层;随着 x 的逐渐增加,在 20℃ ~900℃范围内陶瓷的线性膨胀降低而晶体的结构对称性升高,这反映在相对应的热膨胀系数(TEC)值从 $11.6\times10^{-6}K^{-1}$降到 $8.3\times10^{-6}K^{-1}$( ~30%),并且 $P_{O_2}$的降低对陶瓷的线性膨胀并无多大影响,$10^{-20}\leq P_{O_2}/atm\leq0.21$时,与其他宽范围的氧化物材料相比 $BaCe_{0.4}Zr_{0.4}Y_{0.2}O_{3-\delta}$(BCZY0.4)没有看到明显的化学膨胀,而 $P_{H_2O}$的增加会对线性膨胀和热膨胀系数(TEC)产生显著的变化,如图 1 - 19 所示。

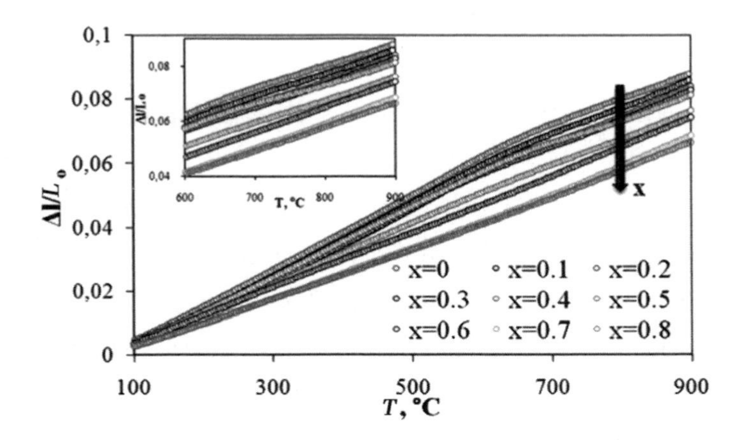


**图 1 - 19 $BaCe_{0.8-x}Zr_xY_{0.2}O_{3-\delta}$(BCZYx)的热膨胀**

Hailei Zhao[11]等为了研究 ZnO 对 $Ba_{1.03}Ce_{0.5}Zr_{0.4}Y_{0.1}O_{3-\delta}$试样化学稳定性的影响,将不同含量的 ZnO(0wt.%、0.5wt.%、2wt.%)试样在 $CO_2$和沸水中处理 10h 后,其 XRD 图显示有 ZnO 的试样经过 $CO_2$处理后都和未处理过的一样,说明该试

样有很好的抗 $CO_2$ 的能力，而显示 $Ba_{1.03}Ce_{0.5}Zr_{0.4}Y_{0.1}O_{3-\delta}$ 对于 $H_2O$ 的抗性较差，会使其分解为 BaO，(Zr，Ce)$O_2$ 和 $Y_2O_3$，进而与 $H_2O$ 反应生成 $Ba(OH)_2$。其反应式为 $Ba_{1.03}Ce_{0.5}Zr_{0.4}Y_{0.1}O_{3-\delta} \rightarrow BaO + Ce(Zr)O_2 + Y_2O_3$，$BaO + H_2O \rightarrow Ba(OH)_2$，所幸的是多 ZnO 的添加可以明显提高试样在沸水中的化学稳定性。

Zhimin Zhong[13] 等用共沉淀和冷冻干燥法制备的致密试样 $BaCe_{0.9-x}Zr_xY_{0.1}O_{2.95}$ 化学稳定性较固相法合成的要好。$BaCe_{0.9}Y_{0.1}O_{2.95}$ 和 $BaCe_{0.7}Zr_{0.2}Y_{0.1}O_{2.95}$ 的表面在 900℃ 仍然不耐水蒸气和 $CO_2$ 的侵蚀，而掺杂 40% 和 60% 的试样在相同条件下很稳定。Xingqin Liu[17] 等将 $BaCe_{0.7}Nb_{0.1}Gd_{0.2}O_{3-\delta}$（BCNG）和 $BaCe_{0.8}Gd_{0.2}O_{3-\delta}$（BCG）试样暴露于 700℃ 的 3% $CO_2$ + 3% $H_2O$ + 94% $N_2$ 中 20h，由 XRD 观测其相结构的变化从而测定其化学稳定性，结果表明前者较后者稳定；同时，根据 TGA 分析前者的热稳定性也较后者好。

J. T. S. Irvine[18] 等将 $Ba(Ce,Zr)_{1-x}Sc_xO_{3-\delta}$ 在纯 $CO_2$ 中测定其有更好的稳定性，尽管当 x = 0.1 时 $BaCe_{0.45}Zr_{0.45}Sc_{0.1}O_{3-\delta}$（BCZS10）的 XRD 图谱有稍微的变化。Ruiqiang Yan[20] 等对 $BaCo_{0.8}Nb_{0.1}Fe_{0.1}O_{3-\delta}$（BCNF）化学稳定性测试发现在中温的 $CO_2 + H_2O$ 氛中比较稳定。Zongping Shao[28] 等将粉体 $BaZr_yCe_{0.8-y}Y_{0.2}O_{3-\delta}$（BZ-CYy，$0.0 \leqslant y \leqslant 0.8$）暴露于充满纯 $CO_2$ 的 650℃ 熔炉管中 2h 后由 XRD 图可得当 $y \leqslant 0.3$ 时，BZCYy 结构遭到破坏表明发生了反应 $BaCeO_3 + CO_2 \rightarrow BaCO_3 + CeO_2$。因此低掺杂的 Zr 不能用于 SOFC 的电解质，当 y 达到 4 时，尽管有少量的碳酸盐峰存在，但是主要的晶型结构已经形成，$y \geqslant 0.4$ 时碳酸盐峰强度急剧下降而其相对密度增大，$CO_2$ - TPD 技术进一步说明随着 Zr 含量的增加，其抗 $CO_2$ 的化学稳定性增强。

Xingqin Liu[42] 等将 $BaCe_{0.8}Sm_{0.2}O_{3-\alpha}$ 在沸水处理后分解为 $CeO_2$ 和 $BaCO_3$，而含有 Nb 的其他粉体试样受其影响较小；在 $CO_2$ 和沸水中的热重分析显示，与 $BaCe_{0.7}Nb_{0.1}Sm_{0.2}O_{3-\alpha}$ 相比，前者和 $CO_2$ 发生明显的反应，所以后者的化学稳定性更好。Xingqin Liu[44] 等以 20μm 的 $BaCe_{0.4}Zr_{0.3}Sn_{0.1}Y_{0.2}O_{3-\delta}$（BSY）为电解质，通过一步固相反应法在 1450℃ 下共烧 5h 后装置在 NiO 基的阳极基质，测试显示 BSY 电解质在中温条件下对于 $CO_2$ 和 $H_2O$ 有很好的稳定性。另外 Sn 和 Zr 的掺杂不仅可以提高传统 $BaCeO_3$ 的化学稳定性，还可以提高其在湿氢氛中的电导率。Meilin Liu[48] 等将 $Ba(Ce_{0.8}Y_{0.2})O_3$（BCY20）和 $Ba(Zr_{0.1}Ce_{0.7}Y_{0.2})O_{3-\delta}$（BZCY7）在 500℃ 的 2% 的 $CO_2$（平衡与 $H_2$）中处理一星期后，从其 XRD 图可得 BCY20 分解成为 $BaCO_3$、$CeO_2$ 和 $Y_2O_3$，而 BZCY7 仍未变化，这说明后者在此条件下有较高的稳

定性,同样将 BZCY7 在含 15% $H_2O$ 的 $H_2$ 中处理,从其处理前后的 XRD 分析显示其处理后结构仍未变化,所以在此条件下 BZCY7 仍有很好的稳定性,Zr 代替部分 Ce 可以增强其在富含 $CO_2$ 和 $H_2O$ 氛中的化学稳定性。

## 1.6　$BaCeO_3$基电解质材料的应用

### 1.6.1　传感器

检验 Al 中含氢量的方法很多,实验方法包括真空熔化法、锡熔化法、真空升华法、同位素稀释法等,现场分析法有循环惰性气体平衡法和铸勺熔样热提取法。这些定氢方法时间长,分析结果不只包括溶于铝样的含氢量,而且包括不溶解的非金属夹杂物的含氢量。自固体电解质氧传感器应用于钢液中测定氧活度的工作取得成功以来,人们又进行了其他元素传感器的研究[59]。固体电解质型气体传感器由于其灵敏度高、选择性好,较优于传统的半导型气体传感器。近年来,$SO_2$,$NO_2$,$CO_2$,$H_2S$ 等气体传感器的研究一直受到研究者的重视,如图 1－20 所示。

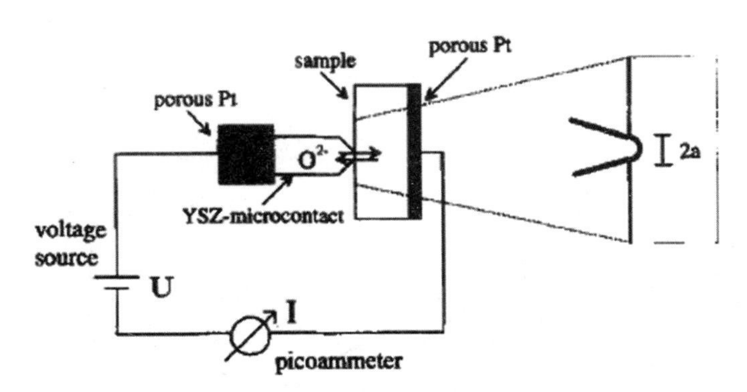


图 1－20　传感器示意图

### 1.6.2　燃料电池

固体燃料电池(亦称“固体氧化物燃料电池”,简称 SOFC)一般使用固态氧化物作为电解质[73]。燃料电池是把燃料(例如 $H_2$)与氧化剂(主要是 $O_2$,多以空气形式引入）反应所产生的化学能直接转化成电能的一种能量转换装置，由于不受卡诺循环的限制，能量转换效率较高。与传统的发电方式相比，它还具有无噪声、无污染和维修方便等优点，正越来越受到人们的重视[68]。

Ranran Peng[8]等以 $BaCe_{0.8}Sm_{0.2}O_{2.9}$（BCS）和 $BaCe_{0.8-x}F_xSm_{0.2}O_{2.9}$（BCSF）为电解质的单电池电流－电压（$I-V$）和电流－功率（$I-P$）曲线显示，前者的单电池在500℃、600℃、700℃时其功率密度分别为72mW·cm$^{-2}$、185mW·cm$^{-2}$和334mW·cm$^{-2}$，有着良好的电化学性能，而后者在同样条件下可达115mW·cm$^{-2}$、227mW·cm$^{-2}$和420mW·cm$^{-2}$，比前者大20%～60%，这显示BCSF的电化学性能大大提高，尤其是在低温条件下。BCSF和BCS电解质的开路电压（OCV）在700℃时几乎一样，约为0.99V，这表示两者均有较高的离子迁移数，在测试的前30h内，BCS电解质的OCV几乎稳定不变，而在接下来的测试中，其OCV快速下降，最后在46.5h后降至0.84V，相反的BCSF电解质非常稳定，在146h后仍保持在0.95V，因为两电池的阳极和阴极材料一样，所以其OCV可以反映电解质的化学稳定性，可以看出BCSF的化学稳定性非常良好，如图1－21所示。

Guangyao Meng[12]等在以 $BaCe_{0.5}Zr_{0.3}Y_{0.16}Zn_{0.04}O_{3-\delta}$（BZCYZn）为电解质电池的电流－电压（$I-V$）和电流－功率（$I-P$）曲线显示，几乎成直线的 $I-V$ 曲线说明电极极化非常小，在700℃、650℃、600℃、550℃可得其开路电压（OCV）分别为0.987V、0.992V、1.005V、1.028V，这表明电解质膜足够致密，功率密度分别为364mW·cm$^{-2}$、281mW·cm$^{-2}$、241mW·cm$^{-2}$、186mW·cm$^{-2}$。

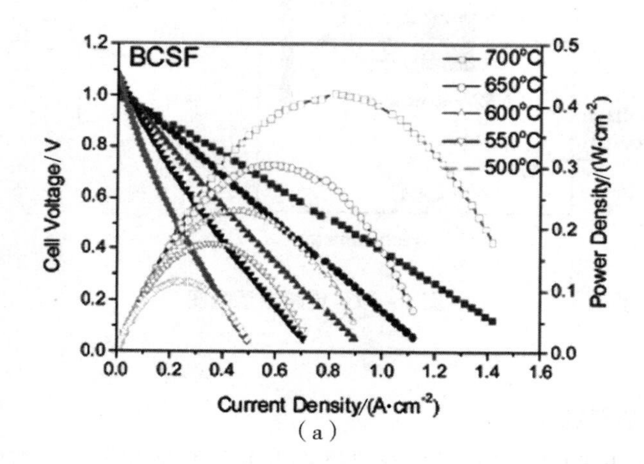

(a)

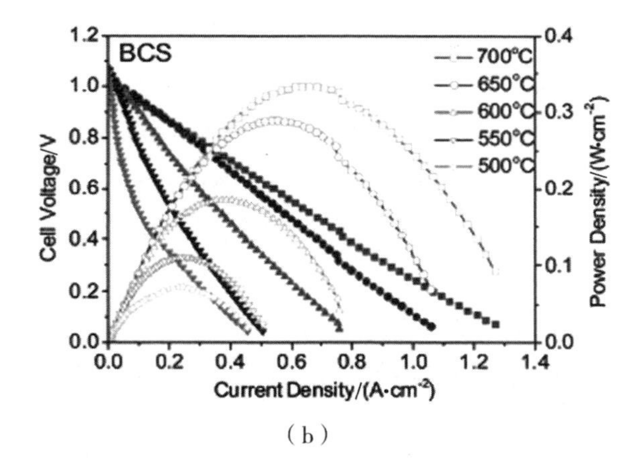


(b)

**图 1－21　BCSF 和 BCS 电解质的燃料电池**

Xingqin Liu[21] 等将制备好的 $NdBaCo_2O_{5+\delta}$(NBCO)和 $BaZr_{0.1}Ce_{0.7}Y_{0.2}O_{3+\delta}$(BZCY)组成电池 NBCO/BZCY/NiO－BZCY，该电池以湿氢(～3% $H_2O$)为燃料，空气作为氧化剂，从 650℃～700℃的 $I-V$(电流－电势)和 $I-P$(电流－功率密度)特性得出，当开路电压分别为 1.00V、1.01V 时最大功率密度在 700℃为 438mW·cm$^{-2}$、250mW·cm$^{-2}$，这表示催化反应活性大且电解质薄膜密度也足够大，符合 SEM 结果。

Jun Xu[23] 等将制备好的 $BaCe_{0.5}Zr_{0.3}Y_{0.16}O_{3-\delta}$(BZCYZ)和 $SmBa_{0.5}Sr_{0.5}Co_2O_{5+\delta}$(SBSC)组成电池 NiO－BCZYZ/BCZYZ/SBSC，该电池以湿氢(～3% $H_2O$)为燃料，空气作为氧化剂，从 550℃～700℃测定其电性能，开路电势为 1.007V，最大功率密度为 0.306W·cm$^{-2}$，电极极化电阻在 700℃时低至 0.11Ω·cm$^2$。Wei Liu[30] 等为评估 $Ba_{0.5}Sr_{0.5}FeO_{3-\delta}$(BSF)－$Ce_{0.8}Sm_{0.2}O_{2-\delta}$(SDC)阴极电化学性能，$BaZr_{0.1}Ce_{0.7}Y_{0.2}O_{3-\delta}$(BZCY)电解质基的单电池在以湿氢为燃料，空气为氧化剂中从 500℃～700℃测试，从电流－电势($I-V$)和电流－功率密度($I-P$)曲线可得在不同温度下的断路电压和最大功率密度，这些都比以往的报道要好，说明BSF－SDC复合电极可能是很有前景的质子固体氧化物燃料电池(H－SOFC)的阴极材料。

Xingjian Xue[33] 等以 $BaZr_{0.1}Ce_{0.7}Y_{0.2}O_{3-\delta}$(BZCY7)为电解质的电池在不同温度下的电流－电势曲线($I-V$)和电流－功率密度曲线($I-P$)图 1－22 中看出，其开路电压(OCV)应该接近于理论值 1.1V，而且几乎不受操作条件的影响，由于 BZCY7 电解质是混合导体隔膜，可能会存在轻微的电子错流即电流泄露，结果导致实际 OCV 值低于理论值，泄露越多，差值也越大。另外如果电解质隔膜不致密,那么会发生燃料/气体错流,这也会导致 OCV 值的降低。*I* – *V* 和 *I* – *P* 曲线可得在 700℃、650℃、600℃ 时,功率密度分别为 $417mW \cdot cm^{-2}$、$286mW \cdot cm^{-2}$、$183mW \cdot cm^{-2}$,而开路电压分别为 1.007V、1.019V、1.032V,这些都表示其电解质隔膜是非常致密的,其电流泄露可忽略不计。Wei Liu[47] 等以 $BaCe_{0.8}Ga_{0.2}O_{3-\delta}$(BCG20)为电解质的燃料电池在以湿氢为燃料、以静压空气为氧化剂从 600℃ ~ 700℃ 的测定显示,在 700℃ 获得 0.99V 的开路电流电势和其最大功率密度为 $236mW \cdot cm^{-2}$,其界面电阻为 $0.32\Omega \cdot cm^2$。Lei Yang[50] 等用固相反应法(SSR)和甘氨酸 – 硝酸盐法(GNP)制备了 $Ba(Zr_{0.1}Ce_{0.7}Y_{0.2})O_{3-\delta}$(BZCY)。

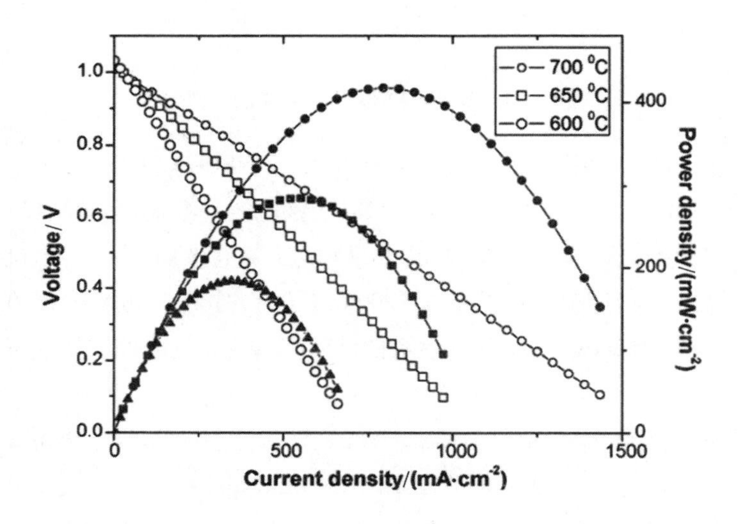


**图 1 – 22　$BaZr_{0.1}Ce_{0.7}Y_{0.2}O_{3-\delta}$(BZCY7)为电解质的燃料电池**

总体来说,国内与国外从事高温质子导体研究的公司和研究所比较少,但高温质子导体在电池及传感器方面展示了良好的前景。

## 1.7　结语

能源、环境和实现资源高效利用的循环经济是当今社会发展的核心课题,高能电池将在发展电子信息、新能源及环境保护等面向 21 世纪的重大技术领域中具有举足轻重的地位和作用,固体电解质燃料电池有很多的优点,对人类现在的生活带来了许多便捷,有着很好的应用前景。

## 参考文献

[1] A. Radojkovic, Savic S M, Jovic N, et al. Structural and electrical properties of $BaCe_{0.9}Ee_{0.1}O_{2.95}$ electrolyte for IT – SOFCs[J]. Electrochimica Acta, 2015, 161: 153 – 158.

[2] Babu A S, Ranjit Bauri. Phase evolution and morphology of nanocrystalline $BaCe_{0.9}Er_{0.1}O_{3-\delta}$ protonconducting oxide synthesised by a novel modified solution combustion route[J]. Journal of Physics and Chemistry of Solids, 2015, 87: 80 – 86.

[3] Agnieszka Lacz, Katarzyna Grzesik, Paweł Pasierb. Electrical properties of $BaCeO_3$ – based composite protonic conductors[J]. Journal of Power Sources, 2015, 279: 80 – 87.

[4] Yen – Chang Tsai, San – Yuan Chen, Jeng – Han Wang, et al. Chemical stability and electrical conductivity of $BaCe_{0.4}Zr_{0.4}Gd_{0.1}Dy_{0.1}O_{3-\delta}$ perovskite[J]. Ceramics International 2015, 41: 10856 – 10860.

[5] Dimpul Konwar, Ngoc Thi Quynh Nguyen, Hyon Hee Yoon. Evaluation of $BaZr_{0.1}Ce_{0.7}Y_{0.2}O_{3-\delta}$ electrolyteprepared by carbonate precipitation for a mixed ion – conducting SOFC [J]. International Journal of Hydrogen Energy, 2015, 40: 11651 – 11658.

[6] Medvedev D, Lyagaeva J, Plaksin S, et al. Sulfur and carbon tolerance of $BaCeO_3$ – $BaZrO_3$ proton – conducting materials[J]. Journal of Power Sources, 2015, 273: 716 – 723.

[7] Lagaeva J, Medvedev D, Demin A, et al. Insights on thermal and transport features of $BaCe_{0.8-x}Zr_xY_{0.2}O_{3-\delta}$ proton – conducting materials[J]. Journalof Power Sources, 2015, 278: 436 – 444.

[8] Feng Su, Changrong Xia, Ranran Peng. Novel fluoride – doped barium cerate applied as stable electrolyte in proton conducting solid oxide fuel cells[J]. Journal of the European Ceramic Society, 2015, 35: 3553 – 3558.

[9] Junfu Bu, Pär Göran Jönsson, Zhe Zhao. Dense and translucent $BaZr_xCe_{0.8-x}Y_{0.2}O_{3-\delta}$ (x = 0.5, 0.6, 0.7) proton conductors prepared by spark plasma sintering[J]. Scripta Materialia, 2015, 107: 145 – 148.

[10] P. Kim – Lohsoontorn, Paichitra C, Vorathamthongdee S. Low – temperature preparation of $BaCeO_3$ through ultrasonic – assisted precipitation for application in solid oxide electrolysis cell [J]. Chemical Engineering Journal, 2015, 278: 13 – 18.

[11] Cuijuan Zhang, Hailei Zhao, Nansheng Xu, et al. Influence of ZnO addition on the properties of high temperature proton conductor $Ba_{1.03}Ce_{0.5}Zr_{0.4}Y_{0.1}O_{3-\delta}$ synthesized via citrate – nitrate method[J]. International Journal of Hydrogen Energy, 2009, 34: 2739 – 2746.

[12] Bin Lin, Yingchao Dong, Songlin Wang, et al. Stable, easily sintered $BaCe_{0.5}Zr_{0.3}Y_{0.16}$

$Zn_{0.04}O_{3-\delta}$ electrolyte – based proton – conducting solid oxide fuel cells by gel – casting and suspension spray[J]. Journal of Alloys and Compounds,2009,478:590 – 593.

[13] Zhimin Zhong, Stability and conductivity study of the $BaCe_{0.9-x}Zr_xY_{0.1}O_{2.95}$ systems [J]. Solid State Ionics,2009,178:213 – 220.

[14] Noboru Taniguchi, Chiharu Nishimura, Junichi Kato. Endurance against moisture for protonic conductors of perovskite – type ceramics and preparation of practical conductors [J]. Solid State Ionics,2001,145:349 – 355.

[15] Wienstrijer S, H. D. Wiemhijfer. Investigation of the influence of zirconium substitution on the properties of neodymium – doped barium cerates[J]. Solid State Ionics,1997,101 – 103:1113 – 1117.

[16] Abul K. Azad, John T. S. Irvine. High density and low temperature sintered proton conductor $BaCe_{0.5}Zr_{0.35}Sc_{0.1}Zn_{0.05}O_{3-\delta}$[J]. Solid State Ionics,2008,179:678 – 682.

[17] Kui Xie, Ruiqiang Yan, Xiaoxiang Xu, et al. A stable and thin $BaCe_{0.7}Nb_{0.1}Gd_{0.2}O_{3-\delta}$ membrane prepared by simple all – solid – state process for SOFC[J]. Journal of Power Sources, 2009,187:403 – 406.

[18] Azad A K, J. T. S. Irvine. Synthesis, chemical stability and proton conductivity of the perovksites $Ba(Ce,Zr)_{1-x}Sc_xO_{3-\delta}$[J]. Solid State Ionics,2007,178:635 – 640.

[19] Shangquan Zhang, Lei Bi, Lei Zhang, et al. Stable $BaCe_{0.5}Zr_{0.3}Y_{0.16}Zn_{0.04}O_{3-\delta}$ thin membrane prepared by in situ tape casting for proton – conducting solid oxide fuel cells[J]. Journal of Power Sources,2009,188:343 – 346.

[20] Ruiqiang Yan, Qingfeng Wang, Guihua Chen, et al. A cubic $BaCo_{0.8}Nb_{0.1}Fe_{0.1}O_{3-\delta}$ ceramic cathode for solid oxide fuel cell[J]. Journal of Alloys and Compounds,2009,488:L35 – L37.

[21] Ling Zhao, Beibei He, Zhiqin Xun, et al. Characterization and evaluation of $NdBaCo_2O_{5+\delta}$ cathode for proton – conducting solid oxide fuel cells[J]. International Journal of Hydrogen Energy 2010,35:753 – 756.

[22] Glockner R, Islam M S, Norby T. Protons and other defects in $BaCeO_3$: a computational study[J]. Solid State Ionics,1999,122:145 – 156.

[23] Jun Xu, Xiaoyong Lu, Yanzhi Ding, et al. Stable $BaCe_{0.5}Zr_{0.3}Y_{0.16}Zn_{0.04}O_{3-\delta}$ electrolyte – based proton – conducting solid oxide fuel cells with layered $SmBa_{0.5}Sr_{0.5}Co_2O_{5+\delta}$ cathode [J]. Journal of Alloys and Compounds,2009,488:208 – 210.

[24] Hanping Ding, Xingjian Xue. Novel layered perovskite $GdBaCoFeO_{5+\delta}$ as a potential cathode for proton – conducting solid oxide fuel cells[J]. International Journal of Hydrogen Energy 2010,35:4311 – 4315.

[25] Bin Lin, Mingjun Hu, Jianjun Ma, et al. Stable, easily sintered $BaCe_{0.5}Zr_{0.3}Y_{0.16}Zn_{0.04}$

$O_{3-\delta}$ electrolyte – based protonic ceramic membrane fuel cells with $Ba_{0.5}Sr_{0.5}Zn_{0.2}Fe_{0.8}O_{3-\delta}$ perovskite cathode[J]. Journal of Power Sources, 2008, 183: 479 – 484.

[26] Wen Xing, Paul Inge Dahl, Lasse Valland Roaas, Marie – Laure Fontaine, Yngve Larring, Partow P. Henriksen, Rune Bredesen. Hydrogen permeability of $SrCe_{0.7}Zr_{0.25}Ln_{0.05}O_{3-\delta}$ membranes (Ln = Tm and Yb)[J]. Journal of Membrane Science, 2015, 473: 327 – 332.

[27] Shimada T, Wen C, Taniguchi N, et al. The high temperature proton conductor $BaZr_{0.4}Ce_{0.4}In_{0.2}O_{3-\alpha}$[J]. Journal of Power Sources, 2004, 131: 289 – 292.

[28] Youmin Guo, Ye Lin, Ran Ran, et al. Zirconium doping effect on the performance of proton – conducting $BaZr_yCe_{0.8-y}Y_{0.2}O_{3-\delta}$ ($0.0 \leqslant y \leqslant 0.8$) for fuel cell applications[J]. Journal of Power Sources, 2009, 193: 400 – 407.

[29] Nadja Zakowsky, Sylvia Williamson, John T. S. Irvine. Elaboration of $CO_2$ tolerance limits of $BaCe_{0.9}Y_{0.1}O_{3-\delta}$ electrolytes for fuel cells and other applications[J]. Solid State Ionics, 2005, 176: 3019 – 3026.

[30] Wenping Sun, Zhen Shi, Shumin Fang, et al. A high performance $BaZr_{0.1}Ce_{0.7}Y_{0.2}O_{3-\delta}$ – based solid oxide fuel cell with a cobalt – free $Ba_{0.5}Sr_{0.5}FeO_{3-\delta}Ce_{0.8}Sm_{0.2}O_{2-\delta}$ composite cathode [J]. International Journal of Hydrogen Energy 2009, 35: 7925 – 7929.

[31] Hanping Ding, Xingjian Xue. Proton conducting solid oxide fuel cells with layered $PrBa_{0.5}Sr_{0.5}Co_2O_{5+\delta}$ perovskite cathode[J]. International Journal of Hydrogen Energy 2010, 35: 2486 – 2490.

[32] Wenping Sun, Litao Yan, Bin Lin, et al. High performance proton – conducting solid oxide fuel cells with a stable $Sm_{0.5}Sr_{0.5}Co_{3-\delta}$ – $Ce_{0.8}Sm_{0.2}O_{2-\delta}$ composite cathode[J]. Journal of Power Sources, 2010, 195: 3155 – 3158.

[33] Hanping Ding, Xingjian Xue. A novel cobalt – free layered $GdBaFe_2O_{5+\delta}$ cathode for proton conducting solid oxide fuel cells[J]. Journal of Power Sources, 2010, 195: 4139 – 4142.

[34] Lei Bi, Zetian Tao, Wenping Sun, et al. Proton – conducting solid oxide fuel cells prepared by a single step co – firing process[J]. Journal of Power Sources, 2009, 191: 428 – 432.

[35] Lei Bi, Shangquan Zhang, Shumin Fang, et al. A novel anode supported $BaCe_{0.7}Ta_{0.1}Y_{0.2}O_{3-\delta}$ electrolyte membrane for proton – conducting solid oxide fuel cell[J]. Electrochemistry Communications, 2008, 10: 1598 – 1601.

[36] Yingxin Guo, Baoxin Liu, Qing Yang, et al. Preparation via microemulsion method and proton conduction at intermediate – temperature of $BaCe_{1-x}Y_xO_{3-\alpha}$[J]. Electrochemistry Communications, 2009, 11: 153 – 156.

[37] Cheng Chen, Guilin Ma. Proton conduction in $BaCe_{1-x}Gd_xO_{3-\alpha}$ at intermediate temperature and its application to synthesis of ammonia at atmospheric pressure[J]. Journal of Alloys and Compounds, 2009, 485: 69 – 72.

[38] Guilin Ma, Hiroshige Matsumoto, Hiroyasu Iwahara. Ionic conduction and nonstoichiometry in non - doped $Ba_xCeO_{3-\alpha}$ [J]. Solid State Ionics, 1999, 122: 237 - 247.

[39] Guilin Ma, Tetsuo Shimura, Hiroyasu Iwahara. Simultaneous doping with $La^{3+}$ and $Y^{3+}$ for $Ba^{2+}$ and $Ce^{4+}$ sites in $BaCeO_3$ and the ionic conduction [J]. Solid State Ionics, 1999, 120: 51 - 60.

[40] Takeuchi K, C. K, Loong. Richardson Jr J W, et al. The crystal structures and phase transitions in Y - doped $BaCeO_3$: their dependence on Y concentration and hydrogen doping [J]. Solid State Ionics, 2000, 138: 63 - 77.

[41] Lei Bi, Zetian Tao, Wenping Sun, et al. Proton - conducting solid oxide fuel cells prepared by a single step co - firing process [J]. Journal of Power Sources, 2009, 191: 428 - 432.

[42] Kui Xie, Ruiqiang Yan, Xiaorui Chen, et al. A new stable $BaCeO_3$ - based proton conductor for intermediate - temperature solid oxide fuel cells [J]. Journal of Alloys and Compounds, 2009, 472: 551 - 555.

[43] Lei Bi, Shangquan Zhang, Shumin Fang, et al. A novel anode supported $BaCe_{0.7}Ta_{0.1}Y_{0.2}O_{3-\delta}$ electrolyte membrane for proton - conducting solid oxide fuel cell [J]. Electrochemistry Communications, 2008, 10: 1598 - 1601.

[44] Kui Xie, Ruiqiang Yan, Xingqin Liu. A novel anode supported $BaCe_{0.4}Zr_{0.3}Sn_{0.1}Y_{0.2}O_{3-\delta}$ electrolyte membrane for proton conducting solid oxide fuel cells [J]. Electrochemistry Communications, 2009, 11: 1618 - 1622.

[45] Masatsugu Oishi, Satoshi Akoshima, Keiji Yashiro, et al. Defect structure analysis of B - site doped perovskite - type proton conductingoxide $BaCeO_3$ Part 2: The electrical conductivity and diffusion coefficient of $BaCe_{0.9}Y_{0.1}O_{3-\delta}$ [J]. Solid State Ionics, 2008, 179: 2240 - 2247.

[46] Masatsugu Oishi, Satoshi Akoshima, Keiji Yashiro, et al. Defect structure analysis of B - site doped perovskite - type proton conducting oxide $BaCeO_3$ Part 1: The defect concentration of $BaCe_{0.9}M_{0.1}O_{3-\delta}$ (M = Y and Yb) [J]. Solid State Ionics, 2009, 180: 127 - 131.

[47] Zetian Tao, Zhiwen Zhu, Haiqian Wang, et al. A stable $BaCeO_3$ - based proton conductor for intermediate - temperature solid oxide fuel cells [J]. Journal of Power Sources, 2010, 195: 3481 - 3484.

[48] Chendong Zuo, Shaowu Zha, Meilin Liu, et al. $Ba(Zr_{0.1}Ce_{0.7}Y_{0.2})O_{3-\delta}$ as an electrolyte for low - temperature solid - oxide fuel cells [J]. Advanced Materials. 2006, 18, 3318 - 3320.

[49] Lei Yang, Chendong Zuo, Shizhong Wang, et al. A novel composite cathode for low - temperature SOFCs based on oxide proton conductors [J]. Advanced Materials. 2008, 20, 3280 - 3283.

[50] Lei Yang, Chendong Zuo, Meilin Liu. High - performance anode - supported solid oxide fuel cells based on $Ba(Zr_{0.1}Ce_{0.7}Y_{0.2})O_{3-\delta}$ (BZCY) fabricated by a modified co - pressing process [J]. Journal of Power Sources, 2010, 195: 1845 - 1848.

[51]凌意瀚. 基于固体氧化物燃料电池应用的基础研究[D]. 合肥:中国科学技术大学材料学材料学,2013.

[52]任铁梅. 固体氧化物燃料电池及其材料[J]. 电池,1993,23(4):191-194.

[53]迟克彬,李方伟,李影辉,等. 固体氧化物燃料电池研究进展[J]. 天然气工,2002,4(27):37-43.

[54]郭挺. 固体氧化物燃料电池电解质和阳极材料的制备方法及性能研究[D]. 合肥:中国科学技术大学凝聚态物理,2014.

[55]周银,马桂君,刘红芹,等. 固体氧化物燃料电池材料的研究进展[J]. 化工新型材料,2014,3(42):13-18.

[56]李中秋,侯桂芹,张文丽. 钙钛矿型固体电解质材料的发展现状[J]. 河北理工学院学报,2006,1(28):71-73.

[57]程继海,王华林,鲍巍涛. 钙钛矿结构固体电解质材料的研究进展[J]. 材料导报,2008,9(22):22-24.

[58]徐志弘,温廷琏. 掺杂 $BaCeO_3$ 和 $SrCeO_3$ 在氧、氢及水气气氛下的电导性能[J]. 无机材料学报,1994,9(1):122-128.

[59]陈威,王常珍,刘亮. 测熔融铝合金中氢活度的传感法研究[J]. 金属学报,1995,31(7):305-310.

[60]马桂林. $Ba_{0.95}Ce_{0.90}Y_{0.10}O_{3-\alpha}$ 固体电解质的质子导电性[J]. 无机化学学报,1999,15(6):798-801.

[61]仇立干,马桂林. $Ba_{0.95}Ce_{0.90}Y_{0.10}O_{3-\alpha}$ 固体电解质的氧离子导电性[J]. 无机化学学报,2000,16(6):978-982.

[62]马桂林,贾定先,马桂林. $BaCe_{0.9}Y_{0.1}O_{3-\alpha}$ 固体电解质燃料电池性能[J]. 化学学报,2000,58(11):1340-1344.

[63]张俊英,张中太. $BaCeO_3$ 和 $SrCeO_3$ 基钙钛矿型固体电解质[J]. 北京科技大学学报,2000,22(3):249-252.

[64]马桂林,仇立干,贾定先,等. $BaCe_{0.8}Y_{0.2}O_{3-\alpha}$ 固体电解质的离子导电性及其燃料电池性能[J]. 无机化学学报,2001,17(6):853-858.

[65]陶宁,蒋凯. 固体电解质 $BaCe_{1-x}RE_xO_{3-\delta}$ 的电导率及燃料电池性能[J]. 合肥工业大学学报(自然科学版),2001,24(5):959-962.

[66]陈蓉,马桂林,李宝宗. $Ba_{1.03}Ce_{0.8}Dy_{0.2}O_{3-\alpha}$ 固体电解质的合成及其离子导电性[J]. 无机化学学报,2002,18(12):1200-1204.

[67]仇立干,马桂林. $Ba_xCe_{0.8}Y_{0.2}O_{3-\alpha}$ 固体电解质的氧离子导电性[J]. 无机化学学报,2003,19(6):665-668.

[68]李朝辉,连建设,刘喜明. 中温陶瓷燃料电池电解质与电极材料研究现状[J]. 长

春工业大学学报,2003,24(3):24-27.

[69]马桂林,仇立干,陶为华,等.$Ba_xCe_{0.8}Sm_{0.2}O_{3-\alpha}$固体电解质的离子导电性[J]. 中国稀土学报,2003,21(2):236-240.

[70]梅辉,冯丽萍,费敬银. 氢传感器材料前驱粉体的低温制备[J]. 腐蚀与防护,2004,25(6):252-255.

[71]陈蓉,马桂林.$Ba_{1.03}Ce_{0.8}Gd_{0.2}O_{3-\alpha}$固体电解质的合成及其燃料电池性能[J]. 苏州大学学报(自然科学版),2006,22(4):74-76.

[72]王记江,李东升,胡怀明,等.$BaCeO_3$基高温质子导体研究进展[J]. 延安大学学报(自然科学版),2006,25(4):59-64.

[73]李雪,赵海雷,张俊霞,等.SOFC 用钙钛矿型质子传导固体电解质[J]. 电池,2007,37(4):303-305.

[74]王东,范建华,刘春明,等.$BaCe_{1-x}Y_xO_{3-\alpha}$及 $BaCe_{0.9}Sm_{0.1}O_{3-\alpha}$质子导体的表征及组成氢泵对铝熔体的脱氢[J]. 金属学报,2007,43(11):1228-1232.

[75]王金霞,姚瑛,苏树兵,等.$BaCe_{0.75}Y_{0.23}O_{3-\delta}$中温电解质的制备及单电池性能[J]. 吉林大学学报(理学版),2007,45(6):1000-1002.

[76]杨晓蓉,孙凡.$BaCe_{0.8}M_{0.2}O_{29}$(M=Y、Gd、Sm)电解质在中、低温天然气燃料电池中的性能研究[J]. 新疆师范大学学报(自然科学版),2008,27(3):65-69.

[77]王东,刘春明,王常珍. 高温质子导体 $BaCe_{0.90}Y_{0.10}O_{3-\alpha}$的制备与性质[J]. 材料与冶金学报,2008,7(4):273-279.

[78]王茂元,仇立干,马桂林.$BaCe_{0.7}Zr_{0.2}La_{0.1}O_{3-\alpha}$陶瓷的制备和导电性[J]. 无机化学学报,2008,24(3):357-362.

[79]谭文轶,钟秦,曲虹霞. 采用固体氧化物燃料电池反应器脱除 $H_2S$[J]. 化工环保,2009,29(1):23-25.

[80]王茂元,仇立干,左玉香.$BaCe_{0.5}Zr_{0.4}La_{0.1}O_{3-\alpha}$陶瓷的制备及其电性能[J]. 化学学报,2009,67(12):1349-1354.

[81]刘进伟,李亚东,王文宝,等.$BaCe_{0.9}Ca_{0.1}O_{3-\alpha}$的溶胶凝胶法合成及中温质子导电性[J]. 苏州大学学报(自然科学版),2010,26(2):79-83.

[82]仇立干,王茂元. 非化学计量组成 $Ba_{1.03}Ce_{0.5}Zr_{0.4}La_{0.1}O_{3-\alpha}$的化学稳定性和离子导电性[J]. 化学学报,2010,68(3):276-282.

[83]刘魁,戴磊,唐晓微,等.Ti 和 Y 双掺杂的 $BaCeO_3$的制备和电性能研究[J]. 功能材料,2010,41(1):51-54.

[84]杨晓龙,夏春谷,熊绪茂等. 铈酸钡和钇掺杂的铈酸钡复合氧化物的制备及其在钌基氨合成催化剂中的应用[J]. 催化学报,2010,31(4):377-379.

[85]王茂元,仇立干. $BaCe_{0.8}Zr_{0.1}La_{0.1}O_{3-\alpha}$陶瓷的制备和电性能研究[J]. 化学研究与应用,2011,23(8):1051-1056.

[86]邹文斌,朱俊武,杨绪杰,等. 甘氨酸-硝酸盐燃烧法合成$BaCeO_3$纳米粉末[J]. 南京理工大学学报,2011,35(4):563-566.

[87]江虹,郭瑞松,徐江海,等. 氧化钇掺杂锆铈酸钡质子导体的制备及性能研究[J]. 无机材料学报,2012,27(12):1256-1260.

[88]韩丹丹,路大勇. 单相$BaCeO_3$陶瓷的制备研究[J]. 吉林化工学院学报,2012,29(5):87-91.

[89]蒋红旺,赵鸿宇,段迎文. Sol-gel法制备铈酸钡纳米粉末[J]. 材料导报,2012,26(20):72-74.

[90]王茂元,仇立干,孙玉凤. $Ba_{0.9}Sr_{0.1}Ce_{0.9}Nd_{0.1}O_{3-\alpha}$陶瓷的离子导电性[J]. 无机化学学报,2012,28(2):285-290.

[91]韩伟,余唐琪,魏勤,等. $BaCe_{0.7}Zr_{0.1}Y_{0.2}O_{3-\delta}$的合成、电学性能和化学稳定性[J]. 新疆师范大学学报(自然科学版),2014,33(3):26-32.

[92]江虹,郭瑞松,李永,等. Y和Yb复合掺杂对$BaCe_{0.5}Zr_{0.3}Y_{0.2-x}Yb_xO_{3-\delta}$的烧结性和电导率的影响[J]. 硅酸盐通报,2014,33(3):515-519.

[93]王静任,刘宏光,彭开萍. 固相反应对钆掺杂二氧化铈和钇掺杂铈酸钡电解质电化学性能的影响[J]. 硅酸盐学报,2015,43(2):189-194.

# 经典实例1

## 采用$BaCe_{1-x}M_xO_{3-\alpha}$组装合成氨膜反应器

### 一、背景

合成氨工业是工农业生产的重要支柱产业。传统合成氨的方法是Haber-Bosch法,是以氮气和氢气为原料,在大约450℃、15M~30MPa高压和Fe或Co基催化剂条件下合成的。如图1所示。

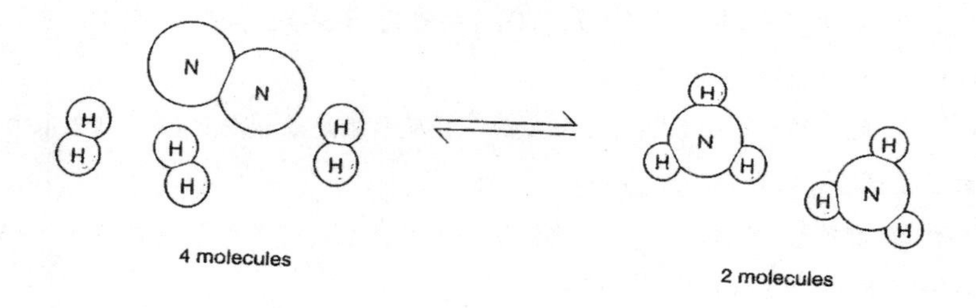


**图 1　合成氨的方法**

由于合成、操作温度较高、热力学的限制，导致了氢的平衡转化率很低，因而探索新的合成方法、实现常压合成氨成为人们梦寐以求的目标。$BaCeO_3$基固体电解质由于其特殊的缺陷结构和良好的质子导电性能引起了人们的普遍关注。在相同条件下，$BaCeO_3$基陶瓷比 $SrCeO_3$基陶瓷具有更高的质子电导率。$BaCeO_3$基高温质子导体在气体传感器、固体氧化燃料电池及有机化合物膜反应器等方面具有重要作用。

## 二、原理

1998 年，Marnellos 和 Stoukides[1] 成功地实现了常压合成氨，采用无机质子导体 $SrCe_{0.95}Yb_{0.05}O_{3-\alpha}$组装反应器，如图 2 所示。电解质的薄膜化已成为当前国际研究主流，能显著降低电解质内阻。

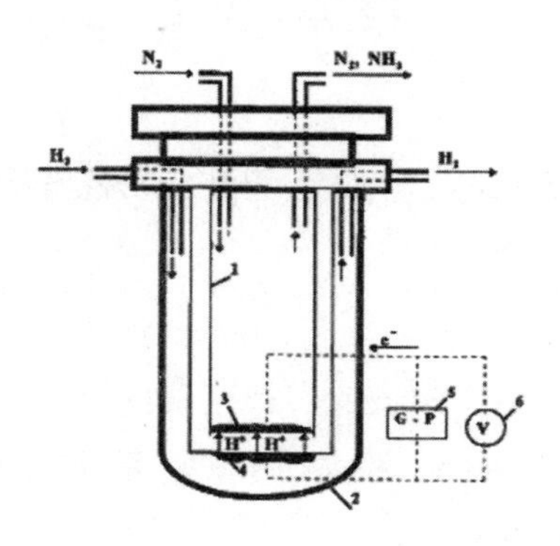


**图 2　合成氨的组装反应器**

## 三、仪器和试剂

1. 仪器

高温箱式电炉(2 台);分析天平;玛瑙研钵;球磨机(2 台);

磁力搅拌器;烘箱;酸度计;台式匀胶机;

超声波清洗仪;循环水多用真空泵;粉末压片机。

2. 试剂(分析纯)

$CeO_2$;$Ba(NO_3)_2$;金属硝酸盐;NiO;浓 $HNO_3$;无水乙醇;碳酸铵;

氨水;环己烷;柠檬酸;PEG;乙基纤维素;松油醇。

## 四、步骤

(1)将乙基纤维素溶解于松油醇,保持质量百分比为6%,形成稀溶胶。

(2)将微乳液法或水热沉淀法合成得到的 $BaCe_{1-x}M_xO_{3-\alpha}$ 粉末按一定化学计量比溶于稀溶胶中。其中,粉体经乙醇湿法球磨后,过 500mesh 筛以确保旋涂浆料所用粉体颗粒分布的均一性,在球磨机中球磨 1h。

(3)阳极支撑体采用 NiO 粉体与合成得到的 $BaCe_{1-x}M_xO_{3-\alpha}$ 粉末按一定化学计量比混合,为使阳极支撑体内形成足够的气孔,添加 10wt. % 的淀粉作为造孔剂材料。经 80mesh 过筛后,在不锈钢模具中以 100MPa 压力压制成直径约为 18mm、厚度约 2mm 的圆形薄片,置于高温电炉中于 1000℃ 下烧结 5h。

(4)将阳极支撑体的一面用细的 SiC 砂纸打磨,抛光;然后将其用无水乙醇清洗干净。

(5)将球磨后的 $BaCe_{1-x}M_xO_{3-\alpha}$ 浆料,滴加到抛光的阳极支撑体的一面。先低速旋转使浆料各方向分布均匀,然后高速旋转使电解质膜均匀、平整及致密。然后将其置于 100℃ 左右的烘箱中烘干。根据需要重复旋涂 2 ~3 次。

(6)初烧产物在球磨机中球磨 1h,经 80mesh 过筛后,在不锈钢模具中以 100MPa 压力压制成直径约为 18mm、厚度约 2mm 的圆形薄片。

(7)置于高温电炉中于 1400℃ 下烧结 5h。

(8)以似于电解质浆料制备方法制备阴极浆料,并旋涂在烧结好的电解质膜表面。置于高温电炉中于 1000℃ 下烧结 2h。

(9)装配合成氨膜反应器:wet $H_2$,Pt - Pd | $BaCe_{1-x}M_xO_{3-\alpha}$ 膜反应器 | Pt - Pd,dry $N_2$。将“三明治”状薄膜电池多层部件置于自组装程控电炉的二氧化铝陶

瓷管间,以玻璃为密封材料,升温至900℃,使圆环熔化,保温1h,再降温固化。

## 五、参考文献

[1] G. Marnellos, M. Stoukides, Science 1998, 282:98.

# 经典实例2

## $BaCe_{1-x}M_xO_{3-\alpha}$的水蒸气浓差电池的测定

### 一、原理

水蒸气浓差电池电动势的测试方法:

$$负极(Anode)反应:2H_2O(1) \rightleftharpoons 2H^+ + 2e^-$$

$$正极(Cathode)反应:2H^+ + 2e^- \rightleftharpoons 2H_2O(2)$$

实验原理如图1所示。向测试电炉上、下气室中分别通入0℃下饱和水蒸气的空气及30℃下饱和水蒸气的空气,组成如下的水蒸气浓差电池:

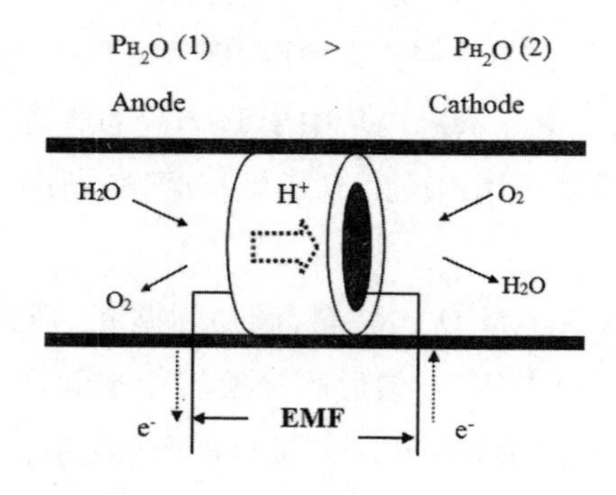


图1 水蒸气浓差电池原理图

$$wet\ air(0℃), Pt \mid BaCe_{1-x}M_xO_{3-\alpha} \mid Pt, wet\ air(30℃)$$

水蒸气浓差电池理论电动势的计算具有复杂性,包含三个部分:

(1)由于不同温度下水的饱和蒸气压不同(0℃和30℃的饱和蒸气压分别为611Pa和4243Pa),在高温下由于水蒸气分压不同,水解反应

$$H_2O \rightleftharpoons H_2 + 1/2O_2$$

的程度不同,产生的 $H_2$分压不同,因而形成了氢浓差电池。

0℃和 30℃的饱和蒸气压分别为 611Pa 和 4243Pa,所以 $H_2O$ 分压分别为 611/101325 和 4243/101325。

正极(0℃),$[H_2] = \dfrac{1/K_P \times 611/101325}{\sqrt{0.21}}$

负极(30℃)。$[H_2] = \dfrac{1/K_P \times 4243/101325}{\sqrt{0.21}}$

根据计算可得氢浓差电池电动势 $EMF_1 = \dfrac{PT}{2F}\ln\dfrac{P_{H_2(1)}}{P_{H_2(2)}} = \dfrac{PT}{2F}\ln\dfrac{P_{H_2O(30)}}{P_{H_2O(0)}}$。

(2)水蒸气分压大的一端产生的 $H_2$与另一端空气中的氧组成燃料电池,根据计算可得电动势 $EMF_2 = \dfrac{PT}{4F}\ln\dfrac{P_{H_2O(30)}}{P_{H_2O(0)}}$。

(3)水蒸气分压小的一端产生的 $H_2$与另一端空气中的氧组成燃料电池,根据计算可得电动势 $EMF_3 = \dfrac{PT}{4F}\ln\dfrac{P_{H_2O(30)}}{P_{H_2O(0)}}$。(2)与(3)数值相等方向相反,所以理论值为 $EMF_1$。

式中 $R$,$T$,$F$ 分别为摩尔气体常数、测试电炉的绝对温度、法拉第常数。

实验采用电位差计对样品进行测试。电位差计是用补偿原理构造的仪器,是常用的电化学测量技术。其工作原理,电阻丝与滑线变阻器及工作电源组成回路,由它提供稳定的工作电流。滑线变阻器用来调节工作电流的大小,电流的变化可以改变电阻丝电位差的大小[1]。

## 二、仪器和试剂

1. 仪器

高温箱式电炉;分析天平;玛瑙研钵;球磨机(2 台);电位差计;

磁力搅拌器;烘箱;DSC – TGA 热分析仪;酸度计。

2. 试剂(分析纯)

固相法:$Ba(CH_3COO)_2$;$CeO_2$;相应金属氧化物;无水乙醇。

微乳液法:$Ce(NO_3)_3 \cdot 6H_2O$;$Ba(CH_3COO)_2$;相应金属硝酸盐;

浓 $HNO_3$;无水乙醇;碳酸铵;氨水;环己烷;柠檬酸;PEG。

## 三、步骤

(1)采用固相法或微乳液法合成 $BaCe_{1-x}M_xO_{3-\alpha}$。

(2)取之前合成好的样品,用螺旋测微器测量样品的厚度,然后将样品用细砂纸打磨,打磨至1.2mm左右即可。注意打磨力度均匀,防止样品破损。在样品中间小心用铅笔和尺子画一个直径为8mm的圆圈,然后在圈内涂上钯浆料,正反面都要涂上,注意正反面涂浆料的位置应该对称,在红外灯下进行烘干约15min。

(3)将样品薄片装入自组装的程控电炉中,盖以银网,玻璃圈将两端陶瓷管密封,两端引出银丝电极。确保正确后,打开电源,连接电脑进行测试。采用电位差计测定样品在测试温度范围内的电动势[2]。

## 四、示例及分析

图2所示为测试样品水蒸气浓差电池的电动势关系曲线。如果电动势的实测值与理论值吻合得非常好,表明样品在该温度范围几乎是一个纯的质子导体。如果样品的理论值与实验值有偏差,表明样品在该温度范围是一个质子与电子的混合导体[3-4]。从图2可见,在该条件下样品具有一定程度的质子导电性,但随着温度的升高,电动势值及质子迁移数降低。这是因为温度升高,溶解于样品中的水,解吸速率逐渐大于吸附速率,且饱和水蒸气压大的解吸速率更大。这样浓差电池正负两极水蒸气压趋于一致,导致电动势的实测值和质子迁移数的减小。

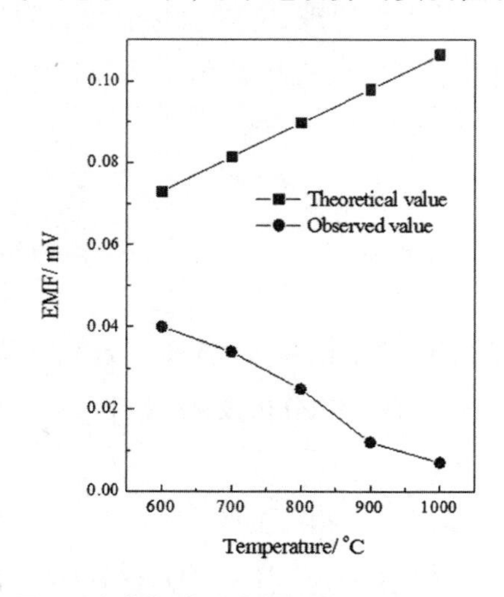


**图2　水蒸气浓差电池的电动势关系曲线**

## 五、参考文献

[1]田长安,曾燕伟. 中低温 SOFC 电解质材料研究新进展[J]. 综述电源技术,2006,4:329 - 333.

[2]孙林娈. $ABO_3$ 钙钛矿型陶瓷的合成及其电性能的研究[D]. 苏州:苏州大学,2008.

[3]厉英,丁玉石,王常珍. 中高温质子导体的结构及性能研究进展[N]. 东北大学学报,2012,33(06):853 - 856.

[4]李芳. 固体电解质质子导体的研究进展[J]. 化学研究,2006,17(02):108 - 112.

# 经典实例 3

## $BaCe_{1-x}M_xO_{3-\alpha}$ 的燃料电池测定

### 一、背景

固体燃料电池是一种发电装置,使用时利用效率很高而且不会出现污染环境的问题[1]。燃料电池经历了三代:第一代是磷酸燃料电池,经过一段时间的发展出现了第二代熔融碳酸盐燃料电池,最后随着人们对燃料电池的要求越来越高,促使燃料电池发展到了第三代固体氧化物燃料电池[2]。由于高温对电池各部件很多方面提出了较高的要求,因此选用材料时,材料的选择受到了很多的限制[3],因此降低 SOFC 的操作温度可以带来很多的益处,比如可以提高电极的稳定性,使得材料选择的范围更广,因此这一课题目前受到人们的广泛关注。燃料电池是将氢和氧的化学能通过电极反应直接转换成电能的装置。燃料电池有以下优点:(1)高效率;(2)电极反应速率快;(3)噪声低,可以实现零排放,省水;(4)安装周期短,安装位置灵活;(5)燃料多样化,环境污染少。在众多燃料电池中,应用最多的要数固体氧化物燃料电池(SOFC),它是能量转换效率最高的第三代燃料电池系统。尧巍华,唐子龙等[4]曾研究 $LaGaO_3$ 基固体电解质在 SOFC 中的应用。汤宏伟,陈宗璋等[5]更是对固体电解质在新型绿色环保电池中的应用做了极为详细的介绍。刘江、黄喜强等制备了含质子导体的 $SrCe_{0.90}Gd_{0.10}O_3$ 固体电解质,并对以其为电解质的燃料电池性能进行研究,结果显示,电池的输出电压与温度的大小有着十分密切的关系[6]。王茂元、仇立干合成了 $Ba_xCe_{0.8}Ho_{0.2}O_{3-\alpha}$ (x = 1.03,1,

0.97)系列固体电解质,其研究结果表明,$Ba_{1.03}Ce_{0.8}Ho_{0.2}O_{3-\alpha}$具有最大的氢-空气燃料电池输出功率和最高的电导率[7]。

## 二、原理

SOFC 的工作原理如图 1[8]所示:在阴极(空气电极)上,氧分子得到电子被还原成氧离子:

$$O_2 + 4e \rightarrow 2O^{2-} \tag{1}$$

在电场作用下,氧离子通过电解质中的氧空位迁移到阳极(燃料电极)上与燃料($H_2$、CO 或 $CH_4$)进行氧化反应:

$$2O^{2-} + 2H_2 - 4e^- \rightarrow 2H_2O \tag{2}$$

$$4O^{2-} + CH_4 - 8e^- \rightarrow 2H_2O + CO_2 \tag{3}$$

$$O^{2-} + CO - 2e^- \rightarrow CO_2 \tag{4}$$

电池总的反应方程式为:

$$2H_2 + O_2 \rightarrow 2H_2O \tag{5}$$

$$CH_4 + 2O_2 \rightarrow 2H_2O + CO_2 \tag{6}$$

$$2CO + O_2 \rightarrow 2CO_2 \tag{7}$$

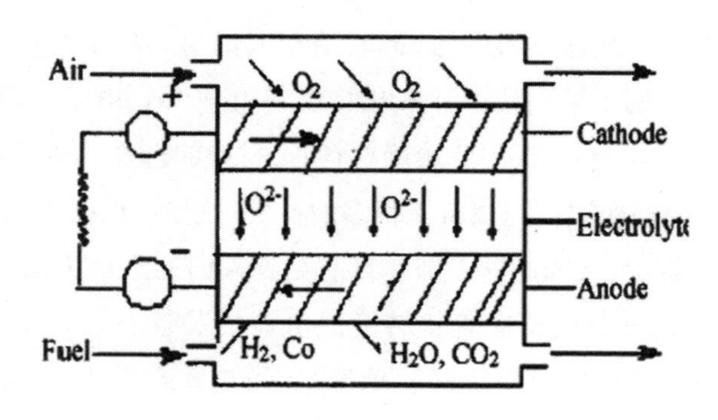


图 1　SOFC 的工作原理

## 三、仪器和试剂

1. 仪器

高温箱式电炉;分析天平;玛瑙研钵;球磨机(2 台);电位差计;

磁力搅拌器;烘箱;DSC-TGA 热分析仪;酸度计。

2. 试剂(分析纯)

固相法:$Ba(CH_3COO)_2$;$CeO_2$;相应金属氧化物;无水乙醇。

微乳液法:$Ce(NO_3)_3 \cdot 6H_2O$;$Ba(CH_3COO)_2$;相应金属硝酸盐;浓 $HNO_3$;无水乙醇;碳酸铵;氨水;环已烷;柠檬酸;PEG。

## 四、步骤

(1)采用固相法或微乳液法合成 $BaCe_{1-x}M_xO_{3-\alpha}$。

(2)取之前合成好样品,用螺旋测微器测量样品的厚度,要将待测样品在细砂纸上打磨成薄片;其次,在打磨好的样品上画圆并涂上铂金浆料,在红外灯下烘干;再次,将烘干后的样品片放到测试架上的电炉中,按照顺序连接好各线路;最后,打开电源开关和仪器开关,测试,记录经电脑处理得到的相应数据。

## 五、参考文献

[1]储怡. 固体氧化物燃料电池[J]. 佳木斯大学学报(自然科学版),1999,17(02):184-186.

[2]郝红,冯国红,曹艳芝. 中低温固体氧化物燃料电池的研究现状[J]. 广西轻工业,2010,(06):32-33.

[3]李世萍,鲁继青,罗孟飞. 钐掺杂对 $CeO_2$ 电解质导电性能的影响[J]. 中国稀土学报,2009,27(03):410-413.

[4]尧巍华,唐子龙,张中太等. $LaGaO_3$基固体电解质在 SOFC 中的应用[J]. 硅酸盐学报,2002,30(3):347-351.

[5]汤宏伟,陈宗璋,钟发平. 固体电解质在新型绿色环保电池中的应用[J]. 化学世界,2003,8:437-440.

[6]刘江,黄喜强,刘志国,等. $SrCe_{0.90}Gd_{0.10}O_3$固体电解质燃料电池性能研究[J]. 高等学校化学学报. 2001. 630-633.

[7]王茂元、仇立干. 固体电解质 $BaxCe_{0.8}Ho_{0.2}O_{3-\alpha}$的导电性及其燃料电池性能[J]. 无机化学学报. 2009. 25(2). 339-344.

[8]易光宇. 吉林大学硕士学位论文[D]. 长春:吉林大学,2006,5:3-20.

# 第 2 章

# 钙钛矿结构铈酸锶电解质材料

在复合氧化物中，$SrCeO_3$ 由于具有电子和离子混合导电性而成为潜在的电解质材料[1-32]，可用于制备湿敏传感材料及燃料电池等。由于 $SrCeO_3$ 基钙钛矿型固体电解质在不同气氛中有不同的导电行为，所以有潜力用作气体传感器，浓差电池，蒸汽电解池，燃料电池，薄膜反应器的电解质材料[33-62]。近年来，有的工作致力于研究材料的制备方法，如果能制备出高导电率的实用型电解质，那么就能为能量转化和测量技术领域做出较大贡献[53]。

## 2.1 机理、结构与形貌

### 2.1.1 内摩擦光谱

L. Zimmermann[1]等用加热的方法，将 $SrCe_{1-x}Yb_xO_{3-a}$（x = 0.025、0.05、0.1），$SrZr_{1-x}Yb_xO_{3-\alpha}$（x = 0.025、005）制成样品。图 2－1 显示了 $SrCe_{0.95}Yb_{0.05}O_{3-\alpha}$ 内摩擦光谱，线性温度的整个背景被减去，湿空气加热到 950℃ 的光谱测量，在 0℃ 左右的位置包含了三重峰的叠加。后在真空中 550℃ 时短暂加热，比 $10^{-4}$ Pa 频谱减少 2 倍，一个新的峰值出现在 140℃，在 550℃ 加热 5h 后进一步降低到原始的峰值，然而一个新的弛豫峰大约在 100℃ 出现。在 0℃ 附近被定位的峰的高度减少，在真空退火，随着掺杂剂浓度增高而增强，由内摩擦光谱得出结论是由于质子缺陷引起的，一个典型的例子是 $OH^-$ 附近 Yb 原子掺杂，这个缺陷比周围的晶格低，可能引起机械弛豫峰增高，然而，事实上带有掺杂剂浓度的峰高是不能测量的，光谱是由几个峰的叠加组成，它必然得到更加复杂的排列，形成了可被观察的光谱。

从峰的实验转变到对内摩擦的多个频率测量,导出平均活化能0.5eV,在锆酸盐中关于基本原子运动 $t \sim 10^{-14}s$ 的指前因子,在100℃时由于氧空位引起峰值上升,连同一个 Yb 原子,形成一个弹性偶极从而导致弛豫峰。偶极子重新定位的活化能被发现为0.8eV,由它得出结论,这些材料在质子运输中涉及复杂缺陷并不是一个简单的跳跃机制。

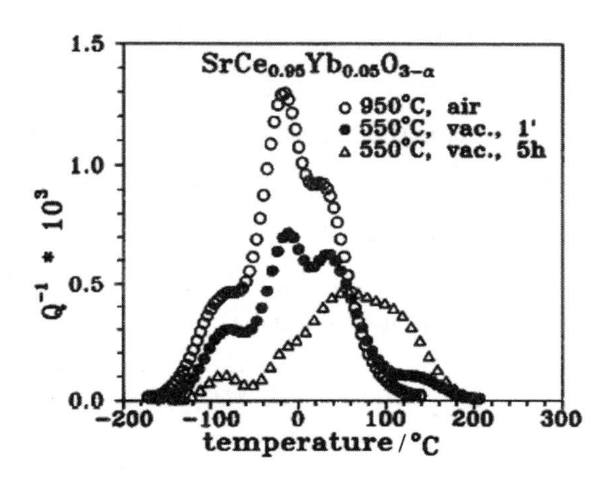


图2-1 $SrCe_{0.95}Yb_{0.05}O_{3-\alpha}$内摩擦光谱

### 2.1.2 $SrCe_{0.95}Yb_{0.05}O_3$中氢的解吸机理

S. Yamanaka[5]等用烧结的方法,将 $SrCe_{0.95}Yb_{0.05}O_3$的烧结物以水的气体形式 12mm×33mm 作为试样,实验装置由氢气分析系统和加氢系统组成。$SrCe_{0.95}Yb_{0.05}O_3$试样,在加氢系统 500℃ ~1100℃之间湿氧退火。氧气的水蒸气压力在 872 ~3619Pa,氧气和水蒸气的气体混合物总压强是10kPa。平衡后,将试样熄火,从加氢系统的变压器转到隔绝空气的氢化学分析系统。试样在 IR 炉加热58min。用四极质谱仪检测氢的热解吸和试样的水蒸气。$Yb^{3+}$掺杂的 $SrCeO_3$是一种复合氧化物,在500℃ ~1100℃范围内暴露于 $O_2$\$H_2O$ 大气中检测到氢气和氧气的热解吸。观察到 $H_2$和 $H_2O$ 从包含氧的气氛中解析出来,释放 $H_2O$ 的总量多于释放 $H_2$的2倍。从热解谱中分析,$H_2$和 $H_2O$ 的解吸被推断为受化学反应以及动力学控制。对热解吸谱进行分析,得出氢气和水的解析式是一阶反应,反应速率常数在温度依数性的基础上得到解吸式。

### 2.1.3 EXAFS 研究

Yuji Arita[10]等采用固相法,99.99%纯的(稀有金属 Co,Tokyo)$SrCO_3$,$CeO_2$和$Yb_2O_3$粉末进行样品的制备。50MPa 下将混合粉末压制成颗粒,在 1673K 于空气中加热 50h。均质化和烧结过程重复几次,制备粉末样品。SrK 附近的 X 射线吸收测量,CeL 和 Yb L 边缘与同步辐射是在室温下使用 EXAFS 设施,2.5GeV 的光束 7c,存储钚的光子厂的高能加速器研究组织(KEK,Tsukuba)。Ce L 边缘的 Sr(Ce Yb)O( ×50,0.05,0.10,0.05 和 0.10)的标准化 EXAFS 谱如图 2-2 所示。Sr 周围的局部结构,通过扩展 X 射线吸收精细结构(EXAFS)谱分析质子导电 $Sr(Ce_{1-x}Yb_x)O_3$($x=0-0.2$)研究了 Ce 和 Yb 如 M-O 和 M-M(M=Sr、Ce 和 Yb)原子间的距离。Sr-Ce/Yb、Ce-O、Yb-O、$Sr(Ce_{1-x}Yb_x)O_3$原子间的距离与晶格常数的减小相比几乎是常数。这些结果表明,氧空位不是位于 Ce 离子或离子掺杂剂 Yb 左右。

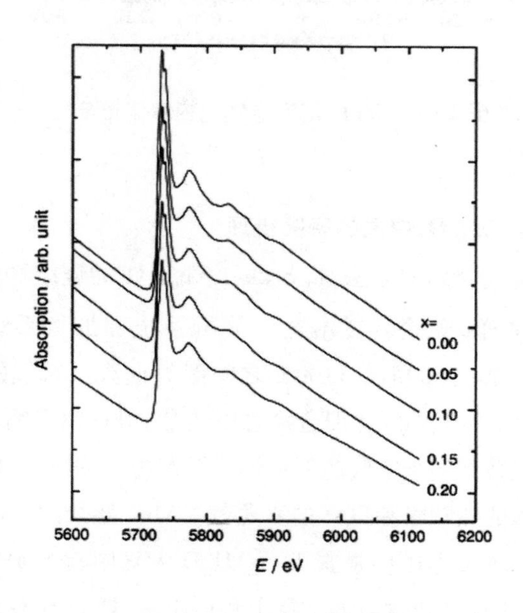


图 2-2 标准化 EXAFS 谱

### 2.1.4　弹性反冲检测(ERD)分析

T. Arai[13]等采用固相反应法，以 $SrCO_3$，$CeO_3$ 和 $Yb_2O_3$ 为原料，合成 $SrCe_{0.95}Yb_{0.05}O_{3-\alpha}$。使用多晶颗粒的 $SrCe_{0.95}Yb_{0.05}O_{3-\alpha}$ 样品为直径 15mm 厚度 1mm 的圆片。X 射线衍射和卢瑟福背散射谱证实，含有 H 或 D 的样品在 300℃ ~500℃ 的水蒸气中或高于 90℃ 的饱和气体中经退火处理。使用 3.8MeV 能的 $^4He$ 光经 ERD 测量分析 $^4He$ 光束与 1mm，直径小于 0.01 的光阑平行，在入射方发现 258° 的弹性粒子。氢离子迁移溶解在 $SrCe_{0.95}Yb_{0.05}O_{3-\alpha}$ 中，引起了在 25℃ ~200℃ 的温度范围内对应用电势的研究，发现氢离子向阴极迁移，当阴极材料有很好的吸氢能力时，氢离子会大量地留在阴极。通过 ERD 技术使用高能的 $^4He$ 光束，氢离子会大量地保留在阴极。其装置示意图如图 2-3 所示。为了估算质子迁移数，定义质子的电导率与总电导率比值，通过样品我们测量保留在阴极的氢作为电荷数的函数。在样品中通过使用质子迁移数和质子浓度对质子电导率和质子扩散系数进行评估。

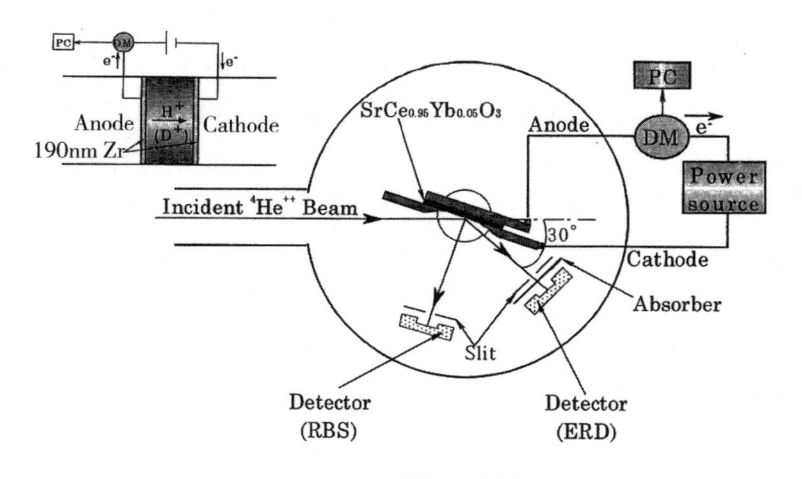


图 2-3　装置示意图

### 2.1.5　穆斯堡尔谱

Toshihide Tsuji[15]等从穆斯堡尔谱发现在 $SrCe_{0.9}Eu_{0.1}O_{3-x}$ 中的铕离子在 1273K 空气和 Eu 状态存在的氢气中退火。掺杂 Eu 样品比掺杂 Yb 样品的氧化物离子传导的活化能小，可能由于大的体积和在鞍点大的临界半径，$SrCe_{0.9}Eu_{0.1}$

$O_{3-x}$的氧化物离子迁移数随温度增加而降低，约在873K聚集。$SrCe_{0.9}Eu_{0.1}O_{3-x}$的导电性随着氢分压的增加而增加，表明在1023K左右质子传导和活化能改变。

### 2.1.6 卢瑟福散射谱(RBS)

Noriaki Matsunami[19]等采用沉积法，在740℃，$SrCe_{0.95}Yb_{0.05}O_{3-\alpha}$薄膜在该尺寸1cm×1cm×0.05cm的MgO(100)基板上制造，利用脉冲激光沉积法(PLD)与ArF－准分子激光(193nm)和1Hz的重复率，利用溅射的方法在室温下进行100keV$Ar^{+}$和$Ne^{+}$的辐射。使用200kV型加速器，波束的扫描是用来减少光束不均匀，入射角正常到目标表面，但并不刻意与任何晶体轴或平面对齐，这样的影响是微不足道的。电子束电流是几个μA，溅射压力是$10^{-5}$Pa，由卢瑟福散射谱(RBS)在160℃的散射角分析膜的厚度和组成。质子诱导X射线发射(PIXE)分析并没有明显显示杂质比辐照前后的Mg重。

图2－4(a)MgO的$SrCe_{0.95}Yb_{0.05}O_{3-\alpha}$薄膜在1.8MeV He情况下的卢瑟福散射谱(RBS)正常入射角和160°的散射角。插图为Yb的扩大RBS，解释Yb水平实线推导Ce的虚拟曲线。图2－4(b)通过100keV Ar在$1.2\times10^{17}cm^{-2}$剂量下的RBS对$SrCe_{0.95}Yb_{0.05}O_{3-\alpha}$/MgO的辐射。从RBS的Ar深度剖面推导比较TRIM模拟(实线)插图。垂直的箭头表示O、Ar、Sr、Ce和Yb的光谱或从这些元素中最大的散射能量。$SrCe_{0.95}Yb_{0.05}O_{3-\alpha}$质子导电氧化物对离子辐照的影响，即进行了对成分和结构修改的溅射率测量研究。$SrCe_{0.95}Yb_{0.05}O_{3-\alpha}$的溅射率由100keV的$Ar^{+}$和$Ne^{+}$分别确定1.6和0.55原子/离子。离子辐照下的成分仍近似保持化学计量，溅射率与基于弹性碰撞级联和溅射能量的计算机模拟实验相比较，与推导出的模拟相关，这些值源自于热力学性质，其中弹性碰撞似乎占主导地位。

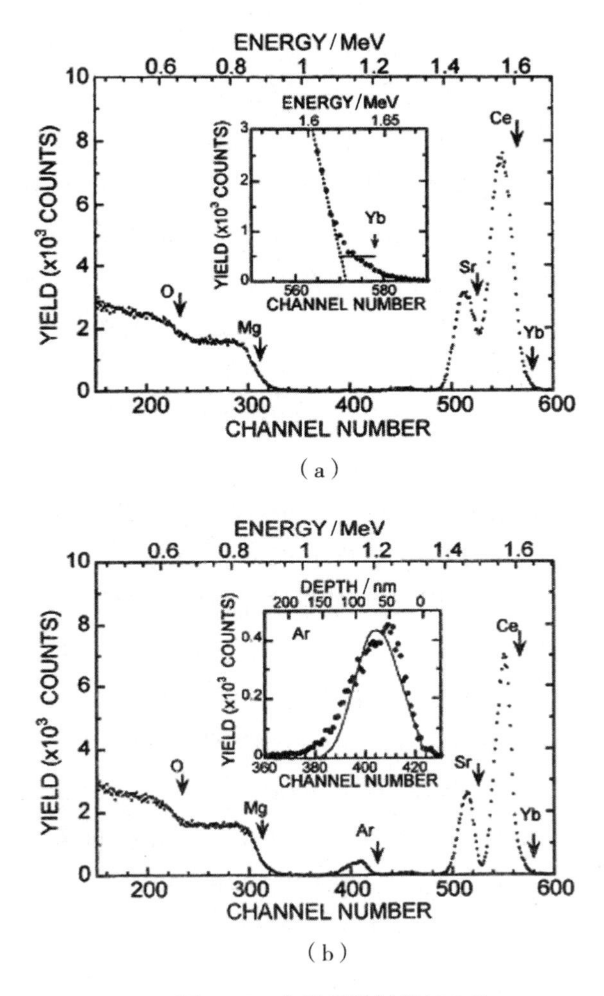


图2-4　卢瑟福散射谱(RBS)

### 2.1.7　拉曼光谱

Atsushi Mineshige[20]等采用高温固相法合成Yb掺杂的锶铈酸盐$SrCe_{1-x}Yb_xO_{3-\alpha}$。通过Rigaku(RINT-2200),使用CuKa辐射,获得该系列样品的X射线衍射图,确认每个样品是否是单一钙钛矿相组成。使用配备了多孔道CCD探测器的光谱仪(Jobin-Yvon T64000)测量样品的拉曼光谱。使用氩离子激光器514.5-nm线(50mW)激发光谱,激光束的斑点直径ca. 100μm。测量掺杂Yb的$SrCe_{1-x}Yb_xO_{3-\alpha}$的拉曼光谱来评估它们的缺陷结构,预计这将影响它们的物理性质,如质子的溶解度和扩散系数。在光谱中,信号显示,掺杂的样品在$630cm^{-1}$观察到氧空位的存在,且该谱带随着掺杂 Yb 的增加,氧空位相应增加。在干燥的[低 $P(H_2O)$]或 $O_2$压力减少情况下进行高温退火处理,峰强度和氧空位谱带有一条清晰的线性关系,通过这个线性关系可评估 $SrCe_{1-x}Yb_xO_{3-\alpha}$高温质子导体的氧缺陷计量。

Sachio Okada[23] 等采用高温固相法,将起始原料 $SrCO_3$ 的粉末(纯度≥99.9%),$CeO_2$(纯度≥99.99%)和 $Yb_2O_3$(纯度≥99.9%)混合。混合物在 1573K 于空气中煅烧 10h,在 98MPa 下,再在 1873K 于空气中烧制 10h,得到相对密度超过 94% 的样品。通过使用 514.5nm 线(50mW)的氩离子激光器(GLG2165)激发拉曼光谱测量其稳定性。使用 XRD 和拉曼光谱测量 $SrCe_{0.95}Yb_{0.05}O_{3-\alpha}$在干燥及湿润氢气中的化学稳定性。从 XRD 研究中,在 1273K,如干 $H_2$ 与 $P(H_2O)$ = 4.610Pa、[$P(O_2)$ = 3.11015Pa)]下观察到 $Sr_2CeO_4$的形成。从拉曼光谱中发现,在氢气体中处理样品显示出额外的拉曼光谱带,额外的拉曼光谱带的相对强度在 460cm$^{-1}$随 $P(H_2O)$在该区域 $P(H_2O)$ =7.0102Pa(2℃)减小而增大。在 $P(H_2O)$增加或温度降低情况下,对氢气而言,钙钛矿被证明是稳定的。在 1273K 于干燥的 $H_2$ 中等强烈减少条件下,发现 $SrCe_{0.95}Yb_{0.05}O_{3-\alpha}$钙钛矿相分解,认为这个分解的起源是 $Ce^{4+}$ 变成 $Ce^{3+}$ 减少有关。从拉曼光谱观察到在干燥的 $H_2$ 中处理样品,同时在 460cm$^{-1}$和 570cm$^{-1}$展现出两个额外的谱带,没有观察到原钙钛矿。

Yuji Okuyama[43] 等由高温固相法制备 $SrCe_{0.9-x}Zr_xY_{0.1}O_{3-\delta}$(x = 0.0,0.3,0.5,0.7,0.9)样品。在 573 ~ 1173K,通过交流阻抗测量方法和热重分析法测量 $SrCe_{0.9-x}Zr_xY_{0.1}O_{3-\delta}$(x = 0.0、0.3、0.5、0.7、0.9)导电性和质子浓度。在 x = 0.5 时导电率达到最大值。由拉曼光谱分析检测氧空位。拉曼带大约 350cm$^{-1}$,是因为观测到 $CeO_6$拉伸振动,$Ce^{4+}$ 和 $Zr^{4+}$ 混合物的峰值带宽的一半是由于许多阳离子在 *B* 点集合,发现由于阳离子在 *B* 点聚合,在 *B* 点聚合对称的八面体减少。

### 2.1.8 其他机理、结构与形貌

Hiroo Yugami[17] 等采用沉积法,将 MgO(110)和 MgO(100)基板安装在接近正常的激光点中心的 6cm 靶表面。在沉积过程中,由质量流量计控制真空室的氧气压力将基板的温度保持在 600℃。用三重光谱仪(Jobin Yvon t - 64000)配备 CCD 相机测量其拉曼散射光谱。对陶瓷和单晶体将 CCD 的曝光时间设置为 10s,对薄膜将 CCD 的曝光时间设置为 2000s。

图 2 - 5(a)和(b)分别显示 $SrCeO_3$薄膜在 Si(111)和 MgO(100)基质上生长的 X 射线衍射图。在这两个基板上,获得高定向薄膜,和出现一组(200)和(121)

衍射峰。该双峰值表明,这些薄膜可能由晶粒、优先定向面[200]和[121]形成。这证实了 FE - SEM 观察。相比之下,所获得完全不同方向的薄膜,如图 2 - 5(c)所示,当薄膜在 MgO(110)基板上生长,我们没有观察到在 MgO(110)基板上生长任何晶粒结构薄膜。从这些结果看出,我们采用以 MgO(110)为基板,而不是传统的 MgO(100)基板。

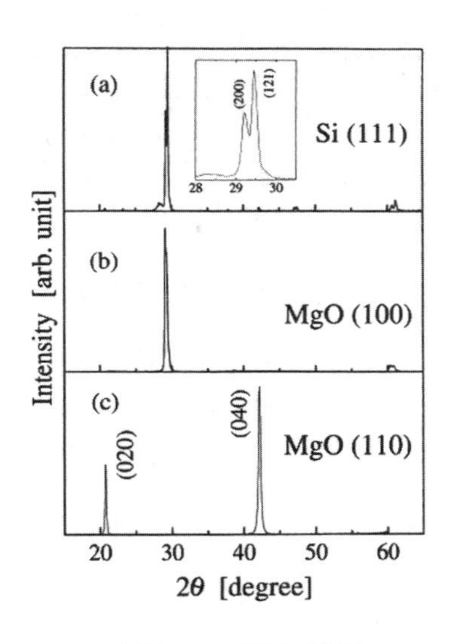


图 2 - 5 XRD 谱图

在升高的温度下,高温质子导电氧化物有扭曲的钙钛矿结构,显示出较高的质子传导性,并已应用于传感器和能量转换设备。为了控制晶体结构的扭曲,通过激光消融技术我们能制造 $SrCeO_3/SrZrO_3$,研究它的结构和电性能。通过四轴 X 射线的衍射分析确认在 MgO(110)基板上的外延生长。相关的超晶格周期性晶格常数,在 MgO(110)对于 $SrCeO_3/SrZrO_3$ 系统确认关键周期使超晶格品系约为 15 ~ 20nm。

Atsushi Mineshige[20] 等采用高温固相法合成 Yb 掺杂的锶铈酸盐 $SrCe_{1-x}Yb_xO_{3-\alpha}$。$SrCe_{1-x}Yb_xO_{3-\alpha}$ 的 XRD 谱图如图 2 - 6 所示,掺杂的样品是单相钙钛矿外结构直至 $x = 0.10$,$x > 0.10$ 的样品除钙钛矿外还有一个额外的相,认为这个相是 $SrYb_2O_4$ 氧化物。因此,在这项研究中,0. 00 ~ 0. 10 样品用于评估,纯样品($x = 0.00$)仅包括钙钛矿相。

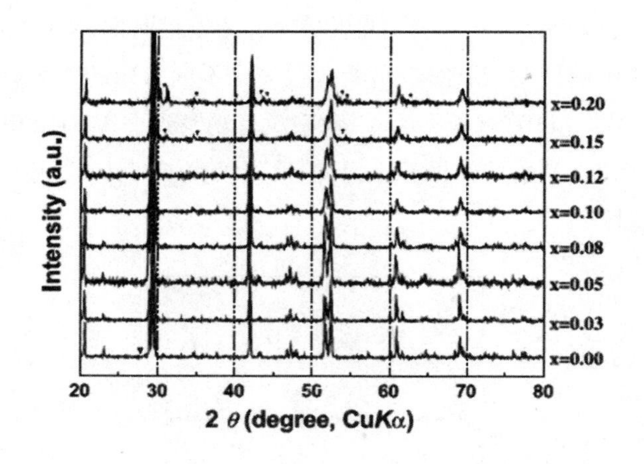


**图 2-6 $SrCe_{1-x}Yb_xO_{3-\alpha}$质子导体的 XRD 谱图**

Shinsuke Yamanaka[21]等采用高温固相法合成 $SrCeO_3$，以金属化学计量比对 $CeO_2$和 $SrCO_3$粉末称重混合，然后在 1323K 于空气中煅烧。获得的 $SrCeO_3$粉末，用单轴压力压制成型，在 1773K 温度下，在氧化性气氛中烧结。图 2-7 显示了 $SrCeO_3$的 XRD 谱图，观察到的衍射图是单相的钙钛矿型结构。在室温下 $SrCeO_3$有一个斜方晶系的结构，$SrCeO_3$的晶格参数 a = 6.126、b = 8.574、c = 6.000。对 X 射线衍射理论密度评估为 5.81（$g \cdot cm^{-3}$），烧结体的体积密度为理论密度的 84%，这是从几何密度确定晶格参数的密度计算。X 射线衍射测量表明，在室温下样品是斜方晶系的钙钛矿型结构。从室温到 1400K 评估 $SrCeO_3$的热性能，测量由烧结体合成的样品。使用差示扫描量热计测定 $SrCeO_3$的热容。用膨胀计测量 $SrCeO_3$的热膨胀，且评估热膨胀系数，在这项研究中没有观察到相变。

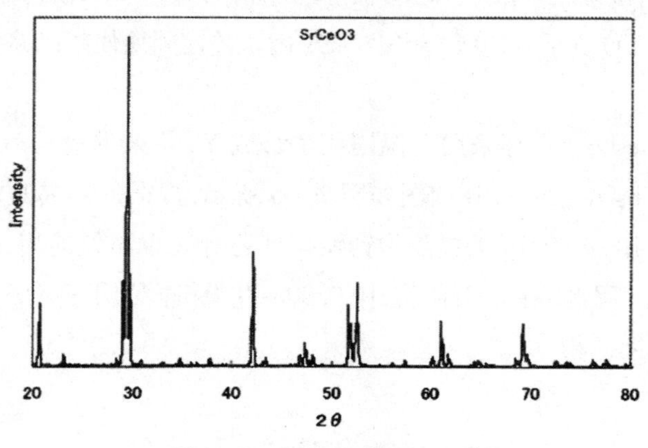


**图 2-7 $SrCeO_3$的 XRD 谱图**

N. Sammes[22]等采用高温固相法合成钙钛矿型 $SrCe_{1-x}Y_xO_{3-\delta}$(x = 0.025, 0.05, 0.075, 0.1, 0.15, 0.2 和 δ = x/2)质子导体。$SrCe_{1-x}Y_xO_{3-\delta}$(x = 0.025, 0.05, 0.075, 0.1, 0.15, 0.2, δ = x/2)粉末样品的 X 射线衍射研究的结果和 $Sr_{0.995}Ce_{0.95}Y_{0.05}O_{3-\delta}$亚化学计量如图 2-8 所示。计算无掺杂 $SrCeO_3$的容积,比较之前通过高分辨率的中子衍射和粉末 X 射线衍射获得的数据。

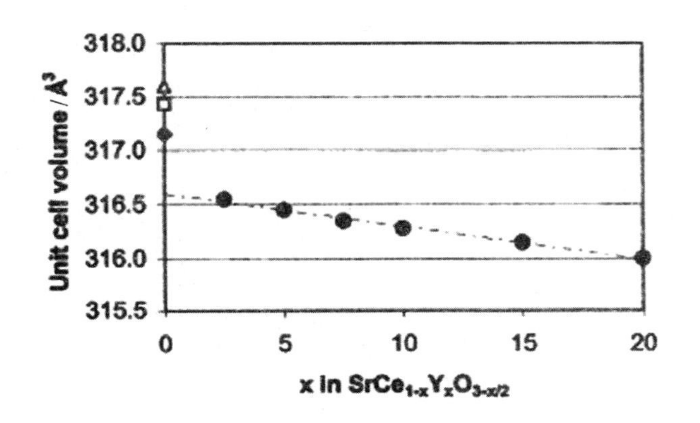


**图 2-8　$SrCe_{1-x}Y_xO_{3-\delta}$晶胞体积和密度的研究**

A. N. Shirsat[24]等测试了 $SrCO_3$ 和 $CeO_2$之间的热化学反应,研究了在 1113 ~ 1184K 温度范围内,$CO_2$(g)的平衡压力的三元混合物相 $SrCO_3$(s)、$CeO_2$(s)和 $SrCeO_3$(s)。测量 $CO_2$(g)压力的温度相关性,气体压力计也对 $SrCO_3$(s)的分解进行了测量,$CO_2$(g)的平衡蒸汽压力的两相混合物 $SrCO_3$(s)和 SrO(s)。观察到的 $CO_2$(g)压力与获得反应相比,同时进行了热重/差热分析实验对 $CO_2$(g)中 $SrCO_3$ 分解反应。研究结果表明 $CO_2$(g)的三相混合物压力 $SrCO_3$(s),$CeO_2$(s)和 $SrCeO_3$(s)和两相的混合物 $SrCO_3$(s)和 SrO(s)证实与 TG/DTA 试验获得 $CO_2$的两个系统的控制压力有关。源自于 $SrCeO_3$热力学性质表明,在较低的温度下该化合物的热力学性质不稳定,推导出的性能与量热法是非常的吻合。

图 2-9 显示了通过收集光电子的动能 19eV,$SrCe_{0.95}Y_{0.05}O_{3-\delta}$用水退火的(CFS)光谱。这个范围被认为是 Ce4d-4f 的近似吸收光谱。CFS 光谱的异型材类似于 $CeO_2$和 $SrCeO_3$的 4d 光吸收光谱,垂直带编号从 1 到 4,显示 RPES 测量的激发能量。在软 X 射线区域内,研究了 $SrCe_{1-x}Y_xO_{3-\delta}$(x = 0、0.05)质子导体的电子结构共振-光电效应光谱学(RPES)和 X 光吸收光谱(XAS)。在价带中,RPES 光谱表现出强烈的 O 2p 状态与 Ce 4f 状态,该价带由混合的 $4f^0$($Ce^{4+}$)和 $4f^1$ L

($Ce^{3+}$)结构组成。带隙能量的(XAS)光谱区域的顶部显示一个价带和一个受主—诱导水平略高于费米能级(EF),价带的能量位置状态符合 $Ce^{3+}$ 的状态,洞孔之间和 EF 的能量分离状态很符合活化能。

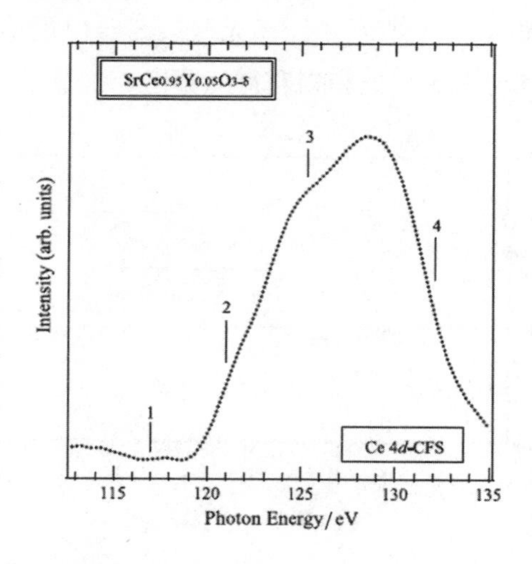


**图 2-9 $SrCe_{0.95}Y_{0.05}O_{3-d}$ 用水退火的(CFS)光谱**

T. Higuchi[26]等用 SXES 和 XAS 测量样品,获得 $SrCeO_3-SrZrO_3$ 薄膜质子导电的电子结构。图 2-10 显示了 $Sr(Ce_{1-x}Zr_x)_{0.95}Yb_{0.05}O_{3-\delta}$ (x=0、0.2)薄膜在 O 1s SXES 光谱中 $H_2$ 退火。干 $SrCeO_3$ 薄膜也显示 O 1s SXES 光谱。SXES 光谱的强度归一化到电子束电流和测量时间。SXES 清晰的选择规则主要是由于相同的原子种类,出于这个原因,O 1s SXES 光谱反映了 O 2p PDOS,获得 O 2p PDOS 对应于价带的能带结构区域,$SrCeO_3$ 价带主要由 O 2 p 状态组成,525.4 eV 的虚线表示价带(VB)。光谱带宽和峰值位置是不同的。光电发射光谱的结果在 $SrCeO_3$ 掺杂 $Y^{3+}$ 的价带区域观察到类似的情况。

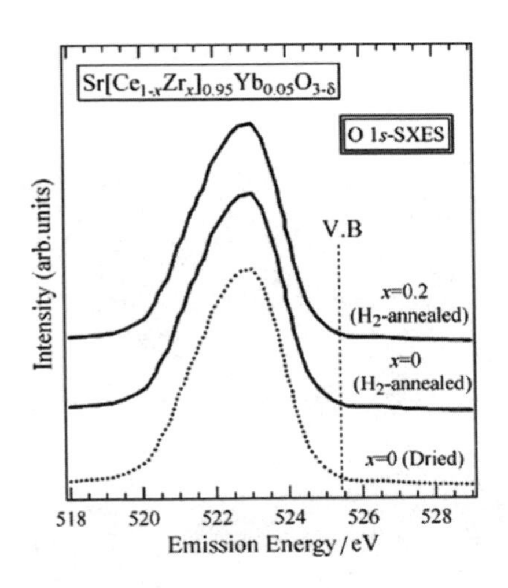


**图2-10 SXES光谱**

通过软X射线光谱,对电子结构质子导体$Sr(Ce_{1-x}Zr_x)_{0.95}Yb_{0.05}O_{3-\delta}$薄膜进行了研究。价带是主要是O 2p状态,传导带是Ce 4f和Zr 4d状态。观察到孔和受体价带的顶部略高于费米能级($E_F$),在$H_2$中退火的$Sr[Ce_{1-x}Zr_x]_{0.95}Yb_{0.05}O_{3-\delta}$薄膜,其强度降低和氢诱发水平略低于所创建的$E_F$。能量分离在氢诱导水平的底部和价带顶部与从导电性估计的活化能相一致。

K. S. Knight[27]等测量$SrCeO_3$钙钛矿晶体结构,斜方晶系。单元压缩的表现方式是各向异性的,在0G~7.9GPa的4个压力下的粉末衍射数据,$\kappa a = 3.14(8)\times10^{-3}GPa^{-1}$,$\kappa b = 3.18(8)\times10^{-3}GPa^{-1}$和$\kappa c = 1.78(6)\times10^{-3}GPa^{-1}$。用一个二阶规则Birch - Murnaghan状态方程,体积系数被确定为110.1(6)GPA。相反,基于EXAFS结果系数,预测在A位八面体的倾斜,为钙钛矿占主导地位的压缩机制,随着压力的增大,$SrCeO_3$经过压缩与在拉曼光谱研究得到的结果是一致的。在温度和压力下,相比其他$A^{II}B^{IV}O_3$钙钛矿,$SrCeO_3$表现其典型性。

A. R. Potter[28]等采用高温固相法合成$SrCe_{0.95}Yb_{0.05}O_{3-\alpha}$。在扫描电子显微镜(SEM)图2-11(a)~(c)中,少量的孔隙明显出现在颗粒的表面和内部。Pt电极直径13mm、厚度2μm,使用磁控管溅射涂料器直接应用到颗粒的两面。电接触是放置在Pt钢丝螺旋溅射的地方,游离的Pt浆体(Engelhard)在1000℃烧结1h。溅射电极层和覆盖层的典型微观结构,如图2-11(d)~(e)。漆层包含晶粒和气孔,这表明几μm的直径溅射层是均匀的薄膜,不包含大孔径,晶粒尺寸为50~

100nm。图 2－11(f)提出了一种抛光截面 Pt 的电极显示纳米多孔溅射层和多微孔着色覆盖物。

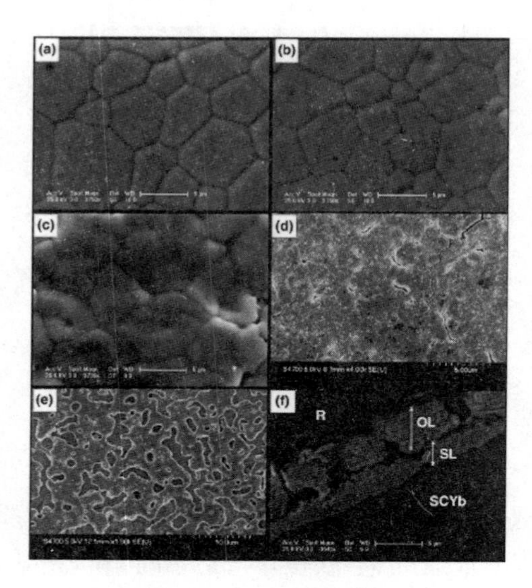


**图 2－11　扫描电子显微镜(SEM)图**

T. Grande[30]等采用喷雾热解法合成 $SrCeO_3$ 粉末、$LaMnO_3$、$LaFeO_3$、$LaCoO_3$ 和 $La_{2-x}Sr_xNiO_4$ ( $x=0,0.8$ )。XRD 如图 2－12 所示。(A)，$SrCeO_3$ 的粉末复合材料与 $LaCoO_3$、$LaMnO_3$ 和 $La_2NiO_4$ 的 X 射线衍射图。在 1150℃焙烧 72h 后峰值的位置显示平衡阶段：(a)掺杂 $CeO_2$，(b) $(La,Sr)_2MO_4$ 和(c) $SrCeO_3$。残留极微量的 $LaMO_3$ 钙钛矿为实心圆圈所示。(B)在 1150℃焙烧 36 到 120h，$SrCeO_3$/$LaFeO_3$ 粉复合材料的 X 射线衍射图。峰位置显示为产品阶段：(a)掺杂 $CeO_2$，(b) $(La,Sr)_2FeO_4$ 和(c) $La_{3-x}Sr_xFe_2O_7$，残留极微量的 $LaFeO_3$ 钙钛矿为实心圆圈所示。

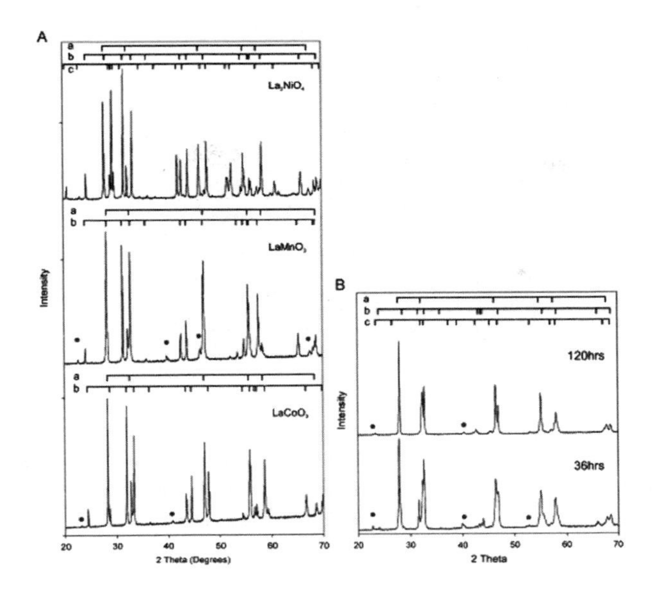


**图 2－12　XRD 图**

通过 $SrCeO_3$ 的化学和物理混溶性是研究关于 $LaMO_3$（M = Mn，Fe，Co）和 $La_{2-x}Sr_xNiO_4$（x = 0，0.8）细颗粒粉末压块的反应和固态扩散偶联反应。结果显示这些平衡系统的主要反应是 SrO 的溶解从 $SrCeO_3$ 到 $LaMO_3/La_{2-x}Sr_xNiO_4$ 和相应的 $CeO_2$ 掺杂 La 的形成。观察反应动力学相对快慢表明 $Sr^{2+}$ 在二氧化铈中的扩散出人意料地快速，这表明钙钛矿原料反应不适合使用 $SrCeO_3$，反应完全会形成 Ruddlesden－Popper/$K_2NiF_4$ 类型氧化物。与 $La_2NiO_4$ 不太明显的反应，形成二级相压制成 $La_{1.2}Sr_{0.8}NiO_4$。因此得出结论，Ruddlesden－Popper 类型氧化物代表较合适的材料。

$SrCe_{1-x}Eu_xO_3$（x = 0.1、0.15 和 0.1）由高温固相法制备[31]。利用 X 射线衍射确定 Eu 掺杂 $SrCe_{1-x}Eu_xO_{3-\delta}$（x = 0.1、0.15 和 0.1）纯度，如图 2－13(a) 所示。每个衍射图显示了斜方晶系的单相钙钛矿结构，图 2－13(b) 和 (c) 显示了晶格参数和体积，变化随 Eu 掺杂剂水平减少，符合 Vegard 定律。

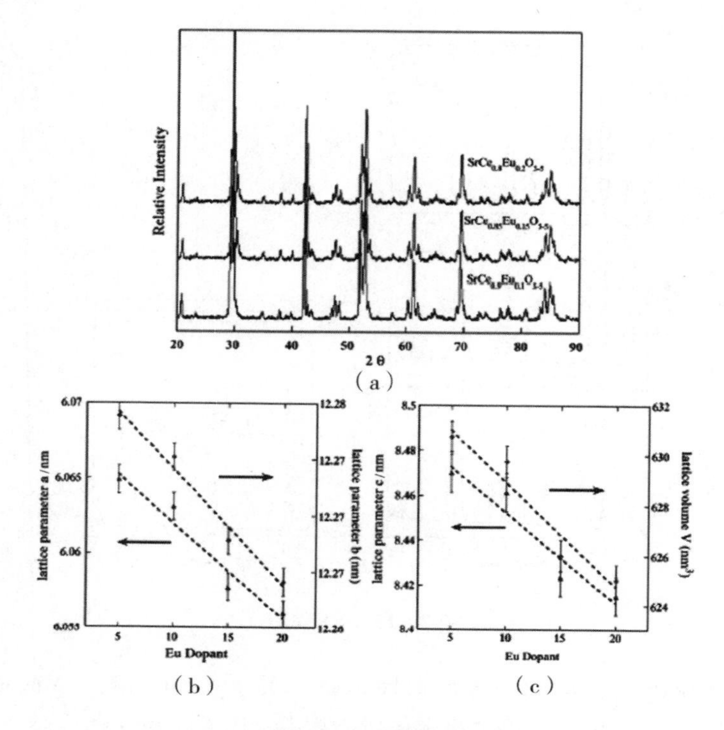


(a)

(b) (c)

**图 2-13 XRD 图**

$Sr_{0.97}Ce_{0.9}Yb_{0.1}O_{3-δ}$薄膜的 XRD 粉末,之前接触 $H_2$(绿颜色)后为(棕色),Pt 的迁移和微晶玻璃密封胶残留[33],如图 2-14 所示分别为(a)和(b)两种情况下,原料是纯斜方晶系,X 射线衍射表明为钙钛矿(空间群 Pnma),没有晶格参数发生变化。

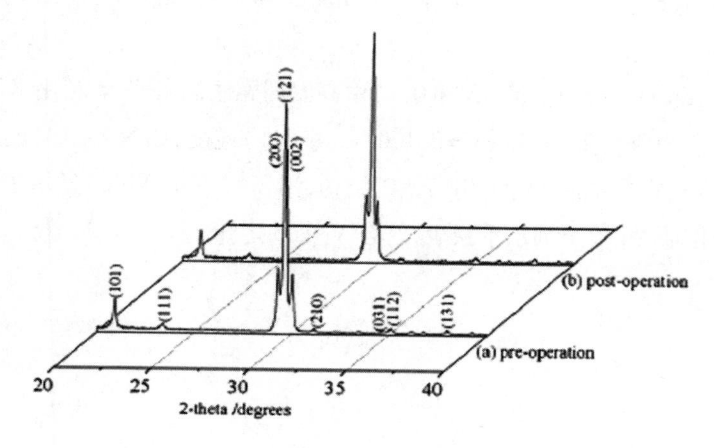


**图 2-14 $Sr_{0.97}Ce_{0.9}Yb_{0.1}O_{3-δ}$薄膜的 XRD 图**

通过旋转涂布法 $SrCO_3$，$CeO_2$和 $Y_2O_3$粉末成功制备了阳极 Ni－SCY10，阳极支撑固载了致密的 $SrCe_{0.9}Y_{0.1}O_{3-d}$（SCY10）薄膜[34]。制备阳极支撑 SCY10 膜，由扫描电镜中图 2－15 观察到氢还原后最上面一层与阳极底物没有任何分层。该图显示了阳极支撑 SCY10 膜的微观结构包括顶层表面［图（a）］和横截面［图（b）］。可以清楚地看到 SCY10 顶层膜非常致密，晶粒尺寸在 2～6μm 的范围，顶层膜可以制备成 10μm 薄。

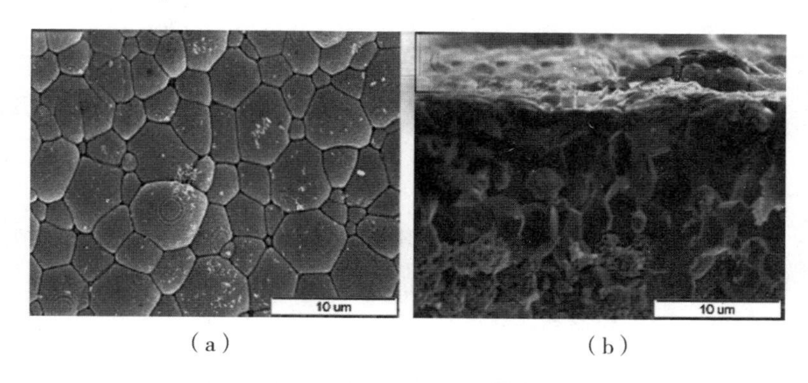


（a） （b）

**图 2－15 固载 SCY10 膜 Ni－SCY10 阳极膜的形态**

**（a）顶层表面；（b）横截面**

$SrCeO_3$晶体中，斜方晶系的 $Pr^{4+}$ 离子自旋哈密顿参量的理论研究[36]。自旋哈密顿参数的摄动公式（EPR 参数各向异性，旋磁因素 $g_x$，$g_y$，$g_z$，超精细结构常数 $A_x$，$A_y$，$A_z$）离子的 $4f^1$ 的$^2f_{5/2}$的最低克雷默斯双峰建立了斜方晶系的对称。在这些公式中的共价作用，外加剂 J＝5/2 和 J＝7/2 状态之间以及二阶微扰都包括在内。从叠加模型和晶体结构数据计算所研究得 $Pr^{4+}$ 中心晶场参数。$SrCeO_3$计算中，基于摄动方程及相关参数，g 因子 $g_x$，$g_y$，$g_z$，超精细结构常数 $A_x$，$A_y$，$A_z$，为斜方晶系 $Pr^{4+}$ 离子，结果与观测值吻合得很好。

为了研究 $SrCe_{0.95}Tm_{0.05}O_{3-\delta}$的化学稳定性，热重测量被用来记录下每个样本的分量改变，大气中含有二氧化碳（60% $CO_2$ ＋40% $N_2$）[38]。如图 2－16 所示，SCTm、SCITm10 和 SCITm20 样品分量增量分别为 4.8%、3.5%、1.5%。分量的增加意味着 SCITm 膜与二氧化碳反应。$SrCe_{0.95-x}In_xTm_{0.05}O_{3-\delta}$和二氧化碳之间的反应被认为是 $SrCe_{0.95-x}In_xTm_{0.05}O_{3-\delta} + CO_2 \rightarrow SrCO_3 + Ce_{0.95-x}In_xTm_{0.05}O_{2-\delta}$。

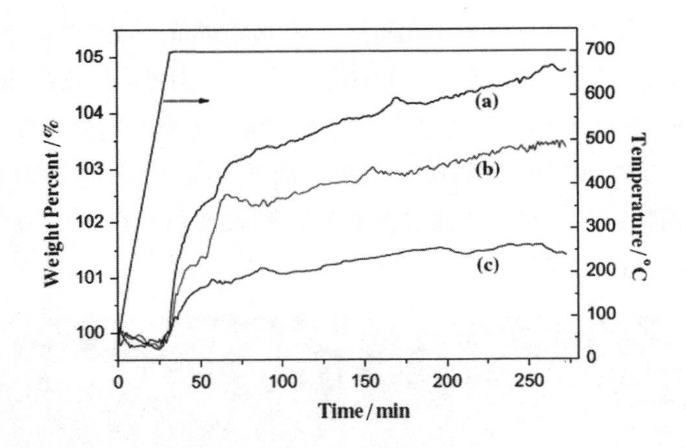


图 2-16 热重测量

合成用于质子交换膜燃料电池(PEMFC)的聚苯并咪唑/锶铈酸盐的纳米复合材料。PSCx 纳米复合材料扫描电镜图如图 2-17 所示,在 PSC16 样品中,可以很清晰地观察到 $SrCeO_3$ 纳米颗粒的凝聚体[40]。

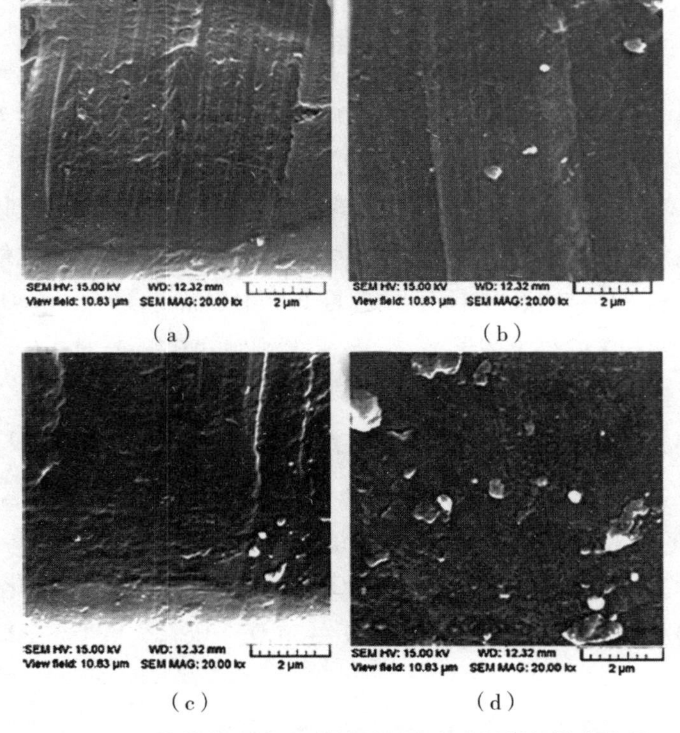


图 2-17 聚苯并咪唑/锶铈酸盐纳米复合材料扫描电镜图

图2－18[42]晶格参数的温度相关性图(a)～(c)、晶胞体积图(d)，在1273K和1723K之间$SrCeO_3$对应的热膨胀系数。图2－18(a)和(c)温度变化大约是线性的，然而在1550K，b轴显示更明显的非线性行为。从高分辨率的Rietveld测定$SrCeO_3$的晶体结构和热弹性属性与温度的相关性，在1273～1723K间隔5K收集粉末衍射的数据。没有数据显示样品振幅在软化区边界的相变，说明$SrCeO_3$可能仍然是斜方晶系，1.2K到1atm，2266K熔点的空间群Pbnm。从模态分解技术和构造演化测定晶体结构的温度变化，从温度相关性推断自发的剪切应变和序参量张量与反相倾斜。来源于晶胞温度变化的热弹性、等压热容和原子位移参数与掺杂体系$SrCe_{0.95}Yb_{0.05}O_{3-\alpha}$早期研究几乎一致。

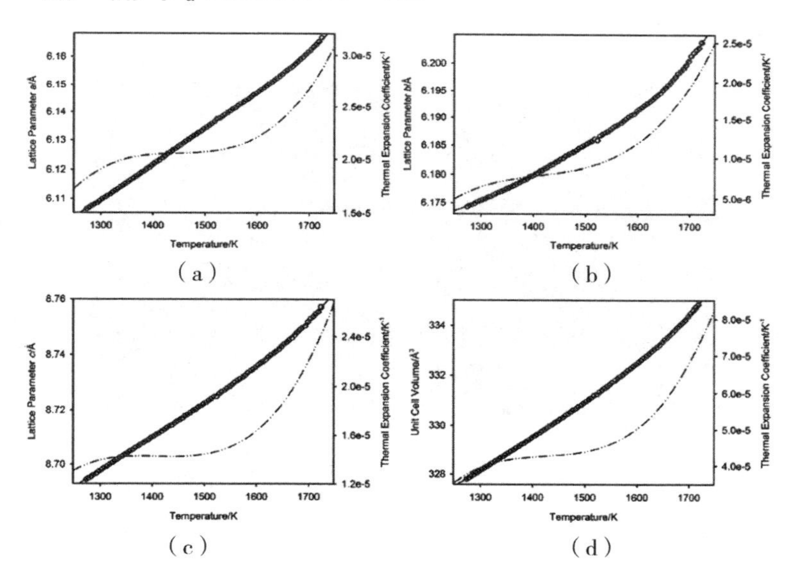


**图2－18 热弹性属性与温度曲线**

Yuji Okuyama[43]等由高温固相法制备$SrCe_{0.9-x}Zr_xY_{0.1}O_{3-\delta}$（x＝0.0，0.3，0.5，0.7，0.9）样品。X射线粉末衍射分析证实了所有$SrCe_{0.9-x}Zr_xY_{0.1}O_{3-\delta}$样品为钙钛矿结构。其XRD图如图2－19所示。

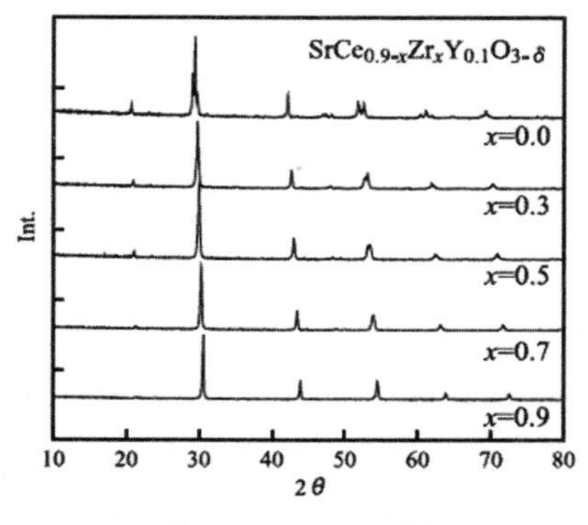


**图2－19 XRD图**

方建慧[55]等通过紫外—可见光谱吸收结果发现，掺杂的干湿样品中，

$SrCe_{0.95}Y_{0.05}O_{3-\alpha}$的两个禁带宽度最大，电子导电能力最差。饱和水蒸气后，除$SrCe_{0.80}Y_{0.20}O_{3-\alpha}$粉体第二能级减小外，其余样品的两个能级均增大，电子导电能力减弱，依此推断质子导电率增大。

郑敏辉[47]等实验发现使用加$SrF_2$制备的粉料在较低温度较短时间内即可烧结致密的 SCYB 陶瓷。马桂林课题组康新华[56]等通过观察图 2－20 所示 $SrCe_{0.95}Er_{0.05}O_{3-\alpha}$烧结体的表面与断面的扫描电镜照片，可以清楚地看到烧结体样品较致密，这与较高的相对密度测定结果相一致，表明该陶瓷具有良好的烧结性能。陈国涛[59]等用 0.2% Pt/SCY 粉体压制的坯体在不同烧结温度保温 3h 后其收缩率、相对密度在表 2－1 中列出，从表 2－1 中可以看出，在 1450℃保温 3h 后得到的 0.2% Pt/SCY 膜致密度最高，相对密度达 98.2%。

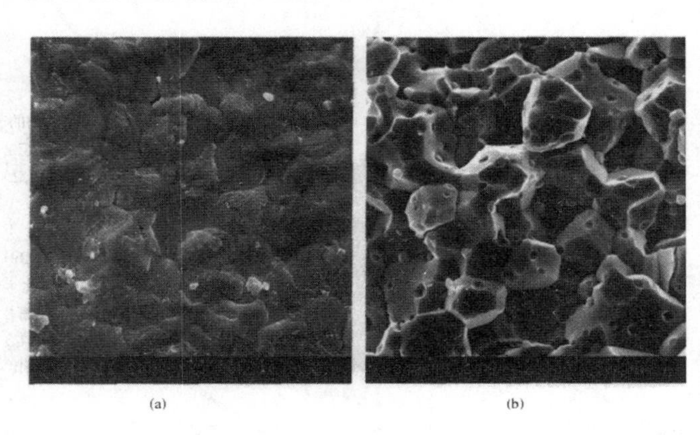


**图 2－20　$SrCe_{0.95}Er_{0.05}O_{3-\alpha}$烧结体的 SEM 照片**

**(a)表面　　(b)断面**

**表 2－1　0.2%Pt/SCY 胚体的烧结性能**

| 烧结温度 ℃ | 体积收缩率 ℃ | 开孔孔隙率 % | 相对密度 % |
|---|---|---|---|
| 1350 | 41.41 | 3.8 | 95.2 |
| 1400 | 42.38 | 2.3 | 96.8 |
| 1450 | 43.59 | 1.2 | 98.2 |
| 1500 | 轻微的熔化现象，过烧 | | |

图 2－21 所示是在 1450℃保温 3h 后得到的 0.2% Pt/SCY 膜表面和横断面的 SEM 照片。从图 2－21 中可以看出，膜表面致密，没有裂纹，横断面封闭孔的数量

很少且孔隙很小。张超[61]等通过实验发现采用溶胶凝胶法可以制备出致密、均匀的 $SrCeO_3$ 电解质薄膜。

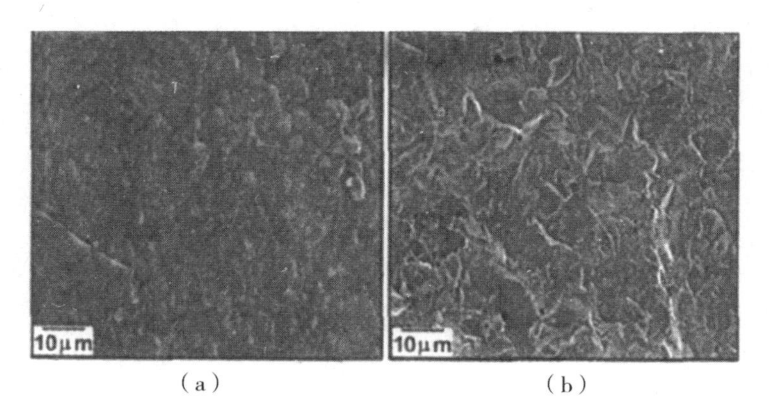


（a）　　（b）

**图 2－21　0.2%Pt/SCY 膜的 SEM 照片**

**（a）表面；（b）断面**

徐秀廷[50]等测定单相 $SrCeO_3$ 样品中的物相，从表 2－2 可见，在时间一定的情况下，微波功率过小时反应物不发生反应。随着微波加热功率逐渐提高，反应渐趋完全，至 490W 时得到纯相 $SrCeO_3$。功率再增大则发生烧结现象，这说明我们所合成的 $SrCeO_3$ 具有较好的烧结性能。

**表 2－2　微波功率和反应时间对产品的影响**

| Sample No. | Microwave power/W | Reaction time/min | Phases in products |
|---|---|---|---|
| 1 | 350 | 30 | $CeO_2$+unreacted phase |
| 2 | 420 | 30 | $SrCeO_3$+impurity |
| 3 | 490 | 30 | $SrCeO_3$(powder) |
| 4 | 560 | 30 | $SrCeO_3$(sintered) |
| 5 | 490 | 20 | $SrCeO_3$+impurity |
| 6 | 490 | 30 | $SrCeO_3$(powder) |
| 7 | 490 | 40 | $SrCeO_3$(powder) |
| 8 | 490 | 50 | $SrCeO_3$(sintered) |

马桂林课题组康新华[56]等通过实验得到 $SrCe_{0.95}Er_{0.05}O_{3-\alpha}$ 陶瓷样品的粉末 XRD 图。如图 2－22 所示，样品的 XRD 衍射峰位置和强度均与钙钛矿型斜方晶 $SrCeO_3$ 相同，未见到 $CeO_2$ 或其他杂质的衍射峰。这表明样品已形成完全的钙钛矿型斜方晶固溶体。马桂林[58]等还以高温固相反应法合成了复合氧化物陶瓷 $SrCe_{0.9}Ho_{0.1}O_{3-\alpha}$，该陶瓷样品为单一斜方相钙钛矿型结构。陈国涛[59]等通过实验发现保

温 3h,0.2% Pt/SCY 膜具有与正交钙钛矿型 $SrCeO_3$ 相同的结构;而保温 10h,0.2% Pt/SCY 膜的主要相结构仍为正交钙钛矿型结构,但出现了少量的 $SrY_2O_4$ 相和 $Y_2O_3$ 相。张超[61]等采用溶胶凝胶法制备了质子导体 $SrCe_{0.9}Y_{0.1}O_{3-\delta}$ 电解质薄膜。由 XRD 结果可知,900℃热处理后的电解质薄膜为钙钛矿结构 $SrCeO_3$ 相。

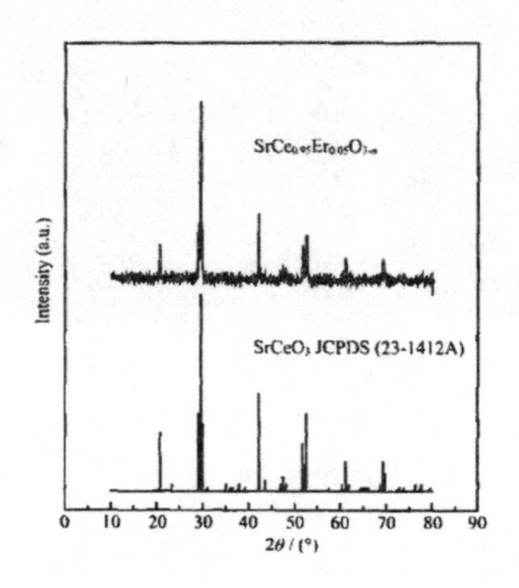


**图 2-22 $SrCe_{0.95}Er_{0.05}O_{3-\alpha}$ 烧结体的粉末 XRD 图**

## 2.2 缺陷化学

以 $Yb^{3+}$ 掺杂的 $SrCeO_3$(SCY)陶瓷为例,说明 $ABO_3$ 钙钛矿型氧化物质子导体的传导机理。

$Yb^{3+}$ 取代 $SrCeO_3$ 中的 $Ce^{4+}$,由于电荷补偿而产生氧空位。

$$Yb_2O_3 \longrightarrow Yb'_{Ce} + 3O_O + V_O^{\cdot\cdot} \tag{2-1}$$

在不同的气氛中,氧空位可与气氛作用发生下述缺陷反应[24,25]:

氧气气氛下:$V_O^{\cdot\cdot}\frac{1}{2} + O_2 \overset{K_1}{\rightleftharpoons} O_O + 2h^{\cdot}$ (2-2)

水蒸气气氛下:$H_2O + 2h^{\cdot} \overset{K}{\rightleftharpoons} 2H^{\cdot} + \frac{1}{2}O_2$ (2-3)

式(2)、式(3)合并得:$H_2O + V_O^{\cdot\cdot} \overset{K_3}{\rightleftharpoons} 2H^{\cdot} + \frac{1}{2}O_O$ (2-4)

平衡常数：$K_3 = K_1 \times K_2$ (2-5)

氢气气氛下：$H_2 + 2h^{\cdot} = 2H^{\cdot}$ (2-6)

式中 $V_O^{\cdot\cdot}$，$O_O$，$H^{\cdot}$，$h^{\cdot}$ 和 $K$ 分别为氧缺陷，正常晶格的氧离子，间隙质子，电子空穴和平衡常数。依此可以解释 SCY 陶瓷在不同气氛中的导电现象。

在干燥的含氧气气氛中，由于发生反应(2-2)，产生了氧离子和电子空穴，SCY 陶瓷因此表现为氧离子和电子空穴的混合导电性。在潮湿的含氧气气氛中，因反应(2-2)产生了氧离子和电子空穴，此外，由于反应(2-3)和(2-4)产生了间隙质子，间隙质子扩散导致质子导电性。因此，SCY 陶瓷在湿润的含氧气氛中表现为氧离子、质子及电子空穴的混合导电性。

在氢气气氛中，由于发生反应(2-6)而表现为质子导电。同理可以解释一些与 SCY 结构相似的 BCY 及其他钙钛矿型质子导体在不同气氛中的导电现象。

## 2.3 制备方法

### 2.3.1 高温固相法

L. Zimmermann[1]等用加热的方法，将 $SrCe_{1-x}Yb_xO_{3-\alpha}$ ($x = 0.025, 0.05, 0.1$)，$SrZr_{1-x}Yb_xO_{3-\alpha}$ ($x = 0.025, 0.05$) 制成样品，然后将带有质子的导电样品通过湿润的空气和 $Ar-H_2$ 混合物中加热到 600℃ ~950℃。在 600℃ 高温或更高的真空中 $<10^{-4}$Pa 加热几个小时可得到质子自由状态。R. J. Phillips[8]等使用固相反应技术合成 $SrCe_{1-x}Y_xO_j$ ($x = 0.025, 0.05, 0.075, 0.10, 0.15, 0.20, j = 3 - x/2$)，在 2500kg · $cm^2$ 的压力下将粉末压制成颗粒，在 1450℃ 烧结 12h。用 X 射线衍射技术分析其结构和电子特性，并讨论了掺杂电导率与晶胞体积之间的影响。研究钇掺杂剂浓度在合成的钙钛矿质子导体 $SrCe_{1-x}Y_xO_j$ 结构和电性能方面的影响。X 射线衍射研究表明，晶格体积随钇含量增加而减少。

Toshihide Tsuji[14]等采用高温固相法，将 $SrCO_3$ 和 $SrCO_3 + CeO_2$ 及 $SrCO_3 + 0.9CeO_2 + 0.05Eu_2O_3$ 放入 TG-DTA 装置。在不同的 $CO_2$ 大气中，从室温到 1623K 的温度范围内，在 120K · $h^{-1}$、300K · $h^{-1}$、600K · $h^{-1}$ 和 1200K · $h^{-1}$ 的加热速率下测量体积和温差的变化，通过高温 X 射线衍射对起始材料和反应产物进行了分

析。Toshihide Tsuji[15]等还采用高温固相法，试剂级碳酸锶粉末，$CeO_2$ 和 $Eu_2O_3$ 按所需比例混合在一个玛瑙研钵中，在1523K于空气中在白金坩埚内煅烧10h，混合粉末煅烧在40GPa的压力下压制成一个圆柱形，在1823K的空气中烧结10h，得到 $SrCe_{1-y}Eu_yO_{3-x}$。

Hiroshige Matsumoto[16]等采用高温固相法，合成 $SrCe_{0.95}Yb_{0.05}O_{3-\alpha}$。将起始原料 $SrCO_3$ 和 $Yb_2O_3$ 混合，在空气中1200℃煅烧10h，用球磨机研磨成粉末，经XRD确认为钙钛矿型 $SrCe_{0.95}Yb_{0.05}O_{3-\alpha}$ 单相，压制成型后再在空气中1560℃煅烧10h，获得相对密度95%致密烧结体。N. Sammes[22]等采用高温固相法合成钙钛矿型 $SrCe_{1-x}Y_xO_{3-\delta}$（$x=0.025$，0.05，0.075，0.1，0.15，0.2 和 $\delta=x/2$）质子导体和亚化学计量 $Sr_{0.995}Ce_{0.95}Y_{0.05}O_{3-\delta}$，x的值被选出来代表掺杂最有影响的范围，增加了缺陷掺杂剂（0~0.2）的浓度对整体化学计量没有影响，即没有超过固溶体上限导致任何第二相的形成。使用固态反应处理所有样品，将试剂 $SrCO_3$，$CeO_2$ 和 $Y_2O_3$ 在150℃干燥20h后玛瑙球研磨。煅烧分两步进行，在1000℃~1300℃之间，每个焙烧步骤之间，分别在玛瑙球里研磨1.5h。分散剂（0.5g PVP溶解在乙醇1g / 100克粉）混合在粉末里。通过10min的高速球磨，样品形成直径10mm，厚度2mm的片状。样品在1500℃时烧结11h，再研磨，抛光，煅烧2h。

A. N. Shirsat[24]等采用高温固相法在化学计量下 $SrCeO_3$(s)是由混合 $SrCO_3$(s)（99.99%，Alfa Aesar，USA）和 $CeO_2$(s)（99.9%，Indian Rare Earths Ltd.）样品在1173K温度下加热4h，接着在1673K于空气中烧结48h。对样品TG和差热分析（DTA）进行研究，分析样品的热力学稳定性。T. Higuchi[25]等采用高温固相法由 $SrCO_3$，$CeO_2$ 和 $Y_2O_3$ 的固态反应在1250℃烧结制备，在1250℃于空气中再次烧结20h。掺杂剂浓度是 $x=0$ 和0.05。经X射线衍射分析，确认样品为单相钙钛矿结构。

K. S. Knight[27]等采用高温固相法将 $SrCO_3$ 和 $CeO_2$ 反应制得样品 $SrCeO_3$。$SrCO_3$ 和 $CeO_2$ 混合后在1273K温度下烧结，1473K重新烧结，1673K再烧结。最后，将样品研磨到<100μm，空气中在873K烧结，得到 $SrCeO_3$ 钙钛矿晶体，在不同压力下分析其结构。A. R. Potter[28]等采用高温固相法合成 $SrCe_{0.95}Yb_{0.05}O_{3-\alpha}$。$SrCe_{0.95}Yb_{0.05}O_{3-\alpha}$ 粉末由单轴干压后成直径20mm、厚度0.9mm型，在1500℃烧结2h，加热和冷却率设定在2℃/min，最后密度计算预期的理论值为92%。

$SrCe_{1-x}Eu_xO_3$（$x=0.1$、0.15和0.1）由高温固相法制备[31]。按所需要的化学计量 $SrCO_3$（99.99%，Alfa Aesar）、$CeO_2$（99.99%，Alfa Aesar）和 $Eu_2O_3$（99.99%，Alfa Aesar），至少研磨24h，在空气中于1300℃烧结10h。煅烧氧化物压制成小球，均衡冷

却，在 1450℃空气中烧结 5h，X 射线衍射光谱来确认斜方晶系的单相钙钛矿结构。

$SrCO_3$(99.9%，Alfa - Aesar)、$CeO_2$(99.9%，Alfa - Aesar)和 $Eu_2O_3$(99.9%，Alfa - Aesar)粉末按化学计量混合后，经高温固相反应制备 $SrCeO_3$ 和 $SrCe_{0.9}Eu_{0.1}O_{3-\delta}$，再研磨，在 1300℃煅烧[32]。经压延过程制备 NiO - $SrCeO_3$ 管状固载体，管状的一端要经烧结密封，在烧结管一端的内部涂上 $SrCe_{0.9}Eu_{0.1}O_{3-\delta}$，在 1450℃烧结管状薄膜如图 2 - 23 所示。烧结过程是在大气中。

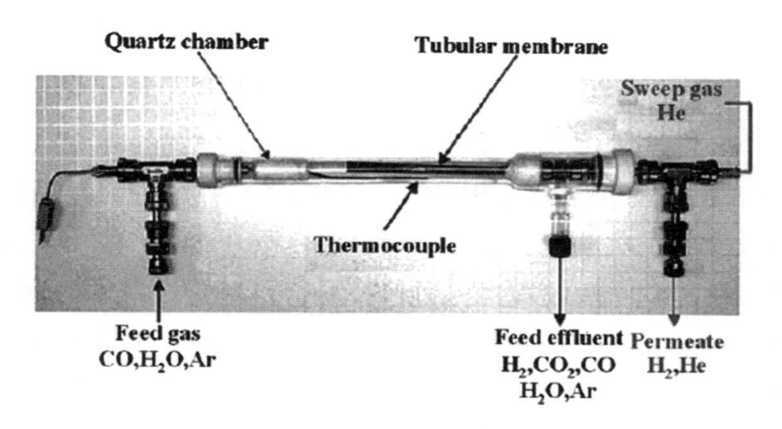


**图 2 - 23　装置示意图**

由高温固相法制备 $SrCe_{1-x}Zr_xO_{3-\delta}$(0.0≤x≤0.5)粉末，该方法 $SrCO_3$(Panreac Quimica, S. A. U. /Spain, 98%)，$CeO_2$(NOAH Technologies Co. /USA, 99.9%)和 $ZrO_2$(NOAH Technologies Co. /USA, 99.9%)异丙醇充分混合，研磨 6h，在 90℃干燥，在烤箱中将异丙醇蒸发掉。在 1250℃混合粉末煅烧 8h，以 5℃ · $min^{-1}$ 的升温速率形成单一钙钛矿相[39]。使用高温固相法成功地制备 $SrCe_{1-x}Zr_xO_{3-\delta}$(0.0≤x≤0.5)质子导电氧化物，研究 Zr 含量和微观结构之间的关系。用 X 射线衍射、扫描电镜和热膨胀计分析(TDA)系统研究了 $SrCe_{1-x}Zr_xO_{3-\delta}$(0.0≤x≤0.5)的缩孔和烧结。XRD 结果表明在 1500℃，第二阶段没有发现被烧结的 $SrCe_{1-x}Zr_xO_{3-\delta}$。SEM 表明，$SrCe_{1-x}Zr_xO_{3-\delta}$烧结的疏密度随 Zr 含量的增加而增加。$SrCe_{1-x}Zr_xO_{3-\delta}$陶瓷中在 1500℃，$SrCe_{0.6}Zr_{0.4}O_{3-\delta}$陶瓷烧结 2h，可以获得最大的孔隙度约为 27.53%。根据烧结反应和属性特征，在一定条件下烧结，制备 $SrCe_{0.6}Zr_{0.4}O_{3-\delta}$ 和 $SrZrO_3$的平面 HTM 和多孔支撑层，如图 3 - 24 所示。因此，认为 $SrCe_{0.6}Zr_{0.4}O_{3-\delta}$陶瓷是一个潜在的 HTM 应用支持层材料。

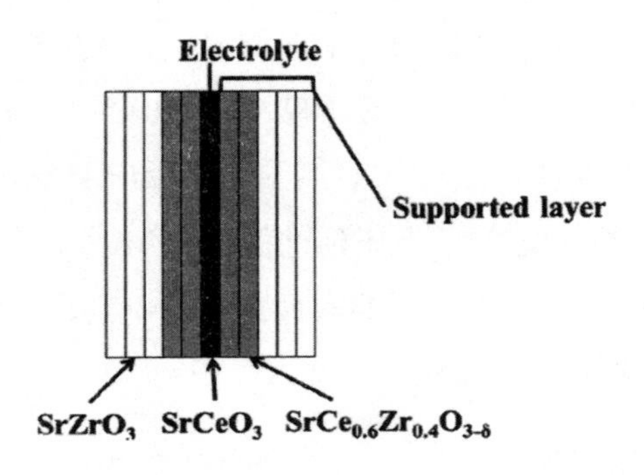


**图 2-24 $SrCe_{0.6}Zr_{0.4}O_{3-\delta}$和 $SrZrO_3$的平面 HTM 和多孔支撑层示意图**

$SrCO_3$、$CeO_2$和 $Lu_2O_3$的高温固相法制备 $SrCe_{0.9}Lu_{0.1}O_{2.95}$化合物，该化合物的相组成在文献中找不到[41]。$SrCO_3$（>99%，Ventron），$CeO_2$（99.99%，Johnson Matthey GmbH，Alfa Products）和 $Lu_2O_3$（99.99%，ChemPur）用于制备该化合物。化合物合成前反应物在 1100K 加热直到保持不变。后混合在一个玛瑙研钵中研磨 70h，再在行星齿轮式的球磨机（FRITSCH 磨机 5）中间再磨碎 10h，从 50～225rpm 速率不等。然后混合物被按压[颗粒 14mm、按压 Herzog（5.5t）]，置于炉中（水平管炉，CTF18/300，2100K）。根据序列：1100K、1400K、1700K 制备复合物，X 射线分析表明并不是一个单一相。样品再混合和退火温度 1100K、1400K、1400K。X 射线分析显示是一个单一相。

以 $SrCO_3$和 $CeO_2$为起始原料混合的高温固相法制备多晶的 $SrCeO_3$，在 1273K 第一次烧结，在 1473K 烧结，在1673K再烧结[42]。在 873K，最终产品的范围 $<100\mu m$，在 100MPa 的压力下 $SrCeO_3$粉末压缩成直径 10mm、高度 12mm。在 1673K 于空气中烧结 4h，加热和冷却率 $180Kh^{-1}$。Yuji Okuyama[43]等由高温固相法制备 $SrCe_{0.9-x}Zr_xY_{0.1}O_{3-\delta}$（$x=0.0,0.3,0.5,0.7,0.9$）样品。试剂粉末：$SrCO_3$（99.99%），$CeO_2$（99.99%），$ZrO_2$（99.9%）和 $Y_2O_3$（99.99%）称重后，在乙醇中混合，使用氧化锆研钵研磨。粉末混合物形成颗粒，在 1573K 于空气中煅烧 10h。压碎焙烧球团，在乙醇中研磨 1h。在 300 MPa，混合物被压制成型，在 1873K 于空气中烧结 10h，获得的样品的密度是 98% 以上。

郑敏辉[47]等将原料 $SrCO_3$、$CeO_2$和 $Yb_2O_3$按配比称重并加入少量 $H_3BO_3$、$SrCl_2$或 $SrF_2$助熔剂，在尼龙罐内球磨混合后在 973K 下加热 2h 除去有机杂质，在 1673K 温度下固相反应 2h。经混料、焙烧、磨碎、模压最后高温烧结成化学组成为

$SrCe_{0.95}Yb_{0.05}O_{3-\alpha}$(α 为氧空位)的陶瓷。徐志弘[48]等采用高温固相法将原料 $BaCO_3$、$SrCO_3$、$CeO_2$ 以及掺杂氧化物 $Yb_2O_3$、$Y_2O_3$、$Gd_2O_3$ 及 $La_2O_3$ 按化学计量比混合,加乙醇反复研磨煅烧后获得理论密度很高的 $MCe_{0.95}R_{0.05}O_{2.975}$(M = Ba,Sr;R = Yb、Y、Gd、La)陶瓷样品。

陈祥[49]等利用高温固相法将 $SrCO_3$,$CeO_2$ 及 $Yb_2O_3$ 粉末称量,混合,焙烧,烧结成组分为 $SrCe_{0.95}Yb_{0.05}O_{3-\alpha}$(α 为氧空位数)的陶瓷。吕喆[54]等按 $SrCe_{0.90}Gd_{0.10}O_3$ 的化学计量比将原料 $SrCO_3$,$CeO_2$,$Gd_2O_3$ 混合,经过乙醇湿式研磨、压片、煅烧等过程形成致密的电解质片。

马桂林课题组康新华[56]等将 $SrCO_3$($w \geqslant 99.0\%$),$CeO_2$ 和 $Er_2O_3$($w \geqslant 99.5\%$)按所需化学计量比 $n_{Sr}$: $n_{Ce}$: $n_{Er}$ = 1: 0.95: 0.05 称量,用无水乙醇湿式混合研磨,烘干后,预烧 10h。产物经研磨、烘干、过筛、压片、烧结后,将烧结体加工成直径为 15mm、厚度为 0.5mm 的电解质隔膜。马桂林课题组于玠[58]等将原料 $SrCeO_3$($w \geqslant 99.8\%$),$CeO_2$ 和 $Ho_2O_3$($w \geqslant 99.95\%$)按所需摩尔计量比称量,经过反复研磨、烘干、压片、烧制后制成 $SrCe_{0.9}Ho_{0.1}O_{3-\alpha}$ 陶瓷样品。

### 2.3.2 溶胶 - 凝胶法

K. J. de Vries[4]用湿化学合成路线先准备合成金属硝酸盐溶液,通过化学分析法测定金属盐溶液的浓度。湿化学合成路线显示有利于获得游离的碳酸盐,带有高的相对密度(99.0 ± 0.3%)和高的抗弯强度分别为 177MPa 和 194MPa 质子和质子导电的均匀材料。

Xiwang Qi[11]等采用柠檬酸盐法制取掺杂铽的 $SrCe_{0.95}Tb_{0.05}O_{3-\alpha}$ 钙钛矿质子导体。在蒸馏水与柠檬酸混合溶液中,按所需要比例 $Ce(NO_3)_3 \cdot 6H_2O$[加 $Tb(NO_3)_3 \cdot 5H_2O$ 为 SCTb]形成 0.2mol 的总金属离子溶液。添加的柠檬酸总量是金属离子的 1.5 倍,通过聚合、蒸发、缩合、煅烧、研磨、烧结后,再用 X 射线衍射(XRD)分析 SCTb 的相结构,测试 SCTb 膜的气密性。

Dionysiou[12]等采用柠檬酸法和草酸盐方法,合成钙钛矿 $SrCe_{0.95}Tb_{0.05}O_{3-\alpha}$,[金属硝酸盐前体 $Sr(NO_3)_2$(纯度≥99%),$Ce(NO_3)_3 \cdot 6H_2O$(纯度≥99.5%),$Tb(NO_3)_3 \cdot 5H_2O$(纯度≥99%)]。结果如表 2 - 3 所示。由柠檬酸法制备钙钛矿型结构 $SrCe_{0.95}Tb_{0.05}O_{3-\alpha}$(SCT)的薄膜,可以通过烧结步骤的控制可得到气体渗透膜和密封膜。通过中间烧结步骤由粉末制成的膜往往是多孔透气型,通过消除中间烧结步骤可形成气密性膜,膜的密度随最终烧结温度的增加而增加。草酸盐方法不会产生所需的钙钛矿结构 SCT,这是由于缺乏锶的固体沉淀。SCT 膜显示在含有氢气的气氛中有显著的质子传导。

**表 2-3 柠檬酸法和草酸盐方法制备结果**

Influence of intermediate sintering on the characteristics of the disks by the citrate method

| Disks | Intermediate sintering temperature (°C) (powders) | Final sintering temperature (°C) (disks) | Disk density (% of theoretical) | Porosity (ε/τ) | Average pore size $r_p$ (μm) | Observations |
|---|---|---|---|---|---|---|
| SCT6 | 800 | 1000 | 42.2 | 0.14 | 0.36 | Light yellow |
| SCT7 | 1000 | 1200 | 62.2 | 0.051 | 0.52 | Yellow |
| SCT8 | 1200 | 1350 | 71.7 | 0.014 | 1.13 | Yellow |
| SCT9 | 1000 | 1500 | 86.7 | – | Gas-tight | Dark yellow |
| SCT10 | 1200 | 1500 | 86.4 | – | Gas-tight | Dark yellow |
| SCT11 | 1500 | 1500 | 81.3 | 0.0017 | 2.83 | Dark yellow |

Sintering time for all steps: 24 h.

$CeO_2$( >99.9% )、$Y_2O_3$( >99.9% )、$SrCO_3$( A. R. )、柠檬酸( C6H8O7, A. R. )和 $HNO_3$( A. R. )合成 $SrCe_{0.9}Yb_{0.1}O_{3-\delta}$。化学计量的 $CeO_2$、$Yb_2O_3$、$SrCO_3$ 首先溶解在硝酸获得硝酸盐,硝酸盐被去离子水稀释获得透明的溶液浓度为 0.1mol/L。柠檬酸被添加到溶液中,柠檬酸与金属离子的摩尔比值(C/M)是 1、2、3 和 4。在 70℃下加热,搅拌 5h 获得前体凝胶,然后凝胶在空气中 250℃点燃。在 1100℃ ~ 1200℃,粉末进一步煅烧 5h。用 X 射线衍射分析其相结构[37]。详细研究柠檬酸与金属阳离子比率(C/M)、氧化剂和煅烧温度对粉末性能的影响。发现额外的氧化剂 $NH_4NO_3$ 增加了燃烧的火焰温度,从而提升 $SrCeO_3$ 的形成。随着 $SrCeO_3$ 粉末相对数量的增加 C/M 比值而增加。当点燃在 250℃,主要由钙钛矿 $SrCeO_3$ 组成,即 95.2wt.% 的相对数量。所计算燃烧反应的绝热火焰温度为 1903.1℃,高于 $SrCeO_3$ 所需的形成温度为 787.2℃。此外获得纯钙钛矿相凝聚组织粉末和平均晶粒尺寸为 2mm,在 500℃烧结 5h。制备 $SrCe_{0.9}Yb_{0.1}O_{3-\delta}$,在 200℃热处理,低于传统的固态反应法。

以乙二胺四乙酸和柠檬酸为络合剂,由溶胶—凝胶技术合成钙钛矿粉末 $SrCe_{0.95-x}In_xTm_{0.05}O_{3-\delta}(0 \leq x \leq 0.2)$[38]。$Sr(NO_3)_2$, $Ce(NO_3)_3 \cdot 6H_2O$, $In(NO_3)_3 \cdot 4.5H_2O$, $Tm(NO_3)_3 \cdot 6H_2O$ 皆为分析纯,都是用作金属离子的原材料来源。总金属离子的摩尔:EDTA:CA 为 1:1:1.5,溶液的 pH 调整到 8,这样可以防止氨选择性沉淀。混合溶液加热到 90℃,搅拌 5h 发生聚合反应。然后在蒸发皿电炉中剩下的水被加热直到自燃,产生灰色和多孔粉末。在 1000℃,粉末煅烧 10h 去除有机组成部分。在 20MPa 的压力下,煅烧粉被压制成基片,在 1300℃基片在空气中烧结 10h。对 $SrCe_{0.75}In_{0.20}Tm_{0.05}O_{3-\delta}$ 氧化物的形成用 X 射线衍射(XRD)进行了测量和研究[38]。结果表明在 1300℃,溶解在锶铈酸盐的斜方晶格形成固溶体。

使用柠檬酸乙二胺四乙酸(EDTA)络合法合成质子导电 $Sr(Ce_{0.6}Zr_{0.4})_{0.85}Y_{0.15}O_{3-\delta}$钙钛矿[45]。首先,EDTA(Riedel - de Haën,98%)与6 M $NH_4OH$ 混合形成 $NH_3$ - EDTA 溶液,在 $Sr(NO_3)_2$(Alfa Aesar,99.0%),$Ce(NO_3)_3 \cdot 6H_2O$,$Zr(NO_3)_2 \cdot 2H_2O$(Alfa Aesar,99.0%)和 $Y(NO_3)_3 \cdot 6H_2O$(J. T. Baker,99.8%)中溶解,EDTA ∶柠檬酸的总金属离子的摩尔比为1 ∶1.5 ∶1,通过添加6M $NH_4OH$ 溶液 pH 调整到 6。最后,电炉加热到 180℃,搅拌直到水被蒸发掉成凝胶。在 250℃,该凝胶加热 3h,在 1100℃煅烧 12h。在 89.63MPa 下煅烧粉被压到宽×厚为 10mm×0.5mm,在 1450℃烧结 6h。

方建慧[55]等将药品 $Ce(NO_3)_3 \cdot 6H_2O$,$Sr(NO_3)_2$ 和 $Y_2O_3$ 按所需摩尔比称取后用浓硝酸加热使其溶解,当硝酸完全挥发后,加去离子水。然后混合 $Ce(NO_3)_3$ 和 $Sr(NO_3)_2$ 溶液,加入络合剂,调节 pH = 8,静置 2 ~ 3h 形成溶胶,溶胶通过水浴蒸发形成无色透明的凝胶,湿凝胶用微波处理,煅烧后,得到粉体。将粉体水蒸气饱和 2h 后,即可制得 $SrCe_{1-x}Y_xO_{3-\alpha}$($x = 0 \sim 0.20$)系列高温质子导体纳米粉体。

张超[61]等以氧化铈、氧化钇、碳酸锶、乙二醇和浓硝酸为原料。首先将氧化铈、氧化钇、碳酸锶溶于浓硝酸,蒸干水分后得到硝酸铈、硝酸锶和硝酸钇。然后将所需化学计量比的硝酸铈、硝酸锶和硝酸钇溶于去离子水,得到浓度为 $0.1mol \cdot L^{-1}$ 的溶液;恒温搅拌,慢慢滴加乙二醇,10ml 浓硝酸,使溶液 pH < 1;加热搅拌后获得溶胶。采用匀胶机制备薄膜,薄膜通过保温,重复镀膜干燥步骤 5 次;最后将薄膜热处理后即可得 $SrCe_{0.9}Y_{0.1}O_{3-\delta}$ 溶胶。

### 2.3.3　微波合成法

徐秀廷[50]等把等摩尔的 $CeO_2$ 和 $Sr(OH)_2 \cdot 8H_2O$ 研磨混合均匀后,装入一个小坩埚内,其容积为 20mL,再将此坩埚放入另一个容积为 80mL 的大坩埚内,把加热介质 $Fe_2O_3$ 填充到两个坩埚中。最后,把它们放入微波炉中,在不同功率下加热,冷却后即可得所需样品。

### 2.3.4　浸渍法

陈国涛[59]等将原料按化学计量比 $x(SrCO_3) : x(CeO_2) : x(Y_2O_3) = 1 : 0.9 : 0.05$ 称量,加入去离子水混合球磨 3h,干燥焙烧后得到 $SrCe_{0.9}Y_{0.1}O_{3-\delta}$(SCY)粉

体。朱小明[62]等采用浸渍法,将不同浓度的硝酸镍和硝酸铜水溶液浸渍到粉末状 $SrCeO_3$ 载体上,室温放置12h,经过干燥,焙烧,得到 Ni-Cu/$SrCeO_3$ 催化剂。

### 2.3.5 沉积法

H. Yugami[3]等用激光沉积法,以MgO(100)和Si(111)为基片[研究中使用的靶材 $SrCeO_3$ 陶瓷磁盘(直径14mm,厚3mm,由TYK公司提供)],该基片被安装,且与靶材表面相距6cm,接近正常的激光点中心,在沉积过程中,基片温度保持在600℃,沉积后,冷却到室温,用CCD相机的拉曼散射光谱测量,488nmAr激光用于激发态,对于陶瓷、单晶而言,CCD的曝光时间为10s,薄膜的曝光时间为2000s。使用 $SrCeO_3$ 陶瓷靶材,通过ArF准分子激光晶化法制钙钛矿质子导体 $SrCeO_3$ 薄膜,入射激光的影响远远大于 $1J \cdot cm^{-2}$。在600℃薄片主要沿着Si和MgO基片(200)和(121)增长,获取定向的薄片,在沉积期间氧压力是最重要的参数。

不同激光功率密度如图2-25所示,有两个组成部分,即一个高的前定向成分比一个成分变换更慢的有更高的影响。膜厚度适合 $COS^{10}$,这个结果可以解释凯利和德雷福斯的理论。

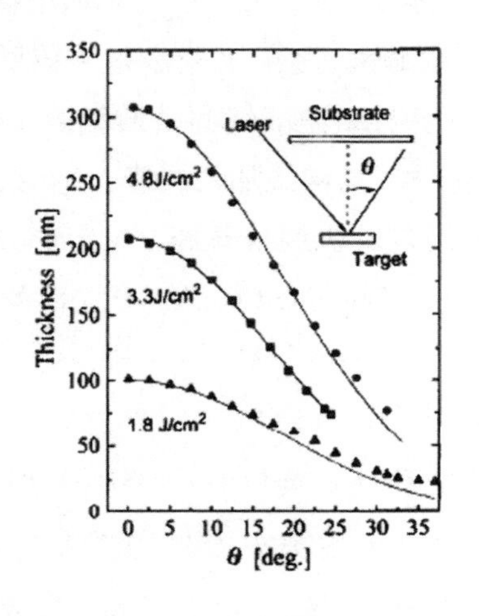


图2-25 不同激光功率密度

中科大孟广耀[6]等用金属有机气相沉积法(MOCVD)法制取氧化钇掺杂 $SrCeO_3$ 薄膜。按薄膜所需要的适当比例 $Sr(DPM)_2$、$Ce(DPM)_4$、$Y(DPM)_3$ 混合粉末,在卤素灯的蒸发区对混合固体前驱体加热和蒸发,前驱体的蒸汽被Ar气带入到石英反应器,与此同时,反应物气体 $O_2$ 从另一个方向进入反应器。通过X射线光电子能谱(ESCALAOMK)分析表面堆积物的成分。图2-26显示了扫描电镜照片的表面形态和沉积的截面层,观察图层似乎并不密集。从横截面视层图看,可能由于在MOCVD过程中过高的增长率,堆积层的厚度估计约2mm,层和基体之间的界面不易清楚地看到。$SrCeO_3$掺杂氧化钇的薄膜通过金属有机气相沉积法堆积在YSZ基体上,使用了新型固体前驱体包含Sr、Ce、Y的双酮复合体混合物。堆积的薄膜组成了多晶纳米结晶,发现最适合制备氧化钇掺杂$SrCeO_3$薄膜的单晶YSZ基体。通过金属有机气相沉积法,使用干燥、混合前体能够更好地获得单一阶段的氧化钇掺杂钙钛矿的$SrCeO_3$薄膜,如图2-27所示。

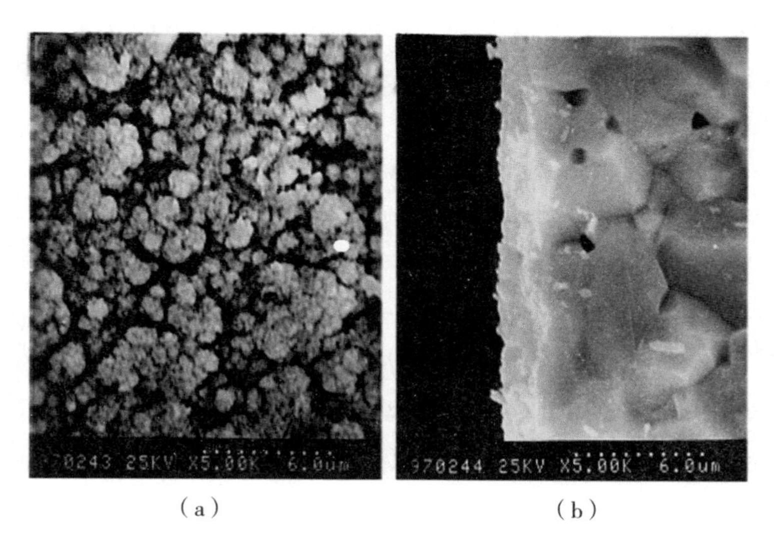


**图2-26 扫描电镜照片的表面形态和沉积的截面图**

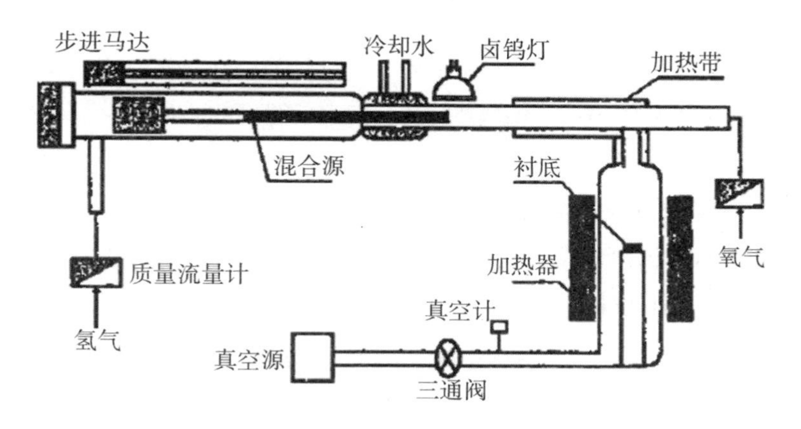


**图2-27 MOCVD法装置示意图**

T. Higuchi[26]等采用沉积法，合成 $Sr(Ce_{1-x}Zr_x)_{0.95}Yb_{0.05}O_{3-\delta}$薄膜是由一个 Ar 准分子激光($k=193nm$)通过 PLD 方法制备。$SrZr_{0.95}Yb_{0.05}O_3$和 $SrCe_{0.95}Yb_{0.05}O_3$的烧结陶瓷作为烧蚀范围，Zr 浓度是 x=0 和 0.2，单晶的 Si(111)作为底物。在沉积的基底温度约为 700℃，总膜厚度约为 400nm，对 $Sr(Ce_{0.8}Zr_{0.2})_{0.95}Yb_{0.05}O_3$薄膜而言，$SrZr_{0.95}Yb_{0.05}O_3$和 $SrCe_{0.95}Yb_{0.05}O_3$薄膜的厚度为 320nm 和 80nm。

### 2.3.6 喷雾热解法

T. Grande[30]等通过喷雾热解法合成 $SrCeO_3$粉末、$LaMnO_3$、$LaFeO_3$、$LaCoO_3$和 $La_{2-x}Sr_xNiO_4$(x=0,0.8)。金属硝酸盐、络合剂乙二胺四乙酸(EDTA)，在热解反应中，用来溶解，于空气中去除残余硝酸盐/有机物。在异丙醇中研磨 6~8h，使用 5mm 氧化锆过滤，800℃温度下对 $La_{2-x}Sr_xNiO_4$煅烧，同时在温度稍高的 900℃对 $LaMO_3$和 $SrCeO_3$煅烧。对最终产品进行精细分割，通过 X 射线衍射分析证实相纯度。通过两种途径来组成相兼容的 $SrCeO_3$电极。

### 2.3.7 旋转涂布法

纯钙钛矿相的 $SrCe_{0.9}Y_{0.1}O_{3-\delta}$(SCY10)粉末由高温固相法反应制取。为了制备 NiO–SCY10 阳极底物，将 NiO 均匀地分布在 SCY10 粉末上。起初，$SrCO_3$，$CeO_2$和 $Y_2O_3$粉末混合后，通过旋转涂布法，直接沉积 SCY10 粉末旋转涂布在绿色基质上。在 1300℃烧结 3h，在阳极基片上，反应形成 SCY10 的致密膜[34]。扫描电镜显微图显示，顶层是游离态的(晶格)缺陷，阳极基板没有分层，燃料电池组装与阳极支撑 SCY10 膜为电解质膜，Ag 作为阴极。燃料电池的电化学性能测试以氢作为燃料的温度范围 600℃~800℃。在 800℃，开路电压达到 1.05V，在 600℃、700℃、800℃，最大的功率密度分别为 $50mW\cdot cm^{-2}$、$155mW\cdot cm^{-2}$、$200mW\cdot cm^{-2}$。

### 2.3.8 复合电解质的合成

钙钛矿型 $SrCeO_3$纳米颗粒被用于改善高温性能的(PBI)质子交换膜。首先，硝酸铈铵[$(NH_4)_2Ce(NO_3)_6$]和正丁醇($C_4H_{10}O$)反应合成铈醚[$Ce(OBu)_4$]，硝酸铵($NH_4NO_3$)可以从合成的铈醚中除去。接下来铈醚、醋酸锶[$Sr(CH_3COO)_2$]和融化的硬脂酸($C_{18}H_{36}O_2$)在 150℃加热 12h 形成均匀的凝胶。最后锶铈酸盐的纳米颗粒的粒径范围 21~32nm 被分离。使用不同数量 $SrCeO_3$的纳米粉末分散到

PBI 中制备质子导电膜纳米复合材料[40]。用交流阻抗谱、扫描电镜结合能量色散X光和热重量分析法研究了纳米复合膜。对比纯 PBI 膜,制备纳米复合材料膜显示更高的酸吸收、质子导电性和热稳定性。PBI 纳米复合材料薄膜掺杂磷酸包含 $SrCeO_3$纳米粒子(PSC8)的 8wt. %,观察到最高的酸吸收(190%)和质子电导率(0.105S · $cm^{-1}$180℃和0% RH)。在不同的温度下,测试 PSC8 纳米复合材料膜获得燃料电池和极化和功率曲线。PSC8 显示,在 180℃0.5V 下,0.44W · $cm^{-2}$的功率密度和0.88A · $cm^{-2}$的电流密度。研究结果显示 PSC8 增强的电势作为高温质子交换膜的质子交换膜燃料电池。

## 2.4 导电性能

### 2.4.1 电导率及其影响因素

K. J. de Vries[4]用固相法,用准备好的 $Yb^{3+}$ 掺杂 $SrCe_{0.95}Yb_{0.05}O_{3-\alpha}$($\alpha$ 为氧空位)组成陶瓷样品,得出斜方晶系的晶胞参数 a = 6.997(2)A,b = 12.296(3)A,c = 8.588(2)A,Z = 8 和 $d_x$ = 5.806(2)g$cm^{-3}$,陶瓷的抗弯强度值在质子和质子导电状态时分别是 177MPa 和 194MPa。在 NZ 流包含 155mbar 水蒸气和 245mbar$H_2$的条件,下陶瓷在质子导电条件下保持在 300℃ ~800℃之间,结果仍显示保持化学结构稳定。陶瓷的质子导电状态主要是由氧离子空位传导,这表明电荷补偿 $Yb^{3+}$代替 $SrCeO_3$发生的氧离子空位。

用准备好的质子导电陶瓷 $SrCe_{0.95}Yb_{0.05}O_{3-\alpha}$材料,阈板暴露于流动的大气压力下,或是 155% 水蒸气、氢气 24.5% 和 60.0% 氮气,或是 15.5% 水蒸气、15.5% 氢气和 79.1% 的氮气,在达到平衡后测量阻抗值。后者电导率的阿伦尼乌斯参数实验展示在表 2-4 中,这些结果表明,尽管在两个平衡的阈板之间氢气的浓度差异近 20%,但阿伦尼乌斯参数几乎是相等的。得出这样一个结论,在陶瓷质子电导率 $SrCe_{0.95}Yb_{0.05}O_{3-\alpha}$中,在一个相对较高的水蒸气浓度 15.5% 的环境中是更重要的[4]。

**表 2－4 测量阻抗值及电导率的阿伦尼乌斯参数**

Parameters of the total bulk conductivity of $SrCe_{0.95}Yb_{0.05}O_{3-\alpha}$ in various ambients at atmospheric pressures

| $E_{act}$ (kJ mol$^{-1}$) | $A$ | Treatment | Ref. |
|---|---|---|---|
| 53.2[b] | 359.1[a] $(\Omega\ cm)^{-1}$ K | 15.5% $H_2O_{(g)}$, 24.5% $H_{2(g)}$, 60% $N_{2(g)}$ | This work |
| 53.6[a] | 345.4[a] $(\Omega\ cm)^{-1}$ K | 15.5% $H_2O_{(g)}$, 5.4% $H_{2(g)}$, 79.1% $N_{2(g)}$ | This work |
| 60.8[a] | 3000[a] $(\Omega\ cm)^{-1}$ K | $H_2O$ saturated Ar | [29] |
| 56.9[b] | | 5% $H_2$+95% $N_2$ | [36] |
| 60.8[a] | $3.3\times10^3$ $(\Omega\ cm)^{-1}$ K | $H_2O_{(g)}$ | [15] |
| 61.8[a] | | $N_2-H_2$ mixtures | [35,37] |
| 60.8[a] | | $H_2O_{(g)}$ | [38] |

[a] Estimated from the Arrhenius plot of $\ln(\sigma T)$ against $1/T$.
[b] Estimated from the Arrhenius plot of $\ln(\sigma)$ against $1/T$.

Xiwang Qi[11]等研究 $SrCe_{0.95}Tb_{0.05}O_{3-\alpha}$在高温下不同气体气氛的传导行为。在空气、氧气或氮气中，在低于800℃度下，SCTb 活化能为 28～31J·mol$^{-1}$。大于800℃，活化能为 164～181J·mol$^{-1}$。在空气或氧气中，具有 $10^{-3}$～$10^{-2}$S·cm$^{-1}$的质子电导率，高于电子或氧离子电导率的 2～3 个数量级，如表 2－5 表示。而在 500℃～900℃度之间，在氢气或甲烷中 SCTb 变成质子导体，无论低温高温活化能都很小。在甲烷中质子的传导活化能是 49J·mol$^{-1}$，在氢气中质子的传导活化能是 54J·mol$^{-1}$。在氢气或甲烷中水蒸气的存在并不影响 SCTb 的电传导。低于氢气的非渗透性薄膜，当该膜暴露于氢气或甲烷上游和氮气或氧气下游时，可得到 SCTb 是带有低的电子和氧离子电导率的纯质子导体。

**表 2－5 电导率的活化能参数**

Activation energies of SCTb conductivity in different dry gases

| Temperature range | Activation energy (kJ·mol$^{-1}$) | | | | |
|---|---|---|---|---|---|
| | 100% $O_2$ | Air | 100% $N_2$ | 10% $CH_4$+90% He | 5% $H_2$+95% He |
| 500℃–700℃ | 31 | 28 | 31 | 49 | 54 |
| 800℃–900℃ | 164 | 171 | 181 | 49 | 54 |

在 $SrCeO_3$掺杂受体中氧离子运输的活化能是非常高的。在低温范围内氧离子在传导中发挥的作用很小。在高温（800℃～900℃），氧离子具有更高的活化能（164～181kJ·mol$^{-1}$），在传导中发挥更大的作用，氧空位浓度随温度增加而增加，在高温范围内氧离子起主导作用[11]。

为了确定二极的高导电率，对总电导率和开路电位进行测量[31]。研究三种不同成分掺杂 Eu 的 $SrCe_{1-x}Eu_xO_{3-\delta}$（x＝0.1、0.15 和 0.2），在 600℃～900℃，$SrCe_{0.9}Eu_{0.1}O_{3-\delta}$显示总电导率，然而，测量显示迁移数随电子电导率、掺杂剂浓度和更强的电子传导随温度相关性增加而增加。因此，双极性电导率的成分范围从 $SrCe_{0.85}Eu_{0.15}O_{3-\delta}$～$SrCe_{0.8}Eu_{0.2}O_{3-\delta}$取决于温度。与实验结果相比，氢渗透通量计算基于双极性电导率。Yuji Okuyama[43]等由高温固相法制备 $SrCe_{0.9-x}Zr_xY_{0.1}O_{3-\delta}$

(x=0.0,0.3,0.5,0.7,0.9)样品。烧结的样品被用来测量交流阻抗。以及进行了X射线衍射分析、热重分析和拉曼光谱分析。图2-28显示了 $SrCe_{0.9-x}Zr_xY_{0.1}O_{3-\delta}$ 的质子导电性。当锆离子取代部分铈离子时电导率增加,最大值在x=0.5。

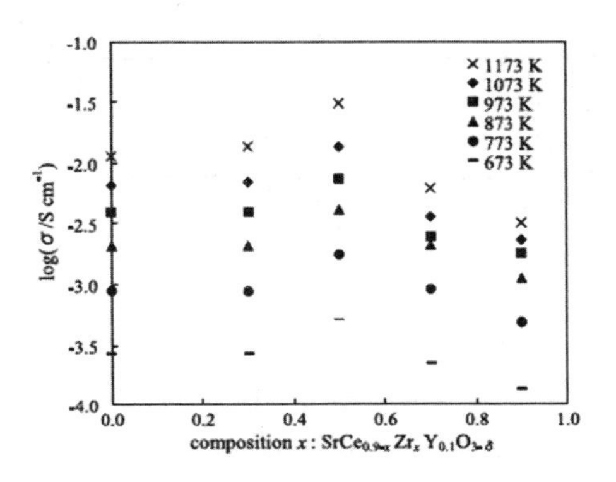


**图2-28 $SrCe_{0.9-x}Zr_xY_{0.1}O_{3-\delta}$的质子导电性**

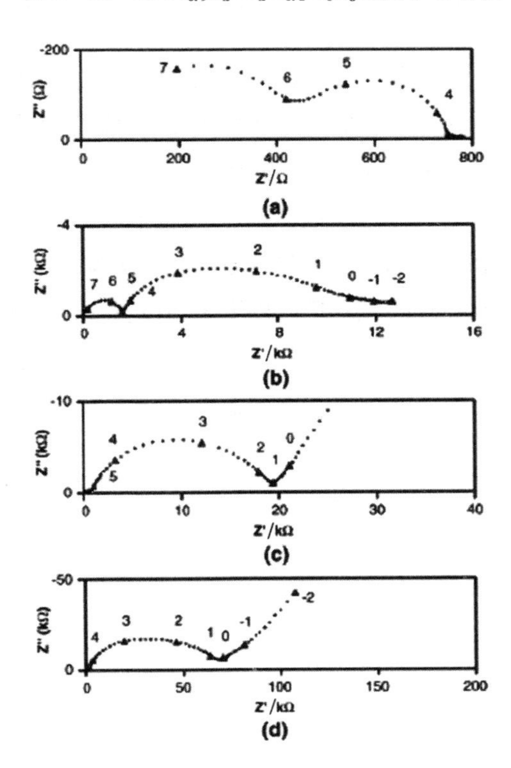

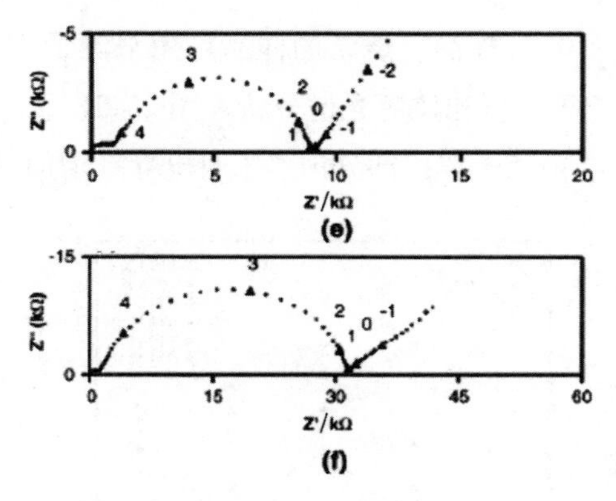


**图 2-29 阻抗谱的 Pt | $SrCe_{0.95}Yb_{0.05}O_{3-\alpha}$ | Pt 电池，在 350℃**

**(a) 湿润 $H_2$；(b) 干燥 $H_2$；(c) 湿润 Ar；(d) 干燥 Ar；(e) 湿润空气；(f) 干燥的空气**

为了了解电解质中发生的传导机制，讨论了六种气氛，温度范围为 200℃ ~ 800℃，在这个模型系统中，特别是在电极发生传导、吸附和扩散过程。电荷转移和电极过程发生在一个对称的电池 Pt 电极和电解质[28]。

T. Arai[13]等采用固相反应法，以 $SrCO_3$，$CeO_3$ 和 $Yb_2O_3$ 为原料，合成 $SrCe_{0.95}Yb_{0.05}O_{3-\alpha}$。为了确定这个额外的电导率起源，用交流阻抗方法测量电导率体积，在 120℃ 以下大部分电导率低于总电导率（直流电导率），通常，大部分电导率高于直流电导率，由于直流电导率受晶界的阻力影响和电极电解液影响，因此，外在影响如电极之间的放电或漏电会造成电导率低于总电导率，如图 2-30 所示。

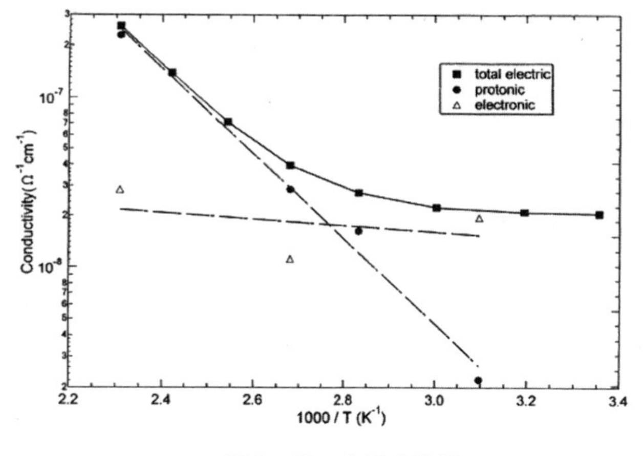


图 2-30 电导率曲线

郑敏辉[47]等对添加 $SrF_2$烧结的和不加 $SrF_2$烧结的 SCYB 陶瓷片都进行了交流阻抗测定。两种 SCYB 片的电导率数值接近,但比文献报道数值低。从两种 SCYB 片的电导率相近这一点可以认为添加 $SrF_2$并未使电导率下降。徐志弘[48]等用复数阻抗谱法研究了掺杂碱土金属铈酸盐系统:$MCe_{1-x}R_xO_{3-x/2}$(M = Ba,Sr;R = Yb,Y,Gd,La;x = 0.01 ~0.10)在氧、氢、水气气氛下的电导性能。在各种气氛下 $MCe_{0.95}Yb_{0.05}O_{2.975}$(M = Ba,Sr)的电导率最大。

徐秀廷[50]为了研究 $SrCeO_3$的导电性质,他们在 $N_2 + H_2O$(汽)混合气氛中,于400℃ ~600℃温度范围内测定了样品的电导率。改变温度测得一系列复阻抗谱。图 2-31 给出了 400℃和 580℃的 2 个典型阻抗谱。在温度较低时,水蒸气可较多地被吸附到样品中,因而质子电导起主要作用,电子电导的贡献较小,在谱图上出现比较规则的圆弧,为离子导电的特征;当温度提高时,样品中所含有的水减少,质子电导率降低,而电子电导起主导作用,致使复阻抗谱图复杂化。

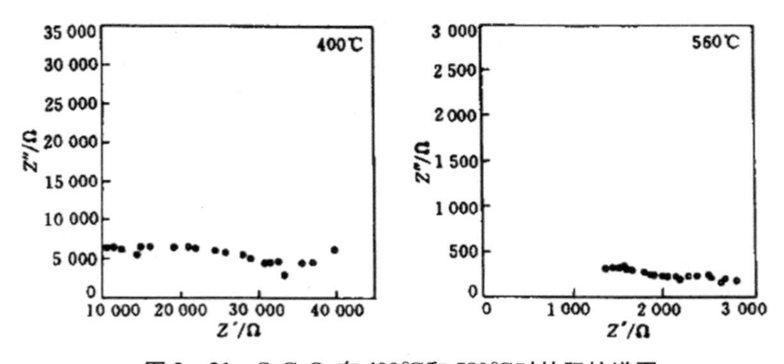


图 2-31 $SrCeO_3$在 400℃和 580℃时的阻抗谱图

耿军平[52]等实验发现主相含量很高的 $SrCe_{0.95}Yb_{0.05}O_{3-\alpha}$ 固体电解质其高温质子电导率可达到总电导率的95%以上。马桂林课题组康新华[56]等实验发现 $SrCe_{0.95}Er_{0.05}O_{3-\alpha}$ 样品在干燥空气和湿润空气中的总电导率几乎相等，而在湿润氢气中的总电导率明显高于在干燥及湿润空气中的总电导率。马桂林课题组于玠[58]等发现 $SrCe_{0.9}Ho_{0.1}O_{3-\alpha}$ 陶瓷样品在600℃～1000℃，氢气气氛中几乎是一个纯质子导体，低氧化态的 $Ho^{3+}$ 在 $Ce^{4+}$ 位置的掺杂不仅使样品的离子电导率大幅提高，还使样品在还原气氛中具有很高的氧化还原稳定性。谭文轶[57]等实验发现在773～1273K温度范围内，固体电解质Zr掺杂的 $SrCeO_3$ 具有较高的体电导率，其值在 $10^{-2}S\cdot cm^{-1}$ 左右。

### 2.4.2 导电性与氧分压的关系

R. J. Phillips[8]等研究了导电性与氧分压的关系，在0.007atm水蒸气分压下，通过合适的分析，总电导率被分为不同的组分，从而确定离子的范围和p－型电导率。在800℃，水蒸气分压为0.007atm，离子电导率显示 $x=0.10$ 为最高掺杂水平，达到 $5ms\cdot cm^{-1}$。根据研究认为可能是质子而不是n型导电。减少掺杂，在高氧分压区p型组分增加。

N. Sammes[22]等研究钙钛矿质子导体 $SrCe_{1-x}Y_xO_{3-\delta}$ 化学计量的晶体结构、电子性质和 $Sr_{0.995}Ce_{0.95}Y_{0.05}O_{3-\delta}$ 的亚化学计量。在600℃～800℃的温度范围内测量样品氧分压与导电率的关系曲线。在（$pH_2O=0.01$ 和0.001atm）压力下的两个水蒸气压，对n－（电子）、p－（正穴）、i－（离子）分离而言，在1atm（纯 $O_2$）约 $1\times10^{-25}$atm（混合的 $N_2/H_2$）允许范围内的电导率。在钙钛矿质子导体的化学计量情况下，所计算的密度随钇含量的增加而降低。离子和p型组件的电导率显示与Y掺杂的阈值效应。在10%Y中发现 $5mS\cdot cm^{-1}$ 最大离子电导率，而p型导电率随钇浓度增加而增加，电导率表现在低氧气分压下随掺杂钇的增加而减少。亚化学计量的材料显示，与其化学计量相比晶胞体积的下降大约 $0.34A^3$，亚化学计量材料成分的导电率比相应的化学计量高，大约为 $7ms\cdot cm^{-1}$。

### 2.4.3 稳定性研究

Toshihide Tsuji[14]等在不同 $CO_2$ 分压下从室温到1623K温度范围内对其进行TG－DTA和高温X射线衍射测量。研究从 $SrCO_3$、$CeO_2$、$Eu_2O_3$ 到 $SrCe_{1-y}Eu_yO_{3-x}$ 的形成和带有 $CO_2$ 的 $SrCe_{1-y}Eu_yO_{3-x}$ 的钙钛矿的反应。$SrCe_{1-y}Eu_yO_{3-x}$ 形成反应

的样本,在 1198 ~ 1309K 温度范围内的 DTA 曲线中观察到两个吸热反应。前者反应对应的是从斜方晶系六角阶段的碳酸盐的晶体结构变化;而后者是钙钛矿与 $SrCO_3$一起分解形成的吸热反应。从钙钛矿与 $CO_2$气体的反应发现在恒定温度下 $SrCeO_3$掺杂 Eu 的样品比纯样品更不稳定。图 2 - 32 显示了 Baker, Lander 和 Scholtenet 的实验数据,反应温度确定的样本(A)和(B)在这项研究中与先前工作者报告的实验误差是十分相符的。特别是在较低的 $CO_2$分压下高于计算值,这可能是由于在大气中的 $CO_2$升温速率造成的。在恒定压力下掺杂 $SrCeO_3$样品的形成反应比纯样品更困难。

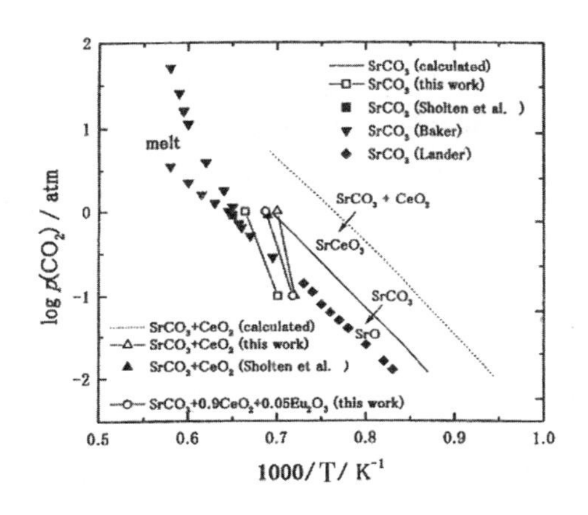


**图 2 - 32 稳定性研究**

以乙二胺四乙酸和柠檬酸为络合剂,由溶胶 - 凝胶技术制备 $SrCe_{0.95-x}In_xTm_{0.05}O_{3-\delta}$($x = 0.00, 0.05, 0.00, 0.05, 0.20$)样品。在烧结掺杂的影响下,用各种表征方法研究了 $SrCe_{0.95}Tm_{0.05}O_{3-\delta}$氧化物的化学稳定性和氢渗透通量。结果显示 X 射线衍射和扫描电子显微镜(SEM),在 1300℃氧化物含量的增加会导致晶格收缩,促进烧结过程中晶粒生长。烧结膜的相对密度和形态变化表明 $SrCe_{0.95}Tm_{0.05}O_{3-\delta}$膜的掺杂提高了烧结活性[38]。稳定性试验表明锶铈酸盐的稳定性随二氧化碳的增加而增加。X 射线测量表明 $SrCe_{0.9}Lu_{0.1}O_{2.95}$为斜方晶系结构(空间群 Pnma),在 298.15K,由溶液量热法结合标准摩尔溶解焓变 $SrCe_{0.9}Lu_{0.1}O_{2.95}$和 $SrCl_2 + 0.9CeCl_3 + 0.1LuCl_3$在 1M HCl 与 0.1M KI 中混合,测定 $SrCe_{0.9}Lu_{0.1}O_{2.95}$化成的标准摩尔焓和其他热化学数据,发现在室温下上述混合氧化物比合成氧化物更稳定。$0.9SrCeO_3 + 0.1SrO + 0.05Lu_2O_3$混合物的热力学优于 $SrCe_{0.9}Lu_{0.1}O_{2.95}$,确定 Lu 添加增加 $SrCeO_3$热力学稳定性[41]。

## 2.5 应用

### 2.5.1 氢分压自动调节仪

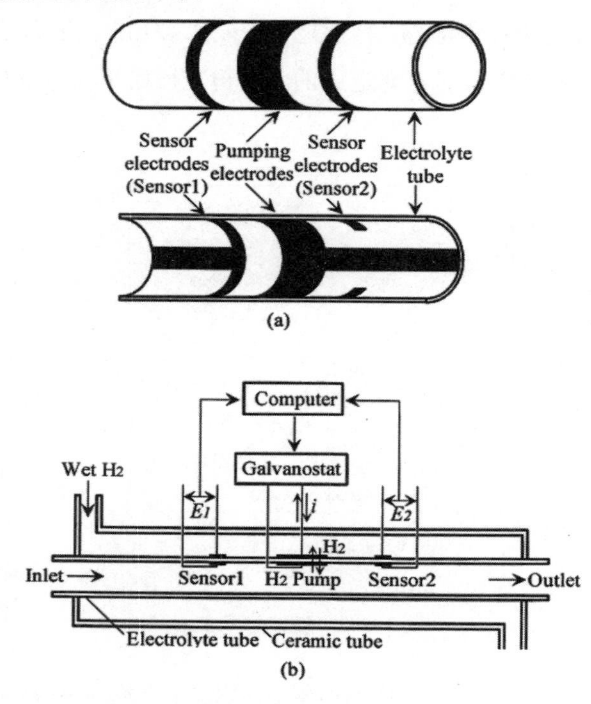


图 2－33 管状形式的电解质及氢分压调节器示意图

H. Matsumoto[7]等合成了管状形式的 $SrCe_{0.95}Yb_{0.05}O_{3-\alpha}$烧结体作为电解质的氢分压调节器，如图 2－33 所示。（来自 TYK 公司，管的尺寸是长 200mm，直径 8～10mm）。Pt 浆体擦在内外管，在 900℃的温度中附着 Pt 电极灼烧 2h，通过数学控制可自动调节氢分压。$SrCe_{0.95}Yb_{0.05}O_{3-\alpha}$质子导电陶瓷管检测氢分压在流动气体中的电化学调控，在实验气体中氢分压由电化学氢泵控制。基于法拉第定律控制泵流量，在恒流量的试验气体中氢含量被调节得很好。气体流量的改变引起氢分压的偏差，可通过自我修正设定泵流量，有效调节气体流量的变化或初始气体中的氢含量。

### 2.5.2 $H_2-D_2$气体电池(氢同位素电池)

H. Matsumoto[9]等采用固相反应法,合成 $SrCe_{0.95}Yb_{0.05}O_{3-\alpha}$。将烧结相对密度高于95%的 $SrCe_{0.95}Yb_{0.05}O_{3-\alpha}$陶瓷用作质子导电电解质。图 2-34 显示了 $H_2-D_2$气体电池(氢同位素电池)的结构有两个隔间。在隔间 1,$H_2$天然气总是被提供,天然气流动室 2 是改变 $H_2$及 $D_2$的。$SrCe_{0.95}Yb_{0.05}O_{3-\alpha}$陶瓷电解质的基底(13mm 直径)与多孔铂电极及 Pt 浆料粘到基底上,被放到电池中。通过检测一些具有不同厚度的电解质(0.55~1.9mm),EMF(开路电压)测量的温度范围 500℃~1000℃,所有的 EMF 值表示作为一个电势的第二电极(D 边)和(H 边)电极 1 相比。研究了高温质子导电固体电解质氢同位素电池的电动势(EMF)。观察到稳定和可再生的 EMF。EMF 可以归因于内部潜在的电解质和 $H_2$和 $D_2$气体氧化还原电位,这是基于质子和氘核流动性差异。

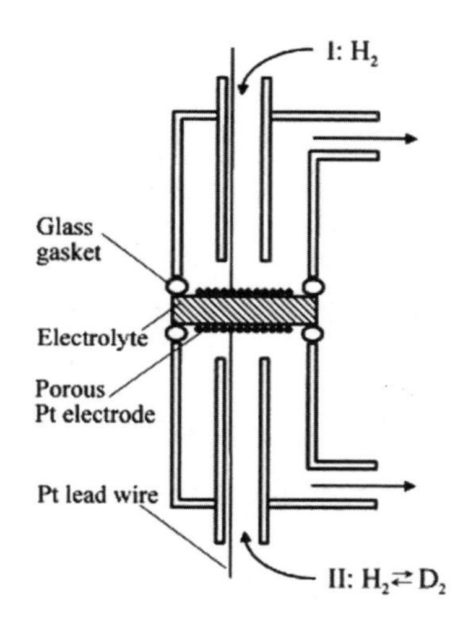


**图 2-34 氢同位素电池示意图**

$H_2-D_2$气体电池结构中 $H_2$和 $D_2$气体,分别以质子和氘核的形式交换电解质,没有净电流。所预测皆为纯的 $H_2$和 $D_2$气体。如果不纯,这种交换的气体会减少电池的 EMF,EMF 气体的流速如图 2-35 所示。如果 $H_2$和 $D_2$气体交换发生小,产生较小的电动势,这个结果表明通过 $H_2-D_2$的交换对电解质影响极小,不影响 $H_2-D_2$气体电池 EMF。

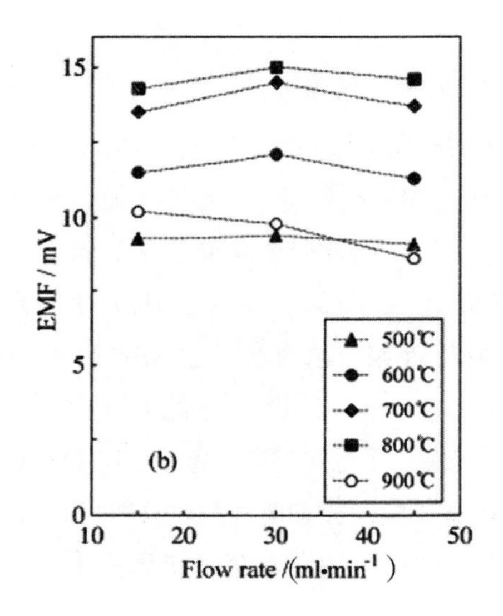


图 2－35　氢同位素电池典型结果

### 2.5.3　产 $H_2$ 水气交换反应器

在 1atm 的总压强下，WGS 反应的热力学平衡条件计算使用 Thermocalc 软件。图 2－36 所示的温度相关性摩尔分数 $H_2O$/CO 比率分别为 1∶1 和 2∶1。反应物的摩尔分数，CO 和 $H_2O$ 随着温度升高而增加，这是因为 WGS 反应的放热特性，在升高温度下热动态平衡移动到反应物这一侧[32]。水煤气转移（WGS）反应是用来转移 CO/$H_2$ 之比先于 Fischer － Tropsch 合成和/或增加 $H_2$ 产量。

WGS 膜反应器的开发使用混合质子导电 $SrCe_{0.9}Eu_{0.1}O_{3-\alpha}$ 涂膜固载在 Ni－$SrCeO_3$ 上，膜反应器克服了热力学平衡的限制。在 3% CO 和 6% $H_2O$ 下，于 900℃，CO 转化率和总 $H_2$ 收率增加到 46%，致使 92% 的单次扫描 $H_2$ 生产产量和 32% 的 $H_2$ 纯渗透的单程收率。

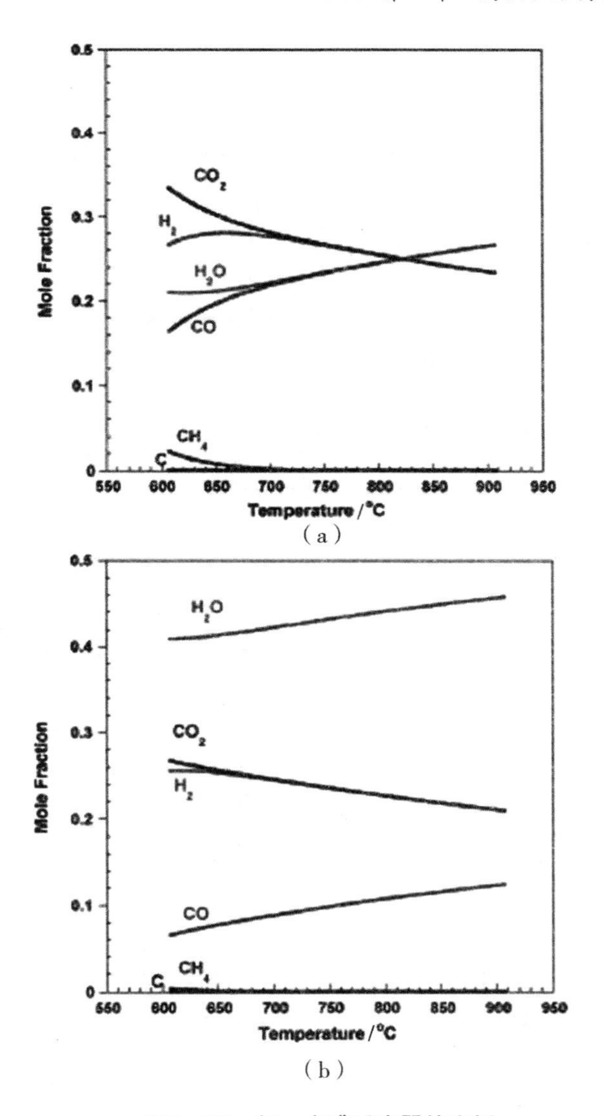


**图 2 - 36　氢 - 水膜反应器的实例**

### 2.5.4　氢泵、氢透过与氢分离器

电化学氢泵的两个试验模式，在 900℃通过改变阳极气体，在恒电势的氢泵中检测直流电的瞬变反应和阴极析氢反应。A 模式 Ar - $H_2$和 B 模式 $H_2$ - $D_2$的阳极气体的变化与干燥 Ar 的阴极气体，如图 2 - 37 所示。

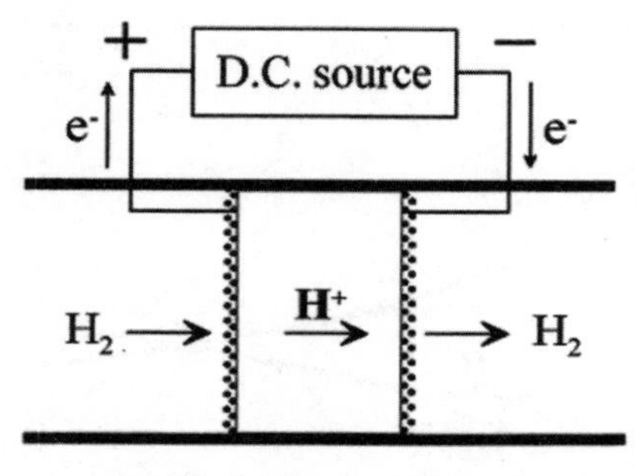


图 2－37　氢泵示意图

Hiroshige Matsumoto[16] 等研究通过直流电氢渗透的质子导电电解质，在电化学氢渗透的质子传输变化中通过改变阳极气体在900℃应用 $SrCe_{0.95}Yb_{0.05}O_{3-\alpha}$ 质子导电固态电解质研究恒电位阳极极化，如图 2－38 所示。直流和电荷载体的变化检测阳极气体的改变，从 Ar 到 $H_2$ 随着阴极气体要保持 Ar 不变，氢的两个同位素 H 和 D 引起阳极气体的变化。氢同位素的种类改变在阴极上析出，估算了在电解液中质子和氘核的迁移数。

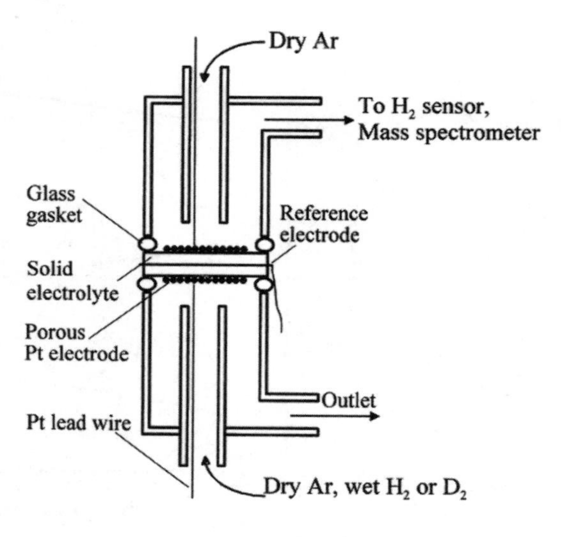


图 2－38　氢泵装置图

制备 $Sr_{0.97}Ce_{0.9}Yb_{0.1}O_{3-\delta}$ 颗粒致密的陶瓷膜，最终，在 1450℃烧结 24h[33]。样品密度由水的阿基米德方法确定，经 X 射线衍射（XRD），西门子 D5000 粉末衍射仪使用铜 Kα 辐射，确认表面膜完整性和相纯度，其中 $20° \leqslant 2\theta \leqslant 40°$ 之间的慢扫描是几千频数的最大反射强度。用 Zeiss DSM400 仪器电子扫描显微镜（SEM）分析膜的微观结构和致密度。致密陶瓷与混合质子的电子导电率的分离和净化氢的电化学反应器，如图 2－39 所示。在这个工作中，$Sr_{0.97}Ce_{0.9}Yb_{0.1}O_{3-\delta}$（SCYb）膜的氢渗透率，在 500℃～804℃的温度范围内，研究在氢这一侧的多孔 Pt，采用基于 $SiO_2-B_2O_3-BaO-MgO-ZnO$ 微晶玻璃密封胶密封膜的双腔反应堆。在 804℃，10% $H_2$：90% $N_2$ 经过 14h 后，$H_2$ 流量达到最高 33nmol $cm^{-2}s^{-1}$，在缺乏表面活性的情况下，获得比类似膜厚度超过一个数量级，渗透速率然后慢慢减少。在 804℃ 时适度热处理，此后，在 600℃ ~ 804℃ 的温度范围内产生稳定的热循环。

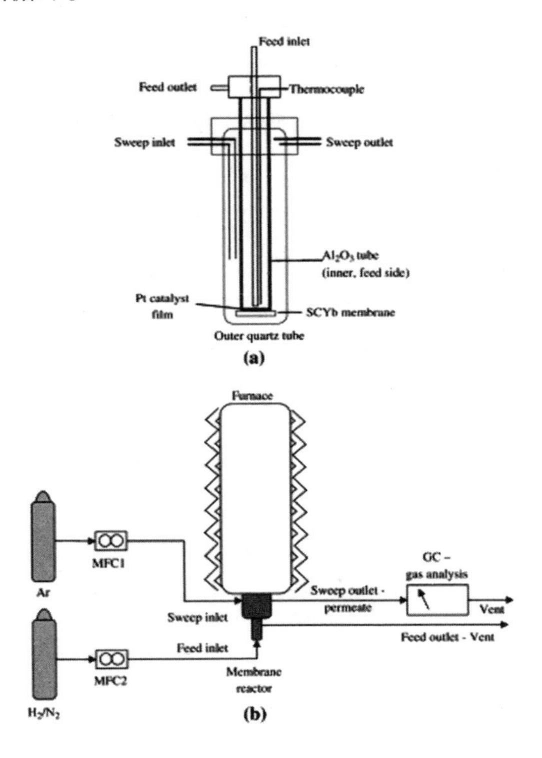


**图 2-39　膜反应器及装置示意图**

Xinzhen Ding 等通过旋转涂布法制备固载 $SiCeO_3$ 膜，镍粒子均匀分散在阳极底物，致密的 SCY10 层黏附在阳极底物上。在 800℃，10μm 厚 SCY10 膜燃料电池电解质膜开路电压（OCV）达到 1.05V。利用氢气作为燃料，在 600℃、700℃、800℃度，最大的功率密度分别为 50mW · $cm^{-2}$、155mW · $cm^{-2}$、200mW · $cm^{-2}$。温度高于 700℃时，实验时测试的开路电压值非常接近理论值[34]。

Udit N. Shrivastava[35] 等通过实验验证数值模拟掺杂 Eu 的 $SrCeO_3$ 膜的氢气分离，开发一个掺杂 Eu 的 $SrCeO_3$ 膜生成缺陷集群所使用的方法中，电导率和氢通量 ESC 膜概述。该方法包括质子导电钙钛矿材料的缺陷化学方程式及与相关的限制条件以确保一致性，在样品验证后总结了电导率和通量的缺陷浓度相关性属性。在氢气气氛中的蒸汽分压和氢气氛中铕掺杂铈酸盐的范围内,缺陷化学方程式的数值解用于样品的缺陷群体。模拟的结果与先前文献中报道相比,数值模拟的缺陷浓度被用来预测 ESC 膜的电导率和氢渗透率来作为温度的函数。通过比较实验数据的预测,样品验证了 ESC 膜的独特性。结果表明,在足够高的温度下,该样品与实验几乎一致,缺陷相互作用的影响可以被忽略。实验进一步预测 ESC 的双极性电导率和 ESC 作为函数氢分压的氢通量,与该模型所获得的数值几乎一致。

在干氢建模中,如图 2 - 40 所示,5ESC 和 10ESC 的缺陷化学、缺陷电导率、双极性的电导率和氢渗透率。在 ESC 中,模型在电子、质子和氧空位中所起的作用。与先前的结果不同,通过比较实验数据的预测,来验证缺陷样品。干燥条件下,按照预期的趋势,样品通常与电导率数据一致,5ESC 双极性的电导率样品的预测值很合理。在未来,这个模型可以应用于模型合成气中氢气分离混合物。

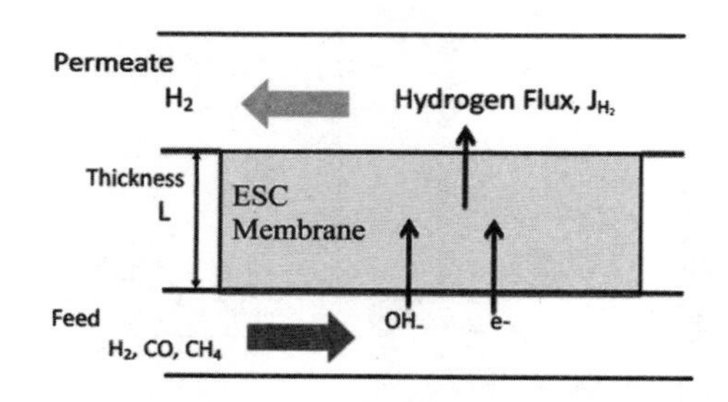


**图 2 - 40　氢分离示意图**

Wenhui Yuan[38] 等在 700℃ ~900℃,分别使用 40% $H_2$/He 和 Ar 为原料气,通过 $SrCe_{0.95-x}In_xTm_{0.05}O_{3-\delta}$氢渗透膜进行研究,氢渗透通量随含量的增加而减小,$SrCe_{0.95}Tm_{0.05}O_{3-\delta}$、$SrCe_{0.85}In_{0.10}Tm_{0.05}O_{3-\delta}$、$SrCe_{0.75}In_{0.20}Tm_{0.05}O_{3-\delta}$的激活能分别为 36.61kJ · $mol^{-1}$、52.25kJ · $mol^{-1}$和 73.06kJ · $mol^{-1}$。

I - Ming Hung[45] 等在各种大气和水的分压下测定 $Sr(Ce_{0.6}Zr_{0.4})_{0.85}Y_{0.15}O_{3-\delta}$的晶体结构、热膨胀系数(CTE)、导电性、电化学性能和氢泵特性。在 1450℃ $Sr(Ce_{0.6}Zr_{0.4})_{0.85}Y_{0.15}O_{3-\delta}$烧结 6h 后极其致密。在氢气中,水的分压为 $4.93\times10^{-2}$ atm 下,$Sr(Ce_{0.6}Zr_{0.4})_{0.85}Y_{0.15}O_{3-\delta}$经热处理后结构不变。在 100℃ ~900℃温度下,$Sr(Ce_{0.6}Zr_{0.4})_{0.85}Y_{0.15}O_{3-\delta}$的 CTE 为 $11.4\times10^{-6}K^{-1}$。在 900℃样品的导电率为 0.012S · $cm^{-1}$。随着温度从 500℃增加到 800℃,氢渗透通量从 0.1mmol ·

$min^{-1}cm^{-2}$增加到 0. 184mmol $min^{-1}cm^{-2}$。混合的 $Sr(Ce_{0.6}Zr_{0.4})_{0.85}Y_{0.15}O_{3-\delta}$质子和电子电导率,在不同的大气和水的分压下,证明导电性和 EIS 测量结果。在 800℃ ,$Sr(Ce_{0.6}Zr_{0.4})_{0.85}Y_{0.15}O_{3-\delta}/Ni-Sr(Ce_{0.6}Zr_{0.4})_{0.85}Y_{0.15}O_{3-\delta}$的氢渗透通量为 0. 184mmol $min^{-1}cm^{-2}$。在潮湿的氢气中,表现良好的结构稳定性。在氢分离膜中,该材料适合作电解质材料。

综上所述,$SrCeO_3$基钙钛矿型固体电解质广泛应用于燃料电池、氢传感器、水蒸气电解器、甲烷二聚乙烯、常压中温下合成氨等电化学装置[56]。

## 参考文献

[1] L. Zimmermann, H. G. Bohn, W. Schilling, et al. Mehanical relaxation measurements inthe protonic conductors $SrCeO_3$ and $SrZrO_3$[J]. Solid State Ionics, 1995, 77:163 – 166.

[2] U. Reichel, R. R. Arons, W. Schilling. Investigation of n – type electronic defects in the protonic conductor $SrCe_{1-x}Y_xO_{3-\delta}$[J]. Solid State Ionics, 1996, 86 – 88:639 – 645.

[3] H. Yugami, H. Naito, H. Arashi, et al. Fabrication of proton conductor $SrCeO_3$ thin films by excimer laser deposition[J]. Solid State Ionics, 1996, 86 – 88:1307 – 1010.

[4] K. J. de Vries. Electrical and mechanical properties of proton conducting $SrCe_{0.95}Yb_{0.05}O_{3-\alpha}$[J]. Solid State lonics, 1997, 100:193 – 200.

[5] S. Yamanaka, M. Katsura. Desorption behavior of hydrogen and water from Yb – doped $SrCeO_3$[J]. Journal of Alloys and Compounds, 1998, 275 – 277:730 – 732.

[6] M. Pan, G. Y. Meng, C. S. Chen, et al. MOCVD synthesis of yttria doped perovskite type $SrCeO_3$ thin Films[J]. Materials Letters, 1998, 36:44 – 47.

[7] H. Matsumoto, T. Suzuki, H. Iwahara. Automatic regulation of hydrogen partial pressure using a proton conducting ceramic based on $SrCeO_3$[J]. Solid State Ionics, 1999, 116:99 – 104.

[8] R. J. Phillips, N. Bonanos, F. W. Poulsen, et al. Structural and electrical characterisation of $SrCe_{1-x}Y_xO_j$[J]. Solid State Ionics, 1999, 125:389 – 395.

[9] H. Matsumoto, K. Takeuchi, H. Iwahara. Electromotive force of $H_2$ – $D_2$ gas cell using high – temperature proton conductors[J]. Solid State Ionics, 1999, 125:377 – 381.

[10] Yuji Arita, Satoshi Yamasaki, Tsuneo Matsui, et al. EXAFS study of $SrCeO_3$ doped with Yb[J]. Solid State Ionics, 1999, 121:225 – 228.

[11] Xiwang Qi, Y. S. Lin. Electrical conducting properties of proton – conducting terbium – doped strontium cerate membrane[J]. Solid State Ionics, 1999, 120:85 – 93.

[12] Dionysios Dionysiou, Xiwang Qi, Y. S. Lin, et al. Preparation and characterization of proton conducting terbium doped strontium cerate membranes[J]. Journal of Membrane Science, 1999,

154:143 – 153.

[13] T. Arai, A. Kunimatsu, K. Takahiro, et al. Migration of hydrogen ions in $SrCeO_3$ studied by ERD analysis[J]. Solid State Ionics, 1999, 121:263 – 270.

[14] Toshihide Tsuji, Hirokazu Kurono, Yasuhisa Yamamura. Formation reaction and thermodynamic properties of $SrCe_{1-y}Eu_yO_{3-x}$[J]. Solid State Ionics, 2000, 136 – 137:313 – 317.

[15] Toshihide Tsuji, Takuji Nagano. Electrical conduction in $SrCeO_3$ doped with $Eu_2O_3$[J]. Solid State Ionics, 2000, 136 – 137:179 – 182.

[16] Hiroshige Matsumoto, Fumihiro Asakura, Kazutaka Takeuchi, et al. Transient phenomena of an electrochemical hydrogen pump using a $SrCeO_3$ – based proton conductor[J]. Solid State Ionics, 2000, 129:209 – 218.

[17] Hiroo Yugami, Fumitada Iguchi, Hitoshi Naito. Structural properties of $SrCeO_3/SrZrO_3$ proton conducting superlattices[J]. Solid State Ionics, 2000, 136 – 137:203 – 207.

[18] S. Loridant, G. Lucazeau, T. Le Bihan. A high – pressure Raman and X – ray diffraction study of the perovskite $SrCeO_3$[J]. Journal of Physics and Chemistry of Solids, 2002, 63:1983 – 1992.

[19] Noriaki Matsunami, T. Shimura, H. Iwahara, et al. Ion irradiation effects on $SrCeO_3$ thin films[[J]. Nuclear Instruments and Methods in Physics Research B., 2002, 194:443 – 450.

[20] Atsushi Mineshige, Sachio Okada, Katsura Sakai, et al. Oxygen nonstoichiometry in $SrCeO_3$ – based high – temperature protonic conductors evaluated by Raman spectroscopy[J]. Solid State Ionics, 2003, 162 – 163:41 – 45.

[21] Shinsuke Yamanaka, Ken Kurosaki, Tetsushi Matsuda, et al. Thermal properties of $SrCeO_3$[J]. Journal of Alloys and Compounds, 2003, 352:52 – 56.

[22] N. Sammes, R. Phillips, A. Smirnova. Proton conductivity in stoichiometric and sub – stoichiometric yittrium doped $SrCeO_3$ ceramic electrolytes[J]. Journal of Power Sources, 2004, 134:153 – 159.

[23] Sachio Okada, Atsushi Mineshige, Akira Takasaki, et al. Chemical stability of $SrCe_{0.95}Yb_{0.05}O_{3-a}$ in hydrogen atmosphere at elevated temperatures[J]. Solid State Ionics, 2004, 175:593 – 596.

[24] A. N. Shirsat, K. N. G. Kaimal, S. R. Bharadwaj, et al. Thermodynamic stability of $SrCeO_3$[J]. Journal of Solid State Chemistry, 2004, 177:2007 – 2013.

[25] T. Higuchi, T. Tsukamoto, N. Sata, et al. Electronic structure of protonic conductor $SrCeO_3$ by soft – X – ray spectroscopy[J]. Solid State Ionics, 2004, 175:549 – 552.

[26] T. Higuchi, T. Tsukamoto, N. Sata, et al. Electronic structure of proton conducting $SrCeO_3$ – $SrZrO_3$ thin films[J]. Solid State Ionics, 2005, 176:2963 – 2966.

[27] K. S. Knight, W. G. Marshall, N. Bonanos, et al. Pressure dependence of the crystal struc-

ture of $SrCeO_3$ perovskite[J]. Journal of Alloys and Compounds, 2005, 394: 131 – 137.

[28] A. R. Potter, R. T. Baker. Impedance studies on Pt | $SrCe_{0.95}Yb_{0.05}O_3$ | Pt under dried and humidified air, argon and hydrogen[J]. Solid State Ionics, 2006, 177: 1917 – 1924.

[29] Satoshi Fukada, Shigenori Suemori, Ken Onoda. Proton transfer in $SrCeO_3$ – based oxide with internal reformation under supply of $CH_4$ and $H_2O$[J]. Journal of Nuclear Materials, 2006, 348: 26 – 32.

[30] J. Tolchard, T. Grande. Physicochemical compatibility of $SrCeO_3$ with potential SOFC cathodes[J]. Journal of Solid State Chemistry, 2007, 180: 2808 – 2815.

[31] Tak – keun Oh, Heesung Yoon, E. D. Wachsman. Effect of Eu dopant concentration in $SrCe_{1-x}Eu_xO_{3-\delta}$ on ambipolar conductivity[J]. Solid State Ionics, 2009, 180: 1233 – 1239.

[32] Jianlin Li, Heesung Yoon, Tak – Keun Oh, et al. High temperature $SrCe_{0.9}Eu_{0.1}O_{3-\delta}$ proton conducting membrane reactor for $H_2$ production using the water – gas shift reaction[J]. Applied Catalysis B: Environmental, 2009, 92: 234 – 239.

[33] Glenn C. Mather, Danai Poulidi, Alan Thursfield, et al. Metcalfe. Hydrogen – permeation characteristics of a $SrCeO_3$ – based ceramic separation membrane: Thermal, ageing and surface – modification effects[J]. Solid State Ionics, 2010, 181: 230 – 235.

[34] Xinzhen Ding, Jinghua Gu, Dong Gao, et al. Preparation of supported $SrCeO_3$ – based membrane by spin coating method[J]. Journal of Power Sources, 2010, 195: 4252 – 4254.

[35] Udit N. Shrivastava, Keith L. Duncan, J. N. Chung. Experimentally validated numerical modeling of Eu doped $SrCeO_3$ membrane for hydrogen separation[J]. International Journal of Hydrogen Energy, 2012, 37: 15350 – 15358.

[36] Hui – Ning Dong, Shao – Yi Wu, Jun Liu, et al. Theoretical studies of the Spin Hamiltonian Parameters for the orthorhombic $Pr^{4+}$ ion in $SrCeO_3$ crystal[J]. Journal of Alloys and Compounds, 2008, 451: 705 – 707.

[37] Chao Zhang, Shuai Li, Xiaopeng Liu, et al. Low temperature synthesis of Yb doped $SrCeO_3$ powders by gel combustion process[J]. International Journal of Hydrogen Energy, 2013, 38: 12921 – 12926.

[38] Wenhui Yuan, Chichi Xiao, Li Li. Hydrogen permeation and chemical stability of In – doped $SrCe_{0.95}Tm_{0.05}O_{3-\delta}$ membranes [J]. Journal of Alloys and Compounds, 2014, 616: 142 – 147.

[39] Kai – Ti Hsu, Jason Shian – Ching Jang, Yu – Jing Ren, et al. Effects of zirconium oxide on the sintering of $SrCe_{1-x}Zr_xO_{3-\delta}$ ($0.0 \leqslant x \leqslant 0.5$) [J]. Journal of Alloys and Compounds, 2014, 615: 5491 – 5495.

[40] Akbar Shabanikia, Mehran Javanbakht, Hossein Salar Amoli, et al. Polybenzimidazole/strontium cerate nanocomposites with enhanced proton conductivity for proton exchange membrane

fuel cells operating at high temperature[J]. Electrochimica Acta,2015,154:370 – 378.

[41]N. I. Matskevich,Th. Wolf,I. V. Vyazovkin,et al. Preparation and stability of a new compound $SrCe_{0.9}Lu_{0.1}O_{2.95}$[J]. Journal of Alloys and Compounds,2015,628:126 – 129.

[42]Kevin S. Knight, Richard Haynes, Nikolaos Bonanos, et al. Thermoelastic and structural properties of ionically conducting cerate perovskites:(II)$SrCeO_3$ between 1273 K and 1723 K [J]. Dalton Trans. ,2015,44,10773 – 10784.

[43]Yuji Okuyama,Kaori Isa,Young Sung Lee,et al. Incorporation and conduction of proton in $SrCe_{0.9-x}Zr_xY_{0.1}O_{3-\delta}$[J]. Solid State Ionics,2015,275:35 – 38.

[44] Wen Xing, Paul Inge Dahl, Lasse Valland Roaas, et al. Henriksen, Rune Bredesen. Hydrogen permeability of $SrCe_{0.7}Zr_{0.25}Ln_{0.05}O_{3-\delta}$ membranes(Ln = Tm and Yb)[J]. Journal of Membrane Science,2015,473:327 – 332.

[45]I – Ming Hung, Yen – Juin Chiang, Jason Shian – Ching Jang, et al. The proton conduction and hydrogen permeation characteristic of $Sr(Ce_{0.6}Zr_{0.4})_{0.85}Y_{0.15}O_{3-\delta}$ceramic separation membrane [J]. Journal of the European Ceramic Society,2015,35:163 – 170.

[46]Chi Liu,Jian – Jia Huang,Yen – Pei Fu,et al. Effect of potassium substituted for A – site of $SrCe_{0.95}Y_{0.05}O_3$ on microstructure,conductivity and chemical stability [J]. Ceramics International,2015,141:2948 – 2954.

[47]郑敏辉,甄秀欣,赵志刚. $SrCeO_3$基高温质子导体的制备与性能测定[J]. 北京科技大学学报,1993,15(3):310 – 315.

[48]徐志弘,温廷琏. 掺杂$BaCeO_3$和$SrCeO_3$在氧、氢及水气气氛下的电导性能[J]. 无机材料学报,1994,9(1):122 – 128.

[49]郑敏辉,陈祥. $SrCeO_3$基高温质子导体及Al液定氢探头[J]. 金属学报,1994,30(5):239 – 242.

[50]徐秀廷,崔得良,冯宁华,等. $SrCeO_3$的微波合成及离子导电性质研究[J]. 高等学校化学学报,1996,17(10):1915 – 1921.

[51]潘铭,孟广耀,辛厚文. MOCVD法制备复合氧化物功能薄膜及其表征[J]. 功能材料,1999,30(5):486 – 491.

[52]耿军平,费敬银,许家栋,等. 一种新型高温测氢传感器探头的研究[J]. 机械科学与技术,2000,19(9):122 – 123.

[53]张俊英,张中太. $BaCeO_3$和$SrCeO_3$基钙钛矿型固体电解质[J]. 北京科技大学学报,2000,22(3):249 – 252.

[54]吕喆,刘江,黄喜强,等. $SrCe_{0.90}Gd_{0.10}O_3$固体电解质燃料电池性能研究[J]. 高等学校化学学报,2001,22(4):630 – 633.

[55]方建慧,付红霞,沈霞,等. $SrCe_{1-x}Y_xO_{3-\alpha}$高温质子导体结构和紫外光谱研究[J]. 云南大学学报(自然科学版),2005,27(3A):97-100.

[56]康新华,于玠,马桂林. $SrCe_{0.95}Er_{0.05}O_{3-\alpha}$固体电解质的导电性[J]. 无机化学学报,2006,22(4):738-742.

[57]谭文轶,钟秦,孙海波. $H_2S$-空气质子固体电解质燃料电池制备及电性能研究[J]. 稀有金属,2006,30(6):766-769.

[58]于玠,康新华,马桂林,等. $SrCe_{0.9}Ho_{0.1}O_{3-\alpha}$陶瓷的质子导电性[J]. 中国稀土学报,2006,24(3):376-379.

[59]陈国涛,谷景华,张跃. Pt修饰的$SrCe_{0.9}Y_{0.1}O_{3-\delta}$膜的制备与电性能研究[J]. 功能材料,2007,38(2):217-220.

[60]李雪,赵海雷,张俊霞,等. SOFC用钙钛矿型质子传导固体电解质[J]. 电池,2007,37(4):303-305.

[61]张超,李帅,刘晓鹏,等. 质子导体$SrCe_{0.9}Y_{0.1}O_{3-\delta}$电解质薄膜的溶胶凝胶法制备[J]. 稀有金属,2012,36(6):936-941.

[62]朱小明,闫常峰,郭常青,等. 催化剂Ni-Cu/$SrCeO_3$在乙醇水蒸气重整制氢的催化研究[J]. 太阳能学报,2012,33(5):878-881.

# 经典实例1

## $SrCe_{1-x}M_xO_{3-\alpha}$的溶胶-凝胶法合成

### 一、背景

质子导体顾名思义就是以质子为传导离子的固体电解质。至今,人们已经发现了众多类似钙钛矿结构的质子陶瓷。结果发现,具有单相钙钛矿结构的$SrCe_{0.85}Y_{0.15}O_{2.925}$样品,电导率随温度升高而提高,而致密性也随之增大[1]。$SrCeO_3$属于钙钛矿$ABO_3$型结构,其结构示意图如图1。

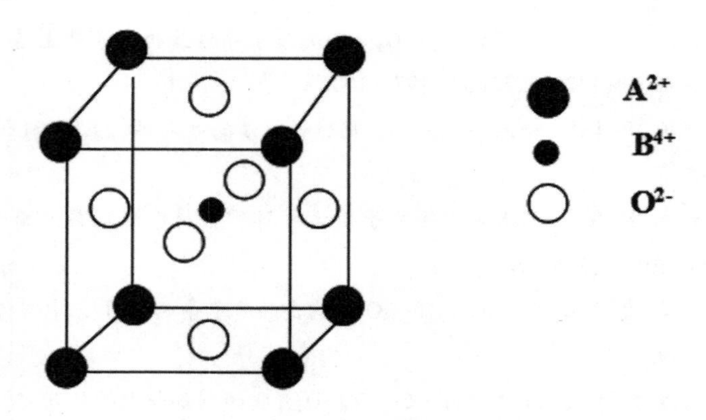


**图 1　$SrCeO_3$ 结构示意图**

掺杂 $SrCeO_3$ 的基氧化物 $SrCe_{0.95}MO_{3-\alpha}$（M = Yb，Sc 或 Y）在不同的气氛中表现不同的导电性能，无水蒸气或氢中表现出半导体导电，但在含有水蒸气或氢中表现出的是质子导电性[2]。

## 二、原理

目前对于质子导体的传导机理至今还没有一个确切的说法，很多科学家和研究者提出了不同的理论及模型，比较典型的有隧道理论、缺陷理论和初级模型理论等。

无机物或者金属醇盐等，通过溶液、溶胶、凝胶固化，之后经过加热处理，制成的氧化物或其他化合物的方法称为溶胶－凝胶法。研究表明，溶胶－凝胶法有如下优点[3]：①较低的温度下合成，设备的性能和结构简单；②原料可在原子水平上均匀地混合；③产品的结构与性能容易控制等。

## 三、仪器和试剂

1. 仪器

高温箱式电炉（2 台）；分析天平；玛瑙研钵；球磨机（2 台）；

磁力搅拌器；烘箱；DSC－TGA 热分析仪；酸度计。

2. 试剂（分析纯）

$Ce(NO_3)_3 \cdot 6H_2O$；$SrCO_3$；相应金属硝酸盐；无水乙醇；

氨水；柠檬酸。

### 四、步骤

(1)按所需摩尔计量比称取 $La(NO_3)_3 \cdot 6H_2O$,相应金属硝酸盐和 $SrCO_3$,将 $SrCO_3$ 溶于浓硝酸使之溶解,以适量蒸馏水溶解混合后搅拌均匀。

(2)将络合剂柠檬酸加入到混合溶液中,柠檬酸：总的金属离子的摩尔比 = 2：1,加热,搅拌至澄清溶液。

(3)以氨水调节 pH 至 8。充分搅拌,加热,使金属离子高度分散,并与柠檬酸充分配位,形成透明的溶胶。继续 80℃恒温水浴加热,反应 5h 得到透明的溶胶。

(4)溶胶经过鼓风电热恒温干燥箱在 110℃转变为凝胶。

(5)在瓷坩埚中灼烧灰化干凝胶,用玛瑙研钵研磨压片,置于高温电炉中,在 1000℃预烧 10h。

(6)初烧产物在球磨机中球磨 1h,经 80mesh 过筛后,在不锈钢模具中以 100MPa 压力压制成直径约为 18mm、厚度约 2mm 的圆形薄片。

(7)置于高温电炉中于 1350℃下烧结 5h。

### 五、参考文献

[1]牛盾,邵忠宝,姜涛,等. $SrCe_{0.85}Y_{0.15}O_{2.925}$ 的合成和导电性能[J]. 材料研究学报,2006,20:377 - 380.

[2]张俊英,张中天. $BaCeO_3$ 和 $SrCeO_3$ 基钙钛矿型固体电解质[J]. 北京科技大学学报,2000,22(3):249 - 252.

[3]宿新泰. 高温质子导体的溶胶 - 凝胶法合成及在电化学合成氨中的应用[D]. 乌鲁木齐:新疆大学,2007.

## 经典实例 2

### 交流阻抗谱技术测定 $SrCe_{1-x}M_xO_{3-\alpha}$ 的温度 - 电导率关系曲线

### 一、原理

交流阻抗谱方法是一种频率域的测量方法,同时它又是一种以小振幅的正弦波电位为扰动信号的电测量方法。通过对系统施加一个正弦波电信号作为扰动信号,则相应地系统产生一个与扰动信号相同频率的响应信号。电化学工作站交流阻抗谱仪测量的是固体电解质和电极组成的电池的阻抗与微扰频率的关系。对于固体电解质,用交流法测电导率时,电阻数值往往随频率的变化而变化。固体电解质的阻抗谱最多出现三个半圆,分别对应晶粒电阻、晶界电阻、电极极化电阻的阻抗过程,如图 1 所示。高频部分的阻抗半圆对应晶粒电阻和电解质的介电特性,中频部分的阻抗半圆对应晶界电阻,低频部分的阻抗半圆对应电极和电解质界面间电极反应,即离子、电子在与电极接触表面的迁移。但是,阻抗图中的三个半圆并不一定全部出现,因为固体电解质的电阻对温度有很大的依赖性。

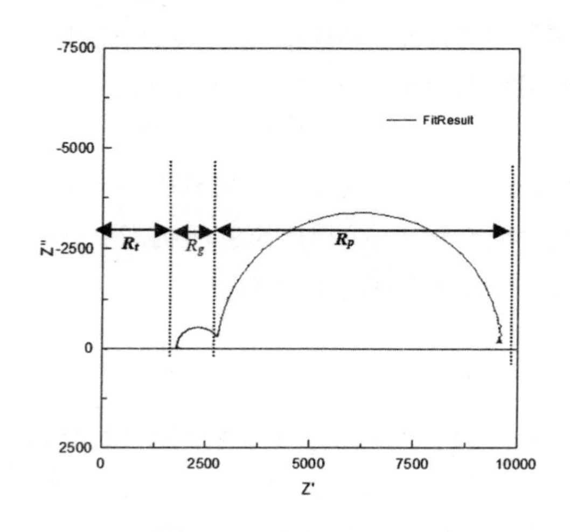


**图 1　阻抗谱拟合例图**

图 1 中,$R_t$为电解质晶粒电阻,$R_g$为电解质晶界电阻,$R_p$为电极极化阻抗。

电导率计算公式:$\delta = L/SR$,其中 $\delta$ 为样品的电导率,$L$ 为样品的厚度,$S$ 为样品的截面面积,$R$ 为样品的电阻[1]。

实验采用 CHI600E 系列电化学分析仪/工作站对样品进行测试。该系列是通用电化学测量系统,它内含高速数据采集系统,快速数字信号发生器,多级信号增益,电位电流信号滤波器,等等,而且其硬件和仪器的内部空件较之其他型号的也有相当的优点。其电位控制精度: $< \pm 1$mV,电位上升时间: $< 1\mu$s,电位更新速率:10MHz,CHI600E 系列仪器集成了几乎所有常用的电化学测量技术。

## 二、仪器和试剂

1. 仪器

高温箱式电炉；分析天平；玛瑙研钵；球磨机(2 台)；电化学工作站。

2. 试剂(分析纯)

固相法：$SrCO_3$；$CeO_2$；相应金属氧化物；无水乙醇。

溶胶－凝胶法：$Ce(NO_3)_3 \cdot 6H_2O$；$SrCO_3$；相应金属硝酸盐；无水乙醇；氨水；柠檬酸。

## 三、步骤

(1)采用固相法或溶胶—凝胶法合成 $SrCe_{1-x}M_xO_{3-\alpha}$。

(2)取之前合成好样品，用砂纸打磨，打磨至符合要求。

(3)在打磨好的样品片两面的相同位置画上圆圈，涂上银钯，然后烘干。

(4)将样品薄片装入自组装的程控电炉中(测试电炉结构原理图见图 2)，盖以银网，玻璃圈将两端陶瓷管密封，两端引出银丝电极。确保正确后，打开电源，连接电脑进行测试。采用电化学工作站测定样品在测试温度范围内在不同气氛下的交流阻抗。

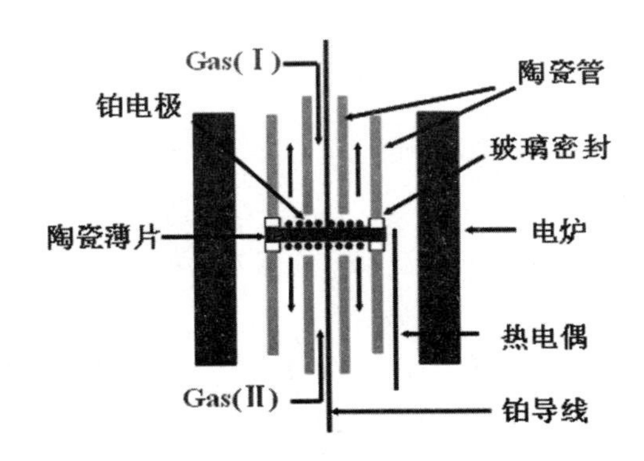


**图 2　测试电炉结构原理图**

## 四、结果示例及分析

图 3 所示为测试样品温度－电导率关系曲线。从图 3 中可以看出，电导率总体上

是随着温度升高而增大。没有掺杂的铈酸锶离子电导率非常小,说明通过掺杂改性的措施可以使其电导得到改善[2-3]。研究表明是因为低价金属离子的掺杂将提高它们的氧空位浓度,从而使其比非掺杂铈酸锶具有更高的离子电导率[4]。有研究表明,材料的电导率和温度呈线性关系,可以根据 Arrhenius 曲线求出样品材料的活化能[5]。

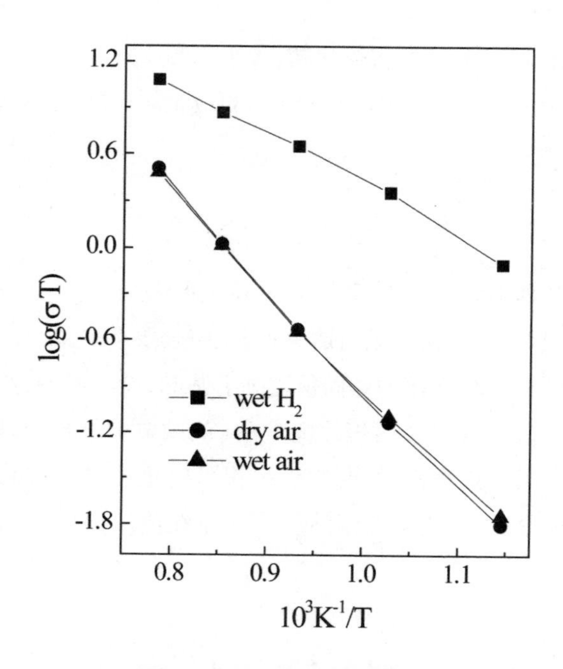


**图3　温度－电导率关系曲线**

## 五、参考文献

[1]张建. 磷酸镧复合氧化锆固体电解质结构及性能研究[D]. 武汉:武汉理工大学,2012.

[2]吴翔,周贞,简家文. Ga 掺杂 $CeO_2$ 固体电解质的电化学特性的研究[J]. 中国功能材料技术和产业论坛学报,2011,17(6):678－683.

[3]孙明涛,孙俊才,季世军. $CeO_2$ 基固体电解质材料研究进展[J]. 中国稀土学报,2006,27(4):79－82.

[4]李月丽. 掺杂 $CeO_2$ 基固体电解质的制备及其电性能的研究[D]. 河南:郑州大学,2011.

[5]李英,龚江宏,谢裕生,等. $Y_2O_3$ 稳定 $ZrO_2$ 材料的电导材料的活化能[J]. 无机材料学报,2002,17:811－855.

# 经典实例3

## $SrCe_{1-x}M_xO_{3-\alpha}$干燥氧浓差电池的测定

### 一、原理

氧浓差电池电动势的测试方法：

实验原理如图1所示。将制得的烧结体薄片作为电解质隔膜，以多孔性铂为阴阳极，以铂网为集电体，向电解质隔膜两侧的气室中分别通入干燥（用$P_2O_5$干燥）$O_2$及干燥的$Ar-O_2$混合气体，组成如下的氧浓差电池：

$O_2$(dry)，Pt ｜陶瓷片｜ Pt，$O_2-Ar$(dry)

（$O_2-Ar$混合气体中$O_2$的体积含量为10%、30%、70%）

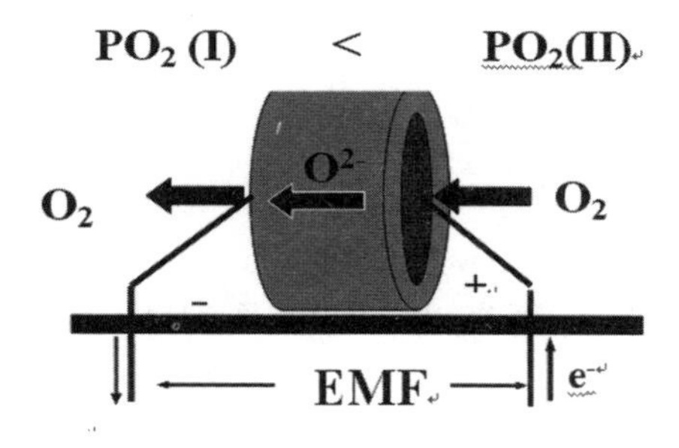


图1 氧浓差电池原理图

测定其在600℃～1000℃下的电动势。理论电动势可由Nenrst方程计算得到：

$$E_{cal}=RT/4F\ Ln[pO_2(\text{Ⅱ})/pO_2(\text{Ⅰ})]$$

式中$R,T,F,pO_2(\text{Ⅱ}),pO_2(\text{Ⅰ})$分别为摩尔气体常数、测试电炉的绝对温度、法拉第常数，氧气的压强，混合气体中氧气的分压。由电动势的理论值$E_{cal}$和实测值$E_{obs}$之比求得氧离子迁移数$t^+=E_{obs}/E_{cal}$。

实验采用电位差计对样品进行测试。电位差计是用补偿原理构造的仪器，是常用的电化学测量技术。测量结果准确可靠，用途很广，配以标准电池、标准电阻等器具，不仅能在对准确度要求很高的场合测量电动势、电势差（电压）、电流、电阻等电学量，而且配合以各种换能器，还可用于温度、位移等非电量的测量和控制。其工作原理如图2所示，AB为一根粗细均匀的电阻丝，它与滑线变阻器$R_p$及工作电源E、电源开关$K_1$组成的回路称作工作回路，由它提供稳定的工作电流$I_0$；由待测电源$E_x$、检流计G、电阻丝CD构成的回路$CGE_xK_2D$称为测量回路；由标准电源$E_s$、检流计G、电阻丝CD构成的回路$CGE_sK_2D$称为定标（或校准）回路。滑线变阻器$R_p$用来调节工作电流$I_0$的大小，电流$I_0$的变化可以改变电阻丝AB单位长度上电位差$U_0$的大小。C、D为AB上的两个活动接触点，可以在电阻丝上移动，以便从AB上取适当的电位差来与测量支路上的电位差（或电动势补偿）[1]。

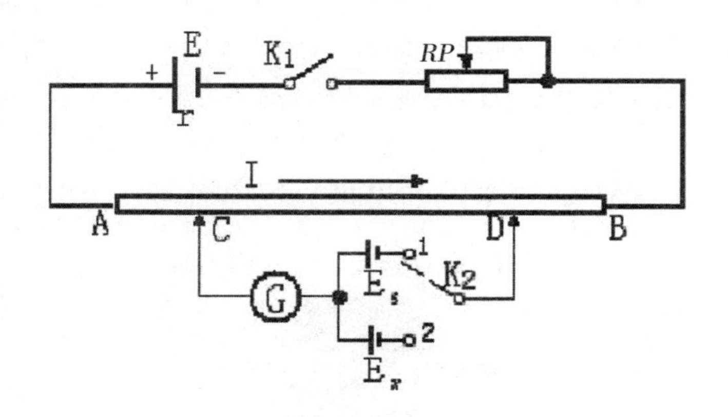


图2　电位差计工作原理

## 二、仪器和试剂

1. 仪器

高温箱式电炉；分析天平；玛瑙研钵；球磨机（2台）；电位差计；

磁力搅拌器；烘箱；DSC－TGA热分析仪；酸度计。

2. 试剂（分析纯）

固相法：$SrCO_3$；$CeO_2$；相应金属氧化物；无水乙醇。

溶胶—凝胶法：$Ce(NO_3)_3 \cdot 6H_2O$；$SrCO_3$；相应金属硝酸盐；无水乙醇；氨水；柠檬酸。

## 三、步骤

（1）采用固相法或溶胶—凝胶法合成$SrCe_{1-x}M_xO_{3-\alpha}$。

(2)取之前合成好样品,用砂纸打磨,打磨至符合要求。

(3)在打磨好的样品片两面的相同位置画上圆圈,涂上银钯,然后烘干。

(4)将样品薄片装入自组装的程控电炉中,盖以银网,玻璃圈将两端陶瓷管密封,两端引出银丝电极。确保正确后,打开电源,连接电脑进行测试。采用电位差计测定样品在测试温度范围内的电动势[2]。

## 四、结果示例及分析

图 3 所示为测试样品氧浓差电池的电动势关系曲线。从图 3(a)可见,如果干燥氧浓差电池的电动势值很低,表明这些样品在干燥的含氧气气氛中是氧离子与电子空穴的混合导体,且电子空穴导电占主导。从图 3(b)可见,如果样品的氧浓差电池电动势实测值均与理论值基本吻合,由电动势的实测值与理论值所对应的直线斜率之比,可求得样品在各温度下的氧离子迁移数 $t_{O^{2-}} = E_{obs}/E_{cal}$ 近似为 1,表明在此温度下各样品在氧化性气氛中几乎是纯的氧离子导体[3-5]。

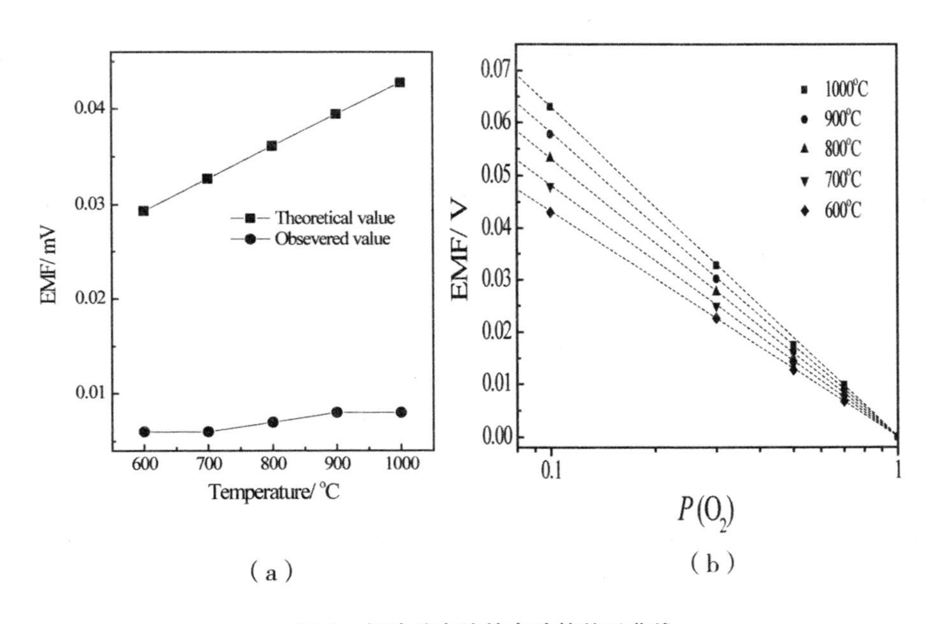


图 3　氧浓差电池的电动势关系曲线

## 五、参考文献

[1]郝红,冯国红,曹艳芝. 中低温固体氧化物燃料电池的研究现状[J]. 广西轻工业,

2010,(06):32 - 33.

[2]吴翔,周贞,简家文. Ga 掺杂 $CeO_2$ 固体电解质的电化学特性的研究[J]. 中国功能材料技术和产业论坛学报,2011,17(6):678 - 683.

[3]王萌萌. 氧离子导体固体电解质的制备与性能研究[D]. 大连:大连理工大学,2006.

[4]王常珍. 固体电解质和化学传感器[Ml. 北京,冶金工业出版社,2000:45 - 56.

[5]张德新,岳慧敏. 固体氧化物燃料电池与电解质材料[J]. 武汉理工大学学报,2003,27(3):408 - 411.

## 附 氧浓差和氢浓差不同温度和配比下的理论电动势表格

| 气体配比 | 10% ($O_2$orH$_2$:10ml/100s; Ar:10ml/11.11s) | | 30% ($O_2$orH$_2$:10ml/33.33s; Ar:10ml/14.29s) | | 50% ($O_2$orH$_2$:10ml/20s; Ar:10ml/20s) | | 70% (O2orH2:10ml/14.29s; Ar:10ml/33.33s) | |
|---|---|---|---|---|---|---|---|---|
| 温度 | 氧浓差 /mv | 氢浓差 /mv | 氧浓差 /mv | 氢浓差 /mv | 氧浓差 /mv | 氢浓差 /mv | 氧浓差 /mv | 氢浓差 /mv |
| 600℃ | 43.31 | 86.6 | 22.646 | 45.3 | 13.05 | 26.1 | 6.71 | 13.4 |
| 700℃ | 48.27 | 90.56 | 25.24 | 50.5 | 14.55 | 29.1 | 7.48 | 14.9 |
| 800℃ | 53.23 | 106.5 | 27.833 | 55.67 | 16.05 | 32.1 | 8.24 | 16.5 |
| 900℃ | 58.18 | 116.4 | 30.427 | 60.86 | 17.5 | 35.0 | 9.01 | 18.0 |
| 1000℃ | 63.15 | 126.3 | 33.021 | 66.05 | 19.0 | 38.0 | 9.78 | 19.6 |

# 第3章

# 掺杂镓酸镧电解质材料

## 3.1 晶格结构

典型的钙钛矿化合物的化学分子式是 $ABX_3$，A、B 为金属，X 为非金属。$LaGaO_3$结构中，La 占据钙钛矿结构的 A 位置，而 Ga 占据 B 位置，O 处于立方体面心[1-27]。Sr、Mg 掺杂后，$Sr^{2+}$部分取代$La^{3+}$的位置，而$Mg^{2+}$则部分取代$Ga^{3+}$的位置，正电荷数发生改变，需减少阴离子数目来保持电中性，所以形成氧空位以维持体系的电中性，产生的氧离子空位在外电场的作用下定向迁移，因而具有导电性[15]。同时 Sr、Mg 掺杂只对基体结构产生相当细微的影响，故所制备的产品与基体结构相同，即可制得纯度很高的单相 LSGM 产品，这样的产品具有高的氧离子电导率[4]，如图 3-1、图 3-2 所示。

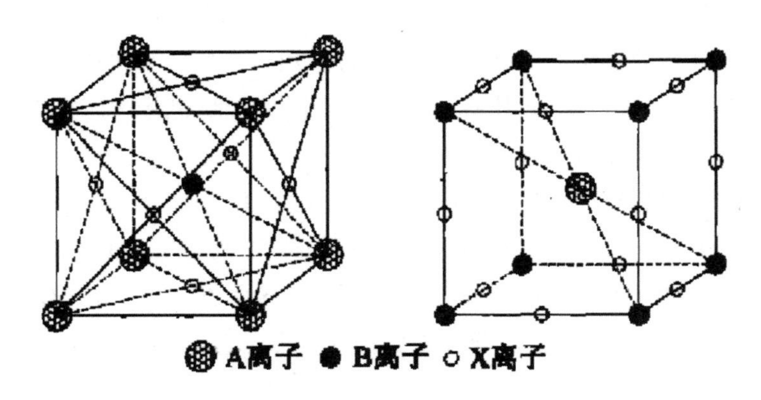


图 3-1 典型钙钛矿化合物 $ABX_3$晶胞示意图

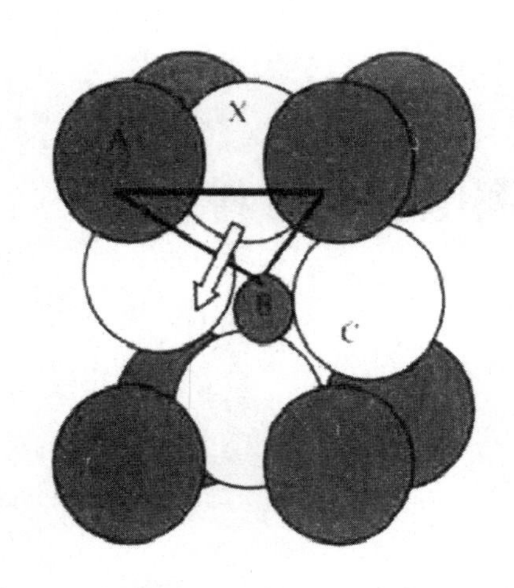


**图 3-2 $ABO_3$钙钛矿结构中 $O^{2-}$迁移模型**

(●:A; ·:B; ○:O,以 X 标记的氧原子通过 2A + B"瓶颈"区向氧空位迁移)

纯的 $LaGaO_3$室温下为正交晶系,晶格中 $GaO_6$八面体显示出明显的倾斜,低价的 Sr,Mg 分别对 $La^{3+}$,$Ga^{3+}$部分取代后,为了保持体系的电中性,产生氧空位,根据 Kroger - Vink 缺陷表示法,氧离子通过氧空位进行迁移,氧离子在晶格中必须克服一定的活化能,才能通过 2A + B"瓶颈"区到达氧空位。$GaO_6$八面体的倾斜度会制约氧离子的迁移,倾斜度越高越易受阻,Sr、Mg 掺杂、升温,都会使 $GaO_6$八面体倾斜度降低($GaO_6$八面体的倾斜度会随温度升高而明显降低,趋于理想的立方钙钛矿结构),晶体对称性增加,氧离子迁移通道畅通,从而使氧离子迁移活化能减小,电导率增加[3]。

总而言之,$LaGaO_3$属于 $ABO_3$型稀土复合氧化物,具有钙钛矿结构,低价 $Sr^{2+}$、$Mg^{2+}$取代 A、B 中的任何一个离子,不能通过阳离子变价达到电中性,产生 O 空位,引起 $O^{-2}$导电[21]。掺杂可使 $GaO_6$八面体倾斜度降低,晶体对称性增加,$O^{-2}$迁移通道畅通,具有很好的导电性能。

尧巍华[2]等研究了掺杂 LSGM 的晶体结构,发现 LSGM1010($La_{0.9}Sr_{0.1}Ga_{0.9}Mg_{0.1}O_{2.9}$)和 LGM20($La_{0.8}Sr_{0.2}GaO_{2.9}$)有相似的结构,均为 $LaGaO_3$高温时的菱方结构,具有较高的对称性,有利于得到高的离子电导率,SG20 和 $LaGaO_3$有相似的斜方结构,具有低对称性,其电导率也比较低。还通过 XRD 测得 $La_{0.9}Sr_{0.1}Ga_{0.8}Mg_{0.2}O_{2.85}$,具有斜方钙钛矿结构,与纯 $LaGaO_3$的相似,并通过 Raman 光谱得出 $La_{0.9}Sr_{0.1}Ga_{0.8}Mg_{0.2}O_{2.85}$,具有 $LaGaO_3$高温时的菱方钙钛矿结构[9]。

张乃庆[8]等分别研究了采用固相反应法和溶胶燃烧法制备镓酸镧基固体电解质粉体($La_{0.9}Sr_{0.1}Ga_{0.8}Mg_{0.2}O_{3-\delta}$)的晶体结构,进行X射线衍射时得出固相法制备的样品在1250℃下预烧,$LaGaO_3$相已经形成,但有较多杂峰,1400℃煅烧$La_2O_3$相消失,1500℃煅烧24h杂峰全部消失。溶胶燃烧法制备的样品在1300℃下煅烧10h烧形成$LaGaO_3$相,有少量杂峰,1400℃煅烧10h杂相消失。进行透射电子显微镜测试时发现固相法制得的粉体平均粒径为1μm,晶粒形貌不规则。溶胶燃烧法制得的粉体粒径在150nm左右,形貌较规则,大部分为球形。还测试了不同煅烧温度和煅烧时间对陶瓷粉体的影响,表明随温度升高,煅烧时间增长,杂质相逐渐减少,1500℃煅烧24h得纯的LSGM。同时还测试了样品的TEM,1500℃煅烧24h的粉体平均粒径为1μm,晶粒形貌不规则,有棱角[10]。采用XRD分析了样品的相结构,发现Sr、Mg的掺杂量高达20%,并有微量铝掺杂时,镓酸镧材料的相结构仍是正交晶系,基本上并未发生改变,说明微量铝掺杂对样品结构影响很小[22]。

余小燕[14]等研究表明,当Sr,Mg的掺杂量均处于0.1~0.2mol的范围内时,$LaGaO_3$产物的晶体结构仍是正交晶系结构,不会产生显著变化。赵捷[21]等分析了1000℃、1350℃和1400℃烧结$La_{0.8}S_{r0.2}Ga_{0.75}Mg_{0.20}Fe_{0.05}O_{2.8}$样品的XRD图谱,得出了1400℃烧结的样品属于$ABO_3$型正交钙钛矿结构,且没有杂相产生,是单一钙钛矿结构的LSGMF复合氧化物。汪灿等[4]采用X射线衍射(XRD)分析了产物的相结构,发现LSGM1520(Sr掺杂量为0.15mol,Mg掺杂量为0.2mol)和LSGM2015(Sr、Mg掺杂量分别为0.2mol和0.15mol)并没有第二相产生,而是全部由单相的LSGM组成,是典型的钙钛矿结构(斜方晶系),其结构和未掺杂的$LaGaO_3$的结构相同。郑颖平[24]等研究发现甘氨酸-硝酸盐燃烧法1400℃烧结2h可获得单相的LSGM,固相反应法1500℃烧结6h仍有许多杂相,表明甘氨酸-硝酸盐燃烧法有利于降低烧结温度,提高样品纯度,从而提高样品的导电性能。

## 3.2 价电子结构理论计算

合肥工业大学石敏[15]、刘宁[22]等对Sr、Mg掺杂镓酸镧(LSGM)固体电解质的价电子结构理论计算进行了详细的阐述,从理论上系统地分析价电子结构对离子导电性的影响。如图3-3所示,A(Ga-O)键和B(La-O)键是骨架离子和氧离子间的最强键。nA、nB 为计算出的 A(Ga－O)键和 B(La－O)键共价电子数,该键越强,则 nA、nB 越大,氧离子迁移越困难,离子电导率应越低,即二者成反比例关系,表明了价电子结构对离子导电性的影响。

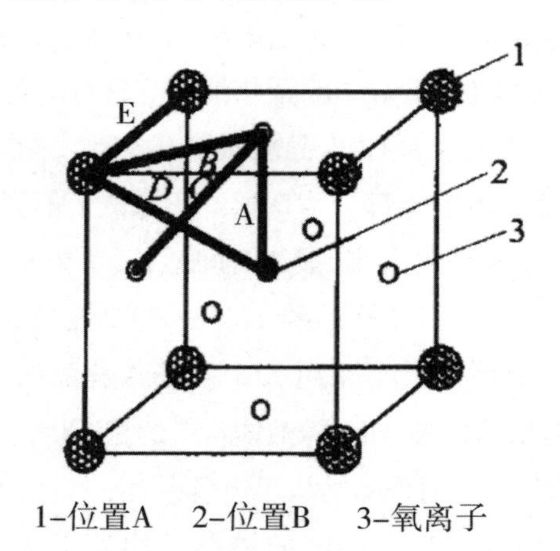


图 3－3　$LaGaO_3$晶胞立体结构示意图

## 3.3　力学性能

刘宁课题组高晓宝[22]等研究了 $La_{0.90}Sr_{0.10}Ga_{0.80}Mg_{0.20}O_{2.85}$(LSGM1020 粉末和氧化铝分散的 LSGM1020 粉末)。发现添加细氧化铝电解质材料相对密度超过 99%,其抗弯强度比未添加氧化铝的抗弯强度高很多,达到 210MPa,说明加入细氧化铝能够很好地阻止材料晶粒的长大并改善组织的均匀性。经细氧化铝掺杂后,样品的晶粒尺寸均匀细小,粒径约为 5μm;粗氧化铝较为均匀,约为 8μm。材料的断裂强度与晶粒度直径的平方根成反比。说明细氧化铝掺杂的样品抗弯强度好。刘宁课题组汪灿等[4]等测试了不同升温速率下的产品(不同 Sr、Mg 掺杂量的 $LaGaO_3$固体电解质材料)的致密度,实验表明升温速率为 1℃ · $min^{-1}$要比升温速率为 4℃ · $min^{-1}$的烧结产物的致密度高。烧结产品中的空隙将会阻碍氧离子传导、增加氧空位迁移的能量,导致所得产品的离子电导率降低。

## 3.4 缺陷化学

$LaGaO_3$钙钛矿型单相的陶瓷样品其导电性可以从下面的反应式得到解释：

$$2SrO \rightarrow 2Sr'_{La} + 2 + O_o^x + V_o^{\cdot\cdot} \tag{3-1}$$

$$2MgO \rightarrow 2 + Mg'_{Ga}2O_o^x + V_o^{\cdot\cdot} \tag{3-2}$$

$$V_o^{\cdot\cdot} + \frac{1}{2}O_2 \rightleftharpoons O_o^x + 2h^{\cdot} \tag{3-3}$$

$$H_2 + 2O_o^x + 2h^{\cdot} \rightarrow 2OH_o^{\cdot} \tag{3-4}$$

$$H_2O(g) + 2O_o^x + 2h \rightleftharpoons + 2OHo + \frac{1}{2}O_2 \tag{3-5}$$

$$H_2O(g) + 2O_o^x + V_o^{\cdot\cdot} \rightleftharpoons 2OHo^{\cdot} \tag{3-6}$$

反应式(3-1)、式(3-2)是氧离子空位的产生机理，由于低价的 $Sr^{2+}$、$Mg^{2+}$ 的掺入，化合物必然产生氧离子空位，以保持化合物的电中性。反应式(3-3)、式(3-4)分别是样品在含氧气和含氢气气氛下的导电机理，及间隙质子(以 $OH_o^{\cdot}$ 的形式存在)的扩散导致了样品的离子导电。而在湿润的含氧气氛下，可能发生反应式(3-3)、式(3-5)、式(3-6)的缺陷反应，从而使样品可能同时具有质子和氧离子导电性[28]。

## 3.5 $LaGaO_3$的合成方法

LSGM 的合成方法最主要为高温固相反应法和湿化学法，张乃庆[7]、刘宁[13]、任志华[18]、石敏[25]等对 Sr、Mg 掺杂镓酸镧(LSGM)固体电解质的合成方法进行了详细的阐述。固相法是以 MgO[或 $MgCO_3$、$Mg(NO_3)_2$]、$Ga_2O_3$、SrO[或 $SrCO_3$、$Sr(NO_3)_2$]和 $La_2O_3$为原料，充分地研磨混合后，在空气中高温煅烧并研碎压片，再次高温烧结，即得到钙钛矿结构电解质。湿化学法：将原料溶解在含大量配合物的溶液中，通过共沉淀、形成溶胶-凝胶、溶剂蒸发热解、金属盐水解等方法制备前驱体或粉末，然后经烧结、煅烧等后续处理，得到电解质产物。

### 3.5.1 固相反应法

尧巍华[1-2]等采用固相反应法，以 $La_2O_3$、$Ga_2O_3$、碱式碳酸镁、碳酸锶为原料合成了 SrO 和 MgO 掺杂的 $LaGaO_3$ 电解质，将其在 1500℃ 下烧结，得到相对密度很高的不同样品，经测试其相对密度在 95% 以上。郑颖平[24]等采用固相反应法，以 $La_2O_3$、MgO（使用前在 1000℃ 下预烧 2h）、$Ga_2O_3$、$SrCO_3$ 为原料，于 1500℃ 下焙烧 6h 制得 $La_{0.9}Sr_{0.1}Ga_{0.8}Mg_{0.2}O_{3-\delta}$。

刘宁课题组汪灿等[4]采用固相反应法，以 $La_2O_3$、$Ga_2O_3$、$SrCO_3$、MgO 为原料，合成了 8 种不同 Sr、Mg 掺杂量的 $LaGaO_3$ 的固体电解质材料，刘宁课题组高晓宝[22]等采用固相反应法，以 $La_2O_3$、$SrCO_3$、$Ga_2O_3$、MgO 和 $Al_2O_3$ 为原料，于 1200℃ 下保温 24h，造粒后再于 1500℃ 下保温 24h 制得 $La_{0.90}Sr_{0.10}Ga_{0.80}Mg_{0.20}O_{2.85}$（LSGM1020 粉末和氧化铝分散的 LSGM1020 粉末）。

王世忠[6]采用固相法，以 $LaO_3$、$SrO_3$、MgO、CoO、$Ga_2O_3$ 为原料，按计量比称取并混合后用研钵研磨 0.5h，在 1000℃ 下预烧 6h，压片并将圆片在空气中 1500℃ 焙烧 6h，制得了 $La_{0.8}Sr_{0.2}Ga_{0.8}Mg_{0.2-x}Co_xO_3$（LSGMC，x = 0、0.01、0.05、0.07、0.09）电解质。王世忠课题组张伟[12]等采用固相法，以 $La_2O_3$，$SrCO_3$，$Ga_2O_3$ 和 MgO 为原料，按照化学计量比混合，研磨，在 1000℃ 下预烧 6h，然后经过压片，在空气中 1500℃ 下焙烧 6h，制得 $La_{0.9}Sr_{0.1}Ga_{0.8}Mg_{0.2}O_3$、$La_{0.8}Sr_{0.2}Ga_{0.8}Mg_{0.15}Co_{0.05}O_3$、$La_{0.8}Sr_{0.2}Ga_{0.8}Mg_{0.115}Co_{0.085}O_3$ 电解质材料。并同时采用固相法制备了复合阳极和复合阴极，组装成电池。王世忠课题吴玲丽[16]等采用固相合成法，以 $La_2O_3$、$SrCO_3$、$Ga_2O_3$、MgO 为原料合成了 $La_{0.8}Sr_{0.2}Ga_{0.8}Mg_{0.2}O_3$（LSGM）和 $La_{0.8}Sr_{0.2}Ga_{0.8}Mg_{0.15}Co_{0.05}O_3$（LSGMC5）。同样她还采用此法合成了 $La_{0.9}Sr_{0.1}Ga_{0.8}Mg_{0.2}Al_xO_{3-\delta}$（x = 0 ~ 0.05）电解质[17]。原料是 $La_2O_3$、$SrCO_3$、$Ga_2O_3$、MgO、$Al_2O_3$，具体过程是：先按化学计量比称取原料并混合球磨 24h，干燥后在 1000℃ 下预烧 6h，研磨压片，在空气中 1500℃ 下焙烧 6h，合成了 $La_{0.9}Sr_{0.1}Ga_{0.8}Mg_{0.2}Al_xO_{3-\delta}$（x = 0 ~ 0.05）电解质，合成路线如图 3-4 所示。

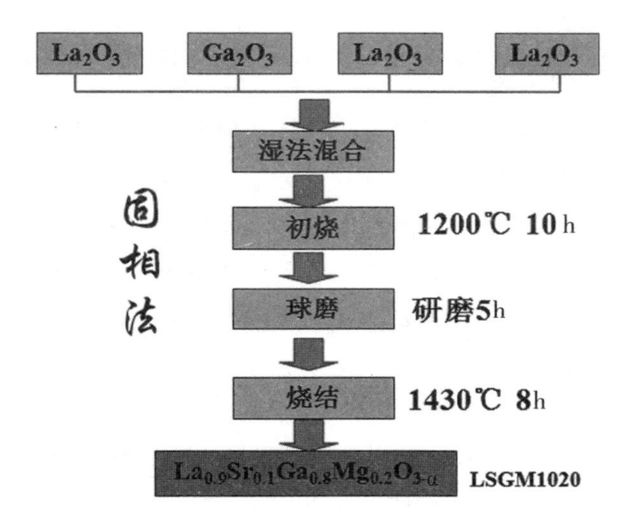


**图 3－4　$LaGaO_3$ 固相反应方法合成路线**

张乃庆[8]等采用固相反应法，以 $La_2O_3$、$Ga_2O_3$、MgO、$SrCO_3$、$Ga(NO_3)_3$ 为原料，1250℃下预烧 15h，1500℃下煅烧 24h，制得镓酸镧基固体电解质粉体（$La_{0.9}Sr_{0.1}Ga_{0.8}Mg_{0.2}O_{3-δ}$）。同样还采用此法[10]，以 $La_2O_3$，$Ga_2O_3$，MgO，$SrCO_3$ 为原料，按配比称量，混合研磨，压片，在 1250℃下预烧 14h，研磨压片后再次经 1500℃煅烧 24h 合成单相 LSGM 粉体，粉体再于 1500℃煅烧 15h，得到 LSGM 电解质陶瓷。石敏[15]等采用固相法，以 $La_2O_3$、$SrCO_3$、$Ga_2O_3$、MgO 为原料，按化学计量比准确称量后，球磨 15h，于陶瓷舟中、1200℃下保温 24h，然后采用不同的升温速率以及保温时间，于 1500℃再次烧结得到不同 Sr、Mg 掺杂量的 LSGM 样品。张乃庆课题朱晓东[20]等以 $La(NO_3)_3 \cdot 6H_2O$，$Ce(NO_3)_3 \cdot 6H_2O$，NiO 为原料，用固相反应法制备 $La_{0.8}Sr_{0.2}Ga_{0.8}Mg_{0.2}O_{3-δ}$（LSGM 粉体）。

赵捷[21]等采用固相反应法，以 $La_2O_3$、MgO、$SrCO_3$、$Fe_2O_3$ 和光谱纯 $Ga_2O_3$ 为原料，$La_2O_3$ 在 900℃预处理 1h，其他的在 300℃预处理 2h，再于 1350℃和 1400℃保温 2.5h，制得 Sr、Mg 与过渡金属 Fe 复合掺杂的镓酸镧基 $ABO_3$ 型氧化物 $La_{0.8}Sr_{0.2}Ga_{0.75}Mg_{0.20}Fe_{0.05}O_2$。赵捷课题组王志奇[23]等采用固相反应法，以 $La_2O_3$、MgO、$SrCO_3$、$Fe_2O_3$ 和光谱纯 $Ga_2O_3$ 为原料，原料在 300℃下预处理 2h，$La_2O_3$ 在 900℃下预处理 1h，于 1350℃和 1400℃烧结 2.5h 制得 $La_{0.8}Sr_{0.2}Ga_{0.75}Mg_{0.20}Fe_{0.05}O_{2.815}$（LSGMF）。

### 3.5.2 溶胶－凝胶法

邓海波[26]等采用溶胶－凝胶法，以 $La(CH_3COO)_3 \cdot 1.5H_2O$，$Sr(CH_3COO)_2$，$Ga(NO_3)_3 \cdot 9H_2O$，$Mg(CH_3COO)_2 \cdot 4H_2O$ 为原料，于80℃干燥24h得到前驱体，900℃下预处理3h，制得 $La_{0.9}Sr_{0.1}Ga_{0.8}Mg_{0.2}O_{3-\delta}$ 粉体。汪秀萍[27]等采用溶胶－凝胶法，以分析纯的 $La(NO_3)_3 \cdot 6H_2O$、$Sr(NO_3)_2$、$Mg(NO_3)_2 \cdot 6H_2O$ 和高纯 Ga 为原料，分别制备 $La_{0.95}Sr_{0.05}Ga_{0.9}Mg_{0.1}O_{3-\delta}$(LSGM)和 $Ce_{0.8}Nd_{0.2}O_{1.9}$(NDC)电解质，并在NDC溶胶中加入0～15%的LSGM预烧粉体制得NDC－LSGM复合电解质，合成路线如图3－5所示。张乃庆[8]等采用溶胶－凝胶法与固相反应法比较，以 $La_2O_3$、$Ga_2O_3$、MgO、$SrCO_3$、$Ga(NO_3)_3$ 为原料，1250℃下煅烧15h，1500℃下煅烧24h，制得镓酸镧基固体电解质粉体($La_{0.9}Sr_{0.1}Ga_{0.8}Mg_{0.2}O_{3-\delta}$)。

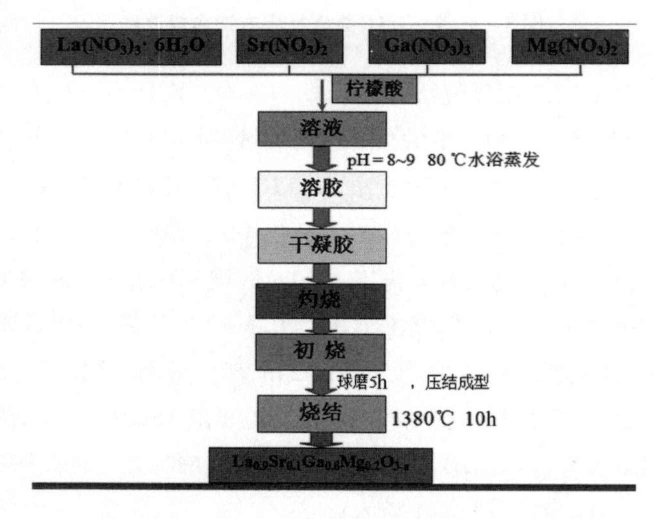


图3－5 $LaGaO_3$溶胶凝胶反应方法合成路线

### 3.5.3 低温燃烧合成法

尧巍华[5]采用低温燃烧合成工艺(LTCS)，以硝酸镓溶液、$La(NO_3)_3 \cdot 6H_2O$、$Sr(NO_3)_2$、$Mg(NO_3)_2 \cdot 6H_2O$、$NH_4NO_3$、柠檬酸为原料，制得目标产物LSGM1020(10mol% SrO 和 20mol% MgO 掺杂的 $LaGaO_3$)。

### 3.5.4 沉淀体系中相转移分离法

尧巍华[9]等采用沉淀体系中相转移分离法，以 $La(NO_3)_3$，$Ga_2(SO_4)_3 \cdot 18H_2O$，$SrCO_3$和 $Mg(OH)_2 \cdot 4MgCO_3 \cdot 5H_2O$ 为原料，得到的沉淀经预烧制得前驱体，前驱体于1450℃烧结10h得到最终 $La_{0.9}Sr_{0.1}Ga_{0.8}Mg_{0.2}O_{2.85}$电解质产物。

### 3.5.5 甘氨酸－硝酸盐燃烧法

郑颖平[24]等采用甘氨酸－硝酸盐燃烧法，以 $La_2O_3$、MgO（使用前在1000℃下预烧2h）、$Ga_2O_3$、$SrCO_3$为原料，制得相应硝酸盐溶液加入甘氨酸混合于电炉上加热燃烧的初级粉体，于1200℃预烧2h，再于1400℃下烧2h得到 $La_{0.9}Sr_{0.1}Ga_{0.8}Mg_{0.2}O_{3-\delta}$致密电解质膜片。

## 3.6 导电性能

尧巍华[2]等研究了样品的电导率，发现LSGM1010（$La_{0.9}Sr_{0.1}Ga_{0.9}Mg_{0.1}O_{2.9}$）与LGM20（$LaGa_{0.8}Mg_{0.2}O_{2.9}$）有相似的离子电导率，在相同温度下均比同样掺杂浓度的LSG20（$La_{0.8}Sr_{0.2}GaO_{2.9}$）的离子电导率大。张乃庆[10]等测试得出烧结体（LSGM电解质陶瓷粉体）电导率随温度升高而升高，并且在800℃达到0.12S·$cm^{-1}$。

刘宁课题组汪灿[4]等测试了不同Sr、Mg掺杂量的LSGM电解质的电导率，800℃时的Sr、Mg掺杂量之和为0.35时电导率达到最大值。石敏[15]等利用二极阻抗谱仪测定不同成分的LSGM试样的离子导电性。800℃时，Sr含量固定，离子电导率会随Mg含量增大而呈现先上升后下降的趋势，并且离子电导率在Mg含量为0.15时达到最大。

王世忠[6]通过实验发现以 $La_{0.8}Sr_{0.2}Ga_{0.8}Mg_{0.2-x}Co_xO_3$（LSGMC，x＝0、0.1、0.5、0.7、0.9）为电解质的系列中温燃料电池中，LSGMC9（$La_{0.8}Sr_{0.2}Ga_{0.8}Mg_{0.11}Co_{0.09}O_3$）具有最大的电导率，约0.21S·$cm^{-1}$，氧迁移数为0.87左右。王世忠课题组吴玲丽[16]等研究了 $La_{0.8}Sr_{0.2}Ga_{0.8}Mg_{0.2}O_3$（LSGM8282）和 $La_{0.8}Sr_{0.2}Ga_{0.8}Mg_{0.15}Co_{0.05}O_3$（LSGMC5）的电导率与温度和氧分压的关系，发现在700℃～900℃时，LSGM8282和LSGMC5在中氧分压区的总电导率与氧分压无关，在高氧分压区，LSG-

MC5 总电导率随氧分压减小而增加。同时采用 Hebb - Wagner 极化法测定了样品在不同温度下电子电导率,发现 $La_{0.8}Sr_{0.2}Ga_{0.8}Mg_{0.2}O_3$ 的电子空穴电导率的氧分压级数均为 1/4,自由电子电导率的氧分压级数为 - 1/4。而 $La_{0.8}Sr_{0.2}Ga_{0.8}Mg_{0.15}Co_{0.05}O_3$ 的电子空穴电导率和自由电子电导率的氧分压级数分别为 1/8、- 1/4。还测试了不同温度下样品的氧离子电导率,发现 $La_{0.8}Sr_{0.2}Ga_{0.8}Mg_{0.2}O_3$ 的氧离子电导率与氧分压没有关系,而 $La_{0.8}Sr_{0.2}Ga_{0.8}Mg_{0.15}Co_{0.05}O_3$ 的氧离子电导率在高氧分压区和中等分压区有着不同的变化趋势,在高氧分压区随氧分压减小而增加,在中等分压区随氧分压基本不变。

吴玲丽[17]等还采用四电极交流阻抗法测定了 LSGMA(掺杂 $Al_2O_3$)电解质的总电导率,发现随 $Al_2O_3$ 含量的增加,总电导率增加,$Al_2O_3$ 含量超过 2%,总电导率将会显著下降,但其与氧分压无关,表明氧离子电导率在总电导率中占主要部分。同时计算了 800℃,不同氧分压下 LSGMA 电解质的氧离子迁移数,发现掺杂后样品均在中氧分压区氧离子迁移数最高,接近 1,说明其是纯氧离子导体,在低氧分压区又随 $Al_2O_3$ 含量增加而显著增加。还采用 Hebb - Wagner 极化法测定了 $Al_2O_3$ 掺杂的 LSGM(LSGMA)样品的电子电导率,发现在高氧分压区电导率的氧分压级数为 1/4,是电子空穴导电,并且随氧分压减小,电子电导率减小;在低氧分压区电导率的氧分压级数为 - 1/4,是自由电子导电,随着氧分压减小,电子电导率增加。

赵捷[21]等测试了不同温度下样品的导电性能,发现样品的电导率随温度升高而增加,且温度 >557℃后,电导率随温度变化快速增加。其电导率随温度的变化规律符合 Arrhenius 方程,表明 LSGMF202005($La_{0.8}S_{r0.2}Ga_{0.75}Mg_{0.20}Fe_{0.05}O_{2.8}$)样品是一个氧离子导体。赵捷课题组王志奇[23]等采用直流四端子法测量了样品在 400℃ ~850℃内的粒子电导率随温度升高而增大,且温度大于 627℃后,电导率随温度增加而迅速增加。其电导率随温度的变化规律符合 Arrhenius 方程,表明 LSGMF202005($La_{0.8}Sr_{0.2}Ga_{0.75}Mg_{0.20}Fe_{0.05}O_{2.815}$)样品是一个氧离子导体,且其氧子迁移活化能为 0.6656eV(<1eV)。

郑颖平[24]等研究了分别用固相反应法和甘氨酸 - 硝酸盐燃烧法合成的 $La_{0.9}Sr_{0.1}Ga_{0.8}Mg_{0.2}O_{3-\delta}$ 样品的电导率,发现甘氨酸 - 硝酸盐燃烧法制备的样品的电导率比固相反应法制备的要高,且 850℃时的电导率为 0.1S·cm$^{-1}$。具体关系如图 3 -6 所示。

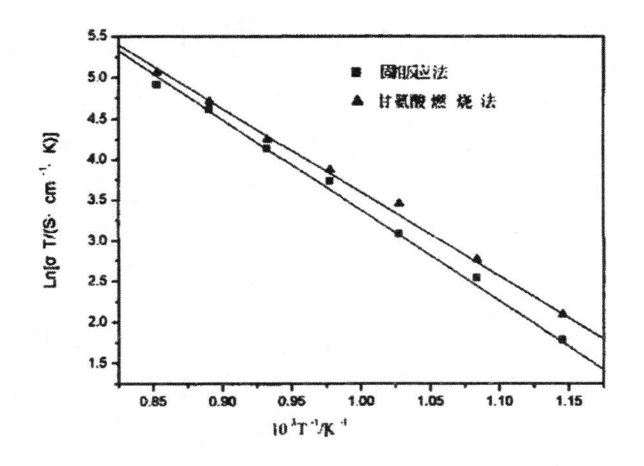


**图3-6 不同方法制备的LSGM样品的电导Arrhenius图**

## 3.7 燃料电池

固体氧化物燃料电池(SOFC)是一种能将氢氧反应的化学能直接连续地转化为电能的电化学连续发电装置,它具有高效、全固态、清洁、污染物排放量少、材料适应性强等显著优点[1]。固体氧化物燃料电池(SOFC)一般由阳极、固体电解质、阴极和联结体材料四部分组成,其中固体电解质是SOFC的核心部分,它是隔离两个电极的氧离子导体[4]。目前普遍采用的是氧化钇稳定的氧化锆(YSZ)电解质,其在>900℃的高温下具有良好的离子电导率和化学稳定性,但是缺点也特别明显,SOFC以它为电解质时的工作温度很高(>1000℃),这样会严重缩短电池的使用寿命。传统的SOFC电解质材料是氧化钇稳定的氧化锆(YSZ),它在800℃和1000℃时的离子电导率分别为0.01S·cm$^{-1}$和0.1S·cm$^{-1}$左右,而相同的温度下LSGM的电导率可以达到0.1S·cm$^{-1}$和0.2S·cm$^{-1}$[9],在同样的温度下,LSGM的离子电导率是YSZ的两倍左右,因此它可以使SOFC的工作温度降低到600℃~800℃,从而可以改善电池材料的稳定性并延长使用寿命,故此SOFC成为近年来研究的热点。

王世忠[6]通过实验证明,以$La_{0.8}Sr_{0.2}Ga_{0.8}Mg_{0.2-x}Co_xO_3$(LSGMC,x=0、0.1、0.5、0.7、0.9)为电解质的系列中温燃料电池的最大输出功率和开路电位,发现电池的最大输出功率由LSGM电池的1.1W·cm$^{-2}$增加至LSGMC9电池1.77W·cm$^{-2}$,随电

解质中 Co 含量的增加。而显著增加开路电位由 1.13V 降至 0.99V，提高了电池效率，但同时也会造成部分的电池内部短路。同时采用电流中断方法测欧姆降和电极极化过电位，发现欧姆降几乎随钴掺杂量的增加而线性减小，电极极化过电位随着 LSGM 中钴含量的增加先是迅速减小然后缓慢减小。

王世忠课题组张伟[12]等研究了不同温度下阳极支撑单电池的欧姆电阻，得出焙烧温度约为 1200℃，其具有最大的输出功率密度，为 $0.51W \cdot cm^{-2}$。张伟[12]等还研究了电解质对电池性能的影响，电池的输出功率密度随电解质中 Co 含量的增加而增大。阳极一侧的欧姆电阻及极化电阻随电解质中 Co 含量的增加而减小。邓海波[26]等测试了 SOFC 单电池在不同温度下的最大输出功率，得出其在 800℃的输出功率最大，最大功率密度为 $0.89W \cdot cm^{-2}$。

## 参考文献

[1]尧巍华，唐子龙，张中太，等. $LaGaO_3$基固体电解质相变的 Raman 光谱研究[J]. 硅酸盐学报，2002，30(5)：541－544.

[2]尧巍华，唐子龙，罗绍华，等. 晶体结构对 $LaGaO_3$基固体电解质电性能的影响[J]. 硅酸盐学报，2003，31(1)：1－4.

[3]王海霞，蒋凯，郑立庆，等. 掺杂镓酸镧基固体电解质的研究进展[J]. 国稀土学报，2003，21(6)：615－619.

[4]汪灿，刘宁，石敏，等. Sr、Mg 掺杂量对 $LaGaO_3$基电解质离子电导率的影响[J]. 合肥工业大学学报(自然科学版)，2004，27(10)：1177－1180.

[5]尧巍华，张中太，唐子龙，等. 低温燃烧合成 $La_{0.9}Sr_{0.1}Ga_{0.8}Mg_{0.2}O_{2.85}$固体电解质粉末[J]. 稀有金属材料与工程，2004，33(4)：421－423.

[6]王世忠. 高性能镓酸镧基电解质燃料电池[J]. 物理化学学报，2004，20(1)：43－45.

[7]张乃庆，孙克宁，吴宁宁，等. 镓酸镧基固体电解质制备方法的研究进展[J]. 电子工艺技术，2004，25(3)：99－106.

[8]张乃庆，孙克宁，吴宁宁，等. 中温固体电解质 $LaGaO_3$的制备[J]. 功能材料，2004，35(4)：448－449.

[9]尧巍华，唐子龙，张中太，等. $La_{0.9}Sr_{0.1}Ga_{0.8}Mg_{0.2}O_{2.85}$固体电解质合成及其性能[J]. 稀有金属材料与工程，2004，33(3)：297－299.

[10]张乃庆，吴宁宁，孙克宁，等. 中温 SOFC 用 $LaGaO_3$基固体电解质的制备[J]. 研究与设计，2004，28(7)：416－418.

[11]张乃庆，孙克宁，蔡丽，等. 镓酸镧基陶瓷燃料电池电极材料研究进展[J]. 材料科

学与工艺,2005,13(6):598-603.

[12]张伟,王世忠,高洁. 镍-镓酸镧复合阳极的研究[J]. 电池,2005,35(5):345-347.

[13]刘宁,石敏,许育东,等. 锶镁搀杂的镓酸镧基固体电解质粉末制备方法的研究[J]. 合肥工业大学学报(自然科学版),2005,28(9):1026-1029.

[14]余小燕,王开石,乐夕,等. $(La_xSr_{1-x})(Ga_yMg_{1-y})O_3$固体电解质的制备及性能研究[J]. 四川大学学报(自然科学版),2005,42(2):276-279.

[15]石敏,许育东,刘宁,等. Sr,Mg掺杂的$LaGaO_3$的离子导电性与价电子结构判据[J]. 硅酸盐通报,2005,6:32-36.

[16]吴玲丽,王世忠,梁营. $La_{0.8}Sr_{0.2}Ga_{0.8}Mg_{0.2}O_3$与$La_{0.8}Sr_{0.2}Ga_{0.8}Mg_{0.15}Co_{0.05}O_3$电导的对比[J]. 物理化学学报,2006,22(5):574-578.

[17]吴玲丽,王世忠,梁营. $La_{0.9}Sr_{0.1}Ga_{0.8}Mg_{0.2}Al_xO_{3-\delta}$($x=0\sim0.05$)电解质电导率的研究[J]. 电池,2006,36(6):429-431.

[18]任志华,张家芸,刘建华. LSGM固体电解质研究进展[J]. 材料导报,2006,20(2):44-46.

[19]石敏,许育东,刘宁,等. 镓酸镧基固体电解质离子导电性与价电子结构的关系[J]. 合肥工业大学学报(自然科学版),2006,29(6):646-650.

[20]朱晓东,孙克宁,张乃庆,等. 镓酸镧基中温-SOFC的新型阳极NiO-$La_{0.3}Ce_{0.7}O_{2-\delta}$研究[J]. 高等学校化学学报,2007,28(5):824-826.

[21]赵捷,王志奇,包俊成,等. 碱土与过渡金属掺杂氧离子导体的制备与性能[J]. 光电子. 激光,2007,18(4):439-442.

[22]高晓宝,刘宁. 氧化铝分散的LSGM电解质材料的相结构和力学性能研究[J]. 合肥工业大学学报(自然科学版),2007,30(2):160-163.

[23]王志奇,赵捷,包俊成,等. Sr、Mg与Fe复合掺杂镓酸镧基离子导体的制备与电性能研究[J]. 陶瓷学报,2007,28(1):6-10.

[24]郑颖平,查燕,高文君,等. $La_{0.9}Sr_{0.1}Ga_{0.8}Mg_{0.2}O_{3-\delta}$的甘氨酸—硝酸盐燃烧法制备和表征[J]. 中国科技论文在线,2008,3(4):278-282.

[25]石敏,陈绵松,房虹姣,等. 湿化学法制备锶镁掺杂镓酸镧基固体电解质材料的研究进展[J]. 金属功能材料,2010,17(1):72-75.

[26]邓海波,郭为民. Sol-gel法合成$La_{0.9}Sr_{0.1}Ga_{0.8}Mg_{0.2}O_{3-\delta}$电解质及其电池性能研究[J]. 研究与设计电源技术,2012,136(11):1623-1650.

[27]汪秀萍,周德凤,杨国程,等. $Ce_{0.8}Nd_{0.2}O_{1.9}-La_{0.95}Sr_{0.05}Ga_{0.9}Mg_{0.1}O_{3-\delta}$固体复合电解质结构和电性能[J]. 物理化学学报,2014,30(1):95-101.

[28]张峰,陈成,潘博,等. $La_{0.9}Sr_{0.1}Ga_{0.8}Mg_{0.2}O_{3-\alpha}$在常压合成氨及燃料电池中的应用[J]. 苏州大学学报,2007,23(2):85-88.

# 经典实例 1

## 微乳液法合成中温固体电解质 $La_{0.9}Sr_{0.1}Ga_{0.8}Mg_{0.2}O_{3-\alpha}$

### 一、背景

$LaGaO_3$基目前被公认为是最有希望的中温 SOFC 电解质材料。如用 205μm 厚的 $La_{0.85}Sr_{0.12}Ga_{0.8}Mg_{0.15}Co_{0.05}O_{3-x}$制备的特殊燃料电池，它的功率密度在 650℃ 时可达 $380mW \cdot cm^{-2}$，电流密度达 $1.5A \cdot cm^{-2}$[1]。用该类氧离子导体作为中温（600℃～800℃）SOFC 的固体电解质进行了众多研究，可以实现其在冶金、建材和石油化工领域的应用[2]。$LaGaO_3$是结构为 $ABO_3$的具有钙钛矿结构的化合物，如图 1 所示。掺杂 $LaGaO_3$的离子导电性可以扩展到非常低的氧分压范围，这些研究的结果更有助于以后对 $LaGaO_3$基陶瓷材料的全面了解和开发。

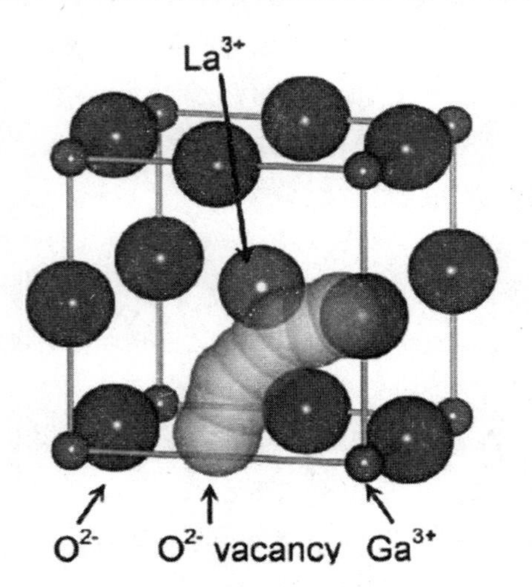


**图 1　$LaGaO_3$的结构示意图**

### 二、原理

固体电解质的传统制备方法是高温固相法，但是由于此法通常要求烧结温度较高，且由此法制得的镓酸镧电解质通常含有杂相。微乳液法是近年来发展起来的一种湿化学制备方法，该法因其简便，易于控制颗粒大小、形貌以及均一性而越来越受到人们的关注。李松丽等[3]在实验中发现各元素掺杂的 $LaGaO_3$(La, Sr, Ga, Mg)组成为 $La_{0.8}Sr_{0.2}Ga_{0.83}Mg_{0.17}O_{2.815}$ 的离子电导率很高，电子电导及空穴电导可以忽略。大量文献表明，约 800℃ 的工作温度，LSGM 的电导率 $\sigma \geq 0.1S \cdot cm^{-1}$，LSGM 具有良好的电性能，并具有良好的长期稳定性，是一种很有发展潜力的中温固体氧化物燃料电池电解质材料。

## 三、仪器和试剂

1. 仪器

高温箱式电炉(2 台)；分析天平；玛瑙研钵；球磨机(2 台)；

磁力搅拌器；烘箱；DSC - TGA 热分析仪；酸度计。

2. 试剂(分析纯)

$La_2O_3$；$Sr(NO_3)_2$；金属 Ga；MgO；浓 $HNO_3$；无水乙醇；碳酸铵；

氨水；环己烷；柠檬酸；PEG。

## 四、步骤

(1)微乳液 A：根据 $La_{0.9}Sr_{0.1}Ga_{0.8}Mg_{0.2}O_{3-\alpha}$ 的化学计量比分别称取相应的金属 Ca 和其他金属氧化物溶于硝酸，制得相应硝酸盐溶液 50ml，在上述混合金属离子的溶液中，加入 40ml 环己烷和 15ml 无水乙醇，再加入分散剂 PEG($0.05g \cdot ml^{-1}$)，搅匀后便为微乳液 A。

(2)微乳液 B：将无水乙醇和环己烷混合溶液加入到 $(NH_4)_2CO_3 - NH_4OH$ 缓冲体系溶液中，再加入分散剂 PEG($0.05g \cdot ml^{-1}$)，搅匀后便为微乳液 B。

(3)50℃水浴中搅拌下，将微乳液 B 慢慢地滴加到微乳液 A 中，在滴加的过程中，白色沉淀会逐渐出现，并越来越多，待沉淀完全后，停止搅拌并静置 2h，然后过滤。

(4)经鼓风电热恒温干燥箱在 110℃烘干。

(5)用玛瑙研钵研磨压片，置于高温电炉中，在 1100℃ 预烧 5h。

(6)初烧产物在球磨机中球磨 1h，经 80mesh 过筛后，在不锈钢模具中以 100MPa 压力压制成直径约为 18mm、厚度约 2mm 的圆形薄片。

(7)置于高温电炉中于 1400℃下烧结 5h。

合成 La 0.9Sr 0.1Ga 0.8Mg 0.2O 3 - α的步骤框图如图 2 所示。

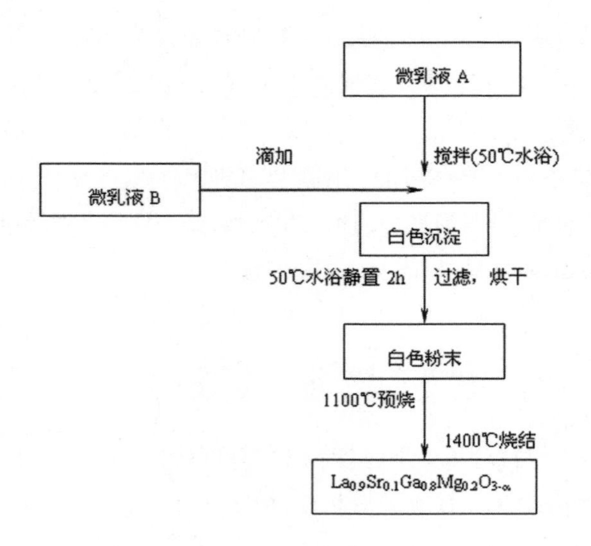


**图 2　合成 La 0. 9Sr 0. 1Ga 0. 8Mg 0. 2O 3 - α的步骤框图**

### 五、参考文献

[1]李中秋,侯桂芹,张文丽. 钙钛矿型固体电解质材料的发展现状[J]. 河北理工学院学报,2006,28(1):71 - 74.

[2]王海霞,蒋凯,郑立庆,等. 掺杂镓酸镧基固体电解质的研究进展[J]. 中国稀土资源原理学报,2003,21(6):615 - 620.

[3]李松丽,刘文西,郭瑞松,等. 掺杂 $LaGaO_3$ 中温固体氧化物燃料电池电解质[J]. 硅酸盐通报,2003,22(5):52 - 56.

## 经典实例 2

### $La_{0.9}Sr_{0.1}Ga_{0.8}Mg_{0.2}O_{3-\alpha}$的氢浓差电池放电平台测定

### 一、原理

氢浓差电池放电的测试方法：

实验原理如图 1 所示。向电解质隔膜两侧的气室中通入湿润的 $H_2$ 及湿润的 $Ar - H_2$ 混合气体，组成如下氢浓差电池：

$$H_2, Pt \mid La_{0.9}Sr_{0.1}Ga_{0.8}Mg_{0.2}O_{3-\alpha} \mid Pt, H_2 - Ar(pH_2 = 0.1atm)$$

（$H_2$ – Ar 混合气体中的 $H_2$ 体积含量为 10%）

测定在 900℃下的放电曲线。

实验采用电化学工作站对样品进行测试[1]。

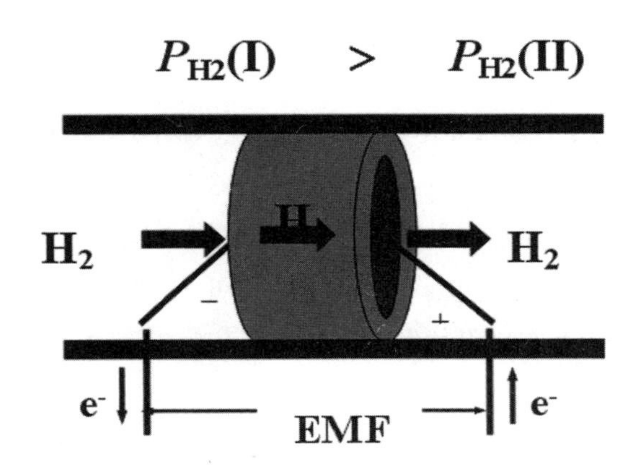


图 1　氢浓差电池放电的原理图

## 二、仪器和试剂

1. 仪器

高温箱式电炉；分析天平；玛瑙研钵；球磨机（2 台）；电位差计；

磁力搅拌器；烘箱；DSC – TGA 热分析仪；酸度计。

2. 试剂（分析纯）

固相法：$La_2O_3$；$SrCO_3$；$Ga_2O_3$；MgO；无水乙醇。

微乳液法：$La_2O_3$；$Sr(NO_3)_2$；金属 Ga；MgO；浓 $HNO_3$；无水乙醇；碳酸铵；氨水；环己烷；柠檬酸；PEG。

## 三、步骤

（1）采用固相法或微乳液法合成 $La_{0.9}Sr_{0.1}Ga_{0.8}Mg_{0.2}O_{3-\alpha}$。

（2）取之前合成好样品，把表面平整、厚薄较均匀的片子进行打磨。先用规格型号较小的砂纸进行粗磨，再用规格型号较大的砂纸进行细磨，期间需用千分尺不断测厚度保持薄厚均一，以及用无水乙醇间歇性地进行润湿打磨。直到厚度达到 1mm 左右。将陶瓷片的正反面均画直径为 8mm 的圆（注意两圆尽量为同心圆)，并均匀地涂上钯浆料，在红外灯下干燥。

(3)把涂好的样片放在测试架中的电炉中，盖以铂金网，玻璃圈将两端陶瓷管密封，两端引出铂金丝电极。确保正确后，打开电源，连接电脑进行测试。采用电化学工作站测定样品在900℃下的放电曲线[2]。

**四、示例及分析**

图2所示为测试样品氢浓差电池的放电曲线。从图2可见，当对某一负载放电时，其放电曲线是一个个稳定的放电平台。这表明对于该电池，必定有稳定的载流子在传递电荷，而这稳定的电荷载流子可能是$La^{3+}$、$Sr^{2+}$、$Ga^{3+}$、$Mg^{2+}$、$O^{2-}$和$H^+$中的一种或几种，不可能是电子。如果样品中电荷载流子是电子，当将其组装成氢浓差电池时，是不会有稳定的电动势的。电荷载流子也不可能是$La^{3+}$、$Sr^{2+}$、$Ga^{3+}$和$Mg^{2+}$等金属离子，因为从电池的正、负极气室中无$La^{3+}$、$Sr^{2+}$、$Ga^{3+}$和$Mg^{2+}$供应源，因此就不可能产生一个个稳定的放电平台。而从负、正极气室中可源源不断地供给产生样品中电荷载流子的$H^+$和$O^{2-}$的氢气以及氩气中的微量氧气，因此样品的电荷载流子只可能是质子或氧离子或质子与氧离子的混合离子[3-6]。

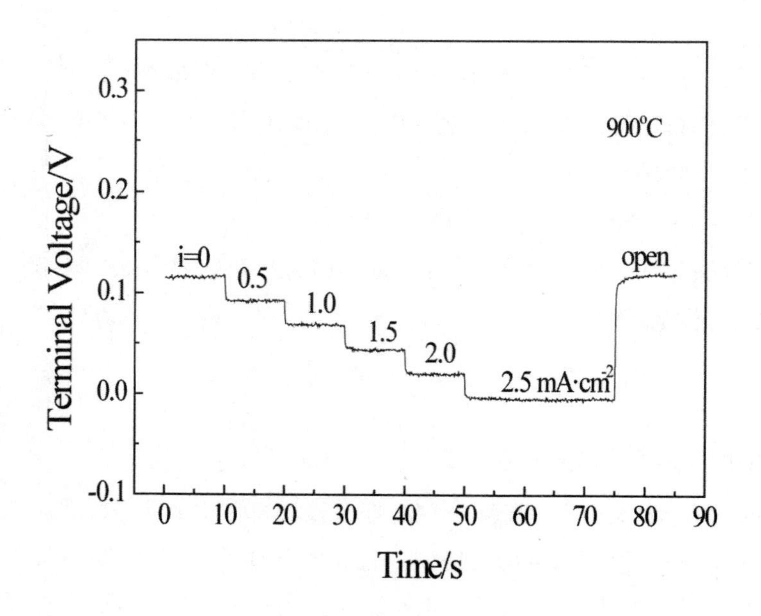


**图2　氢浓差电池的放电曲线**

## 五、参考文献

[1]李航.钙钛矿中温固体氧化物燃料电池关键材料的合成与性能研究[D].上海:华东理工大学,2012.

[2]余小燕,王开石,乐夕,等.($La_xSr_{1-x}$)($Ga_yMg_{1-y}$)$O_3$固体电解质的制备及性能研究[J].四川大学学报,2005,42.

[3]魏丽,陈诵英,王琴.中温固体氧化物燃料电池电解质材料的研究进展[J].稀有金属,2003.27(2).286-293.

[4]刘江,黄喜强,刘志国,等.$SrCe_{0.90}Gd_{0.10}O_3$固体电解质燃料电池性能研究[J].高等学校化学学报.2001.630-633.

[5]任香玉,安胜利,柴轶凡.溶胶-凝胶法合成$La_{0.9}Sr_{0.1}Ga_{0.8}Mg_{0.2}O_{2.87}$及其性能研究[J].内蒙古科技大学学报.2011.30(2).134-137.

[6]彭程,蒋凯,李五聚,等.$Ce_{1-x}Cd_xO_{2-x/2}$的溶胶-凝胶法合成及其性质[J].高等学校化学学报,2001.8.1279-1282.

# 经典实例3

## $La_{0.9}Sr_{0.1}Ga_{0.8}Mg_{0.2}O_{3-\alpha}$的氢泵测定

### 一、原理

电化学氢分子透过(氢泵)实验的测试方法:

原理如图1所示。通过电化学氢分子透过(氢泵)实验验证样品是否具有质子导电。

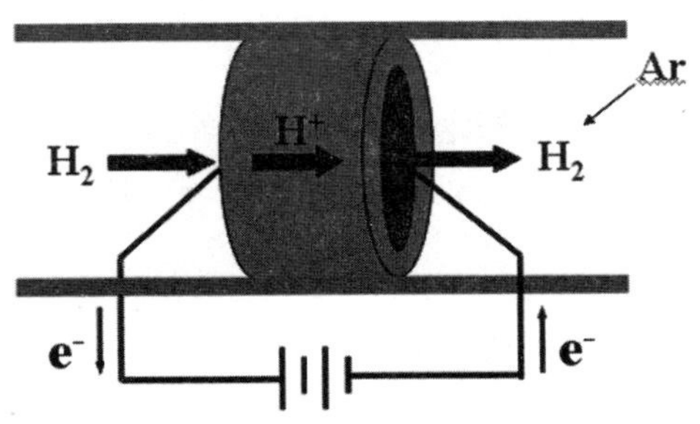


**图1　氢泵的原理示意图**

为了直接从实验中证实陶瓷样品的质子导电性，以它为固体电解质，组成氢泵：

$$(-)\mathrm{Ar,Pt} \mid \text{陶瓷样品} \mid \mathrm{Pt,H_2}(+)$$

分别向氢泵的阴阳极气室通入氩气和氢气，并通入直流电，如果陶瓷样品的电荷载流子为质子，则在阳极氢分子失去电子成为质子，在电场作用下通过电解质隔膜向阴极迁移，并在阴极得到电子重新成为氢分子[1]。电极反应如下：

$$\text{阳极}: \mathrm{H_2 \longrightarrow 2H^+ + 2e^-}$$

$$\text{阴极}: \mathrm{2H^+ + 2e^- \longrightarrow H_2}$$

将阴极气室中 $H_2-Ar$ 混合气体导入氢气报警器中（$PV$ 为混合气中氢气的体积含量，单位是 ppm），测定 600℃ ~1000℃混合气体中氢气的体积百分浓度。用下式可以计算得到标准状况下阳极产生的氢气的速率 $v$：

$$v = \frac{273.15 \cdot V_{Ar} \cdot X}{(273.15 + T) \cdot S} (\mathrm{mL \cdot min^{-1} \cdot cm^{-2}})$$

式中 $V_{Ar}, X, T, S$ 分别为氩气流速（$\mathrm{mL \cdot min^{-1}}$），$H_2-Ar$ 混合气体中氢气含量，测定时的室温（℃）和电极面积（$\mathrm{cm^{-2}}$）。标准状况下阴极产生氢气的理论速率 $v_{th}$ 表示为如下法拉第表示式：

$$v_{th} = \frac{60 \cdot I \cdot 22.4}{2 \cdot F \cdot S} (\mathrm{mL \cdot min^{-1} \cdot cm^{-2}})$$

式中 $I, F$ 分别为电流强度和 Faraday 常量。

质子迁移数可以用阴极氢气产生的实际速率和理论速率之比得到：

$$t_i = \frac{v}{v_{th}}$$

## 二、仪器和试剂

1. 仪器

高温箱式电炉；分析天平；玛瑙研钵；球磨机（2 台）；电位差计；

磁力搅拌器；烘箱；DSC－TGA 热分析仪；酸度计；氢气传感器。

2. 试剂（分析纯）

固相法：$La_2O_3$；$SrCO_3$；$Ga_2O_3$；MgO；无水乙醇。

微乳液法：$La_2O_3$；$Sr(NO_3)_2$；金属 Ga；MgO；浓 $HNO_3$；无水乙醇；碳酸铵；氨水；环己烷；柠檬酸；PEG。

**三、步骤**

(1)采用固相法或微乳液法合成 $La_{0.9}Sr_{0.1}Ga_{0.8}Mg_{0.2}O_{3-\alpha}$。

(2)取之前合成好样品,把表面平整、厚薄较均匀的片子进行打磨。先用规格型号较小的砂纸进行粗磨,再用规格型号较大的砂纸进行细磨,继续打磨,并且要用千分尺不断测量其厚度,至片子厚度为 1mm 左右时停止打磨。用铅笔和规格尺在片子两面的中心各画一个直径为 8mm 的圆,并涂上浆料,在红外灯下烘干。

(3)将样品薄片放到测试炉中,连接好电路,以及所需通入的气体后,确保正确后,打开电源,连接电脑进行测试。采用电化学工作站测定样品在 700℃、900℃下的电化学氢分子透过(氢泵)曲线[2]。

**四、示例及分析**

图 2 所示是各方法合成样品的实测电化学氢透过速率与直流电流密度关系的典型图,虚线代表由法拉第定律求得的氢的理论透过速率。在较低电流密度下,样品的氢透过速率的实验值(以实点表示)与理论值吻合得较好,这进一步从实验上证实了该样品在纯氢气气氛中几乎是一个纯的质子导体。而氧离子导电性微乎其微,可以忽略不计。在较高电流密度下,氢的电化学透过速率的实测值逐渐偏离理论值。这可能与较高电流密度下电极极化作用较大有关,而使电流效率降低[3-6]。

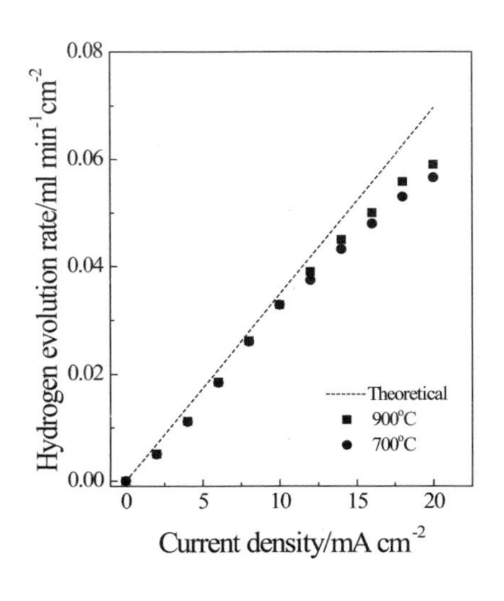


**图 2 电化学氢分子透过(氢泵)曲线**

## 五、参考文献

[1]李航. 钙钛矿中温固体氧化物燃料电池关键材料的合成与性能研究[D]. 上海:华东理工大学,2012.

[2]余小燕,王开石,乐夕,等. $(La_xSr_{1-x})(Ga_yMg_{1-y})O_3$固体电解质的制备及性能研究[J]. 四川大学学报,2005,42.

[3]赵苏阳,胡树兵,郑扣松,等. 固体氧化物燃料电池(SOFC)制备方法的研究进展[J]. 材料导报. 2006,20(07):27-30.

[4]侯明,衣宝廉. 燃料电池技术发展现状与展望[J]. 电化学. 2012,01:1-6.

[5]任香玉、安胜利、柴轶凡. 溶胶-凝胶法合成$La_{0.9}Sr_{0.1}Ga_{0.8}Mg_{0.2}O_{2.87}$及其性能研究[J]. 内蒙古科技大学学报. 2011. 30(2). 134-137.

[6]叶佳梅. 稀土元素掺杂硅酸镧固体电解质的制备与结构-性能研究[J]. 扬州大学,2013,06:3-9.

# 第 4 章

## $ZrO_2$ 基电解质材料

固体氧化物燃料电池(SOFC)是20世纪80年代迅速发展起来的新型绿色能源,其具有能量转换效率高(可达65%)、系统设计简单、燃料可选范围广(如氢气,一氧化碳,甲烷等)、污染物排放量低等优点从而被广泛应用于发电系统。因此也是已发明的由化学燃料直接转化为电能的最有效的装置。然而固体电解质作为SOFC的核心部件,则要求具有高的离子电导率($0.01S\cdot cm^{-1}$),低的电子迁移数($<10^{-3}$)与电极材料、氧和燃气保持化学稳定,在一个较宽的温度和氧分压范围内保持热力学稳定,与其他电池组件在热膨胀系数上匹配,具有良好的气密性以及适宜的力学性能等。

固体电解质已广泛应用于新型固体电池、高温氧化物燃料电池、电致变色器件和离子传导型传感器件等,也用在记忆装置、显示装置、化学传感器中,以及在电池中用作电极、电解质等。例如,用固体电解质碘制成的锂－碘电池已用于人工心脏起搏器;以二氧化锆为基质的固体电解质已用于制高温测氧计等,固体电解质电池还广泛用于高温物理化学研究,如用来测定化合物的生成自由焓,溶解自由焓,金属熔体中氧活度及活度影响参数等。用来测定氮、硫、氢的固体电解质电池也正在研究之中。固体电解质的研究和应用已成为20世纪60年代以来受到广泛注意并获得迅速发展的一门材料科学分支。$ZrO_2$基电解质因其拥有较高的离子电导率,良好的化学稳定性和结构稳定性,成为目前研究最深入、应用最为广泛的一类电解质材料。

# 4.1 $ZrO_2$基电解质的结构与导电原理

## 4.1.1 结构

$ZrO_2$存在三种晶体结构，即单斜(m)、四方(t)和立方(c)，纯$ZrO_2$在一定范围内为稳定的立方萤石结构，如图4-1[1]所示。并且在加热时发生如下相变。冷却时发生逆相变$ZrO_2(t) \rightarrow ZrO_2(m)$。

$$单斜ZrO_2 \xrightleftharpoons{1170℃} 四方ZrO_2 \xrightleftharpoons{2317℃} 立方ZrO_2 \xrightleftharpoons{27150℃} 液体$$

相变伴随3%~5%的体积变化，易使$ZrO_2$陶瓷产生裂纹，因此纯$ZrO_2$的抗热抗震性差。为了提高$ZrO_2$的抗热抗震性，需在纯$ZrO_2$中添加某些金属氧化物，如CaO等碱土金属氧化物或$Y_2O_3$等稀土元素氧化物，以抑制t→m的相变，使立方相或四方相在室温保留下来，这种处理称为$ZrO_2$的稳定化处理。按所加入的稳定剂不同称为CSZ(钙稳定$ZrO_2$)或YSZ(钇稳定$ZrO_2$)等。

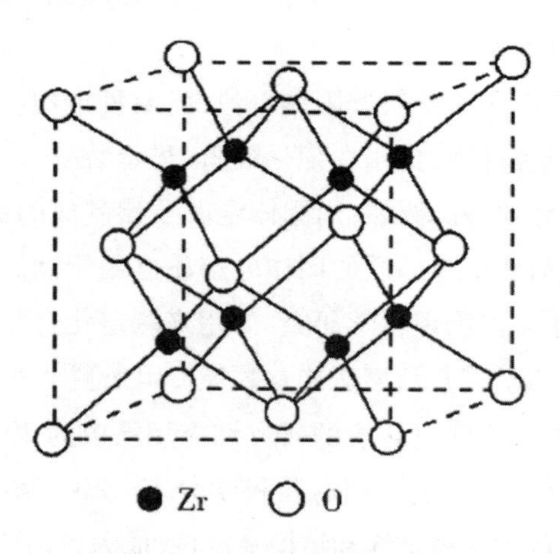


图4-1 $ZrO_2$的结构

H. Z. Song[2]等通过X射线衍射图表明，YSZ薄膜在低于600℃的温度下是非结晶的，在1100℃退火处理3h后，所有的薄膜变成了单立方相，在700℃得到的薄膜是立方混合相和单斜结构，然而粉体沉积薄膜差且为多孔微结构，不能在固体氧化物燃料电池中作电解质。M. Mori[3]等对Ti－YSZ系统的X射线衍射图阐明,观察到的所有峰与立方萤石结构成线性,随着 $TiO_2$ 含量增加到 10mol%,Ti - YSZ 萤石的晶格参数有减小的趋势,并且 Ti 掺杂在 YSZ 导致立方相中出现四方域,如表 4 - 1 所示。

**表 4 - 1　Ti - YSZ 萤石的晶格参数**

| Samples | Lattice parameter /Å | Cell volume /$Å^3$ | $D_T$ /$g \cdot cm^{-3}$ |
|---|---|---|---|
| YSZ | $a$=5.1439 (3) | $V$=136.11 (2) | 5.932 |
| 2Ti–YSZ | $a$=5.1376 (1) | $V$=135.61 (1) | 5.911 |
| 4Ti–YSZ | $a$=5.1361 (3) | $V$=135.49 (2) | 5.874 |
| 6Ti–YSZ | $a$=5.1310 (3) | $V$=135.08 (2) | 5.849 |
| 8Ti–YSZ | $a$=5.1301 (4) | $V$=135.01 (3) | 5.810 |
| 10Ti–YSZ | $a$=5.1238 (3) | $V$=134.52 (3) | 5.788 |

B. Butz[4] 等在 8YSZ 和 10YSZ 样品中通过选区电子衍射和透射电镜观察到四方相和对称型的单斜相进一步减少。四方相出现纳米尺寸的析出物并且具有微米大小高密度的立方体颗粒。在 8YSZ 中四方相沉淀在老化过程中约从 1nm 生长至约 15nm,并且 1nm 大小的析出物在 10YSZ 老化过程中相对于 8YSZ 几乎保持不变,如图 4 - 2 所示。

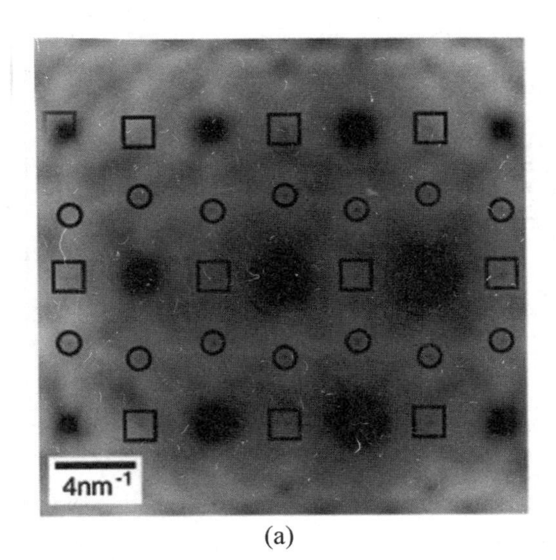


(a)

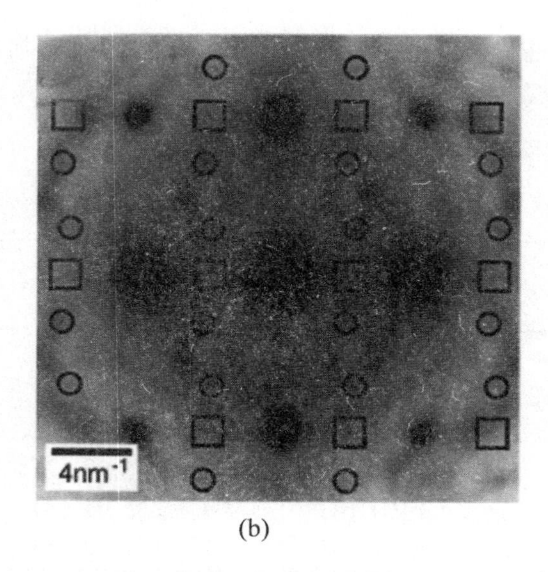


(b)

图 4-2 $ZrO_2$的选区电子衍射

Y. Z. Jiang[5]等通过 X 射线衍射表明，YSZ 在 800℃退火处理 3h 后仍然具有立方结构且晶粒尺寸无明显变化，但当 YSZ 薄膜在 1100℃退火处理 3h，晶粒生长得更大，立方氧化锆转变为四方结构，如图 4-3 所示。

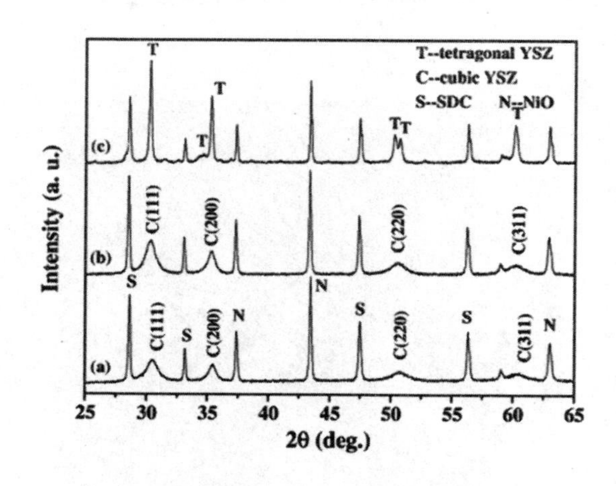


图 4-3 YSZ 的 X 射线衍射

O. Bohnke[6]等通过研究表明，氧化钪稳定 $ZrO_2$ 电解质在所有的 $ZrO_2$ 基材料中表现出非常高的离子导电性，然而大约在 650℃发生相转变，从立方相变为氧化钪稳定氧化锆唯一的斜方六面体 β 相，导致电导率降低，β 相的出现可以通过掺杂Sc抑制。同时X射线衍射表明,没有Fe的ScSZ(x=0)出现了斜方六面体的β相,含Fe的陶瓷中表现纯的$ZrO_2$立方相,故高温热处理Fe能稳定立方相,如图4-4所示。

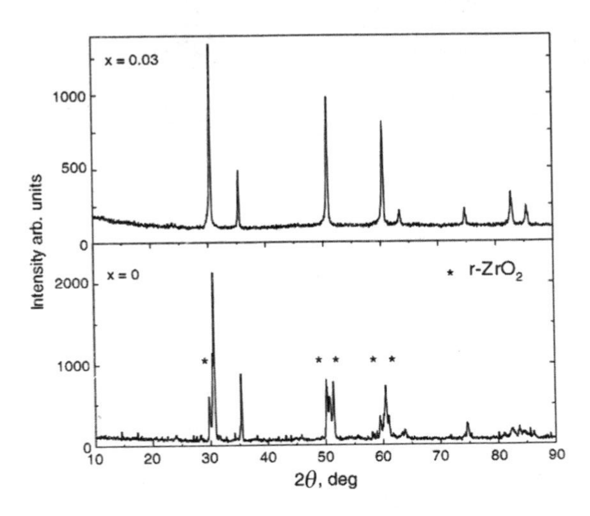


**图4-4 氧化钪稳定$ZrO_2$电解质的X射线衍射**

S. Yoon[7]等通过X射线衍射图表明,在室温时,YSZ表现为一个萤石立方结构的单相,而Mg-PSZ是一个含有立方相、四方相和单斜相的混合相,但当$ZrO_2$中的MgO含量低于12~13mol%时只观察到四方相和单斜相。由于单一立方结构和低活化能的存在,从600℃~1250℃YSZ具有比Mg-PSZ较高的离子导电性,但随着温度的升高,Mg-PSZ电导率显著地增加,这表明在1300℃~1500℃较高温度范围Mg-PSZ有比YSZ较高的离子电导率,并可以观察到单斜向四方相转变,扫描电镜图像中可以观察到,YSZ中的粗颗粒(45mm的大小)和一个小的晶界表面积,然而Mg-PSZ微观结构主要由大于10μm粗粒构成,且一些小颗粒代表单斜相在晶界处形成,如图4-5所示。

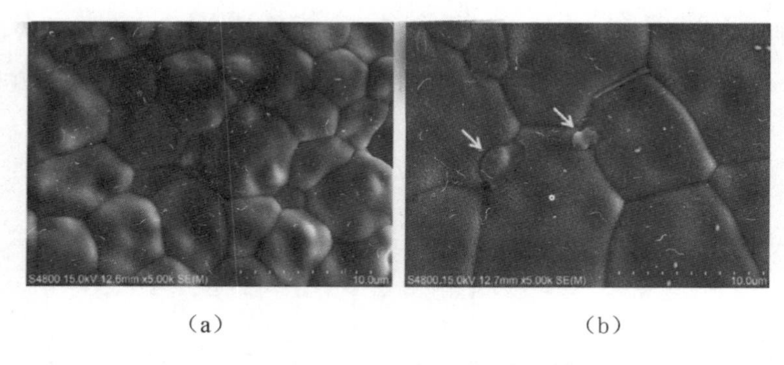


(a) (b)

**图 4-5 YSZ 的扫描电镜图**

Wang. Sun[8] 等用相转化法制备了 Ni-YSZ 阳极基板，并呈现出不对称的双孔隙结构，其中还包含一个手指状的多孔层和海绵状多孔层，与传统的阳极制备的磁带铸造相比，双孔隙阳极具有良好的气体传输能力，Ni-ScSZ AFL 涂覆在手指状的多孔层，扩大电解质/阳极界面的表面，指状孔与 Ni-ScSZ AFL 正交，这样的结构有利于燃气分布在 AFL 内遍及 TPBs，如图 4-6 所示。

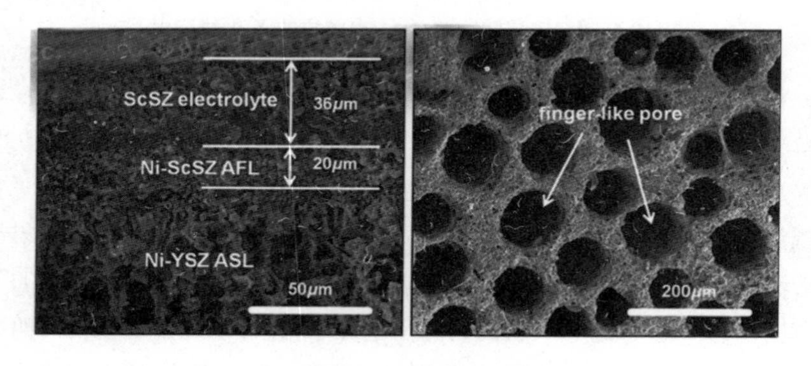


**图 4-6 Ni-YSZ 阳极支撑的扫描电镜图**

### 4.1.2 导电机理

$Zr^{4+}$ 与添加元素的离子半径和原子价数的差异，因此在晶格上产生氧离子空位即为晶格缺陷，从而形成了氧离子导体并且具有导电性能，而且温度与电导率成正比关系，即温度越高，电导率越大。目前为提高固体电解质的导电性能及稳定性，常常在其中掺杂性质相似可以和氧化锆形成固溶体的金属氧化物。例如 YSZ。在 $ZrO_2$ 晶格中，2 个 $Zr^{4+}$ 周围最近邻有 4 个 $O^{2-}$，而加入 $Y_2O_3$ 后，$Y^{3+}$ 置换了晶格上的 $Zr^{4+}$，为了保持电中性，2 个 $Y^{3+}$ 周围只能有 3 个 $O^{2-}$，而置换前应有 4

个 $O^{2-}$，这样就出现了 1 个氧离子（$O^{2-}$）空位。在高温下，当 YSZ 两侧存在氧浓度差或电压时，这些氧离子空位可接受氧离子，使氧离子从一侧向另一侧定向移动，这就是 YSZ 的氧离子空位导电机理。

钟勤[9]等以氧化锆固体电解质为核心构件，以 $Cr + Cr_2O_3$ 为参比电极。当管式固体电解质插入到金属熔体中时，因管壁内外侧的氧活度不同，便会产生高浓度一侧的氧向低浓度一侧迁移，形成 $ZrO_2$ 的氧离子导电，在固体电解质两侧电极上产生氧浓差电池的电动势（$E$），如图 4－7 所示。

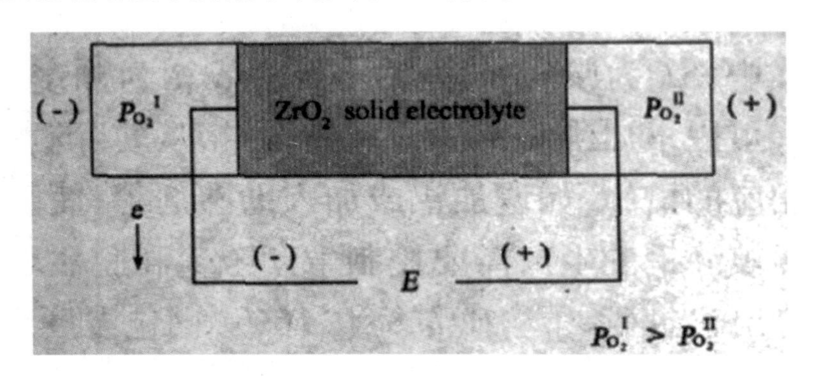


**图 4－7　$ZrO_2$电解质氧浓差电池示意图**

朱华[10]等阐述了 YSZ 的导电机理，其导电机理为：在 $ZrO_2$晶格中，2 个 $Zr^{4+}$周围近邻有 4 个 $O^{2-}$，而加入 $Y_2O_3$后，$Y^{3+}$置换了晶格上的 $Zr^{4+}$，为了保持电中性，2 个 $Y^{3+}$周围只能有 3 个 $O^{2-}$，而置换前应有 4 个 $O^{2-}$，这样就出现了 1 个 $O^{2-}$的空位。在高温下，当 YSZ 两侧存在氧浓度差或电压时，这些氧离子空位可接受氧离子，使氧离子从一侧向另一侧定向移动，在电场作用下表现为 $O^{2-}$定向移动形成氧电流，使 YSZ 成为氧离子导电的固体电解质。

贾吉祥[11]等阐述了 $ZrO_2$固体电解质的工作原理，其工作原理为：将具有氧离子传导性能的 $ZrO_2$固体电解质制成浓差电池，测量待测体系中的氧活度。将 $ZrO_2$固体电解质置于不同氧分压之间，连接金属电极时，在电解质和电极界面处将发生电极反应，分别建立起不同的平衡电极电位。

## 4.2 $ZrO_2$基电解质的制备方法

### 4.2.1 高温固相法

吕振刚[12]等采用高温固相法通过保持 Zr,Y,Yb 比例恒定,逐步增加元素 Sc 和 Dy 的含量,各组分氧化物再按一定比例混合后,经球磨、烘干、过筛、1200℃煅烧后制得复合掺杂 YSZ 粉末。江虹[13]等采用机械混合法,通过在 8YSZ 电解质材料中添加不同含量的 ZnO,并在不同温度下常压烧结制备 ZnO:8YSZ 电解质。向蓝翔[14]等采用按比例配好的 $ZrO_2-Y_2O_3$材料中加入 $Al_2O_3$,再经 1550℃下常压烧结的方法形成 $ZrO_2-Y_2O_3-Al_2O_3$新材料,以此来提高 $ZrO_2-Y_2O_3$材料的性能。钟勤[9]等以高纯度 $ZrO_2$为原料,外掺杂 $MgO_2$、$Y_2O_3$和 $Al_2O_3$等原料经混合煅烧,机械研磨后,再经 1780℃氧化气氛下制备管状 $ZrO_2$固体电解质。马建丽[15]等通过 MgO 和 Mg-PSZ 超细粉体采用等静压成型工艺经不同烧制和热处理制成待测试样,以此来研究保温时间对氧化锆固体电解质相组成的影响。

Y. Suzuki[16]用固相反应法以纯度分别为 99.96% 和 99.99% 的 $ZrO_2$和 $Y_2O_3$做原料制备了含量为 8mol% 和 10mol% $Y_2O_3$的样品。$Y_2O_3$、氧化锆和萘粉的混合物用橡胶压成片,在 1400℃下预烧 4h,然后将获得的多孔片用木杵在铝研钵碾成粉末。这些粉末被橡胶压制成片剂,在 1550℃下烧结 10h,再将烧结片割成桥状的样品。J. H. Kim[17]等以 YSZ 和 $Mn_2O_3$粉末为起始原料,将这些氧化物粉末在酒精中用氧化锆球磨,将混合料浆干燥并在 800℃煅烧 1h,将筛下来的粉末以 200MPa 冷却静压 5min 压成颗粒,在 1400℃的空气下煅烧 10h,从而得到含有 $Mn_2O_3$的 YSZ,如图 4-8 所示。

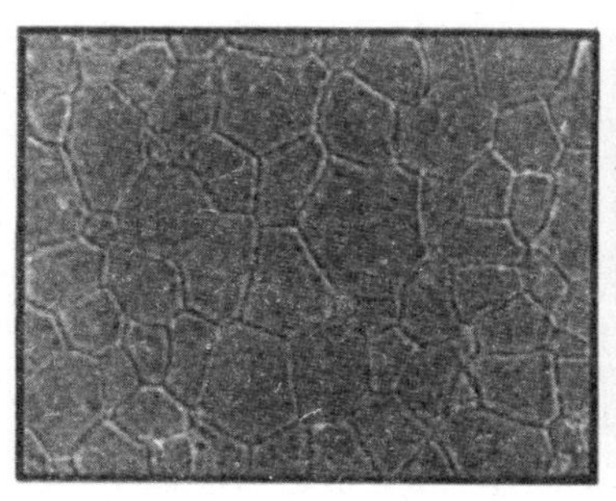
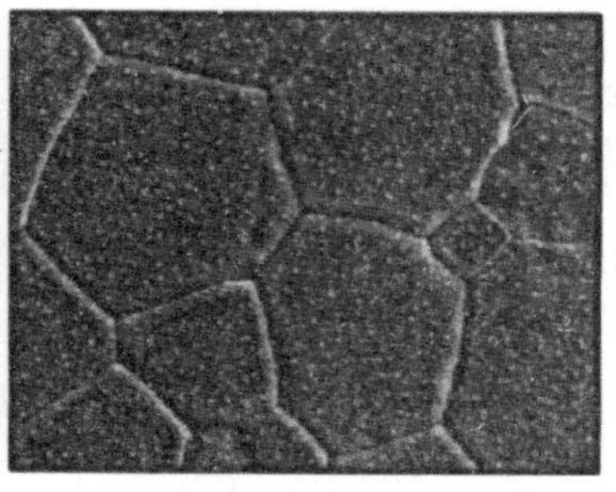

**图4－8 YSZ和$Mn_2O_3$掺杂YSZ的扫描电镜图**

M. Mori[3]等用标准固相反应以$TiO_2$和YSZ作为原料，按所需的比例对粉末进行称重，在行星式球磨机中与乙醇混合并球磨10min，该球和容器的材料为$Y_2O_3$部分稳定$ZrO_2$。再进行干燥，之后将混合物在1100℃煅烧5h，加热/冷却速率为200℃·$h^{-1}$。球磨和加热过程重复三次。再在100MPa压力下将粉末制成片，在1500℃煅烧72h，从而在空气中用标准固相反应法合成了Ti－YSZ粉体。同样用类似的方法还制备了NiO－Ti－YSZ复合材料。

C. J. Li[18]等用固态反应法制备了$Al_2O_3$含量为0.6mol%和$Sc_2O_3$含量为10mol%的ScSZ（氧化钪稳定的氧化锆）。并且采用热喷涂制备了Ni－$Al_2O_3$陶瓷支撑的管状固体氧化物燃料电池，如图4－9所示。通过火焰喷涂法得到的多孔Ni－$Al_2O_3$陶瓷为支撑管，25μm厚的NiO－YSZ阳极层通过APS沉积在支撑管上，然后40μm，60μm，80μm厚的ScSZ通过APS（大气等离子喷涂）在阳极层沉积，APSScSZ层通过浸渍钪和锆硝酸盐溶液变成ScSZ从而致密，然后在400℃热处理，最后20μm厚的LSM阴极层在致密ScSZ层沉积。

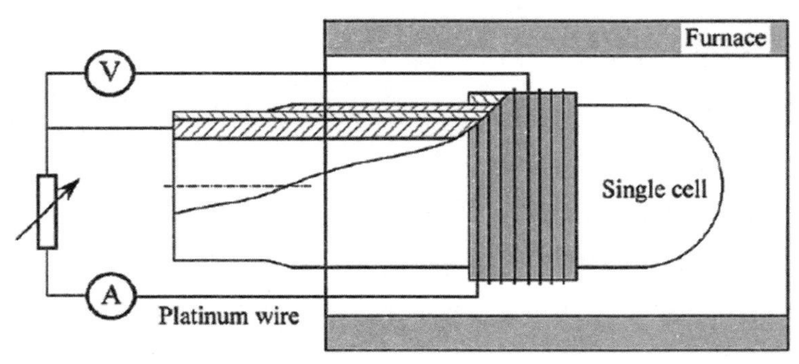


**图4－9 $ZrO_2$电解质管状燃料电池示意图**

Z. G. Liu[19]等用市售的$ZrO_2$ - 4.5mol% $Y_2O_3$和$Gd_2O_3$粉末作为原材料，先将它们在900℃加热2h再利用。YSZ - $xGd_2O_3$(x=0,1.5,3.0,4.5,6.0,7.5mol%)陶瓷用固相反应法进行合成。将YSZ和$Gd_2O_3$粉体以适当比例慢速机械地混合在无水乙醇中24h，干燥后的粉末混合物以250MPa的压力冷等静压5min压实。在静态空气中用1500℃将压坯进行无压烧结2h，进而得到所需材料。

陈家林[20]等把粉末粒度达到10~50nm的$ZrO_2$ - $Y_2O_3$超细粉末，经1~3t·$cm^{-2}$压制成型，经1000℃~1700℃、1~10h高温烧结，得到致密的氧化锆陶瓷片。

李英[21]等首先用缓冲溶液法制备了两种组成分别为$(ZrO_2)_{0.92}$-$(Y_2O_3)_{0.08}$和$(ZrO_2)_{0.88}$-$(CaO)_{0.12}$的超细粉末，将这两种粉料按1∶1的比例(摩尔比)混合，以乙醇为球磨介质球磨24h得到$(ZrO_2)_{0.90}$-$(Y_2O_3)_{0.04}$-$(CaO)_{0.06}$电解质，然后将电解质烘干分成4份，分别制备4组不同的试样圆片，制备工艺条件如表4-2所示。

**表4-2 不同制备工艺条件**

| 试样名称 Samples | 制备工艺 Fabrication technology |
|---|---|
| CYZ1 | 100 MPa干压成型，1 500 ℃×3 h烧结 |
| CYZ2 | 100 MPa干压、220 MPa冷等静压成型，1 500 ℃×3 h烧结 |
| CYZ3 | 100 MPa干压、220 MPa冷等静压成型，1 600 ℃×3 h烧结 |
| CYZ4 | 100 MPa干压、220 MPa冷等静压成型，微波烧结 |

江涛[22]等向稳定剂的立方晶相$ZrO_2$掺杂碱土金属氧化物(如CaO,MgO)；或掺杂稀土金属氧化物$Ln_2O_3$(Ln=Y、Yb、Sc、Sm、Dy、Er、Ce等)；或掺杂烧结助剂(如$Al_2O_3$、MgO、$SiO_2$等)，高温烧结。

### 4.2.2 溶胶-凝胶法

张强[23]等采用溶胶-凝胶法通过向$ZrOCl_2·8H_2O$溶液中加入10mol% $Gd_2O_3$，在搅拌下添加1∶1氨水至pH=10~10.5，然后用酸胶化，调pH为6~6.5至呈凝胶体为止，通过喷雾干燥，经1050℃下煅烧2h获得粉体，再在15MPa压力下压制成坯片于1350℃~1600℃下烧结制得10GdSZ电解质材料。

Favhikhtech Shayan[24]等用聚合络合法合成了纳米晶YSZ。他们是将分析纯的氯化锆($ZrCl_4$)，硝酸钇[$Y(NO_3)_3·6H_2O$]、柠檬酸($C_6H_8O_7$)以及乙二醇($C_2H_6O_2$)作为起始原料。以合适比例的氯化锆和硝酸钇溶解在蒸馏水中得到溶液。

选定起始溶液中钇的量从而使 $Y_2O_3$对 $ZrO_2$最终摩尔比为 8：92。溶液均匀化后，加入柠檬酸(CA)并与阳离子螯合。CA 对总金属离子(Zr + Y)的摩尔比为 4：1。溶解后该溶液与乙二醇混合从而促进酯化反应，CA 和 EG(乙二醇)的摩尔比为 1：1。然后将溶液在 80℃热板上加热，同时用磁力搅拌器搅拌得到黏性溶液。最后，黏性溶液开始凝固形成凝胶状物质，同时没有观察到沉淀，最后将这种凝胶在 120℃电烘箱中干燥 24h。从而得到了干凝胶，如图 4 – 10 所示。Ch. Laberty – Robert[25]等将 $ZrCl_4$和 $Y(NO_3)_3 \cdot 6H_2O$ 作为柠檬酸盐溶液的前驱体，乙二醇和柠檬酸作为聚合/络合剂，在柠檬酸中溶解适当比例的 $ZrCl_4$和 $Y(NO_3)_3 \cdot 6H_2O$ 得到柠檬酸溶液，待含有阳离子的溶液均匀化后，以 CA/EG = 5，2. 4，1. 2，0. 6 和 0. 4 的比例加入乙二醇，通过缩聚反应促进柠檬酸聚合，将烧杯放在 80℃的热板上且不断地搅拌，使溶液变得更黏稠，形成透明凝胶且看不到任何相分离，再将这个凝胶在 180℃空气中干燥一整晚，于是变得到了干凝胶，先将干凝胶在 400℃空气中煅烧，最后在不同温度(600℃、800℃和 1000℃)下的空气中烧结 6h。

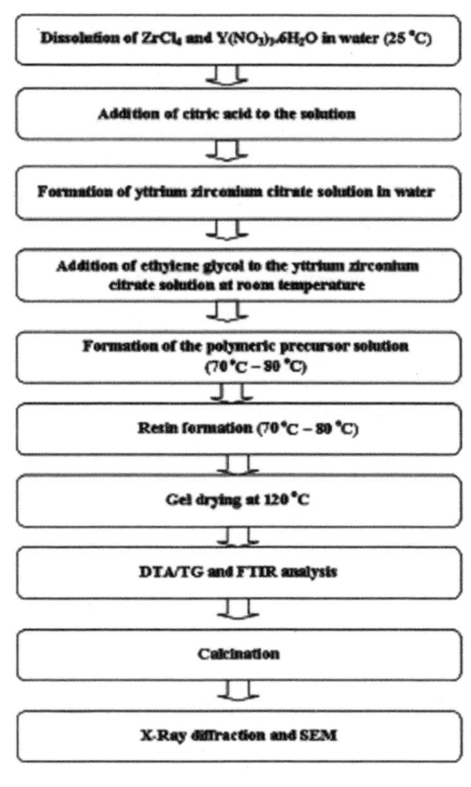


图 10　溶胶 – 凝胶法流程图

R. Caruso[26]等通过搅拌正丙醇锆和硝酸乙酸钇获得 YSZ 化学溶液，再加入蒸馏水获得凝胶溶液，然后在 100℃的空气中干燥凝胶获得粉末，将粉末用杵在研钵中粉碎，最后将有机成分在 500℃燃烧 1h，从而获得 $ZrO_2$ - 3mol% $Y_2O_3$粉末。M. Nadia[27]等用溶胶凝胶法制备了 YSZ。其首先在无水氮气氛中搅拌正丙醇锆和正丙醇制备两份起始溶液。1h 后，小心地将蒸馏水加入到第一份溶液 P1(6：1 的摩尔比）中，再将乙酸和蒸馏水加入到第二份溶液 P2(4：2：1 的摩尔比）中，此外再在无水氮气氛中通过搅拌 ZNP(正丙醇锆）和丙醇并以 $HNO_3$作为催化剂制备另外两份溶液，1h 后，加入蒸馏水到第三份溶液 P3(6：1 的摩尔比）中，乙酸和蒸馏水加入到第四份溶液 P4(4：2：1 的摩尔比）中，并在加入乙酸和水之前，通过加入溶于丙醇和硝酸中的钇醋酸盐，获得 $Y_2O_3$掺杂溶液，所选的乙醇/ZNP 摩尔比和氧化钇浓度分别为 15mol% 和 3mol%，然后通过对溶液凝胶化和将凝胶在 100℃空气中干燥 48h 从而获得目标粉体。

林振汉[28]等以 $ZrOCl_2 \cdot 8H_2O$ 为原料，溶解在水中，同时按 2mol% $Gd_2O_3$ - 8YSZ 化学计量的 $Y_2O_3$和 $Gd_2O_3$(以 $GdCl_3$和 $YCl_3$形式）添加到溶液中，均匀搅拌，在加热下缓慢添加 1：1 氨水，直至溶液呈中碱性，使 Zr, Y, Gd 三种金属离子完全沉淀。然后用无机酸胶化，调整沉淀物的 pH 为弱酸性，使沉淀物转变为凝胶体。制备的凝胶体通过喷雾热分解和干燥以获得非晶形的干胶体，在高温加热下煅烧成粉体。

马小玲[29]等将所需的硝酸钇溶液添加到氧氯化锆溶液中，均匀搅拌，分别将一定量的氧化锌掺杂溶液加入到混合溶液中，随后加入一定浓度的柠檬酸溶液，混合均匀后得到前驱体溶液。将前驱体溶液置于 80℃水浴锅中加热浓缩 12h，得到前驱体凝胶，将前驱体凝胶在 100℃烘干 5h 后，分别在设定温度下预烧 1h。将预烧粉体双向压制成素坯圆片（压强为 200MPa)，将圆片试样在设置温度保温 2h 后，随炉冷却，得到氧化锌掺杂氧化锆电解质（溶胶 - 凝胶法）。

马小玲[30]等还采用溶胶 - 凝胶法制备 $Bi_2O_3/ZrO_2$前驱体试样，根据氧化铋的加入量将所需的硝酸铋溶液添加到氧氯化锆溶液中，均匀搅拌。将设定比例的 $Y^{3+}$溶液先加入到混合溶液中，然后加入一定浓度的柠檬酸溶液，混合均匀后得到前驱体溶液。将前驱体溶液置于 80℃水浴锅中加热浓缩 12h，得到前驱体凝胶。然后将其在 100℃干燥 5h 后，在 500℃预烧 1h。将预烧粉体双向压制成素坯圆片（压强为 200MPa)，将圆片试样在 1200℃保温 2h 后，随炉冷却。

### 4.2.3 化学沉淀法

许大鹏[31]等采用化学沉淀法以$ZrO_2$纳米微粒和$CeO_2$为前驱体，通过在高温高压下反复烧结，再通过非平衡的退火过程合成了单相$Ce_{0.5}Zr_{0.5}O_2$面心立方固溶体。H. Z. Song[2]等利用一种新的气溶胶辅助金属有机化学气相沉积技术合成了YSZ。在350℃～700℃温度下用金属β－二酮螯合物的前驱体来合成氧化钇稳定$ZrO_2$薄膜，这种均匀且具有非晶态结构的薄膜，是在基板温度低于600℃时获得，并且在1100℃退火处理3h之后形成立方结构。

K. V. Kravchyk[32]等采用阳离子氢氧化物沉淀法制备了$(ZrO_2)_{0.90}-(Y_2O_3)_{0.10}$和$(ZrO_2)_{0.90}-(Y_2O_3)_{0.07}-(Fe_2O_3)_{0.03}$粉末，在353K干燥沉淀物，然后在1673K退火处理，在1873K对$(ZrO_2)_{0.90}-(Y_2O_3)_{0.10}$和1723K对$(ZrO_2)_{0.90}-(Y_2O_3)_{0.07}-(Fe_2O_3)_{0.03}$在空气中采用球团烧结法烧结2h。O. Bohnke[6]等在水溶液中使用化学沉淀法得到$(ZrO_2)_{0.90}-(Sc_2O_3)_{0.07}-(Fe_2O_3)_{0.03}$和$(ZrO_2)_{0.90}-(Sc_2O_3)_{0.10}$粉末，然后在1380℃下烧结得到陶瓷材料。

D. Pomykalska[33]等以$ZrOCl_2$，$YCl_3 \cdot 6H_2O$，$Mn(NO_3)_2 \cdot xH_2O$为起始原料，并将这些化学物质的水溶液以适当比例混合，将混合物加入$NH_3$(1：1)溶液中并不断搅拌，将沉淀凝胶通过倾析进行清洗直到氯离子不再存在，然后在70℃干燥12h，700℃煅烧1h，粉末在无水异丙醇中用旋转振动研磨，然后经过单轴和等静压两步在200MPa条件下压制，将所获得的颗粒在1500℃烧结2h，进而通过共沉淀－煅烧方法制备了所需$MnO_x-Y_2O_3-ZrO_2$固溶体材料。

F. Yuan[34]等以$Zr(NO_3)_4$、$Yb_2O_3$、$Sc_2O_3$粉末为起始材料用共沉淀法制备$(Yb_2O_3)_x-(Sc_2O_3)_{(0.11-x)}-(ZrO_2)_{0.89}$($x=0\sim0.11$)三元体系样品。首先，化学计量的$Yb_2O_3$和$Sc_2O_3$溶解在硝酸中，该溶液被加热和连续搅拌，直到得到澄清的溶液。$Zr(NO_3)_4 \cdot 5H_2O$在室温下溶解于蒸馏水中。然后将两者混合，从而产生原液。将原液加入沉淀中并大力搅拌氨水溶液。经沉淀后，最终溶液的pH值在9以上。将沉淀用蒸馏水和乙醇彻底清洗，直到大部分的氨和水通过真空过滤得到消除。最后，共沉淀氢氧化物在80℃干燥12h，再在800℃的空气中煅烧2h。粉体以聚乙烯醇为黏结剂，在300MPa下用单轴压成直径8mm，厚度为1～2mm的圆片。最后，颗粒在1550℃的空气中烧结10h，进而得到目标材料。W. Li[35]等采用共沉淀法，将$ZrOCl_2 \cdot 8H_2O$和$Y(NO_3)_3 \cdot 6H_2O$溶液以97mol% $ZrO_2$和3mol% $Y_2$

$O_3$比例进行混合。然后将此前驱体溶液缓慢加入到过量25%氨溶液中。在此过程中pH保持在9左右,反应后,将沉淀用水冲洗6次以消除氯离子,再用乙醇洗涤三次,以除去沉淀中的游离水。然后将沉淀物在120℃空气中干燥24h,干燥后,再在450℃煅烧5h,以获得最终$ZrO_2$(3Y)纳米粉体。

唐辉[36]等用共沉—胶化的方法,以$ZrOCl_2$、$Yb_2O_3$和$Y_2O_3$为原料,制备8YSZ、4Yb-8YSZ和8YbSZ粉末,在1050℃下煅烧后,在12MPa压力条件下分别压制成圆片试样。周贤界[37]等先用共沉淀的方法制得NiO-SSZ粉体,取一定量淀粉与其球磨16h后,100MPa干压成小圆片,随后在1300℃焙烧2h后随炉冷却,将表面打磨、清洗得到镀电解质膜用的阳极基底,后平放于内衬聚四氟乙烯的30mL筒式高压釜中,将$ZrOCl_2 \cdot 8H_2O$和$ScCl_3$溶液按$ZrO_2$: $Sc_2O_3$摩尔比为92: 8配制成透明溶液,并超声分散,然后缓慢滴加低浓度碱液至体系pH在5.5~6.5的镀膜前驱液倒入高压釜中,密闭加热至160℃,保温18~36h后自然冷却至室温,取出并冲洗干净,得到SSZ电解质生膜,多次重复水热操作提高厚度后干燥,在高温炉中1350℃(2h)烧制,得到阳极支撑的SSZ电解质膜。

华纬[38]等将待测固体电解质材料用压片机压成圆片状试样。其置于由浓HF和浓$H_2SO_4$所组成的粗溶液[$V(HF):V(H_2SO_4)=30:10$]中,恒温70℃保持30min,蒸馏水中超声波洗涤15min后晾干;再静置于由$SnCl_2$、HCl和异丙醇比例为0.25g$SnCl_2$:1mlHCl:20ml异丙醇所组成的敏化液中15min,取出洗净,晾干;最后把样品置于掺有极少量羧甲基纤维素钠的$PdCl_2$溶液组成的活化液中($PdCl_2$浓度约为$0.02mol \cdot L^{-1}$)3min左右,取出洗净,晾干,化学镀Ni,再电镀Ni,得到阻塞电极。

### 4.2.4 气相沉积法

Y. Z. Jiang[5]等在研究中用$Zr(DPM)_4$和$Y(DPM)_3$作为前驱体通过气溶胶辅助金属有机化学气相沉积技术在Ni-SDC基板上合成了YSZ薄膜。金属有机前驱体为$Zr(DPM)_4$和$Y(DPM)_3$的金属β-二酮,他们分别通过$ZrOCl_2$和$Y(NO_3)_3$在乙醇和水溶液中对氢氧化钠反应,再在甲苯中重结晶得到。基板为NiO和SDC混合粉末压制并在1300℃烧结得到的密度约为85%直径约10mm,厚度约1mm的圆片,然后将前驱体溶解在甲苯中且金属总浓度为$0.005mol \cdot l^{-1}$,溶液中的前驱体Y与Zr的摩尔比从1:32变为1:4,溶液在流速为1000sccm的$N_2$流中并在喷嘴与氧气混合条件下进行超声雾化产生雾,最后喷在基板上,再用电炉将基板加热至650℃,前驱体溶液的进料速率约为0.6~1.0mm/min。

### 4.2.5 旋转涂覆法

田彦婷[39]等在阳极支撑电极上以微米级 YSZ 粉体（摩尔分数8% $Y_2O_3$稳定的 $ZrO_2$）与黏结剂混合研磨1h制得电解质浆料，用浆料旋涂法6000r/min 的转速旋涂到阳极支撑体上，旋涂三次，最后在1400℃～1450℃高温烧结4h，得到电解质薄膜。

梁明德[40]等采用丝网印刷法制备 YSZ 电解质。按3：4的质量比将球磨预处理24h的YSZ粉体和有机黏结剂球磨配制成浆料。再通过丝网印刷的方法将YSZ浆料均匀涂覆到NiO－YSZ支撑体上，并在1400℃烧结4h，得到氢电极电解质二合一片。NiO－YSZ氢电极的厚度为600μm，YSZ电解质的厚度为10μm，如图4－11所示。

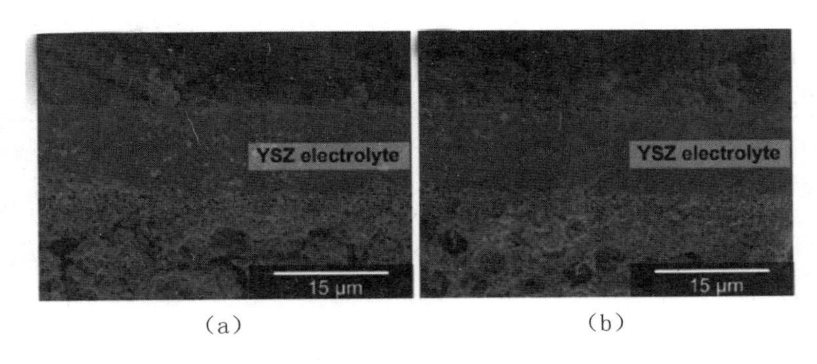


（a） （b）

**图4－11 YSZ电解质的扫描电镜图**

徐娜[41]等将流延出的NiO－YSZ阳极生坯制备成直径19mm的小圆片，置于电阻炉中进行第一次烧结，温度为1000℃，保温2h，用1ml注射器吸取配好的YSZ电解质浆料0.1ml均匀地滴涂在阳极坯体表面，左右缓慢摇动阳极坯体使电解质在阳极片上均匀流动，直到液体完全干燥，同样的方法再滴涂第二层。滴涂后立即置于电阻炉中进行第二次烧结，烧结温度为1300℃，保温10h。并且通过吸红实验测试，表明电池的电解质已经完全致密。最后用毛笔涂刷阴极，然后放入电阻炉中进行第三次烧结，烧结温度为1200℃，保温2h。

### 4.2.6 燃烧合成法

F. L. Garcia[42]等由硝酸盐/尿素燃烧法合成了铁稳定纳米晶 $ZrO_2$ 固溶体，他们将适量的 $Fe(NO_3)_3 \cdot 9H_2O$ 和 $ZrO(NO_3)_2 \cdot xH_2O$ 以及不定量的尿素溶解在去离子水中，将含有硝酸盐/尿素溶液在600℃加热，可观察到水分蒸发且炉温约降

40℃,然后根据硝酸盐和尿素之间的氧化还原反应产生燃烧,从而得到 $Zr_{0.9}Fe_{0.1}O_{1.95}$ 固溶体。

王其良[43]等按照化学计量比量取一定体积的 $Y(NO_3)_3$,$Zr(NO_3)_4$ 溶液,加入甘氨酸,加热溶液蒸发燃烧,得到灰白色的初级粉体(硝酸盐甘氨酸法)。粉体分别在600℃、700℃、800℃、900℃、1000℃、1100℃、1200℃下预烧2h,然后研磨并在200MPa下压制成型,最后1400℃下烧结5h得到8YSZ片状样品。

### 4.2.7 流延成型法

黄祖志[44]等采用水系流延成型法以聚乙烯醇、乳胶B1070和PVA+B1070复合黏结剂体系制备固体氧化物燃料电池电解质8%(摩尔分数)$Y_2O_3$ 稳定的 $ZrO_2$(8YSZ)薄膜,以此来研究不同黏结剂对流延工艺以及对流延坯片的影响。黄祖志[45]等还将由日本Tosoh公司提供的8YSZ陶瓷粉料分散在一定量的去离子水中,调节pH为10.0~11.0并添加分散剂,球磨24h;之后加入一定量的黏接剂PVA,塑化剂PEG和除泡剂到浆料中,再次球磨24h,把得到的浆料在真空除泡后在刮刀下流过,在流延机的流延带上形成薄膜。杨一凡[46]等采用深圳南玻公司生产的四方相 $ZrO_2$ 生产YSZ粉体,再用流延法制备了YSZ电解质薄膜,实验过程如图4-12所示。

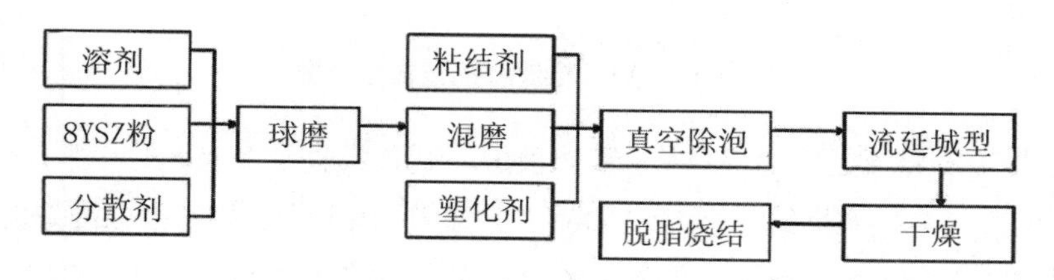


**图4-12 流延法制膜工艺流程图**

乐士儒[47]等用流延法制备TOSOH 8YSZ和JC 8YSZ,将两种电解质配制成浆料,球磨48h后,再采用流延法制备阳极支撑型电解质和阳极。罗凌虹[48]等以石墨等为造孔剂,采用湿法混合YSZ粉体和造孔剂粉体时,加入一定量的分散剂和黏结剂,进行充分研磨后,干燥、过筛、造粒,然后采用水系流延法制备出生坯厚度约40μm且厚度一致的,直径10mm的薄膜坯片与上述混合粉体压制于一体,在1470℃下共烧4h后获得高孔隙率YSZ-高致密度YSZ薄膜共烧复合体。韩敏芳[49]等将8YSZ粉体和一定比例的 $LiNO_3$ 在酒精介质中球磨48h后,在70℃恒温烘干,得到混合均匀的粉体,然后在600℃保温 2h 使硝酸盐分解,制得含 n% $Li_2O$ (n =0,0.25,0.50,1.00,1.50,1.70,2.0,2.50,3.00,n% 为摩尔分数)YSZ 粉体,将制备好的 YSZ 粉体分别和溶剂混合均匀后,加入适量的黏结剂、增塑剂以及分散剂球磨 48h,流延法得到厚度约 0.2mm 的含有 $Li_2O$ 的 8YSZ 电解质坯样生坯。

### 4.2.8　改进注浆法

贺天民[50]等采用改进注浆法以 YSZ 和 a－$Al_2O_3$微粉为原料,以阿拉伯树胶为分散剂和黏结剂,经球磨、过筛,在不同烧结温度下保温几小时制备$(ZrO_2)_{0.92}(Y_2O_3)_{0.08}$电解质薄管。

### 4.2.9　水热合成法

陶为华[51]等用水热法合成的立方相 $ZrO_2$－8mol% $Dy_2O_3$纳米晶在较低温下烧结,制得导电性陶瓷样品。以此样品为固体电解质,Pt 为电极材料组成氢－空气燃料电池,测定了水热反应产物纳米晶的陶瓷样品在不同 pH 介质和不同温度下的燃料电池性能。

### 4.2.10　其他

曾晓国[52]等将 YSZ 型固体电解质管与外电路阳极导线连接,将金属丝绕成螺旋状,装入固体电解质管内作导电引出线,用自制的高温密封胶将固体电解质管与石英管连接起来构成一个完整的密封的 YSZ 型析氧阳极。梁明德[53]等归纳了几种制备 YSZ 电解质薄膜的方法,包括陶瓷粉末法、化学法和物理法,并探讨了这些方法的优缺点与适用场合,通过分析和比较这些方法对 YSZ 薄膜化方法未来的发展进行展望。林振汉[54]等采用无机胶化法经干压成型和烧结后制备成 $ZrO_2$基中温电解质材料。

T. Shirakami[55]等通过水解技术处理 $ZrOCl_2·8H_2O$ 和 $YCl_3$混合溶液得到$(ZrO_2)_{1-x}(Y_2O_3)_X$(x =0.0776 和 0.0970)的细粉末样品。在 100℃时,将混合溶液加热,得到水解产物。再将含水的 $ZrO_2$产品干燥并在蒸气流中脱氯处理,最后将粉末在 850℃下进行煅烧。YuanJi[56]等将平均颗粒大小分别为 0.7μm 和 0.3μm 的 YSZ 和 $Al_2O_3$粉末作为起始原料,分别将不同含量的 $Al_2O_3$掺杂到 YSZ 中,再将每一个样品放在含有酒精的玛瑙研钵中,混合研磨 30min,然后干燥,压成

13mm×1mm 片状，并这些片剂在 1300℃下预烧，最后在 1600℃下烧结 20h，从而得到 $Al_2O_3$ 掺杂 $(ZrO_2)_{0.92}(Y_2O_3)_{0.08}$ 电解质，并对其机械和电性能进行了研究。

## 4.3 $ZrO_2$ 基电解质的性能研究

### 4.3.1 材料的稳定性研究

许大鹏[31]等测试了不同压力和温度组合下单相 $Ce_{0.5}Zr_{0.5}O_2$ 面心立方固溶体的热稳定性，结果表明适当高温高压组合对其合成是有利的，且在 773K 以下是热稳定的。向蓝翔[14]等在 1000℃条件下，对不同样品进行老化试验，分别测量其抗弯曲强度等性能变化，结果表明加入不同质量百分数的 $Al_2O_3$ 的样品比原样品的老化程度都要慢得多。贺天民[50]等用比重瓶法测量样品在不同烧结温度下的真密度，结果表明样品的烧结密度与烧结温度成正相关，由样品在不同烧结温度下的 SEM 和交流阻抗谱可看出样品的微结构对其电学性能影响较大，且其电学性能与烧结密度有较大依赖性，这在一定程度上说明了提高烧结温度对电学性能是有利的。

吕振刚[12]等通过测试不同温度下，烧结密度与掺杂总量及烧结温度的关系中得出试样烧结密度与烧结温度呈正相关关系；而随着掺杂总量的增加，掺杂 Sc 试样的烧结密度逐渐减小，掺杂 Dy 试样的烧结密度逐渐增大。

张强[23]等通过测定 10mol% $Gd_2O_3/ZrO_2$ 材料在不同烧结温度下的烧结密度的实验中发现烧结密度随温度变化不明显，其相对密度达到了 98% 以上，由此说明在 1400℃时，陶瓷体已达到致密化过程。马建丽[15]等采用 X 射线衍射仪对不同烧制温度和热工艺下试样的各相比例进行研究，研究表明在相同烧成温度下，保温时间越长，c－$ZrO_2$ 和 t－$ZrO_2$ 比例越大，m－$ZrO_2$ 比例越小；而相同热工艺下的比例恰好相反；采用氧活度测定仪对试样进行相同温度下氧含量与抗热震能力的分析测定，研究显示适量细小的单斜组织有利于材料的抗热震性，而粗大的单斜组织恰好相反且其含量与保温时间呈正相关关系。

黄祖志[44]等以 30% PVA＋70% B1070 为复合黏结剂，8YSZ 与黏结剂的质量比为 0.93，流延成型的坯体经 1400℃保温 2h 能获得相对密度达 98.5% 的 SOFC 电解质 8YSZ 薄膜，如图 4－13 和图 4－14 所示。

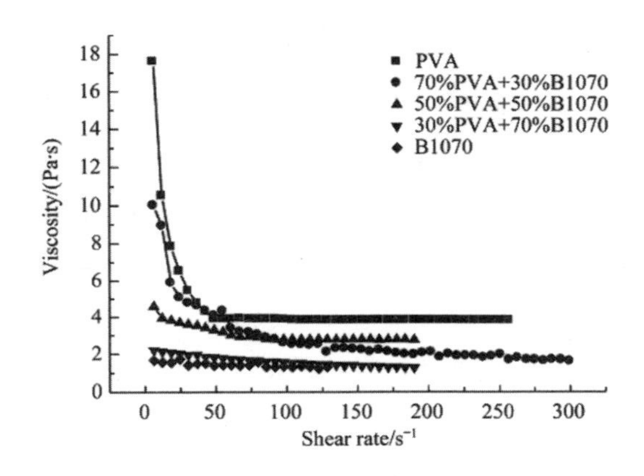


**图4-13 不同种类黏结剂下的浆料的流变特性**

**图4-14 添加不同黏结剂的8YSZ流延生坯断面SEM照片**

**(a)PVA;(b)B1070;(c)30%PVA+70%B1070**

周健儿[57]等用非水解溶胶-凝胶法通过探究不同浓度的$CaCl_2$在室温时对渗透通量的影响发现$Ca^{2+}$在$ZrO_2$纳米涂层表面发生特征吸附,而$K^+$却未发生特征吸附且表现出惰性电解质的特征。同时其渗透通量随着$Ca^{2+}$吸附量的增大呈明显下降的趋势,而伴随着KCl浓度的增大其渗透通量呈略增大的趋势。林振汉[54]等采用X射线衍射仪测定粉体的相结构,结果表明所有烧结陶瓷样品的XRD谱图中均只存在单一的立方相,符合作为电解质的基本条件。

Z. G. Liu[19]等在关于氧化钆对$ZrO_2-4.5mol\%\ Y_2O_3$陶瓷的热膨胀性能的影响的研究结果表明,YSZ - $XGd_2O_3$陶瓷的热膨胀系数随试验温度的增加而增加。在50℃~1200℃温度范围内YSZ - $XGd_2O_3$陶瓷的热膨胀系数,开始随着$x=0$(YSZ)到$x=4.5$(YSZ - $4.5Gd_2O_3$)的增加而增加,然后继续使$x=4.5$(YSZ - $4.5Gd_2O_3$)增加到$x=7.5$(YSZ - $7.5Gd_2O_3$)。发现YSZ - $4.5Gd_2O_3$陶瓷在所有YSZ - $xGd_2O_3$($0\leqslant x\leqslant7.5$)陶瓷中具有最低的热膨胀系数,引起这一现象的原因是离子空位聚集的形成。

J. C. Ray[58]等在研究中发现，立方 $ZrO_2$ 是亚稳的，在室温只能以小于 30nm 的小颗粒存在，纯立方相中加入 5% mol$Cr^{3+}$ 最稳定，故 $Cr^{3+}$ 的掺杂能够有效地稳定 $ZrO_2$。F. L. Garcia[42]等的相关研究表明，纳米氧化锆固溶体多为四方晶系，但并不能排除立方相的存在，在空气中对热稳定性的深入研究表明，$Fe^{3+}$ 在固溶体中的溶解度在 875℃ 开始下降，导致了氧化锆晶粒的表面赤铁矿的形成并进一步转变为单斜氧化锆相。

M. Mori[3]等通过研究表明，在室温下 Ni - xTi - YSZ 陶瓷的机械强度随着 Ti 含量的增加而增加。总体来说，陶瓷的弹性模量随温度的升高而降低，陶瓷的机械强度也随着温度升高而降低。S. R. Le[59]等通过研究发现，YSZ 薄膜非常致密，没有针孔，共烧得到的电池是平整的，没有翘曲、分层和裂纹，孔隙率为 39.5%。

杨一凡[46]等实验发现分散剂的类型和黏结剂的用量对基体体积密度和气孔率影响较大，而分散剂与黏结剂质量比 R 为 1 时，生坯不开裂，最小卷曲半径为 1.2mm，满足平板式 YSZ 电解质的韧性要求。王其艮[43]等发现预烧粉体的比表面积，随着预烧温度的升高而减小。随着预烧温度的升高，粉体的疏松多孔程度减小，收缩速率不断增加，样品越致密。

乐士儒[47]测定了 1500℃下两种 8YSZ 的阻抗，表明电阻均随温度的增加而减小。两种 8YSZ 分别在 1450℃、1500℃、1550℃下烧结 6h，发现随着烧结温度的升高，两种 8YSZ 的活化能都降低。这是因为烧结温度提高，8YSZ 变得更加致密，致密度提高。

马小玲[29]等实验了不同 ZnO 掺杂量的试样，在相同烧结温度和烧结时间情况下的样品相对密度：未掺杂试样相对密度为 94.6%；ZnO 掺量为 1% 的试样，相对密度达到 97.8%；当 ZnO 掺量为 2% 时，试样的相对密度为 98.9%；当 ZnO 掺量为 3% 时，试样的相对密度为 99.3%。试样分别在 1200℃、1300℃、1400℃烧结 2h 后的相对密度为 87.3%、94.6% 和 97.0%。马小玲[30]等还研究了 Y 的掺杂量对试样密度的影响，发现掺 Y 为 11mol% 试样的密度为 4.42g/$cm^3$，随着 Y 元素含量的增加，试样的密度增加，当 Y 为 20mol% 试样的密度达 5.48g/$cm^3$，其密度增加了 19.3%。

韩敏芳[49]等发现随 $Li_2O$ 含量的增加，YSZ 试样的致密度逐渐增加，但当 $Li_2O$ 含量 $n \geq 1.00$ 时，烧结体致密度随 $Li_2O$ 加入量的增大而逐渐减小；当 $n \geq 1.70$ 时，样品在烧结过程中虽然出现相变，但在高于 1400℃可以烧结致密，并得到纯立方相 YSZ 试样。

烧结温度对样品致密度有影响，梁明德[40]等把样品在 800℃ 和 1000℃ 预烧时，YSZ 电解质表面和截面只有少量闭合微孔，电解质和电极结合紧密。当温度高于 1180℃ 预烧时，微孔增多，致密度降低，当温度达到 1400℃时，电解质中出现大量孔隙，并且连接形成通孔。实验发现 1000℃ 预烧的氢电极机械强度更好，是

NiO－YSZ 氢电极适宜的预烧温度。不同温度下的试样电镜如图4－15所示。

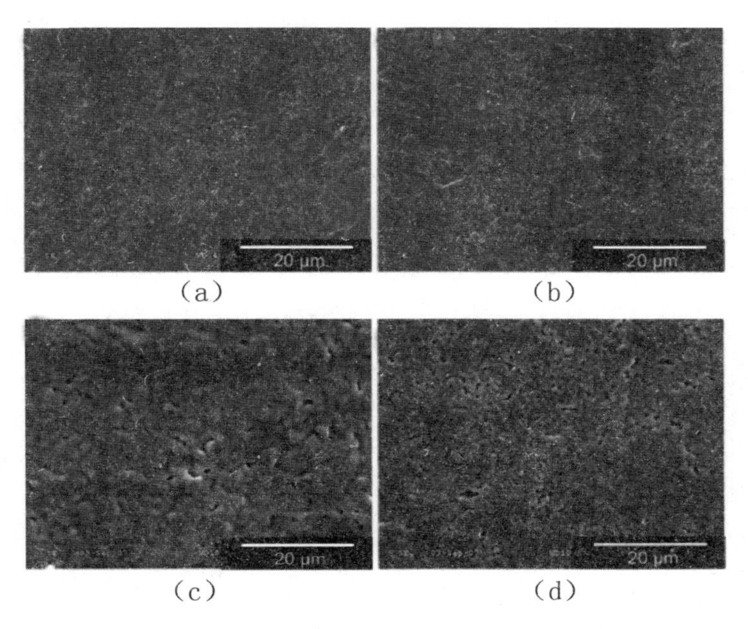


**图4－15 不同温度预烧的 NiO－YSZ 氢电极上制备的 YSZ 电解质表面的 SEM 形貌**

**(a)800℃;(b)1000℃;(c)1180℃;(d)1400℃**

徐娜[41]等对试样进行 SEM 测试表明，滴涂浓度为 $0.11ml \cdot cm^{-2}$，$0.08ml \cdot cm^{-2}$时，电解质层厚度分别为27μm，20μm，表明电解质厚度随着电解质滴涂量的增加而增大。唐辉[36]等采用 X－衍射测定经过700℃退火处理1000h 后的烧结的陶瓷片，通过 XRD 图发现8YSZ、8YbSZ 和4Yb－8YSZ 都处于单一的立方相区域，表明高温老化前后没有发生相结构的变化。

罗凌虹[48]等利用 PVP 分子的两性对石墨表面改性，并研究石墨表面改性对多孔 YSZ 烧结层的影响发现：没有表面改性的石墨制备的共烧复合体的多孔 YSZ 层，经烧制后易开裂，其孔洞较大，微观结构不均匀，而用改性后的石墨表面制备的复合共烧复合体中的 YSZ 烧结层的孔洞分布较均匀、细致，且未见烧结层开裂。石墨粒径为6μm 以下的石墨粉体作造孔剂能获得无开裂的多孔 YSZ－YSZ 薄膜共烧体，其共烧体为双层结构，层间结合紧密、结构均匀，孔隙率高达68%（体积分数）。在造孔剂的含量变化与材料烧成收缩率的关系中，造孔剂含量存在一个最佳含量值，当造孔剂含量在最佳值附近时，制备的共烧复合体质量最好。该最佳含量值随造孔剂颗粒尺寸大小不同而变化。

### 4.3.2 阻抗谱图与电导率

娄彦良[60]等采用四电极法测试了不同温度和有无负偏压条件下自制 $ZrO_2-9\%Y_2O_3$电解质薄膜的电导率。经研究,高温下 $ZrO_2$薄膜的电导率比块状 $ZrO_2$材料要高出一个数量级且基片加负偏压的 $ZrO_2$膜的电导率明显比不加负偏压的 $ZrO_2$膜要高得多。经处理不同温度与电导率之间的关系曲线可得出其满足 Arrhenius 直线方程且其离子迁移数在一定温度范围内大于0.99,满足氧传感器对薄膜材料的要求。

许大鹏[31]等测试了在温度为200℃～850℃范围内单相 $Ce_{0.5}Zr_{0.5}O_2$立方固溶体是离子导电的且电阻与温度成负相关,电导率介于掺入少量稀土或碱土氧化物的氧化锆和氧化铈基电解质和纯 $CeO_2$之间。在高温区和低温区 $\ln(RT)$与 $1/T$ 关系各成一条直线,且低温时活化能比高温时要低。

贺天民[50]等通过阻抗谱测试了样品在不同烧结温度下的晶粒和晶界电导率,结果显示晶粒和晶界的电导率与烧结温度成正相关。用 YSZ 电解质薄管组装的 SOFC 单电池最大开路电压能达到0.946V,最大短路电流能达到1.84A,850℃时最大输出功率达到0.46W。石敏[61]等研究了固体电解质材料成分、制备对导电性的影响发现导电性与掺入阳离子半径呈负相关且复合掺杂导电型比单一掺杂更好。向蓝翔[14]等采用四端电极法测量各样品的电导率,结果显示 $Al_2O_3$的质量百分数在1%～2%范围内时电导率最高且为1%时电导率最大。

吕振刚[12]等通过测试不同温度下,两组系列试样电导率与掺杂总量的关系中得出当掺杂总量(X,%)为8～8.6时,试样电导率明显增大且电导率与测试温度呈正相关关系。在1000℃时,两系列试样电导率最大值能达到 $0.18S\cdot cm^{-1}$和 $0.16S\cdot cm^{-1}$。张强[23]等采用两探针法测定不同温度下烧结的10GdSZ材料的电导率中发现电导率与烧结温度呈正相关关系且在700℃下其电导率可达到 $6.8\cdot10^{-3}S\cdot cm^{-1}$,适于制作中温固体电解质材料。

江虹[13]等采用直流四电极法测定不同烧结温度和 ZnO 含量下样品的总电导率,结果表明,在800℃时,3% ZnO:8YSZ 样品电导率可达 $1.6\times10^{-2}S\cdot cm^{-1}$,较常规8YSZ 电解质显著提高。林振汉[54]等探究了不同烧结温度及测试温度对电导率的影响,结果表明随烧结温度的变化电导率不是很明显,而随着测试温度的升高,电导率提高变化较大。在同样的烧结及测试条件下,电导率有明显的不同,其中8YbSZ 具有最高的电导率且在550℃时达到 $1\times10^{-3}S\cdot cm^{-1}$,符合作为固体电解质的基本要求。谢笑虎[62]等采用交流阻抗谱研究了$(Gd_2O_3)_x(ZrO2)_{1-x}(x=0.05-0.15)$固体电解质材料的电导性能,并探究了不同温度变化和$Gd_2O_3$掺杂量对离子传导行为的影响,结果表明升高温度能明显增强离子电导性能且在350℃下当$Gd_2O_3$掺杂量为8mol%时晶粒电导率取得最大值。同时,在$Gd_2O_3$掺杂量为8mol%时,分子动力学模拟结果也显示体系中氧离子的扩散系数达到最大值。

Y. Suzuki[16]等在研究中发现,含有10mol% $Y_2O_3$萤石型样品,在1100℃电导率略有下降,这可能与YSZ电压的关联平衡相关。J. H. Kim[17]等研究结果表明,在YSZ中加入$Mn_2O_3$后(8mol% $Y_2O_3$掺杂稳定氧化锆)可以形成固溶体或两相($Mn_2O_3$和$Mn_2O_3$掺杂YSZ)混合导电氧化物,用四探针直流法在600℃~1000℃空气中测量其总电导率,并在一个宽的组成范围内确定组合物的电导率,部分离子和电子电导率通过Hebb-瓦格纳极化技术和原电池电动势来进行测量,发现在溶解度范围内,随着$MnO_{1.5}$含量的增加,YSZ总电导率和活化能分别减少和增加。但在溶解度极限之外,因为部分空穴电导率的快速增加,总电导率开始慢慢上升,在$MnO_{1.5}$含量达到30mol.%后总电导率迅速增加。

M. Mori[3]等研究表明,尽管Ti-YSZ中的电子传导在$H_2$氛围中温度高于600℃时才出现,但其电导率倾向于随着Ti含量的增加而减少。B. Butz[4]等用不同的透射电镜技术透射电子全息与电测量对多晶8YSZ和10YSZ电解质基板进行了研究。结果表明8YSZ的离子电导率急剧减少,而10YSZ在热处理950h后降低并不明显且趋于一个恒定值。Y. Z. Jiang[5]等通过交流阻抗分析表明,YSZ薄膜的离子电导率在800℃是$0.034S\cdot cm^{-1}$,这略小于片状YSZ,且随着温度的降低,传导激活能在640℃从$80.8kJ\cdot mol^{-1}$增加到$138.8kJ\cdot mol^{-1}$。D. Pomykalska[33]等通过研究发现,YSZ中加入Mn可降低电子电导率至一最低点,过了这一点继续增加Mn电导率又开始增加。K. V. Kravchyk[32]等在研究中表明,钇稳定$ZrO_2$中添加少量的$Fe_2O_3$可降低烧结温度,提高复合物的稳定性而不增加电子导电率。阻抗谱表明$(ZrO_2)_{0.90}-(Y_2O_3)_{0.07}-(Fe_2O_3)_{0.03}$的体积电导率比$(ZrO_2)_{0.90}-(Y_2O_3)_{0.10}$降低了一个数量级,这是因为晶界电阻小而导致总电导率非常接近,尽管$Fe^{3+}$可以还原为$Fe^{2+}$,在一个大的氧气活性范围内电导率仍然很低。

O. Bohnke[6]等在相关研究中发现,对于相同的掺杂物,Fe掺杂ScSZ的电导率比Fe掺杂YSZ要高,且非常接近纯YSZ,尽管有$Fe^{3+}$存在,电子电导率在一个大的氧活性范围内仍然保持很低,这在固体氧化物燃料电池中的应用有重大意义。

Yuan Ji[56]等在研究中通过阻抗分析表明,通过掺杂$Al_2O_3$由于改善了晶界条件,电性能也可以提高。在 YSZ 中掺杂不同量的 $Al_2O_3$,就有不同的晶界电导率,并且掺杂 $Al_2O_3$ 量为 4wt. % 的 YSZ 试样电导率最高,所以当用纯氧化锆和掺杂有 4wt. % $Al_2O_3$ 的 YSZ 做固体氧化物燃料电池的电解质时,电解质中掺杂 $Al_2O_3$ 的固体氧化物燃料电池的性能更好。S. Yoon[7] 等在研究中发现,在室温时 YSZ 显示一个萤石立方结构的单相,而 Mg - PSZ 是一个立方相、四方相和单斜相的混合相,从 600℃ ~1250℃ YSZ 具有比 Mg - PSZ 较高的离子导电性,这是由于单一立方结构和低活化能的存在,但对于 Mg - PSZ 随着温度的升高,电导率显著地增加,这表明在 1300℃ 以上 Mg - PSZ 比 YSZ 有更高的离子电导率,且 YSZ 和 Mg - PSZ 的离子电导率都随温度而增高,并在 1500℃ 分别达到 $2.72 \times 10^{-1} S \cdot cm^{-1}$ 和 $8.54 \times 10^{-1} S \cdot cm^{-1}$。

S. R. Le[59] 等关于 Ni - YSZ 阳极支撑电极和 6.5cm × 6.5cm 大小的 YSZ 电解质电池的电化学阻抗谱(EIS)结果表明,阴极电化学电阻为 $0.0680\Omega \cdot cm^2$,约为阳极的两倍。在阳极电极的气体扩散电阻为 $0.0669\Omega \cdot cm^2$,是阴极的两倍,表明阳极中浓差极化的影响比在阴极的阳极支撑电池要大。WangSun[8] 等在研究中通过电化学阻抗谱表明,双孔隙阳极支撑的 $Sc_2O_3$ - 稳定 $ZrO_2$(ScSZ)电解质的 SOFC 单电池的总电阻和欧姆电阻随工作温度的增加而降低。

B. Jayaraj[63] 等在研究中发现,电阻和电容的变化与 YSZ 的厚度和密度有一定的关系,随着 YSZ 厚度的增加,YSZ 的电阻也增加,YSZ 的电容降低。对于 NiAl 上的 YSZ 和热生长氧化物,随着厚度的增加,观察到电阻的增加和电容相应地减少,如图 4 - 16 所示。用较大的密度以及厚度小于 5mm 的 YSZ 将获得较高的性能和较低电容。随着 TGO 散裂而暴露导电金属表面,电阻值将减小,电容增大。

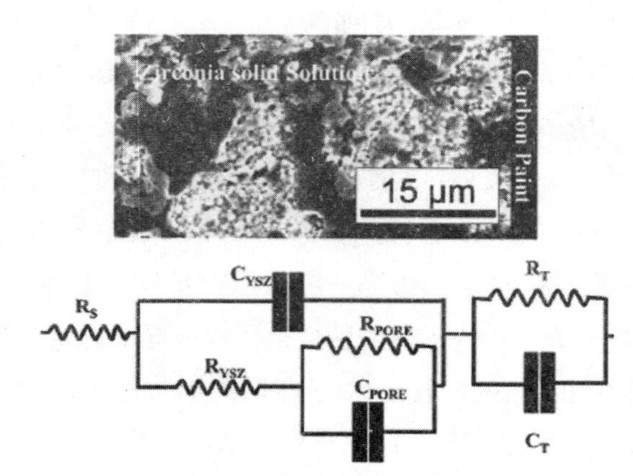


**图 16 电阻和电容的变化与 YSZ 的厚度和密度的关系示意图**

陈家林[20]等实验发现 $ZrO_2-Y_2O_3$陶瓷片的电导率随着温度升高,电导率快速增加。并且随着 $Y_2O_3$的含量增加,电导率先增加后降低,$Y_2O_3$的含量在 8 ~ 10mol% 时其电导率最大。李英[21]等实验发现对于常规烧结制备的试样,电导率随相对密度的提高而增大。微波烧结使得材料中晶粒大小更均匀,晶粒的平均尺寸更小,后者导致较为显著的晶界效应是微波烧结试样电导率相对于常规烧结试样有所降低的主要原因。试样在 1600℃烧结 3h 时,1000℃时的电导率达到最大 $0.157S \cdot cm^{-1}$。

林振汉[28]等实验表明:从表 4-3 中可以看出,随着测试温度的升高,电导率也升高。在 1450℃下烧结的电解质,其电导率比其他烧结温度下的电解质都高。并且在 700℃的测试温度下,其电导率达到 $7.46 \times 10^{-3}S \cdot cm^{-1}$。

**表 4-3 $Gd_2O_3-8YSZ$ 电解质的电导率($\times 10^{-5}S \cdot cm^{-1}$)**

| 烧结温度/℃ | 测试温度/℃ | | | | | | |
|---|---|---|---|---|---|---|---|
| | 400 | 450 | 500 | 550 | 600 | 650 | 700 |
| 1 400 | 2.25 | 10.47 | 33.82 | 85.56 | 191.71 | 382.22 | 686.92 |
| 1 450 | 3.06 | 10.44 | 34.44 | 88.97 | 200.42 | 399.84 | 746.44 |
| 1 500 | 1.10 | 4.61 | 15.18 | 40.89 | 98.53 | 212.10 | 415.05 |
| 1 550 | 2.36 | 8.02 | 23.94 | 62.46 | 143.49 | 288.85 | 561.73 |

唐辉[36]等把三种材料在 700℃ 退火处理 1000h 后,发现 8YSZ、8YbSZ 和 4Yb-8YSZ 的电导率分别下降 39%、49% 和 10%。由于掺杂剂的不同,材料的降低率不同。王其良[43]等预烧粉体的比表面积,随着预烧温度的升高而减小。随着预烧温度的升高,粉体的疏松多孔程度减小。随着烧结温度的升高,收缩速率不断增加。样品越致密,电导率就越高。

周贤界[37]等采用水热法在 SOFC 阳极多孔基底上制备的 SSZ 电解质膜在 800℃时电导率达 $0.078S \cdot cm^{-1}$,略低于陶瓷体材料的 $0.118S \cdot cm^{-1}$,但远高于 YSZ 陶瓷体材料的电导率,说明电解质膜有较好的电导活性,即具有较高的电导率。

林振汉[64]等研究了 $ZrO_2$固体电解质的传导性能与掺杂剂的组成、晶体结构、晶粒大小和温度的关系。研究表明,当掺杂剂含量为 8mol% ~ 10mol% $Y_2O_3$时,稳定立

方晶系 $ZrO_2$ 固溶体的离子电导率最大(8YSZ 在 1000℃时的电导率为 0.088S · $cm^{-1}$)。进一步提高掺杂量,电导率反而下降。

华纬[38]等测定了不同温度下和不同掺杂量 $Y_2O_3$ 的样品电导率,结论如图4-17 所示:3YSZ : $\ln RT = 3.18 \sim 6795/T$[3YSZ 表示 $Y_2O_3$ 掺杂量为 3%(摩尔分数)]

$$5YSZ : \ln RT = 2.28 \sim 6790/T$$

$$9YSZ : \ln RT = 0.42 \sim 7449/T$$

$$15YSZ : \ln RT = 1.49 \sim 7226/T$$

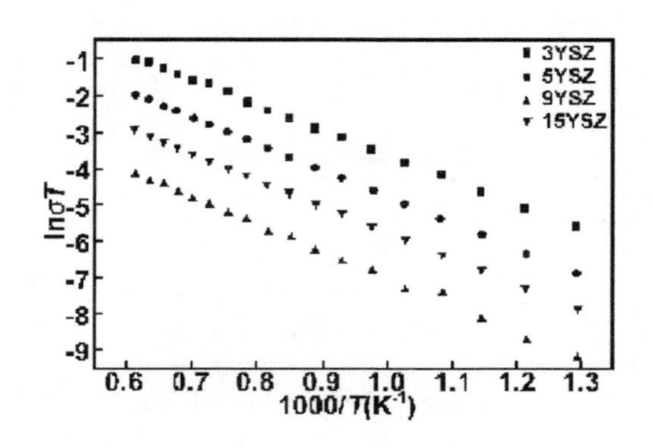


图 4-17 试样电子电导率与温度的关系

田彦婷[39]等实验表明球磨能使大团聚粒子破碎,平均粒径减少,团聚系数降低,粉末粒度均匀。单电池在 700℃、750℃、800℃的最大比功率分别为 221mW · $cm^{-2}$、364mW · $cm^{-2}$、528mW · $cm^{-2}$,在此中高温区 YSZ 电解质薄膜表现出较好的性能。马小玲[29]等把样品在 1300℃与 1400℃煅烧后,发现其电导率基本一致,在 1300℃,在样品内部已形成了较好的导电网络,再提高烧结温度对样品的电导率没有影响。马小玲[30]等还研究温度对试样电导率的影响,发现在 300℃ ~ 400℃时,其导电率较低,但在 400℃ ~600℃导电率增加较快,在 600℃ ~700℃试样的导电率又开始减缓。Y 掺量为 20mol% 的 $Bi_2O_3p/ZrO_2$ 试样的电导率最高,其在 700℃的电导率为 $2.85 \times 10^{-3}$ S · $cm^{-1}$,为在 1200℃ 煅烧的 8YSZ 试样的 6.6 倍。

韩敏芳[49]等发现加入少量的 n% $Li_2O$(n = 0.25,0.50)可以提高 YSZ 的电导率,含 0.25% $Li_2O$ 的 YSZ 和 0.50% $Li_2O$ 的 YSZ 样品在 800℃的电导率分别高达 0.0302S · $cm^{-1}$ 和 0.0276S · $cm^{-1}$,分别是纯 YSZ 电导率的 1.35 和 1.24 倍。徐娜[41]等实验了在 850℃滴涂不同 YSZ 电解质溶液时电池的性能研究发现,滴加不

同浓度的电解质溶液，阳极支撑电池的电解质厚度不同，功率密度也不同。当滴加相同的电解质溶液时，电池的性能随着温度降低电池阻抗明显增大，欧姆电阻也随之增大，电导率变小。

## 4.4 $ZrO_2$基电解质的应用

### 4.4.1 传感器

$ZrO_2$基固体电解质制造传感器用于汽车领域，控制发动机的空燃比，并与三元催化剂、电喷、电子控制单元共同组成闭环控制系统，达到彻底治理汽车尾气污染的目的[20]。

简家文[65]等用X射线衍射仪和扫描电镜对该传感器进行理化分析，测量其在不同高温和不同NO体积浓度气氛中的响应电势，结果显示在550℃~700℃、NO浓度为$(50\sim600)\times10^{-6}L\cdot L^{-1}$，传感器输出电势与NO浓度的对数呈明显的线性关系，且电势幅值和灵敏度均与工作温度呈负相关关系；通过电化学阻抗谱分析法研究了该传感器在不同NO浓度样气中的阻抗谱，结果显示当温度在600℃时，随着NO浓度的增加，阻抗谱形成的半圆弧呈规律性缩小的趋势。如图4-18所示。以$Y_2O_3$稳定的$ZrO_2$为固体电解质，以NiO为敏感电极制备混合电势型NO传感器，以此来分析NiO/YSZ结构NO传感器的敏感特性。

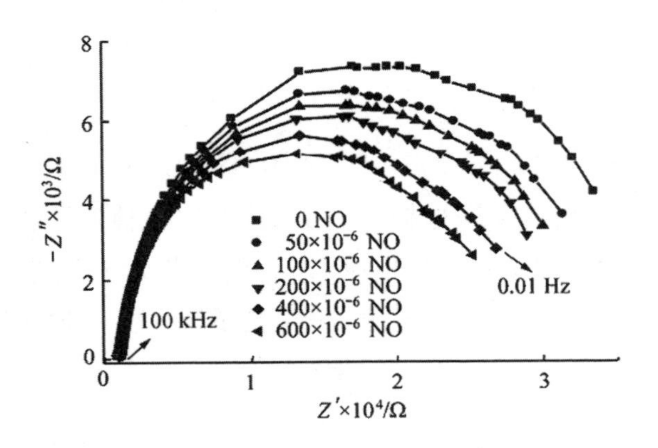


图4-18 传感器在不同NO浓度样气中的阻抗谱

孙焕军[66]等通过空燃比控制系统以及常见故障分析与诊断探究了 $ZrO_2$ 基固体电解质氧传感器在汽车上的应用，并分析了其研究进展在于降低氧传感器的工作温度和氧传感器薄膜化和微机械工艺的引入两个方向上。钟勤[9]等着重讨论了 $ZrO_2$ 固体电解质在金属熔体中的应用，主要表现在冶炼的终点控制、连续定氧技术等方面的应用。

石敏[61]等探究了 $ZrO_2$ 基固体电解质氧传感器的研究现状及其发展趋势，氧传感器可分为电位型和极限电流型；在高温和低温条件下工作的性能并提出了一些改善意见，并研究了其在热处理炉内的气氛控制、氧离子导电理论研究、研制并开发纳米氧传感器等方面的发展及应用前景。

### 4.4.2 在冶金工业中的应用

曾晓国[52]等探讨了导电引出方式对电解体系的影响得出镍铬丝 + 纳米级 $La_{0.7}Sr_{0.3}MnO_3$ 粉末是很好的导电引出方式，同时也探讨了密封型析氧阳极和均匀电场对电解体系的影响，发现两者对维持电解体系的稳定性有重要意义。与此同时，他们也验证了析氧阳极的可行性，结果进一步验证了 YSZ 型析氧阳极用于氧化铝熔盐电解是可行的这一事实。控制实验温度在 960℃，采用冰水混合物进行冷端补偿做电解实验。在实验过程中，按 85% 的电流效率运行且为了补充电解所消耗的电解质每隔 15min 加 1 次料。从实验中得出了 YSZ 型析氧阳极应用于氧化铝熔盐电解是可行的结论。贾吉祥[11]等着重介绍了 $ZrO_2$ 固体电解质直接定氧技术和无污染脱氧技术在冶金工程中的应用并分析了其应用前景。

### 4.4.3 燃料电池

陶为华[51]等测试了在不同介质 pH 下 $ZrO_2-8mol\%\ Dy_2O_3$ 样品的燃料电池在 800℃ ~1000℃ 的电压所对应的电流密度，结果表明各电池的放电性能稳定且电动势的实测值与理论值相差无几，其电池的输出电流密度与温度呈正相关。通过测得的实测电动势与理论电动势的比值求得总离子迁移数，可看出该系列样品的燃料均为优良的氧离子导体且氧离子迁移数与测试温度呈正相关。

钟理[67]等采用陶瓷薄膜制备技术，通过以 YSZ 作为氧离子传导膜材料制备 YSZ 传导膜，另以双金属复合 $MoS_2$ 为阳极催化剂，以复合 NiO 为阴极催化剂来研究 $Y_2O_3$ 稳定的 $ZrO_2$（YSZ）氧离子传导膜 $H_2S$ 固体氧化物燃料电池的性能。通过比较两电极催化剂的性能和极化过程来研究不同温度对电池性能的影响，发现在$H_2S$环境下，双金属复合$MoS_2/NiS$阳极催化剂比Pt和单金属$MoS_2$催化剂更稳定，复合NiO阴极催化剂比Pt性能要好得多，且在其中加入Ag对电极的导电性有显著提高作用；相比之下，复合$MoS_2$阳极和复合NiO阴极催化剂的过电位比Pt电极要小，且阳极侧的极化比阴极侧要小；电池的电流密度与功率密度随着温度的升高而增大且其电化学性能明显变好。

江虹[13]等采用三点弯曲法和SEM探究了不同烧结温度和ZnO含量对样品的致密度、力学性能及显微结构的影响，结果显示在8YSZ中添加ZnO能提高8YSZ材料的烧结性，1400℃烧结2h的4% ZnO:8YSZ样品总体上比较致密且3% ZnO:8YSZ样品的弯曲强度有着明显提高；通过测定在750℃工作温度下不同ZnO含量的ZnO:8YSZ的电池性能，结果发现在同等工作条件下，ZnO:8YSZ单电池的工作性能和电池效率比YSZ单电池的要更好，且3% ZnO:8YSZ样品的单电池电性能最好。

乐士儒[68]等从提高电导率方面研究了$ZrO_2$基固体电解质的进展，并从热力学、动力学、理论模型等方面提出了解决问题的路线。研究表明提高载流子浓度和降低迁移焓可以提高离子电导率，进而提高$ZrO_2$基固体电解质的电导率来发展固体氧化物燃料电池的应用。

C. J. Li[18]等的研究结果表明，通过降低电解质厚度和提高电解质的电导率可增大最大输出功率密度，在1000℃时40μm厚度的ScSZ电解质最大输出功率密度达到0.89W·$cm^{-2}$，相同条件下YSZ电解质达到0.76W·$cm^{-2}$。并且固体氧化物燃料电池的单电池性能随操作温度升高而得到改善，在温度为800℃，900℃和1000℃时最大功率密度分别达到0.40W·$cm^{-2}$，0.61W·$cm^{-2}$和0.89W·$cm^{-2}$；如图4－19所示。ScSZ厚度减小，最大功率密度增加；改变电解质材料也可增大功率密度，如YSZ的最大功率密度比ScSZ要大。

S. R. Le[59]等通过带连铸和共烧技术已成功制备了1.5mm的阳极和10μm的电解质构成的电池，并且电池是平整的没有翘曲、裂纹或分层，功率密度在0.7V下750℃，800℃和850℃时分别达到了661mW·$cm^{-2}$，856mW·$cm^{-2}$，1085mW·$cm^{-2}$。

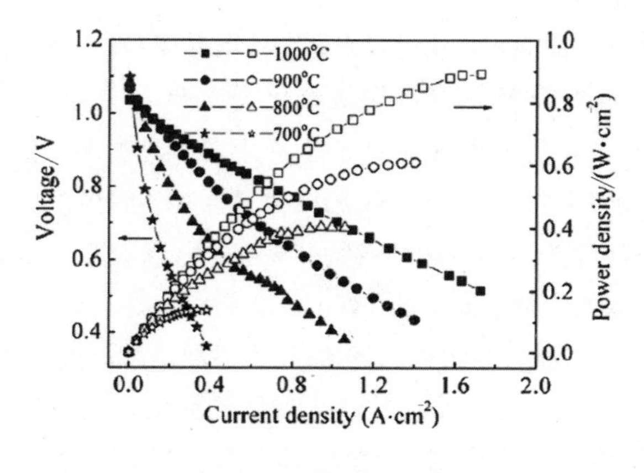


图 4－19　燃料电池图

Jing Chen[69]等通过在纳米结构的 $La_{0.6}Sr_{0.4}Co_{0.2}Fe_{0.8}O_{3-\delta}$ + $Y_2O_3$稳定 $ZrO_2$复合阴极分别装载 0.6mg · $cm^{-2}$和 1.3mg · $cm^{-2}$的 LSCF,在 750℃得到了最大的功率密度,分别为 437mW · $cm^{-2}$和 473mW · $cm^{-2}$,如图 4－20 所示。Wang Sun[8]等通过相反转和浸渍涂层制备的双孔隙阳极支撑的 $Sc_2O_3$稳定 $ZrO_2$电解质平面固体氧化物燃料电池,600℃ ~800℃的电池放电曲线表明,在 650℃、700℃、750℃、800℃最大功率密度分别达到了 0.76W · $cm^{-2}$、1.04W · $cm^{-2}$、1.32W · $cm^{-2}$和 1.97W · $cm^{-2}$,比之前通过在 800℃相转化得到的表面电池的性能要高,同时也比在 800℃带连铸得到的电池的最大功率密度大。

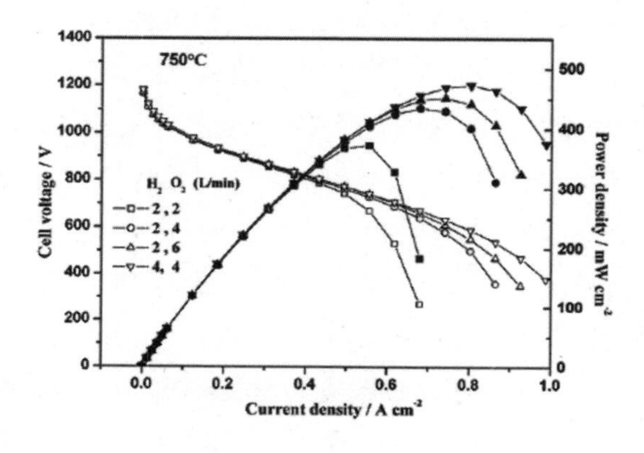


图 4－20　燃料电池图

H. Z. Song[2]等在研究中发现 $Y_2O_3$稳定 $ZrO_2$可被潜在应用为固体氧化物燃料电池和氧传感器中的电解质薄膜。M. Mori[3]等研究表明,Ti 掺杂 YSZ 陶瓷对于阳极是一种有用的材料,可作为阳极支撑型电池,阳极基板可以提供高机械强度。O. Bohnke[6]研究发现 Fe 掺杂 ScSZ 的电导率比没有铁参杂 YSZ 要高,尽管有 $Fe^{3+}$存在,但电子电导率在一个大的氧活性范围内仍保持很低,在固体氧化物燃料电池中有很大的作用。Yuan Ji[56]等通过研究表明,通过掺杂氧化铝到立方结构的 YSZ,可以显著地提高烧结行为、机械性能、电学性能,当氧化铝的加入量为 4wt. % 有最高的电导率,并且在固体氧化物燃料电池中用它作为电解质比用纯的 YSZ 还要好。

Z. M. Shen[70]等通过共带连铸制备了共烧结阳极和 YSZ 薄膜电解质固体氧化物燃料电池。首先将 YSZ 作为电解质,NiO 和 YSZ 作为阳极在行星磨中 24h 均质化,在丁酮混合物中加入分散剂和酒精作溶剂。第二步,分别加入聚乙烯醇缩丁醛作为黏合剂、二乙基邻苯二甲酸酯和乙二醇的混合物作为增塑剂,再细磨 24h。带连铸之前,泥浆用真空抽约 30min 以去除空气。首先将 YSZ 薄膜铸造在基板上,在空气中干燥几分钟,然后对阳极层进行处理。将半电池在马弗炉中以一定的速率加热,并在 1400℃保持 5h,然后冷却到室温,进而就得到了含有 20mm 厚的电解质和厚度为 1.2mm 阳极的半电池。S. R. Le[59]等用共带连铸法制备如下:第一步,用 YSZ 作为电解质,用 NiO 和 YSZ 作为阳极,球磨 24h 进行均匀化,丁醇和乙醇(EtOH)作为溶剂与分散剂混合。第二步,聚乙烯醇缩丁醛(PVB)作为黏合剂,分别加入邻苯二甲酸二乙酯(DEP)和聚乙二醇(PEG)的混合物作为增塑剂,然后再球磨 24h,带连铸之前,浆料用真空泵抽取 30min 以除净空气,首先将 YSZ 薄膜铸到板上,在空气中干燥一会儿,然后在阳极层顶部浇铸,在室温下干燥整夜,再将多层绿色铸带分离,在 1400℃共烧 5h,将 $La_{0.8}Sr_{0.2}MnO_{3-\delta}$ - YSZ 的阴极糊用丝网印刷在 YSZ 电解质表面,在 1150℃烧结 2h。

Jing Chen[69]等通过共带连铸、网版印刷、共烧结、溶液浸渍成功制备了以纳米结构 $La_{0.6}Sr_{0.4}Co_{0.2}Fe_{0.8}O_{3-\delta}$ + YSZ 稳定 $ZrO_2$为复合阴极且活化区域为 81$cm^2$ 的大型阳极支撑固体氧化物燃料电池。他们使用重量比为 40 ~ 60 含镍和 YSZ 粉末的泥浆用带连铸法得到阳极基板。40wt. % NiO 和 60wt. % YSZ 的阳极层以及 YSZ 电解质用丝网按顺序印刷在干燥的基板上,带铸/丝网印刷在环境温度下干燥 10h,再在 1370℃下烧结 3h,从而获得多孔阳极和致密电解质。为了在致密 YSZ 电解质顶部制备 YSZ 多孔结构,用丝网印刷一层 YSZ 泥浆,然后在 1200℃空气中烧结 0.5h。LSCF($La_{0.6}Sr_{0.4}Co_{0.2}Fe_{0.8}O_{3-\delta}$)浸渍溶液通过 $La(NO_3)_3 \cdot 6H_2O$,$Sr(NO_3)_2$,$Co(NO_3)_2 \cdot 6H_2O$,$Fe(NO_3)_3 \cdot 9H_2O$ 以及碳氟化合物和表面活性剂、异丙醇和去离子水制备。通过将 LSCF 亚硝酸盐溶液加入到预烧结 YSZ 多孔支架，然后在 800℃空气中燃烧 1h。进而得到浸渍 $La_{0.6}Sr_{0.4}Co_{0.2}Fe_{0.8}O_{3-\delta}$ + $Y_2O_3$稳定 $ZrO_2$复合阴极的大型阳极支撑固体氧化物燃料电池，如图 4 - 21 所示。

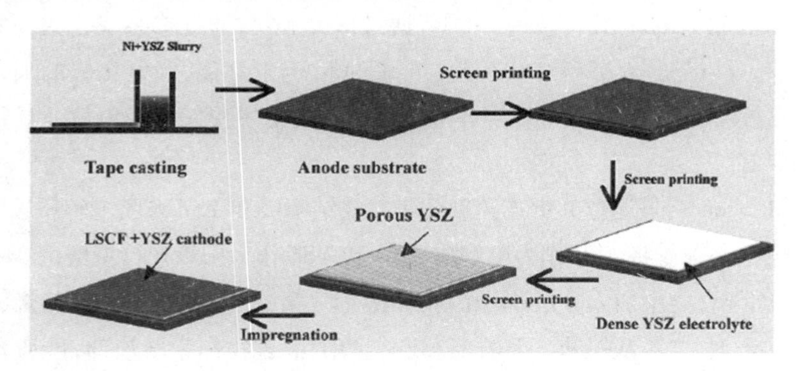


**图 4 - 21　阳极支撑固体氧化物燃料电池流程图**

Wang Sun[8] 等采用相转化法及浸涂法制备了双孔阳极支撑 $Sc_2O_3$稳定 $ZrO_2$电解质平面固体氧化物燃料电池。用相转化法制备 NiO - YSZ 阳极基板并表现非对称的双孔隙结构，用 NiO（高纯化学品，日本）和 8YSZ 作为阳极材料，玉米淀粉用作造孔剂，聚醚砜作为黏合剂，N - 甲基吡咯烷酮（NMP）、聚乙烯吡咯烷酮（PVP）分别用来作溶剂和分散剂，将 NiO、YSZ 和玉米淀粉加入到通过将 PESF 和 PVP 溶解得到的 NMP 聚合物溶液中，混合球磨 48h，获得良好的分散性浆料，然后将浆料脱气 20min，再将它倒入一个圆形模具，并将模具浸入去离子水中 24h，然后再将所制备的膜干燥，最后，样品在 1100℃进行预煅烧 2h。阳极功能层材料为 NiO 和 10mol% $Sc_2O_3$ - $ZrO_2$，通过浸涂法制备的 NiO - ScSZAFL 和 ScSZ 电解质薄膜，将 ScSZ 浸涂之后，阳极和 ScSZ 薄片在 1400℃共烧结 6h，用 $La_{0.8}Sr_{0.2}MnO_{3-\delta}$和 ScSZ 粉末作为阴极材料，LSMScSZ 阴极功能层（LSM ：ScSZ1/460 ：40 重量）和 LSM 集流层，采用丝网印刷方法制备，然后在 1200℃烧结 2h，从而获得了具有五层结构的 Ni - YSZ|Ni - ScSZ|ScSZ|LSM - ScSZ|LSM 单电池，如图 4 - 22 所示。

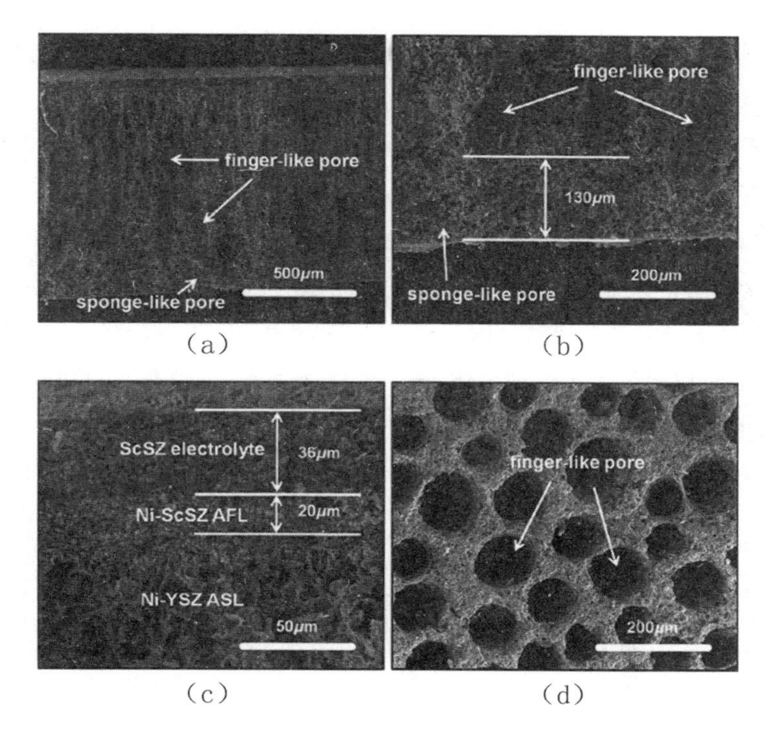


**图 4－22　五层结构的 Ni－YSZ | Ni－ScSZ | ScSZ | LSM－ScSZ | LSM 单电池电镜图**

X. X. Meng[71]等利用共纺/共烧结技术制备了微型管状固体氧化物燃料电池中 YSZ/LSM－YSZ 双层中空纤维。其用市售的 8mol% 纯度为 99.9% 的氧化钇稳定氧化锆（8YSZ）粉末，且颗粒的直径大小为 20～30nm，作为阴极和电解质材料。正极材料（$La_{0.8}Sr_{0.2}MnO_{3-\delta}$）通过 Pechini 法合成，绿色氧化镍作为阳极材料，市售的球状石墨（20－30nm 直径）作为聚合物黏结剂。去离子水、自来水分别作为纺纱的内部和外部的混凝剂。YSZ/LSM－YSZ 双层中空纤维前驱体通过相反转双金属挤压法得到，起始原料为 YSZ 和 LSM－YSZ 悬浮液，计算量的 PESF（聚醚砜）溶于 NMP（N－甲基－2－吡咯烷酮），在 125cm 宽颈瓶中形成聚合物溶液，提前在 120℃干燥 12h 的 YSZ 或 LSM－YSZ（以重量比）粉末在搅拌下逐渐加入，继续搅拌 48h，以确保所有的粉末均匀地分散在聚合物溶液中。在室温下脱气处理 2h 后，LSM－YSZ 和 YSZ 悬浮液分别传送到两个不锈钢注射器中，在高压泵的帮助下，原液进行共挤出，同时通过三孔喷丝板，通过 20cm 的间隙，进入水混凝剂。LSM－YSZ 内涂料和 YSZ 外层涂料的膨化率分别为 $10cm^3 min^{-1}$ 和 $2cm^3 \cdot min^{-1}$，而内部的混凝剂的流速控制在 $14cm^3 \cdot min^{-1}$。中空纤维保留在外凝固浴中，从而完成凝固过程。24h 后，中空纤维前体从水浴中取出来，切成约 30cm 长，在室温下弄直和干燥，最后，在静态空气气氛中对中空纤维前驱体进行高温烧结 10h，从而获得气密 YSZ/LSM - YSZ 双层中空纤维。

L. B. Lei[72]等也通过研究发现，掺杂适量的 $Al_2O_3$ 可以有效地降低阳极支撑的固体氧化物燃料电池 YSZ 薄膜电解质的烧结温度，制备性能更高成本更低的阳极支撑的固体氧化物燃料电池。因此，更高性能和更低成本的阳极支撑固体氧化物燃料电池，可以通过在 YSZ 掺杂适量的 $Al_2O_3$ 来实现，以及在 Ni 基阳极和含铝电解质之间引入 YSZ 缓冲层，如图 4 - 23 所示。

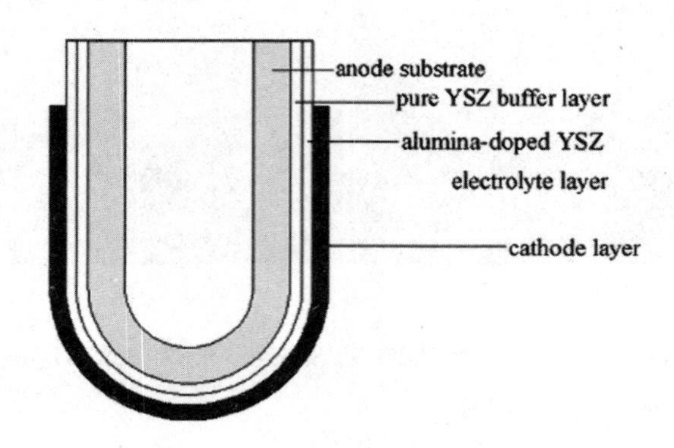


**图 4 - 23　引入纯 YSZ 缓冲层的燃料电池示意图**

## 4.5　结语

立方 $ZrO_2$ 具有较高的离子传导性能，近年来被广泛用作固体氧化物燃料电池的电解质，且其传导性能与掺杂剂的组成、晶体结构、晶粒大小和温度有关。随着 $ZrO_2$ 基固体电解质材料研究的不断深入，已取得了较大的成果，比如其作为氧传感器具有常规氧传感器不可替代的优点，但是，由于国内在这一领域的起步较晚，很多研究成果还是局限于实验室研究[73-84]。对于氧化锆基电解质在高的操作温度下易引起电极烧结、电池快速老化等问题还未找到切实可行的解决办法，因此，对 $ZrO_2$ 材料进行三元以上掺杂改性，明确其烧结机理，提高氧离子电导率是未来研究的热点。另外，通过对氧化锆基电解质薄膜制备方法的改进，降低电解质的厚度可以降低燃料电池的运行温度从而延长电池的寿命[85-95]。降低此类材料的操作温度和制备成本，力争实现产业化也将是未来研究的重要方向。

## 参考文献

[1]张强，林振汉，唐辉，等．$Y_2O_3$掺杂$ZrO_2$基电解质材料的离子传导性能及研究进展[J]．稀有金属快报，2008，27(3)：1－4.

[2]H. Z. Song, C. R. Xia, Y. Z. Jiang, et al. Deposition of $Y_2O_3$ stabilized $ZrO_2$ thin films from Zr $(DPM)_4$ and $Y(DPM)_3$ by aerosol－assisted MOCVD [J]. Materials Letters, 2003, 57: 3833－3838.

[3]M. Mori, Y. Hiei, H. Itoh, et al. Evaluation of Ni and Ti－doped $Y_2O_3$ stabilized $ZrO_2$ cermet as an anode in high－temperature solid oxide fuel cells [J]. Solid State Ionics, 2003, 160: 1－14.

[4]B. Butz, P. Kruse, H. Störmer, et al. Correlation between microstructure and degradation in conductivity for cubic $Y_2O_3$－doped $ZrO_2$[J]. Solid State Ionics, 2006, 177: 3275－3284.

[5]Y. Z. Jiang, J. F. Gao, M. F. Liu, et al. Fabrication and characterization of $Y_2O_3$ stabilized $ZrO_2$ films deposited with aerosol－assisted MOCVD [J]. Solid State Ionics, 2007, 177: 3405－3410.

[6]O. Bohnke, V. Gunes, K. V. Kravchyk, et al. Ionic and electronic conductivity of 3mol% $Fe_2O_3$－substituted cubic yttria－stabilized $ZrO_2$ (YSZ) and scandia－stabilized $ZrO_2$ (ScSZ) [J]. Solid State Ionics, 2014, 262: 517－521.

[7]S. Yoon, T. Noh, W. Kim, et al. Structural parameters and oxygen ion conductivity of $Y_2O_3$－$ZrO_2$ and MgO－$ZrO_2$ at high temperature [J]. Ceramics International, 2013, 39: 9247－9251.

[8]Wang Sun, N. Q. Zhang, Y. H. Mao, et al. Preparation of dual－pore anode supported $Sc_2O_3$－stabilized－$ZrO_2$ electrolyte planar solid oxide fuel cell by phase－inversion and dip－coating [J]. Journal of Power Sources, 2012, 218: 352－356.

[9]钟勤，文洪杰，杨粉荣．$ZrO_2$固体电解质在金属熔体中的应用研究 [J]．硅酸盐通报，2006，25(3)：136－139.

[10]朱华．车用$ZrO_2$基固体电解质氧传感器[J]．研究与开发，2008，70－72.

[11]贾吉祥，李德刚，廖相巍，等．$ZrO_2$固体电解质在冶金工程中的应用[J]．鞍钢技术，2010，5：15－18.

[12]吕振刚，郭瑞松，姚排，等．复合掺杂对YSZ电解质材料烧结性与电性能的影响[J]．稀有金属材料与工程，2005，34(12)：1961－1964.

[13]江虹，郭瑞松，任戴勋．ZnO对8YSZ电解质材料的烧结性与电化学性能的影响[J]．硅酸盐学报，2010，38(8)：1434－1438.

[14]向蓝翔，赵璐，罗上庚，等．$ZrO_2$－$Y_2O_3$－$Al_2O_3$电解质性能研究[J]．传感器技术，

2005,24(8):39 - 40.

[15]马建丽,王世伟. 保温时间对氧化锆固体电解质相组成的影响[J]. 稀有金属材料与工程,2008,37:417 - 419.

[16]Y. Suzuki. On the stationary electrical conductivity of sintered fluorite - type $Y_2O_3$ - stabilized $ZrO_2$[J]. Solid State Ionics,1995,78:245 - 248.

[17]J. H. Kim, G. M. Choi. Mixed ionic and electronic conductivity of $[(ZrO_2)_{0.92}(Y_2O_3)_{0.08}]_{1-y} \cdot (MnO_{1.5})_y$[J]. Solid State Ionics,2000,130:157 - 168.

[18]C. J. Li,C. X. Li,H. G. Long,et al. Performance of tubular solid oxide fuel cell assembled with plasma - sprayed $Sc_2O_3$ - $ZrO_2$ electrolyte [J]. Solid State Ionics,2008,179:1575 - 1578.

[19]Z. G. Liu,J. H. Ouyang,Yu Zhou. Influence of gadolinia on thermal expansion property of $ZrO_2$ - 4. 5mol% $Y_2O_3$ ceramics [J]. Journal of Alloys and Compounds,2009,473:L17 - L19.

[20]陈家林,万吉高,王开军,等. 氧传感器用 $ZrO_2$ - $Y_2O_3$固体电解质电导性能的研究[J]. 贵金属,2001,22(1):21 - 24.

[21]李英,谢裕生,龚江宏,等. 制备工艺对$(ZrO_2)_{0.90}$ - $(Y_2O_3)_{0.04}$ - $(CaO)_{0.06}$电解质材料电性能的影响[J]. 研究与设计,2001:330 - 336.

[22]江涛,魏群,杨金平,等. 汽车氧传感器 $ZrO_2$基电解质材料的研究进展[J]. 电子元件与材料,2006,9:1 - 4.

[23]张强,林振汉. $Gd_2O_3$掺杂 $ZrO_2$电解质材料的制备和电性能的研究[J]. 上海有色金属,2008,29(4):157 - 160.

[24]Farhikhteh Shayan,Maghsoudipour Amir,Raissi Babak. Synthesis of nanocrystalline YSZ ($ZrO_2$ - $8Y_2O_3$) powder by polymerized complex method [J]. Journal of Alloys and Compounds, 2010,491:402 - 405.

[25]Ch. Laberty - Robert,F. Ansart,C. Deloget,et al. Powder synthesis of nanocrystalline $ZrO_2$ - 8% $Y_2O_3$ via a polymerization route [J]. Materials Research Bulletin,2001,36:2083 - 2101.

[26]R. Caruso,N. Mamana,E. Benavidez. Densification kinetics of $ZrO_2$ - based ceramics using a master sintering curve [J]. Journal of Alloys and Compounds,2010,495:570 - 573.

[27]M. Nadia,A. Díaz - Parralejo,A. L. Ortiz,et al. Influence of the synthesis process on the features of $Y_2O_3$ - stabilized $ZrO_2$ powders obtained by the sol - gel method [J]. Ceramics International,2014,40:6421 - 6426.

[28]林振汉,张玲秀,平信义,等. 用喷雾热分解法制备 $Gd_2O_3$ - $3ZrO_2$电解质材料的性能[J]. 稀有金属快报,2007,26(1):100 - 105.

[29]马小玲,冯小明. 氧化锌掺杂对氧化锆电解质导电性能影响[J]. 无机盐工业, 2010,42(4):27 - 29.

[30]马小玲,谭宏斌,冯小明. 氧化锆基复合电解质材料研究[J]. 中国陶瓷,2011,47

(2):17－19.

[31]许大鹏,王权泳,张弓木,等. 单相$Ce_{0.5}Zr_{0.5}O_2$立方固溶体的高压高温合成[J]. 高等学校化学学报,2001,22:524－529.

[32]K. V. Kravchyk, O. Bohnke, V. Gunes, et al. Gouttefangeas. Ionic and electronic conductivity of 3mol% $Fe_2O_3$－substituted cubic Y－stabilized $ZrO_2$[J]. Solid State Ionics,2012,226:53－58.

[33]D. Pomykalska, M. M. Bućko, M. Rekas. Electrical conductivity of $MnO_x$－$Y_2O_3$－$ZrO_2$ solid solutions [J]. Solid State Ionics,2010,181:48－52.

[34]Fang Yuan, J. X. Wang, He Miao, et al. Investigation of the crystal structure and ionic conductivity in the ternary system$(Yb_2O_3)_x$－$(Sc_2O_3)_{(0.11-x)}$－$(ZrO_2)_{0.89}$(x = 0－0.11)[J]. Journal of Alloys and Compounds,2013,549:200－205.

[35]W. Li, L. Gao. Rapid sintering of nanocrystalline $ZrO_2$(3Y) by spark plasma sintering [J]. Journal of the European Ceramic Society,2000,20:2441－2445.

[36]唐辉,林振汉,陈世官. 氧化锆基固体电解质老化性能的研究[J]. 上海有色金属,2008,29(3):115－126.

[37]周贤界,徐华蕊,朱归胜. 阳极支撑SSZ电解质膜的水热法制备[J]. 电源技术研究与设计,2008:84－86.

[38]华纬,鲁雄刚,李重河,等. 氧化锆固体电解质高温电子电导的研究[J]. 功能材料,2009,40(12):1979－1983.

[39]田彦婷,吕喆,陈孔发,等. 微米粉体制备阳极支撑的YSZ薄膜[J]. 电源技术研究与设计,2009,33(1):24－40.

[40]梁明德,章德铭,张鑫,等. 氢电极预烧温度对丝网印刷YSZ电解质薄膜的影响[J]. 有色金属,2013(1):52－57.

[41]徐娜,韩敏芳,朱腾龙. 悬浮液滴涂法制备YSZ电解质薄膜研究[J]. 吉林师范大学学报(自然科学版),2013(2):6－8.

[42]F. L. Garcia, Gonzaga de Resende Valdirene, De Grave Eddy, et al. Iron－stabilized nanocrystalline $ZrO_2$ solid solutions: synthesis by combustion and thermal stability [J]. Materials Research Bulletin,2009,44:1301－1311.

[43]王其艮,彭冉冉,夏长荣. 甘氨酸法制备YS－Z粉体及其在中温固体氧化物燃料电池中的应用[J]. 中国科学技术大学学报,2008,38(6):633－638.

[44]黄祖志,罗凌虹,吴也凡,等. 不同黏结剂体系对水基流延成型$Y_2O_3$稳定$ZrO_2$的影响[J]. 硅酸盐学报,2008,36(11):1590－1594.

[45]黄祖志,罗凌虹,卢泉,等. 固体氧化物燃料电池电解质8YSZ薄膜的水系流延[J]. 人工晶体学报,2008,37(5):1241－1272.

[46]杨一凡,肖建中,夏风,等. 有机添加剂对$ZrO_2$流延生坯性能的影响[J]. 硅酸盐通报,2007,26(1):181-185.

[47]乐士儒,孙克宁,徐峰,等. 两种8YSZ作为SOFC电解质的比较[J]. 电池,2008,38(4):215-217.

[48]罗凌虹,汪兴华,吴也凡,等. 高孔隙率YSZ-高致密YSZ薄膜共烧复合体的制备[J]. 硅酸盐学报,2011,39(2):256-261.

[49]韩敏芳,焦成冉,熊洁. 添加$Li_2O$对YSZ电解质性能影响[J]. 硅酸盐学报,2012,40(10):1507-1514.

[50]贺天民,吕喆,刘江,等. 改进注浆法制备$(ZrO_2)_{0.92}(Y_2O_3)_{0.08}$电解质薄管的电学性能及应用[J]. 中国稀土学报,2002,20(1):16-20.

[51]陶为华,马桂林. $ZrO_2$-8mol% $Dy_2O_3$固体电解质燃料电池性能[J]. 化学世界,2005,11:648-652.

[52]曾晓国,陈启元,刘常青,等. $ZrO_2$固体电解质用于铝电解的初步研究[J]. 轻金属,2007,9:28-31.

[53]梁明德,于波,文明芬,等. YSZ电解质薄膜的制备方法[J]. 化学进展,2008,20(7/8):1222-1231.

[54]林振汉,张玲秀,王欣. $ZrO_2$基中温固体电解质材料的制备和性能研究[J]. 钛工业发展,2011,28(6):23-27.

[55]T. Shirakami, T. At, T. Mori, et al. Low temperature heat capacity of $(ZrO_2)_{1-x}(Y_2O_3)_X$ (x=0.0776 and 0.0970) and low energy excitations [J]. Solid State Ionics, 1995, 79: 143-146.

[56]Yuan Ji, Jiang Liu, Zhe Lv, et al. Study on the properties of $Al_2O_3$-doped $(ZrO_2)_{0.92}(Y_2O_3)_{0.08}$ electrolyte [J]. Solid State Ionics, 1999, 126: 277-283.

[57]周健儿,吴也凡,石纪军,等. 不同价态阳离子对$ZrO_2$纳米晶涂层修饰微滤膜的相互作用研究[J]. 陶瓷学报,2009,30(4):463-466.

[58]J. C. Ray, P. Pramanik, S. Ram. Formation of $Cr^{3+}$ stabilized $ZrO_2$ nanocrystals in a single cubic metastable phase by a novel chemical route with a sucrose-polyvinyl alcohol polymer matrix [J]. Materials Letters, 2001, 48: 281-291.

[59]S. R. Le, K. N. Sun, N. Q. Zhang, et al. Fabrication and evaluation of anode and thin $Y_2O_3$-stabilized $ZrO_2$ film by co-tape casting and co-firing technique [J]. Journal of Power Sources, 2010, 195: 2644-2648.

[60]娄彦良,肖文凯. $ZrO_2$薄膜离子导电性能的研究[J]. 研究与试剂,2001,3-4.

[61]石敏,刘宁. $ZrO_2$基固体电解质氧传感器的研究现状及发展趋势[J]. 合肥工业大学学报(自然科学版),2003,26(3):388-392.

[62]谢笑虎,孙加林,宋文.$(Gd_2O_3)_x(ZrO_2)_{1-x}(x=0.05-0.15)$电解质材料的电导及其分子动力学模拟[J]. 哈尔滨理工大学学报,2012,17(1):6-9.

[63]B. Jayaraj, V. H. Desai, C. K. Lee, et al. Electrochemical impedance spectroscopy of porous $ZrO_2$ - 8wt. % $Y_2O_3$ and thermally grown oxide on nickel aluminide [J]. Materials Science and Engineering A, 2004, 372: 278-286.

[64]林振汉,张玲秀.氧化锆基固体电解质离子导电的基本原理[J]. 热处理,2009,24(5):6-10.

[65]简家文,高建元,邹杰,等.NiO/YSZ结构NO传感器的敏感特性[J]. 硅酸盐学报,2010,38(6):1036-1040.

[66]孙焕军,于春鹏.$ZrO_2$基固体电解质氧传感器在汽车上的应用[J]. 黑龙江工程学院学报(自然科学版),2004,18(4):49-52.

[67]钟理,黄健光,Chuang Karl. YSZ传导膜$H_2S$固体氧化物燃料电池[J]. 燃料化学学报,2010,38(5):610-614.

[68]乐士儒,张靖,朱晓东,等.$ZrO_2$基固体电解质的研究进展[J]. 电源技术,2012,1751-1754.

[69]Jing Chen, F. L. Liang, Dong Yan, et al. Performance of large-scale anode-supported solid oxide fuel cells with impregnated $La_{0.6}Sr_{0.4}Co_{0.2}Fe_{0.8}O_{3-\delta}$ + $Y_2O_3$ stabilized $ZrO_2$ composite cathodes [J]. Journal of Power Sources, 2010, 195: 5201-5205.

[70]Z. M. Shen, X. D. Zhu, S. R. Le, et al. Co-sintering anode and $Y_2O_3$ stabilized $ZrO_2$ thin electrolyte film for solid oxide fuel cell fabricated by co-tape casting [J]. International Journal of Hydrogen Energy, 2012, 37: 10337-10345.

[71]X. X. Meng, Xun Gong, N. T. Yang, et al. Fabrication of $Y_2O_3$-stabilized-$ZrO_2$(YSZ)/$La_{0.8}Sr_{0.2}MnO_{3-\delta}$-YSZ dual-layer hollow fibers for the cathode-supported micro-tubular solid oxide fuel cells by a co-spinning/co-sintering technique [J]. Journal of Power Sources, 2013, 237: 277-284.

[72]L. B. Lei, Y. H. Bai, Jiang Liu. Ni-based anode-supported $Al_2O_3$-doped-$Y_2O_3$-stabilized $ZrO_2$ thin electrolyte solid oxide fuel cells with $Y_2O_3$-stabilized $ZrO_2$ buffer layer [J]. Journal of Power Sources, 2014, 248: 1312-1319

[73]石敏,房虹娇,许育东,等.氧化锆基固体电解质价电子结构研究[J]. 金属功能材料,2009,16(6):30-34.

[74]舒绪刚,何湘柱,黄慧民,等.聚丙烯酸苯乙烯分散剂的合成及其对纳米二氧化锆分散性能的影响[J]. 精细石油化工,2009,26(3):34-37.

[75]胡永刚,肖建中,夏风,等.基于热膨胀性质的$ZrO_2$固体电解质性能与相关系模型[J]. 物理学报,2010,59(10):7447-7451.

[76]尹亮亮,谢光远,黄海琴,等. 基于氧化锆电解质的 $NO_x$ 传感器的检测系统设计[J]. 传感器世界技术与应用,2011:16-19.

[77]高运明,王兵,王少博,等. 含 FeO 熔渣对 $ZrO_2$ 固体电解质侵蚀性研究[J]. 武汉科技大学学报,2012,35(5):330-337.

[78]方建慧,付红霞,沈霞,等. $SrCe_{1-x}Y_xO_{3-\alpha}$ 高温质子导体结构和紫外光谱研究[J]. 云南大学学报(自然科学版),2005,27:97-100.

[79]F. S. Li,Y. H. Tang,L. F. Li. Distribution of oxygen potential in $ZrO_2$ - based solid electrolyte and selection of reference electrode of oxygen sensor [J]. Solid State Ionics,1996,86-88:1027-1031.

[80]A. Inoishi,S. Ida,T. Ishihara. Fe-airre chargeable battery using oxide ion conducting electrolyte of $Y_2O_3$ stabilized $ZrO_2$[J]. Journal of Power Sources,2013,229:12-15.

[81]S. Raz,K. Sasaki,J. Maier,I. Riess. Characterization of adsorbed water layers on $Y_2O_3$ - doped $ZrO_2$[J]. Solid State Ionics,2001,143:181-204.

[82]K. Sasaki,J. Maier. Chemical surface exchange of oxygen on $Y_2O_3$ - stabilized $ZrO_2$[J]. Solid State Ionics,2003,161:145-154.

[83]J. Xue,J. H. Tinkler,R. Dieckmann. Influence of impurities on the oxygen activity - dependent variation of the oxygen content of a commercial,CaO - doped $ZrO_2$[J]. Solid State Ionics,2004,166:199-205.

[84]Xin Guo. Effect of $Nb_2O_5$ on the space - charge conduction of $Y_2O_3$ - stabilized $ZrO_2$[J]. Solid State Ionics,1997,99:137-142.

[85]M. Matsuda,J. Nowotny,Z. Zhang,et al. Lattice and grain boundary diffusion of Ca in polycrystalline yttria - stabilized $ZrO_2$ determined by employing SIMS technique [J]. Solid State Ionics,1998,111:301-306.

[86]M. N. Rendtorff,G. Suarez,F. A. Esteban,et al. Phase evolution in the mechanochemical synthesis of stabilized nanocrystalline$(ZrO_2)_{0.97}(Y_2O_3)_{0.03}$ solid solution by PAC technique [J]. Ceramics International,2013,39:5577-5583.

[87]M. Keane,P. Singh. Effects of impurities on silver - $(ZrO_2)_{0.92}(Y_2O_3)_{0.08}$ interface morphology in solid oxide cells [J]. Ceramics International,2014,40:7261-7268.

[88]T. Ueno,Y. Hirata,T. Shimonosono. Analysis of compressive deformation behavior of wet powder compacts of nanometer - sized yttria - stabilized zirconia particles [J]. Ceramics International,2016,42:1926-1932.

[89]S. R. Le,Y. C. Mao,X. D. Zhu,et al. Constrained sintering of $Y_2O_3$ - stabilized $ZrO_2$ electrolyte on anode substrate [J]. International Journal of Hydrogen Energy,2012,37:18365-18371.

[90] Y. H. Liu, Jing Chen, F. Z. Wang, et al. Performance stability of impregnated $La_{0.6}Sr_{0.4}Co_{0.2}Fe_{0.8}O_{3-\delta}-Y_2O_3$ stabilized $ZrO_2$ cathodes of intermediate temperature solid oxide fuel cells [J]. International Journal of Hydrogen Energy, 2014, 39: 3404 – 3411.

[91] Y. J. Leng, S. H. Chan, K. A. Khor, et al. Effect of characteristics of $Y_2O_3/ZrO_2$ powders on fabrication of anode – supported solid oxide fuel cells [J]. Journal of Power Sources, 2003, 117: 26 – 34.

[92] J. Kondoh. Origin of the hump on the left shoulder of the X – ray diffraction peaks observed in$Y_2O_3$ – fully and partially stabilized $ZrO_2$ [J]. Journal of Alloys and Compounds, 2004, 375: 270 – 282.

[93] K. Vanmeensel, A. Laptev, O. Van der Biest, et al. Field assisted sintering of electro – conductive $ZrO_2$ – based composites [J]. Journal of the European Ceramic Society, 2007, 27: 979 – 985.

[94] Yan Chen, N. Orlovskaya, E. A. Payzant, et al. A search for temperature induced time – dependent structural transitions in 10mol% $Sc_2O_3$ – 1mol% $CeO_2$ – $ZrO_2$ and 8mol% $Y_2O_3$ – $ZrO_2$ electrolyte ceramics [J]. Journal of the European Ceramic Society, 2015, 35: 951 – 958.

[95] A. Lakki, R. Herzog, M. Weller, et al. Mechanical loss, creep, diffusion and ionic conductivity of $ZrO_2$ – 8mol% $Y_2O_3$ polycrystals [J]. Journal of the European Ceramic Society, 2000, 20: 285 – 296.

# 经典实例1

## 溶胶－凝胶法合成$Y_2O_3$稳定的$ZrO_2$(YSZ)

### 一、背景

固体电解质的合成方法很多,例如高温固相法、高温液相法、溶胶－凝胶法和微乳液法等,在实际操作中应用最多的是溶胶－凝胶法。溶胶－凝胶法具有以下的优点:①原料可以在原子水平上进行混合保证其均匀程度;②制作固体电解质时所需要的设备相对比较简单,而且合成材料时所需要的温度也比较低,起到节能效果;③在制备过程中产品的性能与结构容易控制。这种方法也可用于制作薄膜型固体电解质,只是利用此种方法制备有个缺点,制备的膜很容易将气孔包裹进来,使得这种薄膜型固体电解质致密性很差[1]。

## 二、原理

纯的 $ZrO_2$ 导电能力很弱，室温下是绝缘材料。因此我们通常所说的 $ZrO_2$ 固体电解质材料，实际上大多数都是指掺杂 $ZrO_2$ 立方萤石型固溶体。纯的 $ZrO_2$ 并不是一种理想的固体电解质材料，而当在 $ZrO_2$ 中掺杂了一定量的碱土金属阳离子或稀土金属阳离子后，为了满足电中性的需求，结构中将产生大量的氧空位，有助于氧离子的运动，提高了固溶体的离子电导率。如图 1 所示这类掺杂的固体电解质材料主要有 $ZrO_2CaO$、$ZrO_2Y_2O_3$、$ZrO_2Yb_2O_3$、$ZrO_2CaOMgO$ 等。$ZrO_2$ 基固体电解质材料通常在很高的温度下使用，在高温情况下它具有较高的电导率[2]。

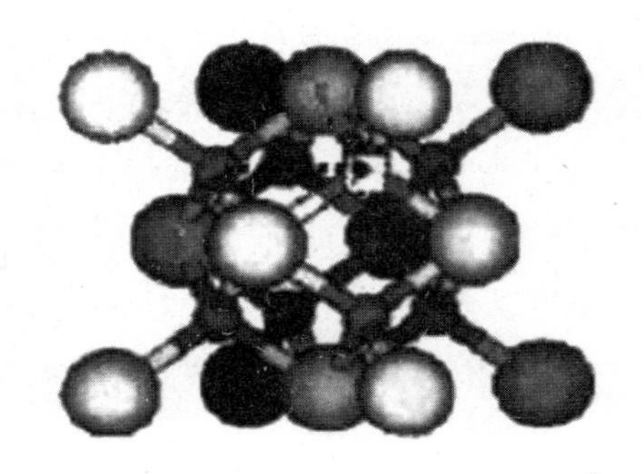

□为氧空位，○为 $Zr^{4+}$，●为 $O^{2-}$

图 1　$ZrO_2$ 的结构原理

## 三、仪器和试剂

1. 仪器

实验高温电炉（2 台）；分析天平；玛瑙研钵；球磨机（2 台）；

磁力加热搅拌器；酸度计；鼓风电热恒温干燥箱。

2. 试剂（分析纯）

氧氯化锆；$Y_2O_3$；浓氨水；无水乙醇；浓硝酸；聚乙烯醇（PVA）。

## 四、步骤

（1）PVA 溶液的制备——制备质量浓度为 10% 的聚乙烯醇水溶液。

①计算所需加的水量、聚乙烯醇量；②加入一两滴正辛醇消泡剂防止产生泡沫；③加热至 90℃ 保温 0.5h，冷却至常温。

（2）将计算所需量的 $Y_2O_3$ 溶于浓硝酸；将氧氯化锆粉末加入由乙醇和去离子水按 1∶1 比例混合的溶液中。

（3）催化剂浓氨水滴加到溶液中，调节溶液的 pH 为 2.8，形成透明溶胶。

（4）溶胶经过鼓风电热恒温干燥箱在 110℃ 转变为凝胶。

（5）置于高温电炉中，在 1100℃ 预烧 2h。

(6)初烧产物在球磨机中球磨1h,经80mesh过筛后,在不锈钢模具中以100MPa压力压制成直径约为18mm、厚度约2mm的圆形薄片。

(7)置于高温电炉中于1500℃下烧结5h。

## 五、参考文献

[1]赵苏阳,胡树兵,郑扣松,等.固体氧化物燃料电池(SOFC)制备方法的研究进展[J].材料导报.,2006,20(07):27-30.

[2]孙林娈.$ABO_3$钙钛矿型陶瓷的合成及其电性能的研究[D].苏州:苏州大学,2008.

# 经典实例2

## 利用氧传感器测定钢瓶氩气中痕量氧含量

## 一、背景

纯的$ZrO_2$导电能力很弱,室温下是绝缘材料。因此我们通常所说的$ZrO_2$固体电解质材料,实际上大多数都是指掺杂$ZrO_2$立方萤石型固溶体。纯的$ZrO_2$并不是一种理想的固体电解质材料,而当在$ZrO_2$中掺杂了一定量的碱土金属阳离子或稀土金属阳离子后,为了满足电中性的需求,结构中将产生大量的氧空位,有助于氧离子的运动,提高了固溶体的离子电导率。这类掺杂的固体电解质材料主要有$ZrO_2CaO$、$ZrO_2Y_2O_3$、$ZrO_2Yb_2O_3$、$ZrO_2CaOMgO$等。$ZrO_2$基固体电解质材料通常在很高的温度下使用,在高温情况下它具有较高的电导率[1]。研究表明[2]:适量的$Y_2O_3$、$Yb_2O_3$等添加到$ZrO_2$中组成复合掺杂剂,可以提高该物质的性能,如:$ZrO_2$高温立方萤石结构能够保持,晶界性质、试样电导率可以提高,老化速度得以减慢。

## 二、原理

实验原理如图1所示。将制得的烧结体薄片YSZ作为电解质隔膜,以多孔性铂为阴阳极,以铂网为集电体,向电解质隔膜两侧的气室中分别通入干燥(用$P_2O_5$干燥)$O_2$及干燥的$Ar-O_2$混合气体,组成如下的氧浓差电池:

$$O_2(dry),Pt \mid 陶瓷片 \mid Pt,O_2-Ar(dry)$$

测定其在测试温度下的电动势。理论电动势可由Nenrst方程计算得到:

$$E_{cal} = RT/4F\text{Ln}[pO_2(\text{II})/pO_2(\text{I})]$$

根据 Nenrst 方程，可计算钢瓶氩气中痕量氧含量[3]。

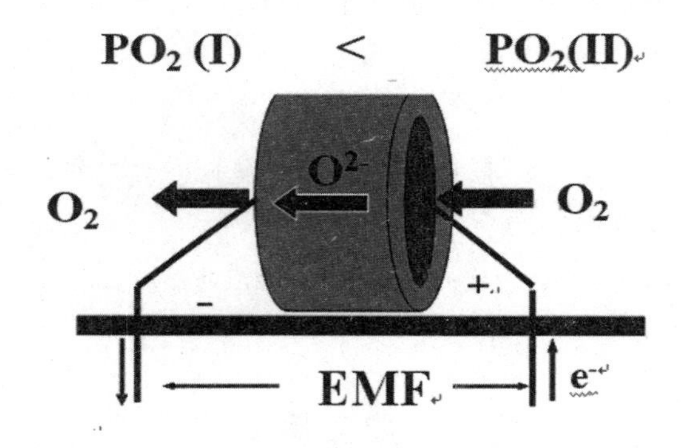


图1　氧浓差电池原理图

## 三、仪器和试剂

1. 仪器

实验高温电炉(2 台)；分析天平；玛瑙研钵；球磨机(2 台)；

磁力加热搅拌器；酸度计；鼓风电热恒温干燥箱；自制氧传感器。

2. 试剂(分析纯)

氧氯化锆；$Y_2O_3$；浓氨水；无水乙醇；浓硝酸；聚乙烯醇(PVA)。

## 四、步骤

(1)采用溶胶－凝胶法制备烧结体薄片 YSZ[4]。

(2)PVA 溶液的制备——制备质量浓度为 10% 的聚乙烯醇水溶液。

①计算所需加的水量、聚乙烯醇量；②加入一两滴正辛醇消泡剂防止产生泡沫；③加热至 90℃保温 0.5h，冷却至常温。

(3)将计算所需量的 $Y_2O_3$溶于浓硝酸；将氧氯化锆粉末加入由乙醇和去离子水按 1∶1 比例混合的溶液中。催化剂浓氨水滴加到溶液中，调节溶液的 pH 为 2.8，形成透明溶胶。溶胶经过鼓风电热恒温干燥箱在 110℃转变为凝胶。置于高温电炉中，在 1100℃预烧 2h。初烧产物在球磨机中球磨 1h，经 80mesh 过筛后，在不锈钢模具中以 100MPa 压力压制成直径约为 18mm、厚度约 2mm 的圆形薄片。置于高温电炉中于 1500℃下烧结 5h。

（4）将氧传感器温度升至850℃，并进行气密性检测。将电位差计进行零点校正。

（5）测定氧传感器中的实际温度。

（6）测定钢瓶氩气中痕量氧含量。向装有样品的测试电炉的上、下两个气室中分别通入干燥的空气、钢瓶氩气，组成氧浓差电池，测量电动势。

$$\text{gas I}, \text{Pt} \mid \text{YSZ} \mid \text{Pt}, \text{gas II}$$

gas Ⅰ代表纯净氩气分压，gas Ⅱ代表空气分压。

电动势的理论值$E_{cal}$用Nernest方程求得：

$$E_{cal} = \frac{RT}{4F} \ln \frac{pO_2(2)}{pO_2(1)}$$

式中$R$为气体常量，$T$为绝对温度，$F$为法拉第常量，$pO_2(2)$，$pO_2(1)$为正、负极气室中的氧气分压，$pO_2(2) > pO_2(1)$。

## 五、参考文献

[1]王萌萌. 氧离子导体固体电解质的制备与性能研究[D]. 大连：大连理工大学，2006.

[2]李芳. 固体电解质质子导体的研究进展[J]. 化学研究，2006，17(02)：108－112.

[3]林振汉，张玲秀，王欣. $Yb_2O_3$掺杂8YSZ电解质材料的制备和性能研究[J]. 稀有金属快报，2008，27(1)：23－28.

[4]陈玉如，梁广川，吴厚政，等. 燃料电池固体氧化物电解质研究进展[J]. 硅酸盐通报，1999，(05)：39－45.

# 经典实例3

## 小型便携式氧传感器的制作

## 一、背景

传感器主要有氢气传感器和氧气传感器以及水蒸气传感器等。

氢气传感器组装相对比较简单，原理是以质子导电性陶瓷为固体电解质，并利用了电化学氢气浓差电池。

氧传感器的组装分为三部分，分别是测量电极、固体电解质、参比电极。按工作原理可分为三类：氧化物半导体型、浓差半导体型、电化学泵型。对于固体电解质,氧传感器的基本检测原理为:通过检测气体的氧电势和温度及数学模型,推算出被测气体的氧含量。王三良[1]等对固体电解质原理及应用进行详细研究,从本质上对 $ZrO_2$ 固体电解质的导电原理和掺杂改性做了研究。

水蒸气传感器是常选用水蒸气分压的固体水合物作为参比电极的传感器。此传感器的特点优良,结构比较简单,使用温度相对低,反应时间快,灵敏度高等。韩元山[2]等选用 $ZrO_2$ 并掺杂 $Y_2O_3$ 为固体电解质进行水蒸气传感器测量,研究结果表明:温度的升高促使电池的电动势变小;恒温时电池电动势随水蒸气的压强的升高而升高。目前,湿敏传感器有需要改进的地方,如:电极间距尽量近,反应速度适当提高,另外不能检测快速变化的湿度以及测量场所受限制等也需要改进。

掺杂 $ZrO_2$ 是氧离子导体,被用作测定氧气分压的探头,它们把化学量转变为电信号输出,因为小型简便,反应迅速,所以被广泛应用在火力发电厂、钢铁厂、水泥厂等工厂中,用于测定烟道气中氧,以控制燃烧。在内燃机中,用于测定废气中的氧,用来节油和减少环境污染。

## 二、原理

在浓差电池型氧传感器中,$ZrO_2$ 固体电解质传感器是唯一在实际中被用于汽车的传感器。在车内恶劣的环境条件下,废气中的杂质和长寿命的要求是必须的,覆盖着一层多孔陶瓷作为涂布膜在氧化锆传感器元件铂膜上,以防止腐蚀[3]。固体电解质产生电动势的工作原理如图 1 所示。如果其两侧的氧浓度有一个电势差,氧从高浓度向低浓度一侧的移动穿过固体电解质的氧离子的形式,这一性质被用来检测氧气浓度和燃料电池[4]。传感器的原理很简单:就是气敏材料在一定气氛中产生离子,离子的迁移和传导形成电势差,然后根据电势差来测定气体浓度的大小。$ZrO_2$ 氧传感器是最具有代表性的固体电解质气体传感器。该传感器的特点是原理简单,电解质中的移动离子与气敏材料中吸附待测气体派生的离子相同。

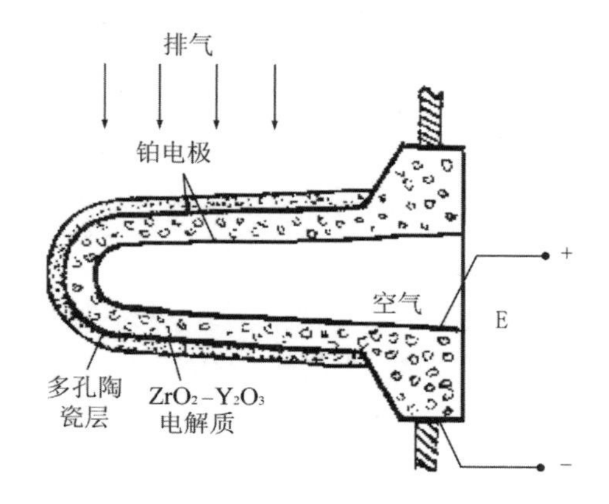


**图 1　氧传感器原理图**

## 三、仪器和试剂

1. 仪器

实验高温电炉(2 台);分析天平;玛瑙研钵;球磨机(2 台);

磁力加热搅拌器;酸度计;鼓风电热恒温干燥箱。

2. 试剂(分析纯)

氧氯化锆;$Y_2O_3$;浓氨水;无水乙醇;浓硝酸;聚乙烯醇(PVA)。

## 四、步骤

(1)采用溶胶-凝胶法制备烧结体 YSZ。

(2)PVA 溶液的制备——制备质量浓度为 10% 的聚乙烯醇水溶液。

①计算所需加的水量、聚乙烯醇量;②加入一两滴正辛醇消泡剂防止产生泡沫;③加热至 90℃保温 0.5h,冷却至常温。

(3)将计算所需量的 $Y_2O_3$溶于浓硝酸;将氧氯化锆粉末加入由乙醇和去离子水按 1∶1 比例混合的溶液中。催化剂浓氨水滴加到溶液中,调节溶液的 pH 为 2.8,形成透明溶胶。溶胶经过鼓风电热恒温干燥箱在 110℃转变为凝胶。置于高温电炉中,在 1100℃预烧 2h。初烧产物在球磨机中球磨 1h,经 80mesh 过筛后,在不锈钢模具中以 100MPa 压力压制成直径约为 18mm、厚度约 2mm 的圆形薄片。置于高温电炉中于 1500℃下烧结 5h。

(4)将烧结体 YSZ 磨成一定厚度的薄片($h$ = 1.77mm)或加工成图 1 所示的形状,将样品薄皮两面均匀涂上铂金浆料,用吹风机吹干,最后将样品薄皮放入自制的测试电炉。

## 五、参考文献

[1]王三良,钟克创,秦东振,等.固体电解质氧传感器[J].2006,26.

[2]韩元山,王常珍,田彦文,等.$ZrO_2$(掺杂 $Y_2O_3$)固体电解质水蒸气传感[J].东北大学学报,2003,24.

[3]周玉甲.氧传感器及其应用[J].企业技术开发,2006,25(12):44-46.

[4]林振汉,张玲秀.氧化锆基固体电解质离子导电的基本原理[J].《理化检验-物理分册》杂志.2009,24(05):6-10.

# 第 5 章

# 掺杂氧化铈电解质材料

## 5.1　氧化铈基电解质概述

随着社会的发展,人们生活水平的提高对新生化学产品提出了新的要求。人们越来越无法接受各种化学产品的污染、低效、高损耗。与此同时,一个新的化学时代拉开了帷幕。1991 年美国化学会(ACS)提出了“绿色化学”,并迅速成了美国环保署(EPA)的中心口号,至此,节能,环保,高效这些一个一个曾经陌生的口号,变成科研工作者的常态目标。

另外,电,作为第二次工业革命的产物在人类的生活中扮演着至关重要的角色。这些年来人们尝试利用各种方法来发电,都希望找到一种更加节能高效的方式来服务人类。其中分布式电站因为其可维护性高、成本低被广泛地运用到了世界的各个角落,成了世界能源供应环节的重要组成部分。而第三代燃料电池即固体氧化物燃料电池(SOFC)由于它产生的排气具有很高的温度可以提供天然气重整所需要的热量,还可以用来生产蒸汽更能与燃气轮机组成联合循环,对于分布式发电站而言是一个非常好的选择,且它的适应性广,高效节能,无污染等一系列优异的性能迅速变成广大科研工作者的研究热点。

固体氧化物燃料电池(SOFC)是一类将化学能高效转化为电能的装置,由于其具有对环境友好,能量转换效率高、燃料适应性强等优点,因此,SOFC 有望成为未来主要的电力来源。随着对固体电解质的了解与应用,固体电解质的发展仍在继续前行,固体电解质是固体氧化物燃料电池最核心的部件。固体氧化物燃料电池(SOFC)以发电效率高、对燃料适应性宽、无腐蚀广泛应用于新型固体电池、电致变色器件和离子传导型传感器件等。同时在记忆装置、显示装置、化学传感器中也起着积极的作用。

SOFC 最常用的电解质陶瓷材料是 $Y_2O_3$稳定的 $ZrO_2$(YSZ),但是 YSZ 在高温(约 1000℃)下才具有较高的离子电导率,而 SOFC 在如此高的温度下运行会带来一系列问题,如制造成本高、电池元件之间的反应、热膨胀系数不匹配等。降低燃料电池的工作温度通常可采用如下方式:替换电解质材料、使用新型电极材料或降低电解质层厚度。在这些方法中,使用替换的电解质材料是最有效的方法,人们在寻找这类材料的过程中发现,通过在具有立方萤石型结构的 $CeO_2$ 晶格中掺杂二价碱土氧化物或三价稀土氧化物等形成 $CeO_2$ 复合氧化物或铈基固溶体,在较低的温度下具有比其他材料都要高的电导率。

掺杂的 $CeO_2$ 基更加吸人眼球,梁广川[1] 等便是通过向 $CeO_2$ 基里面掺杂 $Gd_2O_3$ 以及 $Sm_2O_3$,使得电解质的烧结温度从原来的 1600℃ 降到了 1400V ~ 1450℃。除了向 $CeO_2$ 基中掺杂外,黎大兵[2] 等也曾利用溶胶凝胶法与低温燃烧法相结合制备了一种在中温条件下具有很好的电化学特性的粉体 $(CeO_2)_{0.9-x}(GdO_{1.5})_x(Sm_2O_3)_{0.1}$。对 $CeO_2$ 基的研究除了以上两种方法之外常采用的还有注凝成型技术,燃烧法以及高温凝胶法,溶液共混煅烧等方法,这些方法为我们提供了很好的途径,去研究一种新的固体氧化物电解质。目前,掺杂的 $CeO_2$ 被认为是最适合作中低温 SOFC 的电解质,下面就这类材料在不同掺杂情况下的性能及其制作工艺的研究进展情况予以综述。

### 5.1.1 $CeO_2$ 的晶体结构

如图 5-1 所示,$CeO_2$ 具有开放的立体萤石结构,晶胞参数为 0.540nm,$CeO_2$ 烧结体在 273.15 ~ 1073.15K 温度范围内的热膨胀系数为 $8.6 \times 10^{-6}$ cm·$(cm^{-1} \cdot K)^{-1}$。从结构上来看,$Ce^{4+}$ 位于 $O^{2-}$ 构成的立方点阵中心,配位数通常是 8,$O^{2-}$ 位于 $Ce^{4+}$ 构成的四面体中心,配位数通常为 4。萤石结构中存在大量八面体空位,这种开放式的对称结构被认为是最有利于离子传导的。

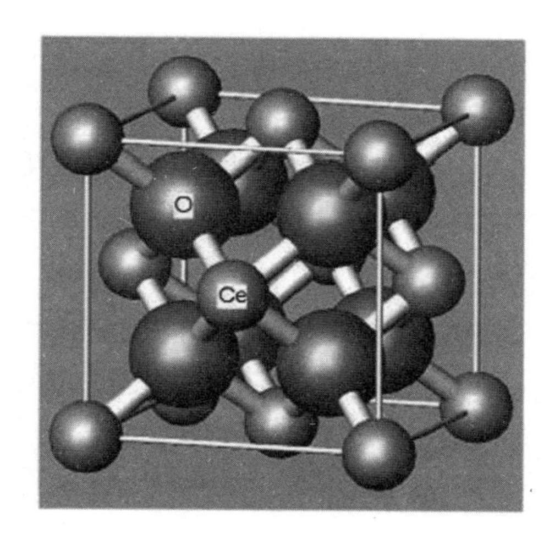


图 5-1 $CeO_2$的立方萤石结构

### 5.1.2 导电机理

$CeO_2$具有立方萤石结构，在氧离子形成的简单立方体中，$Ce^{4+}$占据一半的体心位置，因此单位晶胞中心有很大的空隙，有利于阴离子迁移。同时 $CeO_2$的萤石结构相当稳定，而且不等价掺杂物在 $CeO_2$中固溶度较高。如图 5-2 为 $CeO_2$晶胞中含有一个掺杂低价态碱土或稀土阳离子（$M^{2+}$、$M^{3+}$）和一个氧空位的结构示意图。当在 $CeO_2$中掺杂稀土或碱土氧化物时，掺杂离子取代 $Ce^{4+}$位于氧的八面体中心，为了满足晶格的电中性产生了相应数量的氧空位，氧空位取代部分氧离子的位置，促进了氧负离子的迁移。氧空位浓度的增加可以提高氧离子的迁移速度，从而提高电解质的离子电导率。

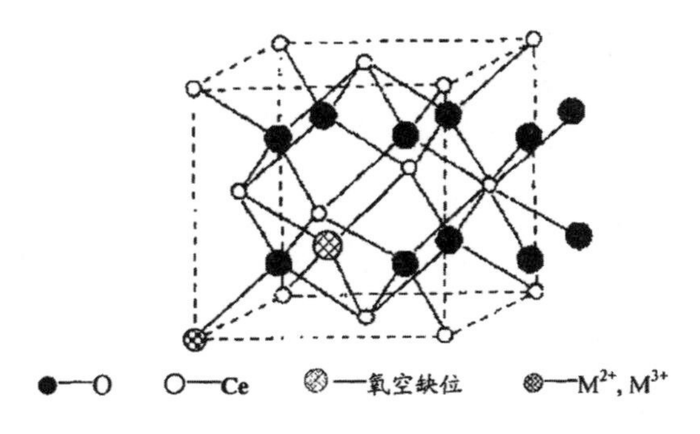


图 5-2 含掺杂阳离子和氧空位的 $CeO_2$晶胞

目前,研究较多的掺杂物包括 CaO、SrO、$La_2O_3$、$Sm_2O_3$、$Gd_2O_3$、$Y_2O_3$等。表5-1 为各种掺杂 $CeO_2$电解质的电导率与传导活化能的数值。

表 5-1 $CeO_2$电解质材料的电导率及传导活化能

| 掺杂氧化物 | 掺杂含量/mol% | 电导率(800℃)/($10^{-2}$ S·cm$^{-1}$) | 活化能/(kJ·mol$^{-1}$) |
|---|---|---|---|
| $La_2O_3$ | 10 | 2.0 | — |
| $Sm_2O_3$ | 20 | 11.7 | 49 |
| $Y_2O_3$ | 20 | 5.5 | 26 |
| $Gd_2O_3$ | 20 | 8.3 | 44 |
| SrO | 10 | 5.0 | 77 |
| CaO | 10 | 3.5 | 88 |

### 5.1.3 相结构分析

X. L. Zhou[3] 等研究发现,通过燃烧法合成的 $La_{0.7}Ca_{0.3}CrO_{3-\delta}$、$La_{0.7}Ca_{0.3}CrO_{3-\delta}$ +5% $Ce_{0.8}Sm_{0.2}O_{1.9}$、$La_{0.7}Ca_{0.3}CrO_{3-\delta}$ + 10% $Ce_{0.8}Sm_{0.2}O_{1.9}$样品分别为六方钙钛矿型结构、立方钙钛矿型结构、正交钙钛矿型结构,如图 5-3 所示。晶体结构之间的差异可以解释电导率之间的差异,在 $La_{0.7}Ca_{0.3}CrO_{3-\delta}$中加入 $Ce_{0.8}Sm_{0.2}O_{1.9}$导电性能和烧结性能增加,而对其他性能没有影响。S. Samiee[4] 等通过微波辅助法制备了纳米 $CeO_2$,首次研究了不同的前驱体[Ce(Ⅳ)和 Ce(Ⅲ)]对纳米$CeO_2$结构的影响。实验发现,样品 1 和 2 都显示出均匀的立方形态。

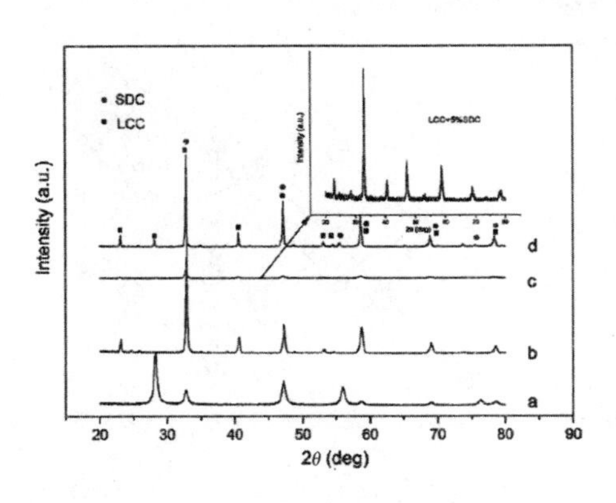


图 5-3 XRD 分析图

W. Z. Huang[5]等通过XRD、XPS、SEM和拉曼光谱对样品的热稳定性、结构和形貌进行了研究，在这种方法中，溶剂的组成和Zr/Ce的摩尔比对最终产品的结构和形态有很大的影响。随着混合溶剂中的含水量降低，粉体的比表面积增大，得到的粉末为单四方相，只有当水与乙醇的体积比，以及Zr/Ce的摩尔比为1∶1，在1000℃四方晶系的$t''-Zr_{0.5}Ce_{0.5}O_2$可在粉末中稳定存在。同时，四方晶系的(t')和(t'')相在$Zr_{0.5}Ce_{0.5}O_2$固溶体中并存，在1100℃下煅烧后无分裂峰，在1200℃进一步转化为立方和四方相(t')，如图5-4所示。

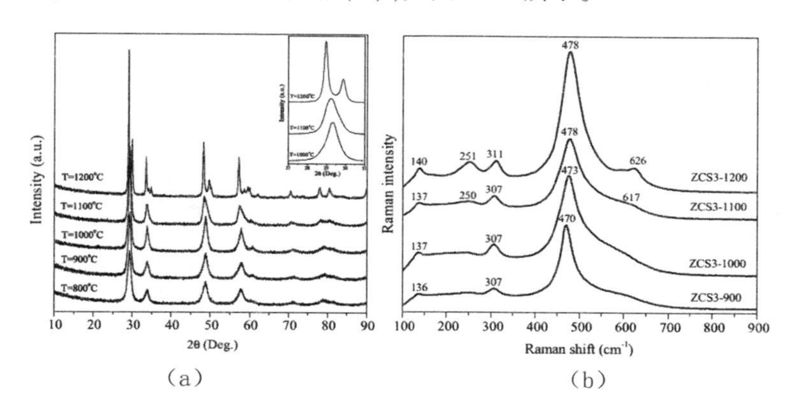


(a)　　　　　　　　　　　　(b)

**图5-4　XRD和拉曼分析图**

N. S. Ferreira[6]等通过使用天然的木薯淀粉作为螯合剂，XRD和拉曼光谱分析表明合成出的$CeO_2$样品具有立方萤石结构。XPS和拉曼光谱也揭示了$Ce^{4+}$还原为$Ce^{3+}$导致氧空位的摩尔分数增加，也导致了在$CeO_2$晶格中存在结构缺陷。W. Liu[7]等研究发现，在不同煅烧温度下的SNDC薄膜均已形成立方晶相特征，并呈现为立方相萤石$CeO_2$的衍射峰，这表明通过$Sm^{3+}$和$Nd^{3+}$共掺杂所制备的氧化铈薄膜电解质是非常稳定的。

K. Yashiro[8]等通过草酸铈和$Nb_2O_5$共沉淀，所获得的前驱体在1673K下煅烧，XRD证实粉末为单相萤石结构。T. Ishida[9]等通过固相反应法和草酸盐共沉淀法分别制备了$(CeO_2)_{0.80}(YO_{1.5})_{0.20}$、$(CeO_2)_{0.80}(GdO_{1.5})_{0.20}$、$(CeO_2)_{0.80}(SmO_{1.5})_{0.20}$粉末，经XRD证实，两种方法所制备的所有粉末均为单相萤石结构。R. Dziembaj[10]等用改进的反向乳液法通过预先优化煅烧，合成了$Ce_{1-x}Cu_xO_{2-\delta}$纳米材料。根据在$CeO_2$相嵌铜离子，在$0<x<0.12$的范围内，经XRD图谱证实$CeO_2$相只存在萤石结构。S. Lubke[11]等通过喷雾干燥/冷冻干燥过程制备了$Ce_{0.8}Gd_{0.2-x}Pr_xO_{0.9}$粉末($x=0.01$、0.02、0.03)，经XRD分析表明所产生的粉末只有立方萤石结构。

C. －Y. Chen[12]等研究发现，热解后的粉末为表面不均匀的纳米球形，热处理后粉末的覆盖层显示出一个三维网络结构，具有互联的孔隙，表现出较高的表面积。GDC在高氧气压力区域和低氧气压力区域分别显示出p型和n型的半导体结构。M. A. F. Oksuzomer[13]等通过多元醇工艺，不使用任何保护剂，制备了$Gd_{0.1}Ce_{0.9}O_{1.95}$和$Gd_{0.2}Ce_{0.8}O_{1.9}$粉末，通过XRD、SEM、TG和阻抗分析法表征了样品的微观结构和物理性质，TG/DTA和XRD的分析结果表明，在500℃相对较低的焙烧温度下，形成了单相萤石结构，如图5－5所示。S. Dikmen[14]等通过水热法制备了$Ce_{0.8}Gd_{0.2-x}M_xO_{2-\delta}$（M：Bi，x＝0－0.1；M：Sm、La、Nd，x＝0.02）固溶体，经实验表明合成出的样品具有萤石结构。

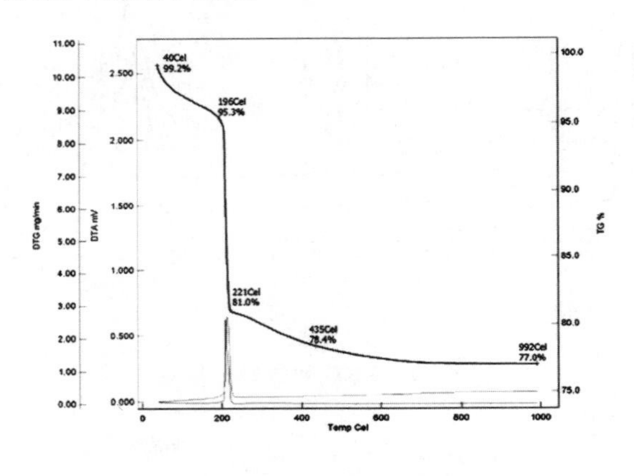


**图5－5　TG/DTA分析图**

Y. C. Dong[15]等研究发现，所合成的$Ce_{0.79}Gd_{0.2}Cu_{0.01}O_{2-\delta}$晶体有良好的立方萤石结构，还具有由气腔和范围从30～50nm的细晶粒组成的多孔泡沫形态。

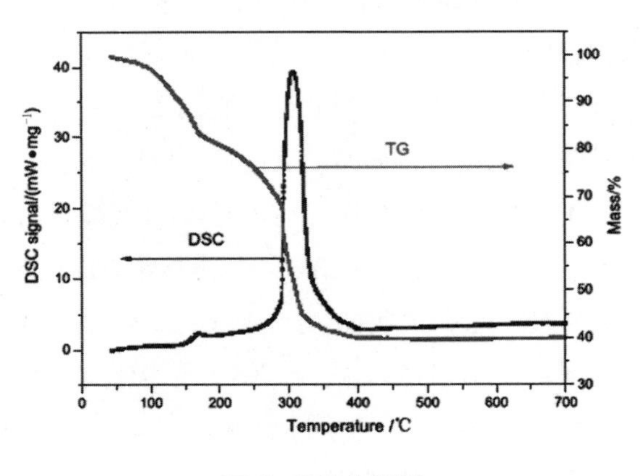


**图6　TG分析图**

B. F. Ji[16]等通过 FTIR、XRD、Raman 光谱、TG－DSC、BET、TEM、SEM、交流阻抗谱和热膨胀对样品进行表征。结果表明，$Ce_{0.8}Y_{0.2-x}Cu_xO_{2-\delta}$在 700℃煅烧 2h 后，具有高纯相的立方萤石型结构，如图 5－6 所示。N. Singh[17]等采用柠檬酸－硝酸盐自燃烧法合成组成为 x＝0.075、0.07、0.06、0.05、0.00 和 y＝0.00、0.01、0.03、0.05、0.15 的 $Ce_{1-x-y}Mg_xLa_yO_{2-x-y/2}$（CML）样品，经 XRD 表明，所有的样品都具有萤石结构，类似于未掺杂的 $CeO_2$。

D. H. Prasad[18]等通过新型溶胶－凝胶热分解法制备了纳米晶 GDC 粉末，经 400℃和 600℃煅烧后，合成的所有 GDC 粉末呈立方萤石结构，具有良好的结晶度。R. Podor[19]等在 T＝500℃煅烧 $Ce_2(C_2O_4)_3 \cdot 10H_2O$ 6h 获得粉末状的 $CeO_2$ 样品，经 XRD 图谱表明合成的样品具有 FCC 萤石型结构。A. Gondolini[20]等在温和的条件下，通过多元醇微波辅助法合成了纳米 $Ce_{1-x}Gd_xO_{2-\delta}$（x＝0，0.10，0.20，0.30）粉末，微波加热被证明对低钆浓度的粉末能强烈影响其形态特性。所合成的样品含有典型的 $CeO_2$ 萤石相。J. B. Huang[21]等经草酸共沉淀法，合成了 $Ce_{0.8}Sm_{0.2}O_{1.9}$（SDC）沉淀，在 750℃下煅烧 2h 形成立方萤石结构。

N. S. Ferreira[6]等经 TEM 和 XRD 表征发现，随着煅烧温度的增加，$CeO_2$ 的平均晶粒大小从 8.1nm 增加到 12.7nm，$CeO_2$ 纳米粒子的形状多为球形，高度凝聚，如图 5－7 所示。W. Liu[7]等研究发现，所有烧结样品的相对密度均为 94%以上，致密度良好。T. Ishida[9]等研究发现，10GDC 和 20GDC 的相对密度，随温度的升高而增加。G. Y. Hao[22]等研究发现，SDC，SL9505，SL9010 样品致密，SL8515 样品有一些洞穴。LSGM 对 SDC 的晶粒生长有显著的影响，可以观察到 SDC－LSGM 电解质有明显的晶粒生长。

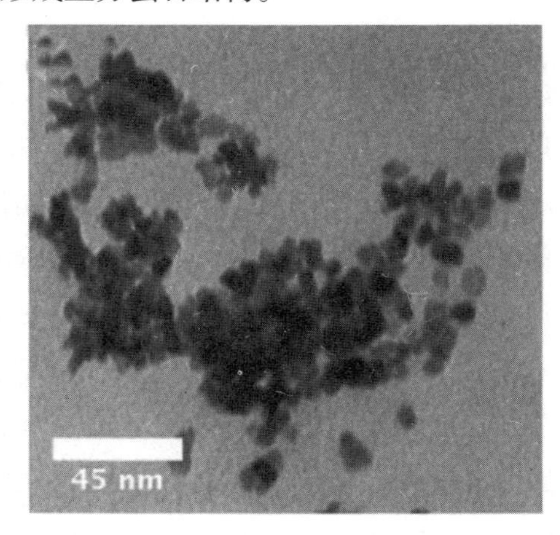


**图 5－7　TEM 分析图**

C.－C. Chou[23]等研究发现，$Ce_{0.8}Gd_{0.2-x}Sr_xO_{1.9-0.5x}$和 $Ce_{0.8-x}Gd_{0.2}Sr_xO_{1.9-x}$的晶胞参数，随着 $Sr^{2+}$ 浓度的增加而呈线性增加。随着 $Sr^{2+}$ 浓度的增加，样品的晶粒尺寸从 3.5mm 增加到 16.5mm，表明添加的 SrO 能降低晶界能，促进晶粒的生长。在 1500℃烧结 15h，这些烧结样品的相对密度是理论值的 98%，具有良好的致密度。D. Bucevac[24]等研究发现，球磨比手工混合更实用，是一种有效的方式来获取几乎全致密的样品，在1550℃无压烧结1h后，通过球磨得到的样品比用手工搅拌得到的样品晶粒尺寸大，通过烧结 $Ce_{0.8}Sm_{0.2}O_{2-\delta}$ 和 $Ce_{0.8}Gd_{0.2}O_{2-\delta}$ 得到的样品致密度更高。

M. A. F. Oksuzomer[13]等研究发现，随着煅烧温度的升高，样品的晶粒尺寸增大，在1300℃以上的温度烧结，颗粒的相对密度均高于95%，具有良好的致密度。S. B. Anantharaman[25]等研究发现，由于较高的空位浓度，有助于实现更好的致密化，因此GDC－A的烧结密度高于GDC－O。X. L. Zhou[26]等研究发现，随着RDC的含量从0增加到10wt·%，不同LCC＋RDC样品的相对密度大幅度上升。这说明RDC对于提高粉体的烧结性能是一种有效的烧结助剂。

S. Dikmen[14]等研究发现，通过水热法制备的 $Ce_{0.8}Gd_{0.2-x}M_xO_{2-\delta}$（M：Bi，x＝0～0.1；M：Sm、La、Nd，x＝0.02）固溶体，晶粒尺寸为18～37nm，由于氧化铈粉体的粒径小，烧结温度为1650℃时陶瓷颗粒的致密度显著降低，因此，所需的氧化铈电解质需要通过固相制备的方法，在1300℃～1400℃样品被烧结成高度致密的陶瓷颗粒。Y. C. Dong[15]等研究发现，经过1100℃烧结后，所制备的 $Ce_{0.79}Gd_{0.2}Cu_{0.01}O_{2-\delta}$ 粉末表现出中等微粒致密的微结构，相对密度为95.54%，这表明合成的 $Ce_{0.79}Gd_{0.2}Cu_{0.01}O_{2-\delta}$ 粉末烧结活性高。

W. P. Sun[27]等研究发现，该电解质薄膜的密度依赖于烧结温度，当共烧温度高于1200℃时，电解质薄膜变得致密，随着烧结温度的升高，薄膜的晶粒尺寸也逐渐增大，如图5－8所示。A. Akbari－Fakhrabadi[28]等研究发现，快速烧结技术和常规烧结技术相比，在高温下快速烧结得到的样品更致密，并能延缓相关的晶粒生长。B. F. Ji[16]等研究发现，$Ce_{0.8}Y_{0.2-x}Cu_xO_{2-\delta}$ 样品在700℃煅烧2h后，平均晶粒尺寸在11.3～17.9nm之间，所合成的粉末具有较高的烧结活性，$Ce_{0.8}Y_{0.2-x}Cu_xO_{2-\delta}$ 系列电解质在1300℃烧结4h后相对密度可达95%以上。

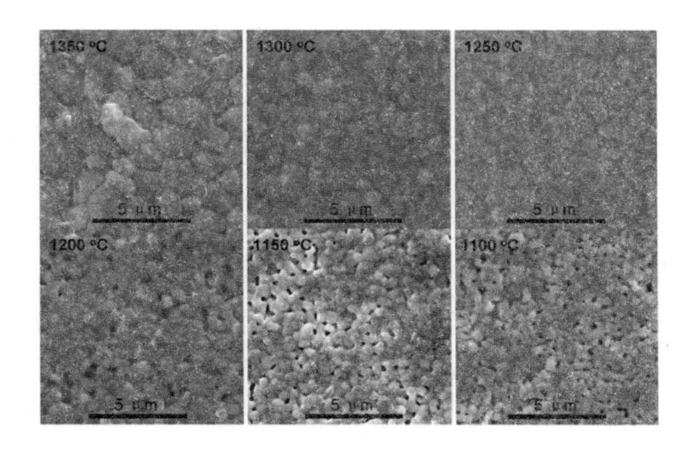


**图 5－8　SEM 分析图**

N. Singh[17]等研究发现,采用柠檬酸－硝酸盐自燃烧法合成的 $Ce_{1-x-y}Mg_xLa_yO_{2-x-y/2}$粉末,晶格参数的最大值是 x = 0.00,y = 0.150,样品的形貌表现为均匀致密的微观结构。M. Prekajski[29]等研究发现,应用微波烧结技术可以在较低的温度(1050℃)下得到高密度的样品,并且没有 Bi 浓度的损失。由于冷却速度更快,可以在较短的烧结时间内建立更均匀的温度分布,微波烧结获得了晶粒尺寸更细、微观结构更均匀的样品。1050℃似乎是一个最佳的烧结温度,理论密度为 93% ~ 96% 取决于铋含量。温度高于 1050℃会导致铋损失,进一步导致较低的密度。

S. K. Tadoro[30]等研究发现,$Ce_{1-x}(Y_{0.5}Dy_{0.5})_xO_{2-\delta}$ $(0 \leqslant x \leqslant 0.15)$粉末在 1450℃压坯烧结 4h,所有的复合物都达到了高致密度。D. H. Prasad[18]等研究发现,GDC 凝胶前驱体在 400℃和 600℃煅烧的平均晶粒尺寸分别为 10nm 和 19nm,具有良好的结晶度,ST600 比 ST400 有更多的结块和较大的晶粒尺寸,ST400 表现出较好的烧结性,导致相对密度比 ST600 更高。A. Gondolini[20]等研究发现,在温和的条件下,通过多元醇微波辅助法合成出的 $Ce_{1-x}Gd_xO_{2-\delta}$(x = 0、0.10、0.20、0.30)粉末,表现出良好的致密化行为。

J. B. Huang[21]等研究发现,SDC(GNP)粉末存在一个高度多孔泡沫状的结构,而 SDC(OCP)粉末由扁平状颗粒组成。这种低填充密度的泡沫粉末,使它能够通过简单的干压过程形成致密的电解质薄膜。在 SDC(OCP)基复合材料 SDC 颗粒的表面覆盖着非晶型碳酸盐形成清晰的界面聚合群,而在 SDC(GNP)基复合材料均匀的复合体形成没有清晰的界面,这是由于泡沫状 SDC 颗粒之间的弱键断裂,SDC 颗粒进行重构造成的。在燃料电池制备过程中,复合电解质可以被压成相对致密的电解质层,但由于烧结温度较低,不能达到完全致密。

张德新[31]等经过X射线衍射实验发现掺杂$Y_2O_3$的$CeO_2$基薄膜经不同温度热处理后相结构有较大区别,在800℃时薄膜为$CeO_2$的立方相,具有很好的立方萤石型结构。而当温度由800℃升至900℃时,衍射峰的强度变化不大,这表明800℃时晶相已基本形成,而900℃晶相已完全形成。

彭程[32]等发现超细粉体的巨大表面积使得材料的烧结驱动力随之剧增,扩散速率增加以及扩散路径缩短,大大加速了整个烧结过程,使烧结温度大幅度下降。故在较低温度(1300℃)时即可形成高致密度样品。

通过相对密度与烧结温度相对关系图,甄强[33]等发现,在相同烧结时间条件下,在1000℃以前烧结,随着烧结温度的升高试样的相对密度变化不大,这是烧结的第一阶段,在1000℃~1300℃范围内随着烧结温度的升高,烧结试样的相对密度迅速提高,在1300℃时相对密度可达95%以上,这是烧结的第二阶段,材料的致密化主要发生在这一阶段。温度继续升高,相对密度提高不大,第三阶段主要是晶粒的长大过程。而我们要求得到的固体电解质材料不仅要具有较高的密度而且要有较细的晶粒,以期获得优良的力学性能、抗热震性能和氧离子导电性能。

由于固体氧化物燃料电池工作时,电解质起着隔离供给燃料气体和氧化气体的两气室的作用,因而电解质材料要求有高的致密性,从而避免漏气造成能量转换效率的降低。邓莉萍[34]根据阿基米德原理(水介质)测量了1400℃下烧结4h得到的SGC电解质材料的相对密度。测试结果表明,制备的Sm、Gd共同掺杂的$CeO_2$粉末具有良好的烧结性能,在1400℃下烧结后得到的电解质材料已有相当的致密度,其相对密度达到了93.4%。在1400℃温度下烧结后,试样达到了较高的烧结致密化,其组织中颗粒排列较为紧密,这对要求高致密性的电解质材料是非常有益的。对物质进行AFM分析,样品的致密度较好,空洞少,晶粒近似球形,分布均匀,晶粒尺寸为0.5μm,晶粒随焙烧温度升高而迅速增大。

郑益峰[35]等发现在相同温度下样品体积密度随$Al_2O_3$添加量的增加而增大,这是由于$Al_2O_3$的理论密度小于$Ce_{0.8}La_{0.2}O_{1.9}$的理论密度,所以$Al_2O_3$的添加提高了试样的致密度。

刘旭俐[36]在720℃时测得注凝成型技术制备的素坯电导率为0.199S·$cm^{-1}$。在此过程中电解质素坯密度达理论密度的40%,烧结过程中素坯失重仅为6%,电解质烧结体密度为理论密度的98%。黄英才[37]通过测试1300℃下固相法合成的$Ce_{1-x}Y_xO_{2-x/2}$在1300℃时,当$x=0.05$时所制备的样品其致密度最大达到97%。杨乃涛[38]等测试表明溶胶-凝胶法制备 $Ce_{1-x}Gd_xO_{2-x/2}$(CGO)粉末的粒子在60nm,当凝胶剂的量是产品摩尔量的2倍及其以上时,可以不通过焙烧就能得到完整的萤石结构。在1300℃以上的温度焙烧时其颗粒增大。谭文轶[39]等测试了在G/M=0.5~3.0范围内,甘氨酸-硝酸盐燃烧法合成的 $(CeO_2)_{1-2x}(Sm_2O_3)_x$,结果表明它们均可以合成具有萤石立方体结构的粉末。粒径为30~40nm。而且这种方法在1100℃烧制出来的SDC薄膜相对密度可达到98.7%。

牛盾[40]等在采用高分子凝胶法制备样品的时候,在700℃测得样品的电导率比 $0.10mS \cdot m^{-1}$ 大,而在1300℃制备出了一种具有单相钙钛矿结构的样品 $SrCe_{0.85}Y_{0.15}O_{2.925}$。实验表明这种样品的电导率随着致密程度的增大而变大,它的致密程度随着温度的上升而增大。赵晓锋[41]等在800℃利用溶液共混煅烧法制备出了SDC粉体,这种粉体具有单相立方萤石结构。粉体颗粒多为棒状和片状。将这种粉体进一步在1450℃下烧结得到样品,测得其相对密度为91.9%,其致密度比较小,所以它相对于其他的方法得到的产品电导率要小得多。

陈爱莲[42]等利用雾化共沉淀法制备出 $Ce_{0.8}Gd_{0.2}O_{1.9-\delta}$ 粉体,通过在1400℃下烧结得到的样品的致密度达到95.7%。且粉体和烧结体都具有完全立方萤石结构,通过离子导电Arrhenius曲线表明样品的致密度对样品导电率具有非常重要的意义。邓莉萍[43]等通过溶胶-凝胶法制备了 $Ce_{0.8}Y_{0.1}Gd_{0.1}O_{1.9}$(CYG)粉体,在1400℃下烧制的固体电解质具有较好的致密度,其相对密度达到95.8%。程继海[102]等在制备GDC的过程中发现利用溶胶-燃烧法在很低的温度下就可以煅烧出具有单一的立方萤石结构的 $Ce_{0.8}Gd_{0.2}O_{1.9}$,且随着温度的上升制备出的固体电解质的相对密度不断增大。在1500℃煅烧得到的产品其相对密度达到95%。

孙永平[45]等通过溶胶凝胶法制备的 $Ce_{0.9}La_{0.1}O_{2-\delta}$ 其分散性较好,此外粉体在1400℃下烧结得到的电解质的相对密度为95.1%。许亮[46]等通过共沉淀-喷雾干燥法制备出来的SDC粉体在烧结之前通过30MPa加压30min得到的片子,随着烧结温度的增加其致密度在不断地上升。烧结动力学研究表明其烧结温度在1300℃~1500℃之间。当烧结温度达到1450℃时即获得了较高的致密度,在1500℃时其烧结体的致密度达到97%。燕萍[47]等在通过均相沉淀法来制备SDC分体的过程中发现在前期煅烧分体的步骤中,煅烧温度越高粉体晶体的各项指标越好,在煅烧温度达到700℃时粉体能够呈现出良好的立方萤石结构。将此温度下得到的粉体经过1400℃的烧结其相对密度能达到95%,能很好地满足SOFC对固体电解质的要求。

詹海林[48]等制备的 $Ce_{0.8}Sm_{0.2-x}Sc_xO_{2-\delta}$ 粉体具有单一的萤石结构，另外他们发现适量的 Sc 能够改善该粉体的烧结性能，在掺杂量为 5% 时其所得烧结体的相对密度可以达到 97.13%。

### 5.1.4 弹性模量

K. Sato[49]等通过分子动力学模拟研究了 $(CeO_2)_{1-x}(YO_{1.5})_x$ 的弹性模量，研究发现，在约 20mol% $Y_2O_3$ 时弹性模量表现出最小值，这与实验结果一致。Y. C. Dong[15]等通过聚乙烯醇辅助燃烧法合成了纳米 $Ce_{0.79}Gd_{0.2}Cu_{0.01}O_{2-\delta}$ 电解质粉末，然后对其晶体结构、粉末形貌、烧结微观结构和电性能进行表征。结果表明，所合成的 $Ce_{0.79}Gd_{0.2}Cu_{0.01}O_{2-\delta}$ 晶体有良好的机械性能。

### 5.1.5 断裂强度

T. Ishida[9]等研究发现，用草酸盐共沉淀法制备的样品比固相反应法具有更高的断裂强度。此外 Gd 掺杂的氧化铈在 1600℃ 烧结达到最高的断裂强度，断裂强度受掺杂剂的浓度影响，而不是掺杂剂的种类。研究还发现了 10GDC 和 20GDC 的断裂强度随烧结温度的增加而增加，样品在 1650℃ 烧结表现出较低的断裂强度，这可能与样品的相对密度低有关。此外，10GDC 的平均晶粒尺寸，从 2.1μm(1600℃)迅速增加到 6.9μm(1650℃)，高温烧结晶粒长大，也导致了低断裂强度，因为机械性能随着晶粒尺寸的增加而降低，与 10GDC 相反，20GDC 在 1600℃ ~ 1650℃ 晶粒尺寸改变相对较小，在 1600℃ 烧结适用于 GDC 陶瓷实现高密度和高强度，YDC，GDC 和 SDC 的掺杂浓度为 5mol% 断裂强度最小，10 ~ 15mol% 断裂强度最大。O. Bellon[50]等研究发现，$(CeO_2)_{0.8}(GdO_{1.5})_{0.2}$ 材料的断裂模量超过 220MPa，大大超过通过常规路径获得的值。

### 5.1.6 稳定性

由于 $CeO_2$ 基固溶体是离子电子混合导体，而电子电导不仅影响电池的性能，同时也会导致电池机械性能的恶化。利用 YSZ(氧化钇稳定的氧化锆)是纯氧离子导体的性质，制备具有 YSZ 膜的双层电解质就可以成为电子的阻挡层，从而提高界面氧分压，改善电解质的稳定性。

### 5.1.7　抗还原性

通过三种组分电导率相对于温度变化关系图,欧刚[51]等得出,随着温度的升高,电导率变化率均增加。这是由于随着温度升高,$Ce^{4+}$被还原的比例增加,出现更多的电子电导,使电导率增加。在各温度下,$Ce_{0.8}Sm_{0.2}O_{1.9}$的电导率增加率均最低,表明 $Ce_{0.8}Sm_{0.2}O_{1.9}$的抗还原性能是三种组分中最优的,在 800℃时,电导率增加率为 12.56%。尽管三种组分共掺样品具有相同的化学价和氧空位浓度,但是不同的离子半径可能造成局部电位不同,因此样品在晶粒、晶界的离子导电行为和 $Ce^{4+}$的化学状态和活性会受到氧空位的分布以及样品内局部电位不同的影响而不同。

## 5.2　掺杂氧化铈基电解质的制备

近年来部分合成方法的研究如表 5－2 所示。

**表 5－2　近年来部分合成方法的研究**

| 发表人 | 实验成果 |
| --- | --- |
| 梁广川,梁秀红 | 采用了 $Al_2O_3$ 来掺杂 $CeO_2$ 基固体电解质,探究对其的影响[52] |
| 刘旭俐,武钢,马俊峰,侯伟华 | 利用注凝成型技术来制备出高密度,高电导率的 $CeO_2$ 基电解质[36] |
| 黄英才,刘 毅,劳令耳,唐道文,部贵江,刘大卫 | 以纳米粉粒为原料采用固相法合成 $Y_2O_3$ 掺杂 $CeO_2$ 基电解质[37] |
| 杨乃涛,孟 波,谭小耀 | 采用溶胶－凝胶法制备 $Ce_{1-x}Gd_xO_{2-x2}$(CGO)氧化物燃料电池电解质材料[38] |
| 宋希文,安胜利,赵文广,赵永旺 | 对 $CeO_{2-\delta}$ 固体电解质采用稀土氧化物 $LnO_{1.5}$ 掺杂[53] |
| 谭文轶,钟秦 | 利用燃烧法铈基固体电解质进行制备,并测其导电特性[39] |
| 赵晓锋,邵刚勤,段兴龙,赵 明,闫 丽 | 采用了溶液共混煅烧法制备出一种新型的 SOFC 电解质材料[41] |
| 牛盾,邵忠宝,姜涛,孙旭东,张晓如,许丽 | 采用了高温凝胶法制备了 $SrCe_{0.35}Y_{0.15}O_{2.925}$ 电解质[40] |

### 5.2.1 固相反应法

X. L. Zhou[3]等将$La_{0.7}Ca_{0.3}CrO_{3-\delta}$(LCC)和$Ce_{0.8}Sm_{0.2}O_{1.9}$(SDC)粉末混合,在乙醇中球磨一夜、干燥,在360MPa的压力下形成小颗粒。然后将样品在1400℃的空气中烧结4h,从而制备了LCC + SDC陶瓷互连材料。C. Y. Tian等[54]称量所需比例的$CeO_2$和$Y_2O_3$粉末进行机械混合,然后在20000 ~ 40000p. s. i下压成颗粒,先在1200℃烧结48h,然后通过相同的方法再次压成颗粒,最后在800℃ ~ 1500℃之间的不同温度下烧结4天,从而制备了$Y_2O_3$掺杂$CeO_2$陶瓷材料。

T. Ishida[9]等将计算量的$CeO_2$和稀土粉末在研钵中混合,混合物在1400℃的空气中煅烧6h(仅20SDC在1500℃煅烧6h),然后将粉末在蒸馏水中球磨24h。研磨后的干粉末过筛,经过150MPa的静水压后,在1600℃的空气中烧结6h,从而制备了$(CeO_2)_{0.80}(YO_{1.5})_{0.20}$、$(CeO_2)_{0.80}(GdO_{1.5})_{0.20}$、$(CeO_2)_{0.80}(SmO_{1.5})_{0.20}$粉末。G. Y. Hao[22]等在玛瑙研钵中,将SDC - LSGM粉末分别以95 : 5,90 : 10,85 : 15的重量比进行混合,然后在250MPa压力下压成颗粒,并在1400℃烧结10h,从而制备了SL9505、SL9010和SL8515复合电解质。

C. - C. Chou[23]等将$Gd_2O_3$、$SrCO_3$和$CeO_2$粉末以一定的比例混合,然后在1300℃煅烧5h。从而制备了$Ce_{0.8}Gd_{0.2-x}Sr_xO_{1.9-0.5x}$和$Ce_{0.8-x}Gd_{0.2}Sr_xO_{1.9-x}$两种样品。X. L. Zhou[26]等将LCC + xwt · % RDC(x = 0 ~ 6、8、10)粉末在乙醇介质中球磨一夜,干燥,然后在360MPa压力下压成颗粒,并在1400℃的空气中烧结4h,制备了$La_{0.7}Ca_{0.3}CrO_3$/20mol% $ReO_{1.5}$掺杂$CeO_2$(Re = Sm、Gd、Y)的高性能复合互连材料。

S. Dutta[55]等将10mol% $Dy_2O_3$和$CeO_2$混合物放入行星式球磨机中进行球磨,混合物在室温下,以$300r \cdot min^{-1}$的速度,分别球磨1h、3h、8h,从而制备了样品。D. Bucevac[24]等将$Ce_{0.8}Sm_{0.1}O_{2-\delta}$和$Ce_{0.8}Gd_{0.2}O_{2-\delta}$等量混合,然后球磨1h进行混合、干燥,进而制备了$Ce_{0.8}Sm_{0.1}Gd_{0.1}O_{2-\delta}$粉末。

梁广川[1]将所需要的原料按照$(CeO_2)_{0.9}(Sm_2O_3)_{0.05}(Gd_2O_3)_{0.05}$比例配好球磨之后放入到700℃下烧0.5h,之后用磨具在1000MPa下压制成条。烧结温度分别为1400℃,1450℃,1500℃,1550℃,1600℃。

黄英才[37]采用固相反应法使用纳米$CeO_2$和纳米$Y_2O_3$粉料按照$Ce_{1-x}Y_xO_{2-x/2}$的化学计量数形式进行配比(x = 0.05,0.1,0.2,0.3)调节pH到10,然后超声波分散，球磨，压片之后将其置于箱式电阻炉中升温至1300℃空气中无压烧结2h。

唐安江[56]等采用固相法按照如表5－3所区分的7个组的摩尔质量的比值分别进行计算，分别称量出7份这样的样品进行充分的混合。在乙醇的环境下进行球磨24h，再将试样进行简单的烘干之后放置马弗炉中1100℃灼烧2h，再将试样球磨24h之后重复上一个步骤，再次将试样取出放置在1500℃下灼烧之后将试样取出用玛瑙研钵研磨，压片最后放置于马弗炉中1500℃烧结成固体电解质。

**表5－3　组分含量**

单位:mol

| 组别 | 1# | 2# | 3# | 4# | 5# | 6# | 7# |
|---|---|---|---|---|---|---|---|
| $Sc_2O_3$ | 0 | 0 | 0.05 | 0.01 | 0.08 | 0.05 | 0.08 |
| $ZrO_2$ | 0 | 0.3 | 0.1 | 0.1 | 0.22 | 0.25 | 0.08 |
| $CeO_2$ | 1 | 0.7 | 0.85 | 0.89 | 0.7 | 0.7 | 0.84 |

周明[57]等采用固相合成法采用$CeO_2$，$Y_2O_3$，$L_2O_3$，$Co_2O_3$为原料，按照所需要的化学计量比称取药品并且分别分成命名为LaYC0Co，LaYC05Co，LaYC1Co，LaYC2Co的四组。分别将混合物球磨8h之后将球磨后的产物1200℃预烧2h，再次将其分别球磨。之后将产物过筛。将筛选下来的粉体进行压片，然后分别依照对比原则进行不同温度下的煅烧。

### 5.2.2　溶胶－凝胶法

黎大兵[2]采用溶胶－凝胶法和低温法相结合将原料$Ce(NO_3)_3$，$Sm(NO_3)_3$和$Gd(NO_3)_3$溶液按$(CeO_2)_{0.9-x}(GdO_{1.5})_x(Sm_2O_3)_{0.1}$（x＝0～0.2）的化学计量比混合，加入一定比例的柠檬酸和醋酸之后使用醋酸调节pH在7.0左右，然后将其制成干凝胶。260℃下点燃发生反应将产物压制，并置于1000℃下烧结10h。

杨乃涛[38]应用溶胶－凝胶法按照$Ce_{1-x}Gd_xO_{2-x/2}$（CGO）的化学计量比称取$Gd_2O_3$和$Ce(NO_3)_3 \cdot 6H_2O$，将$Gd_2O_3$用$HNO_3$溶解并与$Ce(NO_3)_3 \cdot 6H_2O$水溶液混匀再加入凝胶剂之后调节pH。搅拌并加热使得水分在60℃～80℃之间蒸发。一直加热到其成为凝胶并自燃，得到产品。之后焙烧，程序降温到室温即可。

牛盾[40]等使用高分子凝胶法分别将$(NH_4)_2Ce(NO_3)_6$（99.9%）和$Sr(N0_3)_2$用去离子水溶解将$Y_2O_3$（99.9%）溶于少量的$HN0_3$中并加热使其溶解，将三个溶液混合加水，然后再向其中加水使得总体积在200ml左右。调节溶液pH为3左右，再向混合溶液中加入丙稀酸胺和N，N'－亚甲基双丙稀酸胺，使其充分混合。之后便加入引发剂聚合，再干燥。然后将其放入到马弗炉中500℃加热分解得到粉体，最后将粉体压片放入到800℃、1300℃烧结得到样品$SrCe_{0.85}Y_{0.15}O_{2.925}$。

邓莉萍[43]等溶胶－凝胶法取适量的$Ce(NO_3)_3 \cdot 6H_2O$、$Gd(NO_3)_3 \cdot 6H_2O$及$Y(NO_3)_3 \cdot 6H_2O$按照$Ce_{0.8}Y_{0.1}Gd_{0.1}O_{1.9}$的化学计量比进行称取以及混合均匀加入PEG6000分散剂，然后将配置好的柠檬酸按照3ml/min的速度向混合溶液中进行滴加，期间不断利用氨水进行pH的调节直至pH＝8。把这种湿凝胶烘干，然后放入到马弗炉中700℃下煅烧2h。之后将药品取出碾磨压制成片，再将片子放入到1400℃烧制4h得到固体电解质。

李世萍[44]等采用溶胶－凝胶法将$Ce(NO_3)_3 \cdot 6H_2O$，$Sm(NO_3)_3 \cdot 6H_2O$两种溶液充分混匀，向混合溶液中加入柠檬酸，搅拌的条件下于120℃下烘干过一夜。之后将产物放于600℃下焙烧充分研磨。将粉体置于400MPa下压制成小圆片，放在1500℃下烧制4h得到产物。

孙永平[45]等采用溶胶－凝胶法按照$Ce_{0.9}La_{0.1}O_{2-\delta}$的化学计量比，称取一定质量的$La_2O_3$及$Ce(NO_3)_3$和柠檬酸粉分别溶解于浓硝酸和去离子水中将溶液混合均匀不断搅拌成凝胶然后将其烘干，干燥。再将前驱体放置于不同温度下煅烧（600℃、700℃、800℃、900℃或1000℃），压片放置到1400℃下烧结3h。

李泽彬[58]等利用溶胶－凝胶法将$Ce(NO_3)_3 \cdot 6H_2O$，$Sm(NO_3)_3 \cdot 6H_2O$按照$Ce_{1-x}Sm_xO_5$（$x=0.1,0.2,0.3$）的化学计量比进行混合，向其中加入1.2倍摩尔质量的柠檬酸，加入氨水调节混合溶液的pH，然后将溶液放入到恒温水浴中蒸发得到凝胶。再将其进一步干燥成干凝胶，将其放入到不同温度下煅烧成不同的粉体，再将粉体压成片，最后1000℃烧结5h。

朱丽丽[59]等采用溶胶－凝胶法以$Ce_{1-x}Er_xO_{2-\delta}$（$x=0.00$、0.05、0.10、0.15、0.20、0.25、0.30）的化学计量比来配置混合溶液，并向其中加入一定量的柠檬酸。得到溶胶，然后以110℃干燥成干凝胶。并将此干凝胶放入到马弗炉中以800℃进行焙烧得到前驱物，再将其放置到模具中压片，然后置于1300℃环境下进行烧结得到固体电解质。

溶胶－凝胶法是一种以无机物或金属醇盐作基体，在液相中将这些原料均匀混合，并进行水解、缩合化学反应，在溶液中形成稳定的透明溶胶体系，溶胶经固化，胶粒间缓慢聚合，形成三维空间网络结构的凝胶，凝胶网络间充满了失去流动性的溶剂，再经热处理而形成氧化物或其他化合物固体的方法。蒋凯[60]，彭程[32]等按照$(Ce_{0.8}RE_{0.2})_{1-x}M_xO_{2-\delta}$化学计量比混合$Ce(NO_3)_3$，$M(NO_3)_2$，$RE(NO_3)_3$溶液，加入适量的柠檬酸和醋酸，以适量的氨水调节pH，水浴蒸发，烘干，900℃煅烧6h后压制成型，然后在1350℃烧结10h，自然退火至室温即可[61]。张德新[31]等将一定摩尔浓度的$Ce(NO_3)_3 \cdot 6H_2O$和$Y(NO_3)_3 \cdot 6H_2O$的水溶液按所需比例混合，在磁力加热搅拌器上边搅拌边滴加适量的浓$NH_3 \cdot H_2O$至产生灰色沉淀，用蒸馏水抽滤掉多余的离子，把沉淀物放在空气中一段时间使其自然干燥氧化；用乙酸和适量增黏剂组成的胶溶剂来胶溶，调试适当的温度进行搅拌回流，一段时间后可得到澄清透明均匀的淡黄色溶液。溶胶老化后，重复采用浸演提拉法可制备所需的纳米$CeO_2$基薄膜。

林晓敏[62]等以$Ce(NO_3)_3 \cdot 6H_2O$和$Eu_2O_3$为原料，按$Ce_{1-x}Eu_xO_{2-\delta}$的配比进行称量，运用溶胶－凝胶法，将$Eu_2O_3$溶于浓硝酸中制备$Eu(NO_3)_3$，然后将其与$Ce(NO_3)_3 \cdot 6H_2O$制成总金属离子浓度为0.05mol·L$^{-1}$的混合溶液，在其中加入等摩尔的柠檬酸，温度控制在80℃，不断搅拌，一段时间后，溶胶变成凝胶，将湿凝胶干燥，得到干胶体，充分研磨干燥，室温下得到粉末样品。在一定压力下压片后，放入马弗炉，在空气中1100℃烧结10h，得到样品。

同样的方法，李泽彬[63]等以分析纯$Ce(NO_3) \cdot 6H_2O$，$Sm_2O_3$为原料，按化学式计量比$Ce_{1-x}Sm_xO_\delta$精确称量上述原料，同样孙嘉苓[64]等以分析纯（99.9%）的$Ce(NO_3) \cdot 6H_2O$，$Dy_2O_3$为原料，按化学式计量比精确称量以上原料，并用硝酸溶解加入柠檬酸，再溶去离子水中，配置成溶液，将$Sm_2O_3$溶解在硝酸中，加入柠檬酸和少量聚乙二醇，以适量氨水调节pH[65]。80℃水浴加热6h，搅拌蒸发得到透明溶胶，于80℃条件下，干燥10h获得干凝胶。在不同温度下煅烧5h，制得各种粉体，然后压片烧结，自然冷却至室温[66]。

N. S. Ferreira[6]等在25℃的条件下，将0.5mol·L$^{-1}$的$Ce(NO_3)_3 \cdot 6H_2O$溶液缓慢地加入到500g·L$^{-1}$的天然木薯淀粉溶液中。然后将所得的混合液在70℃的条件下，连续搅拌1h使淀粉胶凝。然后将凝胶在100℃的烘箱中干燥一夜，获得干凝胶，干凝胶在200℃～500℃的温度范围内煅烧1h，得到纳米$CeO_2$，如图5－9所示。

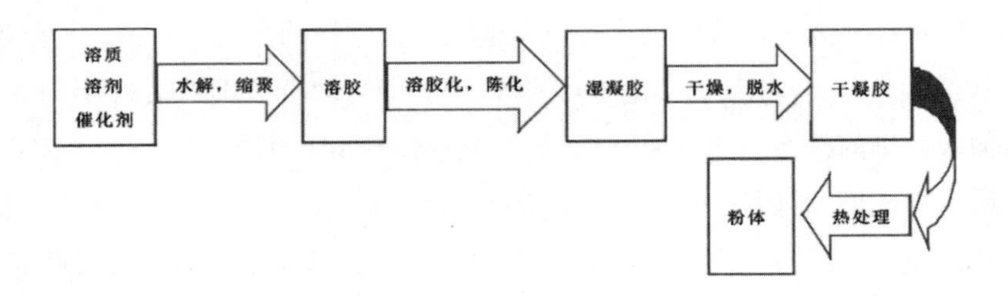


**图 5-9 溶胶-凝胶法制备纳米粉体的流程图**

W. Z. Huang[5]等以 $ZrOCl_2 \cdot 8H_2O$ 和 $Ce(NO_3)_3 \cdot 6H_2O$ 为前驱体，溶解在去离子水和无水乙醇的混合溶剂中，然后加入冰醋酸，在 80℃ 搅拌 10h 获得透明溶液，然后在室温下静置 12h，加入 N,N-二甲基甲酰胺，并在室温下搅拌 30min，然后在 90℃ 下干燥溶胶 12h 得到 $ZrO_2-CeO_2$ 干凝胶，将干凝胶在不同温度下煅烧 40min，最后得到 $ZrO_2-CeO_2$ 复合氧化物。

S. Rajesh[67]等在 60℃ 下通过不断搅拌，使用去离子水溶解所需量的柠檬酸，然后在摩尔比为 1 : 3.5（金属/柠檬酸）的溶液中加入硝酸铈，并在 70℃～80℃ 搅拌 2h，制备柠檬酸铈溶液，然后将乙酸铕加入到上述溶液中，并在 80℃ 持续搅拌 2h，再加入 $Na_2CO_3$ 和 $Li_2CO_3$ 并剧烈搅拌，然后冷却至室温，合成的 EDC 和 LNC 的树脂在 300℃ 下煅烧 2h 得到前驱体粉末，然后研磨，最后在 650℃ 下煅烧 1h 得到纳米 EDC/LNC 复合电解质。

S. -P. Li[68]等将 $Ce(NO_3)_3 \cdot 6H_2O$ 溶液和按照化学计量比的 $Sm_2O_3$、$Nd_2O_3$ 混合，溶解于浓硝酸中，然后将柠檬酸和双摩尔量的金属离子（Ce + Sm + Nd）加入到上述溶液中，所制备的透明溶液在水浴锅上加热到 80℃ 并持续搅拌，直到得到黏性凝胶，得到的凝胶在 120℃ 干燥一夜，然后在 600℃ 的空气中煅烧 4h，煅烧后的样品放入玛瑙研钵中研磨，然后在压力为 400MPa 下压成圆柱状颗粒，然后在 1500℃ 烧结 4h，合成了 $Ce_{0.8}Sm_{0.2}O_{2-\delta}$、$Ce_{0.8}Nd_{0.2}O_{2-\delta}$ 和 $Ce_{0.8}Sm_{0.1}Nd_{0.1}O_{2-\delta}$ 样品。

D. H. Prasad[18]等将 $Ce(NO_3)_3 \cdot 6H_2O$ 和 $Gd(NO_3)_3 \cdot 6H_2O$ 按照化学计量比溶解在蒸馏水中，然后加入尿素、聚乙烯醇，并在 80℃ 不断搅拌获得溶胶，继续加热，直到获得凝胶状前驱体。然后将得到的前驱体样品分别在 400℃ 和 600℃ 的空气中煅烧 2h，得到 ST400 和 ST600（$Ce_{0.9}Gd_{0.1}O_{1.95}$）粉末。

### 5.2.3 化学沉淀法

S. Samiee[4]等将 3.65mmol[$(NH_4)_2Ce(NO_3)_6$]溶于 20mL 的去离子水中，然

后加入适量的 NaOH 溶液(0.17M)，在微波中进行反应，冷却至室温后，沉淀被离心分离，用去离子水洗数次，然后在60℃的真空烘箱中干燥一夜，制备了纳米$CeO_2$。K. Yashiro[8]等将$Ce(NO_3)_3 \cdot 6H_2O$溶液加入到草酸中，并加入适量的$Nb_2O_5$粉末使之分散。结果，草酸铈和$Nb_2O_5$共沉淀，所获得的前驱体在1673K下煅烧，粉末经过单轴压后，在1923K烧结3h，最后制得0.8mol% Nb掺杂的$CeO_2$(Nb-DC)。

K. Sato[49]等将共沉淀粉末在50MPa的压力下压成圆盘状，然后再经过120MPa的等静压，最后在空气中经1773K的温度烧结5h，制备了$Y_2O_3$掺杂氧化铈样品。S. Buyukkilic等[69]以$Ce(NO_3)_3 \cdot 6H_2O$、$Nd(NO_3)_3 \cdot 6H_2O$、$Sm(NO_3)_3 \cdot 6H_2O$为前体化合物，将2.5g的起始化合物溶解在40mL的去离子水中，滴加氨水至pH为9，并在150℃下搅拌24h，直至得到沉淀，然后在500℃下煅烧8h，产生的混合物被压成球团，并在1500℃烧结20h，从而制备了$Ce_{1-x}Sm_xO_{2-0.5x}$、$Ce_{1-x}Nd_xO_{2-0.5x}$、$Ce_{1-2x}Sm_xNd_xO_{2-0.5x}$固溶体。S. K. Tadokoro[30]等以硝酸铈，氧化钇，氧化镝为起始原料，用氢氧化铵作为沉淀剂，通过铈、钇、镝氢氧化物共沉淀，从而制备了$Ce_{1-x}(Y_{0.5}Dy_{0.5})_xO_{2-\delta}$($0 \leqslant x \leqslant 0.15$)固溶体。

陈爱莲等[42]利用雾化共沉淀工艺以$Ce(NO_3)_3 \cdot 6H_2O$(分析纯)、$Gd(NO_3)_3 \cdot 6H_2O$(分析纯)为原料，$NH_4HCO_3$(AHC，分析纯)为共沉淀剂采用共沉淀法合成$Ce_{0.8}Gd_{0.2}O_{1.9-\delta}$，将产物放入到700℃下煅烧得到粉体。将粉体进一步压成干坯分别在1200℃、1300℃、1350℃、1400℃下烧结，得到固体电解质。

许亮[46]等运用共沉淀－喷雾干燥法将$Ce(NO_3)_3 \cdot 6H_2O$，$Sm(NO_3)_3 \cdot 6H_2O$按$Ce_{0.8}Sm_{0.2}O_{1.9}$的化学计量比进行混合同时保证$Ce^{3+}$的浓度为$0.2mol \cdot L^{-1}$，在不断搅拌的同时，向其中加入一定浓度的氨水使溶液中产生$Ce(OH)_3$和$Sm(OH)_3$的共沉淀。继续加入氨水直至pH在10左右。陈化10h，之后再经过洗涤，分散，造粒以及焙烧等过程得到$Ce_{0.8}Sm_{0.2}O_{1.2}$(SDC)粉体。最后将它进行研磨，压片烧结等工艺，制备出烧结体。

燕萍[47]等在制备SDC粉体的过程中选取的原料是$Sm(NO_3)_3 \cdot 6H_2O$和$Ce(NO_3)_3 \cdot 6H_2O$运用均相沉淀法按照已知的化学计量比将上述两种溶液配比，搅拌均匀，向其中加入氨水以调节pH于中性或微酸性，与此同时将混合溶液置于水浴锅中加热。保持恒温4h后，洗涤过滤。等到沉淀物干燥，然后将其采用不同温度进行焙烧。为对比最后分别将不同温度下焙烧的粉体进行压模，并都放置到1400℃下烧结。

沉淀法是利用化学反应使溶液中的构晶离子由溶液中缓慢而均匀地释放出来，避免了沉淀剂局部过浓现象的出现，可有效控制沉淀颗粒的大小和形貌，使制备的粉体具有很高的烧结活性。孙明涛[70]等定量称取 $Sm(NO_3)_3 \cdot 6H_2O$ 和 $Ce(NO_3)_3 \cdot 6H_2O$，使 $Ce^{3+}$ 与 $Sm^{3+}$ 摩尔比为 8∶2，制成混合溶液，配制草酸溶液，用氨水调节其 pH。把混合液缓慢滴加到草酸溶液中，充分搅拌反应一段时间。然后抽滤洗涤，烘干，最后在不同温度煅烧，得到氧化物粉末。尹艳红[71]等制备 SDC 粉体（$Ce_{0.8}Sm_{0.2}O_{1.9}$）分别用稀硝酸和蒸馏水溶解 $Sm_2O_3$ 和 $Ce(NO_3)_3 \cdot 6H_2O$ 配成溶液，用灼烧、称重分别对两种溶液中的 $Ce^{3+}$、$Sm^{3+}$ 的浓度进行标定。以草酸溶液为沉淀剂，在滴定过程中采用稀氨水调节溶液 pH 使其 pH 保持中性，袁永瑞[72]等同样运用反滴定方法，反应生成乳白色草酸盐沉淀，分别用蒸馏水和无水乙醇洗涤，放入烘箱中低温烘干，烘干后的粉体在 700℃ 下焙烧 2h，最后得到淡黄色 SDC 粉体。在 300MPa 压力下将粉末压制成型，并将此样品经 1400℃ 烧结 5h 制得电解质烧结体。

邓莉萍[34]等按 $Ce_{0.8}Sm_{0.2}O_{1.9}$ 的化学计量比称量相应的 $Ce(NO_3)_3 \cdot 6H_2O$ 和 $Gd_2O_3$、$Sm_2O_3$ 粉末，$Gd_2O_3$ 和 $Sm_2O_3$ 分别用稀硝酸溶解形成 $Gd_2O_3$、$Sm_2O_3$ 混合溶液，并向其中加入 PEG2000 作为分散剂，以一定浓度的 $NH_4HCO_3$ 溶液作为沉淀剂，在滴定过程中用稀氨水调节溶液的 pH。采用正滴定法得到所需的前驱体。将前驱体在 700℃ 下煅烧 2h，研磨用模具压制成型，所得压坯在 1400℃ 下烧结 4h 后得到相应的 SGC 电解质材料。燕萍[73]等按化学计量比分别准确称取 $Ce(NO_3)_3 \cdot 6H_2O$，$Sm_2O_3$ 和 $Gd_2O_3$，利用稀硝酸溶解 $Sm_2O_3$ 和 $Gd_2O_3$，去离子水溶解 $Ce(NO_3)_3 \cdot 6H_2O$，将上述溶液按一定体积比均匀混合，使混合后金属离子总浓度为 $0.04mol \cdot L^{-1}$，加入浓度为 $0.5mol \cdot L^{-1}$ 的 $(CH_2)_6N_4$ 或 $CO(NH_2)_2$ 溶液，在搅拌下以适量氨水调 pH 约为 6.8，再将混合溶液转移至 85℃ 恒温水浴中，持续搅拌数小时后取出，趁热减压过滤，反应生成肉粉色或白色沉淀物，过滤并且用去离子水洗涤三次后，再在适量无水乙醇中完全分散、洗涤三次，最后将沉淀放入 95℃ 真空干燥箱恒温干燥 4h，取出后研磨，在箱式电阻炉中焙烧。

刘巍[74]等采用反滴定方法将配好的混合溶液逐滴加入剧烈搅拌的氨水溶液中，同时将反应容器放置于超声清洗器中，以减少在共沉淀反应过程中胶体颗粒的团聚，制备出颗粒细小并且分布均匀的陶瓷粉体。在 500℃ 下煅烧 40min，最后得到淡黄色 $Ce_{0.8}Sm_{0.2}Nd_{0.1}O_{1.9}$ 粉末。李淑君[75]等将 EDTA 用 $NH_3 \cdot H_2O$ 溶解，配制成 $NH_3 \cdot H_2O$ – EDTA 缓冲溶液，再将按照化学计量比的 $Ce(NO_3)_4 \cdot 6H_2O$，

$Y(NO_3)_3 \cdot 6H_2O$，$Nd(NO_3)_3 \cdot 6H_2O$ 配成水溶液并加入上述缓冲溶液，搅拌后加入一定计量比的柠檬酸（$C_6H_7O_7 \cdot H_2O$），滴加 $NH_3 \cdot H_2O$ 调节溶液的 pH 至中性，在 600℃ 预烧，得到初级粉体。添加烧结助剂，使用 $ZrO_2$ 做球磨介质，加 PVA 于玛瑙研钵中造粒，然后在压力下干压成片。将成型后的片在 1250℃ ~1500℃ 的温度保温 2h 得到所需烧结后的样品。

### 5.2.4　微乳液法

R. Dziembaj[10] 等将 $Ce(NO_3)_3 \cdot 6H_2O$ 和 $Cu(NO_3)_2 \cdot 6H_2O$ 溶液以适当的比例混合获得第一纳米乳，第二纳米乳包含 $(NH_3)_2CO_3$ 沉淀剂，共沉淀后分离得到碳酸盐前驱体、干燥，然后在 500℃ 干燥空气中煅烧 3h，从而制备了 $Ce_{1-x}Cu_xO_{2-\delta}$ 粉末。

### 5.2.5　冷冻干燥法

S. Lubke[11] 等将 $Ce(NO_3)_3 \cdot 6H_2O$、$Gd(NO_3)_3 \cdot 6H_2O$、$Pr(NO_3)_3 \cdot 5H_2O$ 溶液以化学计量比喷入液氮，氮完全蒸发后，冷冻干燥成细粉末，然后将得到的干燥粉末，在 900℃ 的空气中进行热分解，从而制备了 $Ce_{0.8}Gd_{0.2-x}Pr_xO_{0.9}$（$x=0.01$、0.02、0.03）粉末。M. O. Mazan[76] 等将一定量的 $Ce(NO_3)_3 \cdot 6H_2O$ 和 $Fe(NO_3)_3 \cdot 9H_2O$ 在磁力搅拌下溶于蒸馏水中，加入氨水调整溶液的 pH 为 7 ~8，随后注入液氮快速冷冻，然后将系统冷冻干燥 3 天，在 350℃ 立即煅烧前驱体 2h，从而制备了铁掺杂的氧化铈纳米粉体。

### 5.2.6　喷雾热分解法

C. -Y. Chen[12] 等将 $Ce(CH_3COO)_3 \cdot 1.5H_2O$ 溶液与 $Gd(CH_3COO)_3 \cdot 4H_2O$ 溶液或 $Zr(OH)_x(CH_3COO)_{4-x}$（$x=2.64$）溶液以 10/90 的摩尔比混合，从而制备了 $Gd_2O_3/CeO_2$（GDC）或 $ZrO_2/CeO_2$（ZDC）前体溶液，然后进行雾化，制备的热解粉末经松油醇和乙基纤维素混合成浆状，然后通过丝网印刷涂覆在 $Al_2O_3$ 基底上，经丝网印刷的厚膜在 500℃ 的空气中煅烧 5h，冷却后，薄膜又在 1200℃ 的温度下煅烧了 2h。从而制备了掺杂 Gd 或 Zr 的氧化铈粉末。

### 5.2.7　燃烧合成法

S. B. Anantharaman[25] 等将 $Ce(NO_3)_3 \cdot 6.5H_2O$ 和 $Gd(NO_3)_3 \cdot 6H_2O$ 按照化

学计量比在研钵中混合，然后加入 $C_6H_8O_7 \cdot H_2O$、25wt·%的 PEG 到前体盐中，再加入去离子水使溶液为 0.1M，然后在 250℃加热溶液使之成为凝胶，并在 600℃燃烧得到泡沫粉，粉体在玛瑙研钵中粉碎，在 800℃煅烧 1h 除去碳质，将煅烧后的粉末在 $300r \cdot min^{-1}$ 的速度下球磨 4h，并在 150℃的烘箱中干燥 24h，然后粉末在 750MPa 的压力下压成圆盘，最后分别在 1300℃的空气和氧气气氛中烧结 4h，从而制备了 10mol% $Gd_2O_3$ 掺杂 $CeO_2$（GDC）样品，并分别被记为 GDC－A 和 GDC－O。

Y. C. Dong[15] 等将 $Ce(NO_3)_3 \cdot 6H_2O$、$Cu(NO_3)_3 \cdot 3H_2O$ 和 $Gd_2O_3$ 按照化学计量比，溶解在蒸馏水和稀硝酸中得到阳离子浓度为 0.5M 的混合液，然后将 5.00wt·%的 PVA 加入到上述混合液中，使 PVA 和金属阳离子的摩尔比为 2∶1，并在 90℃蒸发，进而得到干凝胶，然后将其放入电炉中发生自燃烧反应，得到 $Ce_{0.79}Gd_{0.2}Cu_{0.01}O_{2-\delta}$ 粉末。B. F. Ji 等[16] 将 $Ce(NO_3)_3 \cdot 6H_2O$、$Y(NO_3)_3 \cdot 6H_2O$ 和 $Cu(NO_3)_2 \cdot 2H_2O$ 溶解在蒸馏水中，然后加入柠檬酸和乙二醇，使得柠檬酸与金属离子（Ce、Y、Cu）的摩尔比为 1.5∶1，乙二醇与柠檬酸的摩尔比为 1.2∶1，然后在 90℃下连续搅拌该溶液形成黏性凝胶。得到的凝胶在 120℃的烘箱中干燥 24h，然后将干凝胶在 700℃的马弗炉中煅烧 2h，经过自燃烧反应形成前驱体，合成的 $Ce_{0.8}Y_{0.2-x}Cu_xO_{2-\delta}$ 粉末用适量的 5wt·%聚乙烯醇作为黏合剂进行混合，使用 180 目筛使其成为颗粒。然后，颗粒在 100MPa 的单轴压下，形成 $Ce_{0.8}Y_{0.2-x}Cu_xO_{2-\delta}$ 粉体。

Y. Ji[77] 等将 $Ce(NO_3)_3$ 和 $Sm(NO_3)_3$ 按摩尔比 9∶1 溶解在去离子水中，然后加入甘氨酸使甘氨酸和金属阳离子的比率为 1.2∶1，然后发生燃烧反应得到 $(CeO_2)_{0.9}(SmO_{1.5})_{0.1}$ 粉体。N. Singh[17] 等将 $(NH_4)_2[Ce(NO_3)_6]$、$La_2(C_2O_4)_3 \cdot 9H_2O$、$Mg(NO_3)_2 \cdot 6H_2O$、$C_6H_8O_7 \cdot H_2O$ 进行混合，使柠檬酸与硝酸盐的比为 0.3，混合液在 200℃下不断搅拌蒸发成凝胶，然后发生自燃烧反应，得到黄色粉末，并在 1100℃煅烧 2h，煅烧后的粉末在 60kN 负载下压成圆柱状颗粒，最后在 1350℃烧结 4h，从而制备了 $Ce_{1-x-y}Mg_xLa_yO_{2-x-y/2}$ 样品。

L. Zhang[78] 等将 $Ce(NO_3)_3 \cdot 6H_2O$ 和 $Y(NO_3)_3 \cdot 6H_2O$ 按照化学计量比溶解在去离子水中，$Gd_2O_3$ 溶解在硝酸中形成硝酸钆。将上述溶液加热到 70℃，并不断搅拌得到均匀溶液。然后加入甘氨酸使甘氨酸/硝酸盐的摩尔比为 0.5，蒸发后进行自燃烧反应，将收集到的灰末在 600℃继续加热 2h，得到 $Ce_{0.8}Gd_{0.05}Y_{0.15}O_{1.9}$（GYDC）粉末。

孙明涛[79] 等按定量 $Ce^{3+}$ 与 $Sm^{3+}$ 摩尔比分别称取 $Ce(NO_3)_3 \cdot 6H_2O$ 和 Sm

$(NO_3)_3 \cdot 6H_2O$,溶解并混合均匀再加入适量甘氨酸搅拌均匀,将混合溶液倒入反应容器加热蒸发掉多余的水分逐渐转变为溶胶,随后发生剧烈的燃烧反应,产生疏松的泡末状超细氧化物粉末。尹艳红[71]等取适量已标定的 $Ce(NO_3)_3 \cdot 6H_2O$ 和 $Sm_2O_3$溶液,混合,保持 Ce 和 Sm 的摩尔比为4∶1。然后加入一定量的甘氨酸,溶解,混匀后,在电炉上加热,至溶液燃烧,最后得到一种浅黄色的细粉,把这些粉在 700℃下灼烧 2h,就得到所需粉体。

李艳华[80]等按 $Ce^{3+}$ 与 $Sm^{3+}$ 的摩尔比分别称取 $Ce(NO_3)_3$和 $Sm_2O_3$,$Sm_2O_3$用浓硝酸溶解为 $Sm(NO_3)_3$溶液,与 $Ce(NO_3)_3$溶液混合,加入适量甘氨酸搅拌均匀,加热,将剩余的黏性液体剧烈燃烧,产生超细粉末的氧化物。将粉末压成圆形样品,在 1300℃烧结 10h,制成电解质片。欧刚[51]等按化学计量比准确称量 $Ce(NO_3)_3 \cdot 6H_2O$,$Sm(NO_3)_3 \cdot 6H_2O$,$Nd(NO_3)_3 \cdot 6H_2O$。加入去离子水及甘氨酸得到淡紫色透明的前驱体溶液,加热。得到淡黄色前驱体粉末。将粉末干压成型,在空气 1300℃烧结 4h 得到掺杂陶瓷样品。

谭文轶[39]使用甘氨酸－硝酸盐燃烧法分别称取定量的 $Ce(NO_3)_3 \cdot 6H_2O$ 和 $Sm(NO_3)_3 \cdot 8H_2O$ 用去离子水配置成溶液。按照摩尔比为 8∶2,向混合溶液中加入甘氨酸,使得甘氨酸和金属阳离子的摩尔比为 0.5－3.0,将混合溶液放置在加热平板上加热,让其蒸干最后自燃得到黄色粉状产物。将这些产物置于 800℃煅烧,压片最后分别放在 950℃、1000℃、1050℃、1100℃、1150℃和 1200℃等不同的温度环境下烧制得到样品。

赵晓锋[41]等采用溶液共混煅烧法首先分别将 $Sm(NO_3)_3$溶液以及 $Ce(NO_3)_3$溶液按照定量 $Ce^{3+}$ 与 $Sm^{3+}$ 摩尔比相互混合,调节溶液的 pH 为 7 并向混合溶液中加入分散剂,之后将溶液放入 110℃下干燥,800℃下煅烧 4h 得到 SDC 粉体。最后将所得到的粉体压成干坯,1450℃下烧结 4h 得到样品。程继海[102]等采用溶胶－燃烧法使用 $Ce(NO_3)_3 \cdot 6H_2O$,$Gd(NO_3)_3 \cdot 6H_2O$ 两种溶液混合,再加入柠檬酸和金属离子比值为 1.25∶1、1.5∶1、2∶1 的柠檬酸,并用氨水调节混合溶液为中性混合均匀得到溶胶,置于电炉上蒸发掉大量的水直至燃烧得到 GDC 的初产物,然后继续将此产物放入到不同温度下进行焙烧,得到粉体。将所有的粉体压成圆片,然后在空气中烧结 4h 得到电解质。

荆波[101]等采用柠檬酸硝酸盐法以 $Sm(NO_3)_3 \cdot 6H_2O$ 和 $Ce(NO_3)_3 \cdot 6H_2O$ 为原料,按照 $Ce_{0.8}Sm_{0.2}O_{1.9}$化学计量数称取,加入蒸馏水混合均匀,再向其中加入柠檬酸,使得柠檬酸金属离子为 1.15,再将混合溶液放到适当的温度下加热搅拌待溶液变成凝胶之后干燥，放于马弗炉上焙烧2h。得到SDC粉体。将该粉体放入到200MPa下压成电解质基片，然后放入到1400℃下烧结10h。

詹海林[48]等采用凝胶浇注法以$Ce(NO_3)_3 \cdot 6H_2O$、$Sm_2O_3$和$Sc_2O_3$为原料按照比例混合并均匀分布在20%的亚甲基双丙烯酰胺(MBAM)以及丙烯酰胺(AM)和MBAM的质量比为20:1的混合溶液中球磨，待混合溶液混合均匀之后加入引发剂并放在120℃条件下保温。得到凝胶并将其放入到800℃下焙烧从而制得$Ce_{0.8}Sm_{0.2-x}Sc_xO_{2-\delta}$(CSSO)粉体。将此样品放入到模具中压片，之后于1500℃进行烧结。

### 5.2.8 水热合成法

M. A. F. Oksuzomer[13]等以$(C_2H_3O_2)_3Ce \cdot xH_2O$和$(C_2H_3O_2)_3Gd \cdot xH_2O$为金属前体，三甘醇为溶剂和还原剂，将一定量的金属前体溶解在100ml的三甘醇中，总离子浓度保持在0.2M。首先，在60℃~80℃金属前体溶解在还原剂中，然后将溶液加热到200℃，在剧烈搅拌下保持在这个温度大约3h，然后冷却至室温，用离心法分离固体，用乙醇和去离子水洗涤、干燥，然后在500℃，750℃，1000℃下加热干燥的固体凝胶并保持4h，从而获得了$Gd_{0.1}Ce_{0.9}O_{1.95}$和$Gd_{0.2}Ce_{0.8}O_{1.9}$粉末。

S. Dikmend[14]等将$Ce(NO_3)_3 \cdot 6H_2O$、$Gd(NO_3)_3 \cdot 6H_2O$、$Bi(NO_3)_3 \cdot 6H_2O$、$Sm(NO_3)_3 \cdot 6H_2O$、$La(NO_3)_3 \cdot 6H_2O$、$Nd(NO_3)_3 \cdot 6H_2O$按照化学计量比分别溶解于水中，然后混合并在pH=10时加入氢氧化铵共沉淀，沉淀凝胶被密封在内衬不锈钢高压釜中，在260℃水中热处理12h，然后将高压釜从260℃冷却至室温，将所得到的晶体用去离子水反复冲洗，并在室温下干燥，进而制备了$Ce_{0.8}Gd_{0.2-x}M_xO_{2-\delta}$(M:Bi, x=0~0.1、M:Sm、La、Nd, x=0.02)固溶体。O. Bellon[50]等将铈-钆的氢氧化物凝胶共沉淀，然后在适当的温度和压力下进行水热处理，洗涤反应产物除去残留盐、干燥，从而制备了$(CeO_2)_{0.8}(GdO_{1.5})_{0.2}$粉体。

A. Gondolini[20]等以$Ce(NO_3)_3 \cdot 6H_2O$和$Gd(NO_3)_3 \cdot 6H_2O$为起始原料，通过在200mL的3,4-二甘醇中混合前驱体盐，最后获得金属离子浓度为0.1M($[Ce^{3+}]+[Gd^{3+}]=0.1M$)的前驱体溶液，然后在170℃的微波炉中加热回流2h进行化学合成。多余的水($1:10=[M^{3+}]:[H_2O]$)被添加到140℃的DEG溶液，进而诱导前体盐的水解，沉淀的粉末通过离心分离、乙醇洗涤，在105℃下干燥2h，从而制备$CeO_2$和$Ce_{1-x}Gd_xO_{2-\delta}$(x=0.10,0.20,0.30)固溶体。

### 5.2.9　水溶液流延法

A. Akbari – Fakhrabadi[28]等将 $Ce_{0.9}Gd_{0.1}O_{1.95}$(GDC)粉末分散在含有适量分散剂和消泡剂的蒸馏水中，调节 pH 为 9 ~ 10，在含有 $ZrO_2$球的聚乙烯罐中球磨 1h，加入增塑剂，该混合物被球磨 24h，然后添加黏合剂和表面活性剂到浆料中，又球磨 24h，以达到良好的均匀性，在加入黏合剂之前，在 75℃ 加热溶液 6h，使聚乙烯醇溶解在蒸馏水(聚乙烯醇/水的比例为 0.16)、搅拌，以确保完全溶解，然后，使温度下降到 35℃ 以下并搅拌，从而制备了具有纳米结构的 Gd – $CeO_2$电解质。

## 5.3　掺杂氧化铈基电解质的电导率

W. Liu[7]等研究发现由 $Sm^{3+}$ 和 $Nd^{3+}$ 共掺杂制备的氧化铈薄膜电解质非常稳定，在 500℃ 最大电导率的值为 0.006S · $cm^{-1}$，随着基板温度从室温增加到 600℃，薄膜结构从(111)择优取向变化到随机取向，并伴随着电导率的增加，如图 5 – 10 所示。

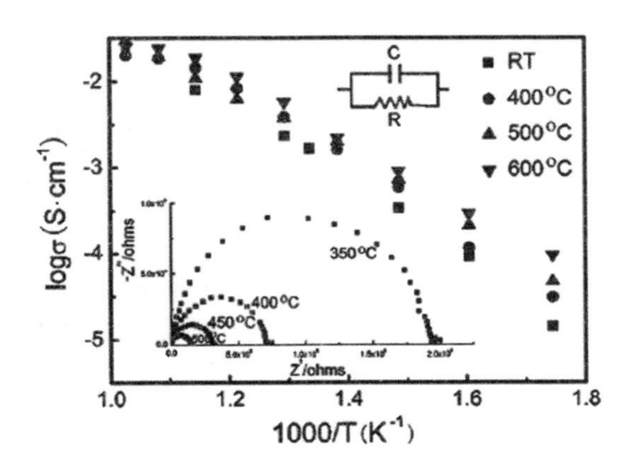


图 5 – 10　电导率分析图

X. L. Zhou[3]等研究发现，在空气中 $La_{0.7}Ca_{0.3}CrO_{3-\delta}$ + 5% $Ce_{0.8}Sm_{0.2}O_{1.9}$ 在 600℃、700℃和 800℃的电导率分别为 96.7S · $cm^{-1}$、146.3S · $cm^{-1}$、687.8S · $cm^{-1}$，和 $La_{0.7}Ca_{0.3}CrO_{3-\delta}$在相同的条件下进行比较，电导率显著增加。同样在纯氢气中 $La_{0.7}Ca_{0.3}CrO_{3-\delta}$ + 3% $Ce_{0.8}Sm_{0.2}O_{1.9}$在 600℃、700℃ 和 800℃ 有最大电导率，分别

为4.2S·$cm^{-1}$、5.3S·$cm^{-1}$和7.1S·$cm^{-1}$,这远高于对陶瓷连接材料要求的电导率值(1S·$cm^{-1}$)。

S. Dutta[55]等用阻抗分析法测量样品的离子电导率,发现掺杂Dy的纳米$CeO_2$比未掺杂的具有更高的离子电导率,且电导率随球磨时间的增加而增加,当球磨时间为8h样品具有最高的电导率,如图5-11所示。S. Rajesh[67]等利用阻抗谱分别在空气、$CO_2$和$N_2+H_2$(90/10vol%)中研究了电解质材料的电化学行为,研究发现在600℃的空气中,EDC/LNC复合电解质的电导率为0.27S·$cm^{-1}$,超过了燃料电池应用的一般要求。

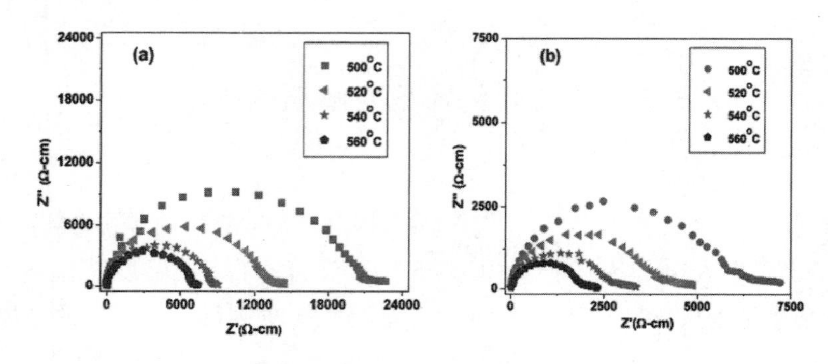


**图5-11 不同球磨时间的阻抗分析图**

C. Y. Tian[54]等研究发现,烧结温度对$Y_2O_3$掺杂$CeO_2$陶瓷材料的电导率有显著的影响,当烧结温度低于1500℃时,我们得到一个更高的直流电导率。在不同的温度下测量,发现当掺杂剂浓度为4%~8%时有最高的晶格电导率;当样品中的掺杂剂浓度为10%,在1500℃烧结有最大的晶界电导率;当样品中的掺杂剂浓度为4%和0.58%,分别在1400℃和1200℃烧结时有最高的直流电导率。K. Yashiro[8]等研究发现NbDC的电导率随着氧分压的增加而减少。K. Sato[49]等采用交流四探针法,发现当掺杂的$Y_2O_3$浓度约为15mol%时,电导率有最大值,这也与分子动力学模拟的结果一致。

G. Y. Hao[22]等将SDC和LSGM粉末以95:5、90:10、85:15的重量比进行混合,制备了SDC-LSGM复合电解质,分别命名为SL9505,SL9010,SL8515。实验研究了SDC与SDC-LSGM复合材料的电性能,发现添加少量的LSGM,晶界电阻明显下降。实验结果表明,SDC-LSGM复合物具有优良的导电性,可显著提高燃料电池的性能,在这些电解质中,SL9505具有最高的电导率和最大功率密度。S. Buyukkilic[69]等研究表明,Nd和Sm/Nd两个大小不同的三价离子共掺杂氧化铈能降低晶格应变,使生产出的材料具有较高的离子电导率。

R. Dziembaj[10]等研究表明,当铜离子浓度低时,在 400℃以上,所观察到 Cu - Ce - O 材料的电导率增加明显;当铜离子浓度较高时,在 350℃以上,材料的电导率增加明显。W. D. Shen[81]等研究发现,当掺杂剂的总量相同,低于 650℃时,样品中掺杂剂的量完全或部分凝聚在一起,其电导率低于均匀分布的样品。

S. Lubke[11]等通过研究发现,20 - xmol% Gd 和 xmol% Pr 掺杂氧化铈组成的 $Ce_{0.8}Gd_{0.2-x}Pr_xO_{1.9}$($0.01 \leq x \leq 0.03$)和无 Pr 的 $Ce_{0.8}Gd_{0.2}O_{1.8}$相比,在 n 型范围加入 13mol% ~3mol% Pr 电导率略有下降,但在 p 型范围内电导率大幅度增加。此外,掺杂 Pr 氧气的活性降低,电导率有最小值,在氧化条件下,由于 $Pr^{3+}$ 变为 $Pr^{4+}$ 使得 Pr 的掺杂对 p 型的电导率有影响,在 n 型范围活化能与 Pr 的浓度无关,在 p 型范围随着 Pr 浓度的增加,活化能减少,由于加入的 Pr 能降低晶界电阻率,所以总的氧离子电导率增加。

C. - Y. Chen[12]等研究发现,掺杂 Zr 可以引起 $Ce^{3+}$ 数量的增加,进而会引起电导率的升高。C. - C. Chou 等[23]研究发现,由于 $Ce_{0.8-x}Gd_{0.2}Sr_xO_{1.9-x}$具有更多的氧空位迁移氧离子、缺陷和杂质,加入少量的 SrO 到 20mol% $Gd_2O_3$共掺杂的 $CeO_2$中,能有效地提高离子电导率,但掺杂大量的 $Sr^{2+}$,电导率会急速下降,如图5 - 12 所示。D. Bucevac[24]等研究了获得 $CeO_2$ 固溶体的三种不同路线:(一)手动混合反应物(二)球磨反应物(三)球磨 $Ce_{0.8}Sm_{0.2}O_{2-\delta}$和 $Ce_{0.8}Gd_{0.2}O_{2-\delta}$固溶体。实验表明,这些样品比用手工搅拌得到的样品晶粒尺寸大,因此具有较高的电导率,由路线二制备的样品,在 700℃的最高电导率为 $2.704 \times 10^{-2} S \cdot cm^{-1}$,通过手工混合得到的样品,晶粒尺寸减小导致晶界电导率下降。因此,总电导率下降。

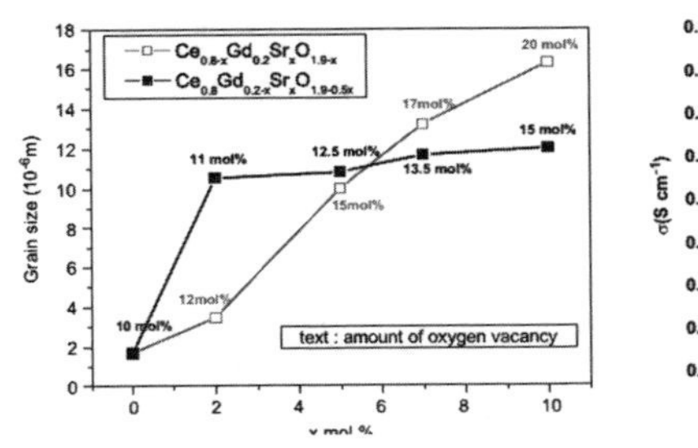

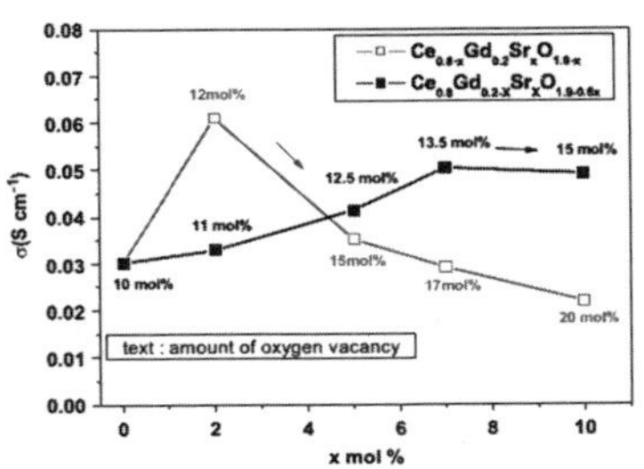


**图 5 - 12　不同掺杂量与电导率关系图**

M. A. F. Oksuzomer[13]等研究发现，在800℃ GDC－10/1400℃的总电导率为$2.29\times10^{-2}S\cdot cm^{-1}$，GDC－20/1400℃的总电导率为$3.25\times10^{-2}S\cdot cm^{-1}$，这一结果清楚地表明，通过多元醇在较低的温度下制备的GDC有足够的离子电导率。S. B. Anantharaman[25]等研究发现，在较低的温度下，它们的晶界电导率相似，在较高的温度下GDC－O样品与GDC－A相比，电导率增加更快。M. O. Mazan[26]等研究发现，铁的掺入提高了电导率，并降低了过程的活化能。铁掺杂氧化铈作为有前途的阳极材料，具有更高的还原性和更高的电导率。

X. L. Zhou[26]等研究发现，含有一定量SDC的电解质，电导率随着温度的升高而升高，样品的电导率在800℃达到最大，含有5wt·%的SDC样品具有最高的电导率，达到$687.8S\cdot cm^{-1}$，在800℃的实验条件下，这是使用$La_{0.7}Ca_{0.3}CrO_3$的38.7倍，即使在600℃和700℃，电导率也分别达到$96.7S\cdot cm^{-1}$和$146.3S\cdot cm^{-1}$。LCC＋3wt·%GDC显示最高的电导率为$124.6S\cdot cm^{-1}$，在800℃实验条件下，这是使用$La_{0.7}Ca_{0.3}CrO_3$的5.5倍。此外，在600℃和700℃，电导率也分别达到$101.1S\cdot cm^{-1}$和$112.8S\cdot cm^{-1}$。样品LCC＋3wt·%YDC被发现有最大的电导率为$104.8S\cdot cm^{-1}$，在800℃，这是使用$La_{0.7}Ca_{0.3}CrO_3$的5.9倍。因此，加入少量的RDC到LCC就可以显著提高电导率，如图5－13所示。

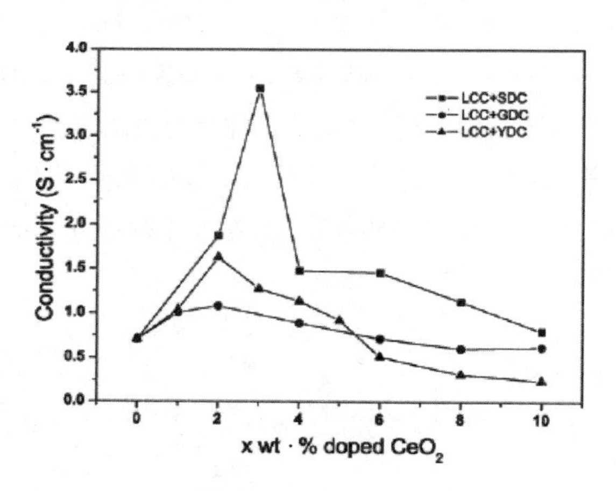


图5－13　掺杂量与电导率关系图

S.－P. Li[68]等研究发现，Nd、Sm共掺杂氧化铈能有效地提高电导率。S. Dikmen等[14]研究发现，对Bi共掺杂的$CeO_2$，当x＝0.1时，在700℃有最大的电导率$4.46\times10^{-2}S\cdot cm^{-1}$；对Sm共掺杂的$CeO_2$，当x＝0.02时，在700℃最大电导率约为$2.88\times10^{-2}S\cdot cm^{-1}$，对于相同的空位浓度，氧离子电导率几乎比单掺杂氧化铈高出3倍，这远高于在相应的温度下稳定的氧化锆固体电解质。Y. C. Dong[15]等研究发现，Cu－Gd共掺杂的$CeO_2$电解质，在600℃的电导率为0.026S·cm$^{-1}$。此外，这个电导率值略高于钴掺杂的$Ce_{0.79}Gd_{0.2}Co_{0.01}O_{2-\delta}$(0.021S·cm$^{-1}$)粉末。研究表明，增加少量的铜能有效地制备具有优良电性能的CGO粉末。

B. F. Ji[16]等研究发现，在温度范围为400℃～800℃内，$Ce_{0.8}Y_{0.2-x}Cu_xO_{2-\delta}$具有较高的电导率。此外，电导率随Cu含量的增加而增加，在x=0.08时达到最大值，但在这个范围之外，电导率下降，$Ce_{0.8}Y_{0.12}Cu_{0.08}O_{1.86}$电解质在1300℃烧结4h后有最高的氧离子电导率为0.029S·cm$^{-1}$。N. Singh[17]等研究发现，在所有的化合物中，组成为x=0.00，y=0.15具有最大的晶格参数。因此，更开放的结构有利于运动的氧化物离子，这增加了离子电导率。因此，CML15具有最高的离子电导率。在700℃ CML15和CML05的总电导率分别为5.14×10$^{-2}$S·cm$^{-1}$和2.54×10$^{-2}$S·cm$^{-1}$。

M. Prekajski[29]等研究发现，通过微波烧结得到的$Ce_{1-x}Bi_xO_{2-\delta}$样品总电阻$R$最低，因此离子电导率最高。在700℃，$Ce_{1-x}Bi_xO_{2-\delta}$样品的主体和晶界的电导率分别为3.14×10$^{-3}$S·cm$^{-1}$和9.32×10$^{-4}$S·cm$^{-1}$。

S. K. Tadokoro[30]等研究发现，烧结试样的电导率随总掺量的变化而变化，含有较低掺杂剂量的单掺杂陶瓷有最大的电导率值。此外，含有相同掺杂量的烧结试样表现出相似的电导率值，这表明氧空位的浓度在共掺杂陶瓷的导电过程中发挥了重要作用。D. H. Prasad[18]等研究发现，低温煅烧粉末的烧结样品表现出较好的烧结性以及较高的离子电导率，在700℃的空气中可达到2.21×10$^{-2}$S·cm$^{-1}$。A. Gondolini[20]等研究发现，在温和的条件下通过微波辅助多元醇法制备的$Ce_{0.9}Gd_{0.1}O_{1.95}$具有最高的电导率，如图5－14所示。

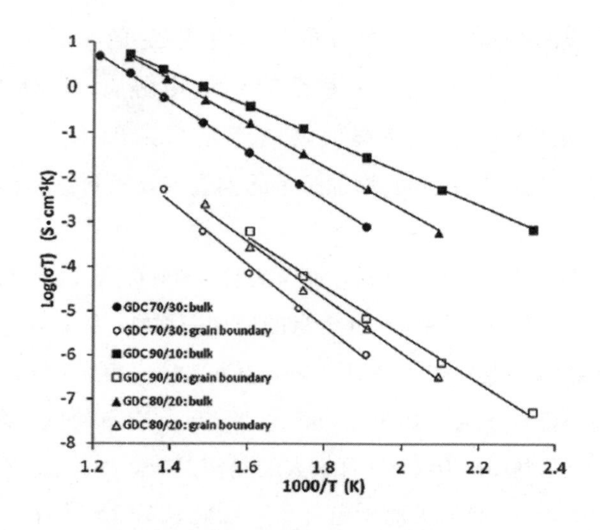


**图5-14 不同合成条件与电导率关系图**

L. Zhang[78]等研究发现，$Gd^{3+}$和$Y^{3+}$共掺杂可以提高 Gd 掺杂氧化铈的总电导率。高电导率是基于($Ce_{0.8}Gd_{0.05}Y_{0.15}O_{1.9}$ GYDC)和二元碳酸盐形成的复合电解质，熔融的碳酸盐离子在材料中的流动性大大增强，导致超离子传导，这是该复合材料的高性能的关键因素，如图5-15所示。J. B. Huang[21]等研究发现，在400℃~600℃的温度范围内，除600℃，SDC(OCP)基复合电解质的直流电导率高于SDC(GNP)基复合电解质的直流电导率。

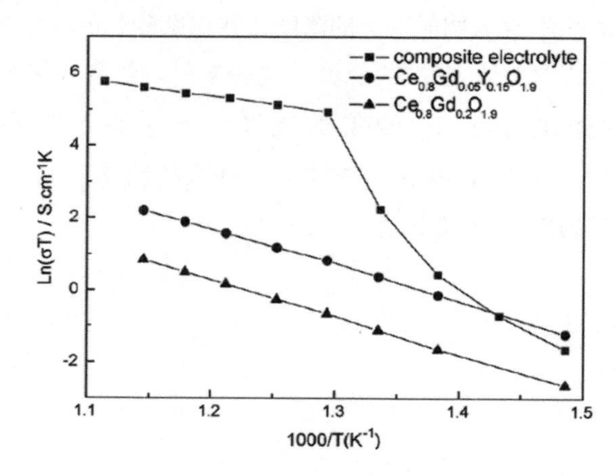


**图5-15 复合电解质与单一电解质电导率比较图**

有学者为了解固溶体$Ce_{1-x}Eu_xO_{2-\delta}$的性质，进行了$Ce_{1-x}Eu_xO_{2-\delta}$(x=0.1~

0.4)的阻抗谱图分析。电导率随掺杂量 x 增加而增加,并在 x = 0.2 时,电导率达到最大,超过同温氧化锆(YSZ)的电导率。然后随掺杂量 x 增加而减小。在测量温度范围内,其导电率满足 Arrhenius 关系。通过斜率拟合得到电导活化能发现,电导活化能先随掺杂量 x 增加而减小,在 x = 0.2 时最小,$Ea$ = 0.72eV,然后随掺杂量 x 增加而增大[62]。纯 $CeO_2$不是很好的氧离子导体,它的电导率很低,通过掺杂 $Eu^{3+}$取代晶格中的 $Ce^{4+}$,每两个 $Eu^{3+}$掺杂在晶格中产生一个电荷补偿性氧缺位,随着 $Eu^{3+}$掺杂量 x 增加,固溶体中的氧缺位浓度增加,电解质中将会产生更多的氧离子空位,而氧离子空位浓度的增加将有利于氧离子的快速迁移,从而提高电导率,使得制备的 SGC 电解质在中温范围具有较高的电导率[34]。并在 x = 0.2 时达到最大值,对于高掺杂量(x > 0.2)时氧离子电导率减小,是由于在氧缺位浓度很高时,将产生缺位缔合,导电活化能首先随掺杂量增加而减小,在 x = 0.2 导电活化能最小,当 x > 0.2 时,导电活化能增大。

尹艳红[71]等发现电导率的影响因素包括材料本身的特性,还有初始粉体制备方法的区别,制备方法的不同直接影响了粉体的粒度大小及其分布、颗粒形貌和烧结活性,同时,电导率还与样品烧结的致密度有很大关系。用 GNP 法和凝胶法所制粉体由于烧结致密度较大,因此电导率也较高。在 $CeO_2$中掺杂少量的 MO 或 $RE_2O_3$,使之溶解到 $CeO_2$晶格内形成有限置换型固溶体,可以有效增加氧空位浓度,提高电导率。采用草酸共沉淀法制备掺杂 $CeO_2$电解质比固相反应法有更高的离子电导率[82]。纳米结构材料中的高浓度缺陷为离子通过纳米尺寸的相界的传导和扩散提供了活性空位,加速离子传输,增大了离子电导,在一定的电场作用下便能产生细丝通路,薄膜中本征载流子导电和细丝导电两种导电机制并存导致了伏安特性曲线的非线性特征[31]。

彭程[32]等测试样品在不同温度下的交流阻抗谱,半圆与实轴的两个交点分别为晶粒电阻 $R_b$和晶界电阻 $R_{gb}$,晶界电容在 500 ~ 295440μF 之间,测得的半圆有压低现象,即圆心在实轴之下。半圆压低的原因可能与电极表面的粗糙造成电极/电解质界面中电场分布不均匀有关。晶界电阻的变化大于晶粒电阻的变化,这种趋势表明在低温区电导率主要取决于晶界电导,而在高温区电导率主要取决于晶粒电导。另外氢气气氛会加强电解质中的质子传导,使电导率增大[83]。

另有文献表明[80],电导率随着温度的升高而不断增大,与阻抗分析得出的结论一致。表明在中温区 $(CeO_2)_{0.85}(SmO_{1.5})_{0.15}$样品导电性高于其他两种样品 $(CeO_2)_{0.9}(SmO_{1.5})_{0.1}$,$(CeO_2)_{0.8}(SmO_{1.5})_{0.2}$的导电性,主要归因于纯 $CeO_2$是弱的氧离子导体。刘巍[74]等发现相同温度下溶胶凝胶自蔓延燃烧法和共沉淀法的电导率大致相同,但是固相反应法的电导率要低得多。

梁广川[1]在使用 $Sm_2O_3$ 和 $Gd_2O_3$ 复合掺杂 $CeO_2$ 时发现,可以显著地降低烧结温度且其电导率随温度上升而下降。黎大兵[2]采用溶胶-凝胶法和低温法相结合合成粉体,利用该粉体制成固体电解质其电导率为 $5.8 \times 10^{-2}$ S·cm$^{-1}$。梁广川[52]在利用 $Al_2O_3$ 掺杂 $CeO_2$ 基的过程中,$Al_2O_3$ 的掺杂会促进固体电解质的烧结,但是它也会减少其电导率。黄英才[37]通过测试1300℃下固相法合成的 $Ce_{1-x}Y_xO_{2-x/2}$ 在 $x=0.1$,0.2 电导率却有着显著的提高。另外 $x>0.2$ 时,在小于800℃时,由于缔合作用电导率显著减小。谭文铁[39]等测试了在 G/M = 0.5~3.0 范围内,甘氨酸-硝酸盐燃烧法合成的 $(CeO_2)_{1-2x}(Sm_2O_3)_x$,在800℃制备出来的薄膜 $\sigma = 0.0484$ S·cm$^{-1}$。牛盾等[40]在采用高分子凝胶法制备样品的时候,在700℃测得样品的电导率比 0.10mS·m$^{-1}$ 大。李世萍[44]等发现对于 $Ce_{0.9}Sm_{0.1}O_{2-\delta}$ 和 $Ce_{0.8}Sm_{0.2}O_{2-\delta}$ 而言,电解质的导电性与其本身的氧空位密切相关,然而氧空位随着掺杂离子的增加而增大。所以 $Ce_{0.8}Sm_{0.2}O_{2-\delta}$ 的电导率相对前者更大。李泽彬[58]等通过溶胶-凝胶法向 $CeO_2$ 基中掺加 $Sm_2O_3$,此外随着温度的增加该产物氧离子通过空位的移动速度增加,所以电导率增大。不同的 $Sm_2O_3$ 掺杂比例电导率也会发生变化,实验表明20% Sm 掺杂时具有最高的电导率。

唐安江[56]等发现双掺杂的 $CeO_2$ 基中的 $Sc^{3+}$ 在450℃~800℃温度通过研究发现活化能最小,电导率最大时 $Sc^{3+}$: $Zr^{4+}$: $Ce^{4+}$ 的掺杂比例为5: 25: 7。朱丽丽[59]等在实验中发现所有掺杂量的 Er 对 $Ce_{1-x}Er_xO_{2-\delta}$ 的电导率的大小并不是随着掺杂量的增加而变大,其中在掺杂量为0.1时在700℃电导率为 $2.56 \times 10^{-2}$ S·cm$^{-1}$,$Ea = 0.92$eV。詹海林[48]等制备的 $Ce_{0.8}Sm_{0.2-x}Sc_xO_{2-\delta}$ 粉体具有单一的萤石结构,另外他们发现适量的 Sc 能够改善该粉体的烧结性能,在掺杂量为5%时其所得烧结体的相对密度可以达到97.13%。

## 5.4 $CeO_2$ 基电解质的应用

超细的 $CeO_2$ 基复合氧化物可以作为癌症治疗的药物、光催化剂分解污染物、湿度传感器、染料敏化太阳能电池、小型化移动储能装置、中温固体氧化物燃料电池、$CeO_2$可用于工业催化过程的促进剂、在医学上用作保护剂，对脊髓神经元的保护作用、自由基清除剂、在化学和环境中作为催化剂和过滤器、在能源和环境友好的能源系统如水分解产生氢气和汽车尾气助剂、防晒剂和玻璃抛光材料、功能涂料，同时掺杂 $CeO_2$后，四方 $ZrO_2$ 相可以稳定在较高的温度。因此，它可以作为一种保护涂层，以提供在高温应用中基板的热绝缘性和热氧化性。在汽车尾气的三元触媒（TWCS）、气体传感器、光致发光材料和其他电子陶瓷材料、红色陶瓷颜料等高科技领域有着广泛的应用。

### 5.4.1 在固体燃料电池中的应用

在固体氧化物燃料电池的开发中广泛使用的电解质材料是 $Y_2O_3$稳定的 $ZrO_2$（YSZ），但是其工作温度在 1000℃ 左右才能表现出足够高的氧离子电导率，而如此高的温度会导致 YSZ 的机械强度不稳定，材料的老化和各构成材料之间的相互扩散等问题。固体氧化物的工作温度降低至 800℃，其寿命可望延长 3 倍，且成本大大降低。实验证实，在 $CeO_2$基复合氧化物中，足够高的氧离子电流密度条件可以抑制固溶体中的电子导电，从而使该体系可以用作中温固体氧化物燃料电池的电解质。研究表明[84-92]，$CeO_2$基复合氧化物 $Ce_{1-x}M_xCa_{0.2}O_{1.8-0.4x}$（M = Y、La 和 Gd）、$Ce_{0.8}Sm_{0.2}O_{1.9}$、$Ce_{1-x}Gd_xO_2$（$x = 0.05 - 0.50$）、$Ce_{1-x}Nd_xO_2$等在 800℃ 左右具有较高的离子电导率可作为中温固体氧化物燃料电池中的固体电解质。

### 5.4.2 在汽车尾气净化中的应用

随着汽车数量的增加，汽车尾气严重污染了大气环境，具有萤石结构的 $CeO_2$是氧化型催化剂的优良助剂，在汽车尾气净化催化剂中得到了广泛的应用。在汽车尾气净化剂中添加纳米 $CeO_2$有着比表面积大、涂层量高、增加储氧能力等优点，处于纳米级的 $CeO_2$可控制催化剂中贵金属微粒处于纳米级，保证了在高温气氛中催化剂的高比表面积，从而大大提高了催化活性。当 $CeO_2$晶格中的部分 Ce 被其他阳离子如 Pr、Tb 等取代后，形成 $Ce_{1-x}Pr_xO_2$、$Ce_{1-x}Tb_xO_2$等固溶体，导致 $CeO_2$面心立方晶格缺陷的产生，从而增加了 $CeO_2$的储存氧和释放氧的能力。与纯 $CeO_2$相比，添加适量的其他金属阳离子可以增加三效催化剂的 OSC，提高催化剂的热稳定性、降低 $Ce^{4+}$ 的还原活化能等。

### 5.4.3 在气体传感方面的应用

控制工业厂房或汽车排放中空气/燃料的燃烧比率，减少废气排放，提高燃油效率显得日益重要,废气中氧的含量指示燃烧系统中燃料的转换效率,氧传感器在测定废气中氧的含量起着决定性的作用。传统的固体电解质氧传感器由于其对氧浓度变化时,不具有足够的灵敏度,通常还需要空气源作为传感器操作时的参照物,因而限制了这些类型的传感器应用。C. – Y. Chen[12]等研究发现,掺杂 Zr 导致 $CeO_2$ 中 $Ce^{3+}$ 的量增加,操作时温度升高导致导电性增强;当氧分压变化时 ZDC 表现出更快的动态响应,比未掺杂的氧化铈有更好的传感性能,有望应用于传感器领域。

## 5.5　结语

纳米 $CeO_2$ 具有稳定的立方萤石型结构,纯的 $CeO_2$ 离子电导率非常小,约为 $3.0\times10^{-4}S\cdot cm^{-1}$,通过在 $CeO_2$ 中掺杂少量的二价碱土或三价稀土氧化物,形成具有一定氧空位浓度的 $CeO_2$ 基复合氧化物或铈基固溶体,这些电解质材料主要是 $Ce_{0.8}Sm_{0.2}O_{1.9}$、$Ce_{0.8}Gd_{0.2}O_{1.9}$、$Ce_{0.8}Y_{0.2}O_{1.9}$ 等,其在中低温的电导率约为 $10^{-3}$ ~ $10^{-1}S\cdot cm^{-1}$,比同温度的 YSZ 大两个数量级,是用作中低温固体氧化物燃料电池(SOFC)最合适的电解质材料,应用开发前景十分广阔。虽然这类材料在氧分压较低、温度较高的时候会出现离子和电子的混合导电,但是在燃料电池的工作条件下,它可以高效率、高性能地工作[93 – 108]。目前已达到的最好性能是在 500℃下,以 $Ce_{0.8}Sm_{0.2}O_{1.9}$ 作电解质的单电池,输出功率为 403mW/cm²。制备方法对材料的性能有着重要的影响,在纳米 $CeO_2$ 制备的多种方法中,所存在的普遍问题是颗粒团聚现象、粒度分布不均匀、性能不稳定等,从而影响了纳米 $CeO_2$ 的使用性能,选择合理的制备方法及工艺优化制备纳米级掺杂铈基电解质粉末是未来研究的重要内容。

### 参考文献

[1]梁广川,刘文西. 复合掺杂 $CeO_2$ 基电解质性能与烧结温度关系[J]. 河北工业大学学报,1999,28(5):41 – 44.

[2]黎大兵,胡建东. 纳米粉体 $(CeO_2)_{0.9-x}(GdO_{1.5})_x(Sm_2O_3)_{0.1}$ 的溶胶 – 凝胶低温燃烧合成[J]. 硅酸盐学报,2001,29(4):340 – 343.

[3]X. L. Zhou, K. N. Sun, P. Wang. Preparation and electrical behavior study of the ceramic

interconnect $La_{0.7}Ca_{0.3}CrO_{3-\delta}$ with $CeO_2$ – based electrolyte $Ce_{0.8}Sm_{0.2}O_{1.9}$[J]. Materials Research Bulletin,2009,44:231 – 236.

[4]S. Samiee,E. K. Goharshadi. Effects of different precursors on size and optical properties of ceria nanoparticles prepared by microwave – assisted method[J]. Materials Research Bulletin, 2012,47:1089 – 1095.

[5]W. Z. Huang,J. L. Yang,C. J. Wang,et al. Effects of Zr/Ce molar ratio and water content on thermal stability and structure of $ZrO_2$ – $CeO_2$ mixed oxides prepared via sol – gel process [J]. Materials Research Bulletin,2012,47:2349 – 2356.

[6]N. S. Ferreira, R. S. Angélica, V. B. Marques, et al. Cassava – starch – assisted sol – gel synthesis of $CeO_2$ nanoparticles[J]. Materials Letters,2016,165:139 – 142.

[7]W. Liu, B. Li, H. Q. Liu, et al. Electrical conductivity of textured $Sm^{3+}$ and $Nd^{3+}$ Co – doped $CeO_2$ thin – film electrolyte[J]. Electrochimica Acta,2011,56:3334 – 3337.

[8]K. Yashiro,T. Suzuki, A. Kaimai,et al. Electrical properties and defect structure of niobia – doped ceria[J]. Solid State Ionics,2004,175:341 – 344.

[9]T. Ishida,F. Iguchi,K. Sato,et al. Fracture properties of$(CeO_2)_{1-x}(RO_{1.5})_x$(R = Y,Gd, and Sm;x = 0.02 ~ 0.20)ceramics[J]. Solid State Ionics,2005,176:2417 – 2421.

[10]R. Dziembaj, M. Molenda, M. M. Zaitz,et al. Correlation of electrical properties of nanometric copper – doped ceria materials($Ce_{1-x}Cu_xO_{2-\delta}$)with their catalytic activity in incineration of VOCs[J]. Solid State Ionics,2013,251:18 – 22.

[11]S. Lubke,H. – D. Wiemhofer. Electronic conductivity of Gd – doped ceria with additional Pr – doping[J]. Solid State Ionics,1999,117:229 – 243.

[12]C. – Y. Chen,C. – L. Liu. Doped ceria powders prepared by spray pyrolysis for gas sensing applications[J]. Ceramics International,2011,37:2353 – 2358.

[13]M. A. F. Oksuzomer,G. Dönmez,V. Sariboga,et al. Microstructure and ionic conductivity properties of gadoliniadoped ceria($Gd_xCe_{1-x}O_{2-x/2}$)electrolytes for intermediate temperature SOFCs prepared by the polyol method[J]. Ceramics International,2013,39:7305 – 7315.

[14]S. Dikmen,H. Aslanbay,E. Dikmen,et al. Hydrothermal preparation and electrochemical propertiesof $Gd^{3+}$ and $Bi^{3+}$,$Sm^{3+}$,$La^{3+}$ and $Nd^{3+}$ codoped ceria – based electrolytes for intermediate temperature – solid oxide fuel cell[J]. Journal of Power Sources 2010,195:2488 – 2495.

[15]Y. C. Dong,S. Hampshire,B. Lin,et al. High sintering activity Cu – Gd co – doped $CeO_2$ electrolyte for solid oxide fuel cells[J]. Journal of Power Sources,2010,195:6510 – 6515.

[16]B. F. Ji,C. A. Tian,C. Y. Wang,et al. Preparation and characterization of $Ce_{0.8}Y_{0.2-x}Cu_xO_{2-\delta}$ as electrolyte for intermediate temperature solid oxide fuel cells[J]. Journal of Power Sources,

2015,278:420 – 429.

[17] N. Singh, N. K. Singh, D. Kumar, et al. Effect of co – doping of Mg and La on conductivity of ceria[J]. Journal of Alloys and Compounds, 2012, 519:129 – 135.

[18] D. H. Prasad, J. – W. Son, B. – K. Kim, H. – W. Lee, et al. Synthesis of nano – crystalline $Ce_{0.9}Gd_{0.1}O_{1.95}$ electrolyte by novel sol – gel thermolysis process for IT – SOFCs[J]. Journal of the European Ceramic Society, 2008, 28:3107 – 3112.

[19] R. Podor, N. Clavier, J. Ravaux, et al. Dynamic aspects of cerium dioxide sintering: HT – ESEM study of grain growth and pore elimination[J]. Journal of the European Ceramic Society, 2012, 32:353 – 362.

[20] A. Gondolini, E. Mercadelli, A. Sanson, et al. Effects of the microwave heating on the properties of gadolinium – doped cerium oxide prepared by polyol method[J]. Journal of the European Ceramic Society, 2013, 33:67 – 77.

[21] J. B. Huang, Z. Q. Mao, Z. X. Liu, et al. Performance of fuel cells with proton – conducting ceria – based composite electrolyte and nickel – based electrodes[J]. Journal of Power Sources, 2008, 175:238 – 243.

[22] G. Y. Hao, X. M. Liu, H. P. Wang, et al. Performance of $Ce_{0.85}Sm_{0.15}O_{1.9}$ – $La_{0.9}Sr_{0.1}Ga_{0.8}Mg_{0.2}O_{2.85}$ composite electrolytes for intermediate – temperature solid oxide fuel cells[J]. Solid State Ionics, 2012, 255:81 – 84.

[23] C. – C. Chou, C. – F. Huang, T. – H. Yeh. Investigation of ionic conductivities of $CeO_2$ – based electrolytes with controlled oxygen vacancies[J]. Ceramics International, 2013, 39:S627 – S631.

[24] D. Bucevac, A. Radojkovic, M. Miljkovic, et al. Effect of preparation route on the microstructure and electrical conductivity of co – doped ceria[J]. Ceramics International, 2013, 39:3603 – 3611.

[25] S. B. Anantharaman, R. Bauri. Effect of sintering atmosphere on densification, redox chemistry and conduction behavior of nanocrystalline Gd – doped $CeO_2$ electrolytes [J]. Ceramics International, 2013, 39:9421 – 9428.

[26] X. L. Zhou, F. J. Deng, M. X. Zhu, et al. High performance composite interconnect $La_{0.7}Ca_{0.3}CrO_3$/20mol% $ReO_{1.5}$ doped $CeO_2$ (Re = Sm, Gd, Y) for solid oxide fuel cells[J]. Journal of Power Sources, 2007, 164:293 – 299.

[27] W. P. Sun, W. Liu. A novel ceria – based solid oxide fuel cell free from internal short circuit[J]. Journal of Power Sources, 2012, 217:114 – 119.

[28] A. Akbari – Fakhrabadi, R. V. Mangalaraja, F. A. Sanhueza, et al. Nanostructured Gd – $CeO_2$ electrolyte for solid oxide fuel cell by aqueous tape casting[J]. Journal of Sources Power, 2012, 218:307 – 312.

[29] M. Prekajski, M. Stojmenovic, A. Radojkovic, et al. Sintering and electrical properties of $Ce_{1-x}Bi_xO_{2-\delta}$ solid solution[J]. Journal of Alloys and Compounds, 2014, 617: 563 - 568.

[30] S. K. Tadokoro, E. N. S. Muccillo. Effect of Y and Dy co - doping on electrical conductivity of ceria ceramics[J]. Journal of the European Ceramic Society, 2007, 27: 4261 - 4264.

[31] 张德新, 岳慧敏. 纳米 $CeO_2$ 基电解质薄膜电性能实验研究[J]. 江汉石油学院学报, 2003, 25(3): 154 - 155.

[32] 彭程, 程璇, 张颖, 等. $Ce_{1-x}Pr_2O_{2-x/2}$ 的溶胶 - 凝胶法的合成及其性质[J]. 功能材料, 2003, 34(3): 301 - 303.

[33] 甄强, 严凯, 陈瑞芳, 等. YSZ 包覆 YDC 纳米晶复合固体电解质的制备[J]. 功能材料, 2007, 38(3): 441 - 445.

[34] 邓莉萍, 罗军明, 袁永瑞, 等. $Ce_{0.8}Sm_{0.1}Gd_{0.1}O_{1.9}$ 电解质的制备及其性能[J]. 硅酸盐通报, 2008, 27(1): 91 - 94.

[35] 郑益锋, 周明, 陈涵, 等. $Al_2O_3$ 对 $Ce_{0.8}La_{0.2}O_{1.9}$ 电解质材料性能的影响[J]. 南京工业大学学报: 自然科学版, 2010, 32(6): 1 - 5.

[36] 刘旭俐, 武钢, 马峻峰, 等. 注凝成型技术制备 $CeO_2$ 基固体电解质[J]. 福州大学学报: 自然科学版, 2003, 31(4): 491 - 493.

[37] 黄英才, 刘毅, 劳令耳, 等. 纳米 $Y_2O_3$ 掺杂 $CeO_2$ 固体电解质导电性能及机理研究[J]. 贵州工业大学学报: 自然科学版, 2004, 33(2): 14 - 17.

[38] 杨乃涛, 孟波, 谭小耀. 溶胶 - 凝胶法合成超细 $Ce_{1-x}Gd_xO_{2-x/2}$ 电解质粉体[J]. 材料科学与工程学报, 2004, 22(4): 572 - 575.

[39] 谭文轶, 钟秦. 铈基固体电解质的燃烧法制备及其导电特性[J]. 材料导报, 2005, 19, (3): 101 - 103.

[40] 牛盾, 邵忠宝, 姜涛, 等. $SrCe_{0.85}Y_{0.15}O_{2.925}$ 的合成和导电性能[J]. 材料研究学报, 2009, 20(4): 377 - 380.

[41] 赵晓锋, 邵刚勤, 段兴龙, 等. 新型 SOFC 电解质 $Ce_{0.8}Sm_{0.2}O_{1.9}$ 的制备与表征[J]. 武汉理工大学学报, 2007, 29(10): 77 - 79.

[42] 陈爱莲, 陈杨, 杨建平. $Ce_{0.8}Gd_{0.2}O_{1.9-\delta}$ 氧离子固体电解质的制备[J]. 半导体技术, 2008, 33(10): 885 - 887.

[43] 邓莉萍, 罗军明, 艾云龙, 等. $Ce_{0.8}Y_{0.1}Gd_{0.1}O_{1.9}$ 电解质的制备及其性能研究[J]. 硅酸盐通报, 2008, 27(2): 281 - 284.

[44] 李世萍, 鲁继青, 罗孟飞. 钐掺杂对 $CeO_2$ 电解质导电性能的影响[J]. 中国稀土学报, 2009(3): 409 - 413.

[45] 孙永平, 高文元, 于晓强, 等. $Ce_{0.9}La_{0.1}O_{2-\delta}$ 电解质粉末的制备与性能[J]. 电池, 2009, 39(1): 18 - 19.

[46]许亮,侯书恩,靳洪允,等.SDC电解质致密化研究[J].材料导报,2009(S1):313-315.

[47]燕萍,筱敏胡,旭东孙.尿素均相沉淀法制备纳米粉体 $Ce_{0.8}Sm_{0.2}O_{1.9}$ 的烧结性能[J].中国有色金属学报(中文版),2015,21(2).

[48]詹海林,程继贵,孙文周,等.$Sc_2O_3-Sm_2O_3$ 共掺杂 $CeO_2$ 基电解质的电导率和还原稳定性[J].硅酸盐学报,2015,2:009.

[49]K. Sato, K. Suzuki, K. Yashiro, et al. Effect of $Y_2O_3$ addition on the conductivity and elastic modulus of $(CeO_2)_{1-x}(YO_{1.5})_x$[J]. Solid State Ionics, 2009, 180:1220-1225.

[50]O. Bellon, N. M. Sammes, J. Staniforth. Mechanical properties and electrochemical characterisation of extruded doped cerium oxide for use as an electrolyte for solid oxide fuel cells [J]. Journal of Power Sources, 1998, 75:116-121.

[51]欧刚,李彬,刘巍,等.Sm,Nd共掺 $CeO_2$ 基固体电解质的抗还原性能[J].稀有金属材料工程,2011,40(1):339-341.

[52]梁广川,梁秀红.$Al_2O_3$ 掺杂对 $CeO_2$ 基固体电解质性能的影响[J].中国稀土学报,2002,(z2):122-125.

[53]宋希文,安胜利,赵文广,等.稀土氧化物 $LnO_{1.5}$ 掺杂 $CeO_{2-\delta}$ 固体电解质的缺陷与电导率[J].稀土,2005,26(3):23-26.

[54]C. Y. Tian, S.-W. Chan. Ionic conductivities, sintering temperatures and microstructures of bulk ceramic $CeO_2$ doped with $Y_2O_3$[J]. Solid State Ionics, 2000, 134:89-102.

[55]S. Dutta, A. Nandy, A. Dutta, et al. Structure and microstructure dependent ionic conductivity in 10 mol% $Dy_2O_3$ doped $CeO_2$ nanoparticles synthesized by mechanical alloying [J]. Materials Research Bulletin, 2016, 73:446-451.

[56]唐安江,关星宇,高姗姗,等.双掺杂铈基电解质材料的研究[J].化工新型材料,2010,38(10):85-87.

[57]周明,葛林,李瑞峰,等.Co掺杂对 $(CeO_2)_{0.92}(Y_2O_3)_{0.06}(La_2O_3)_{0.02}$ 电解质材料性能的影响[J].陶瓷学报,2012,33(3):272-277.

[58]李泽彬,聂丽,姚有峰.氧化钐掺杂氧化铈纳米材料的导电性[J].河北师范大学学报,2010,34(3):300-303.

[59]朱丽丽,林晓敏.$Ce_{1-x}Er_xO_{2-\delta}$ 的溶胶-凝胶法合成及其性质[J].大学物理实验,2011,24(3):1-4.

[60]蒋凯,孟建.$(Ce_{0.8}RE_{0.2})_{1-x}M_xO_{2-\delta}$ 固体电解质的溶胶-凝胶合成及其电性质[J].中国科学:B辑,1999,29(4):254-258.

[61]王静任,刘宏光,彭开萍.固相反应对钆掺杂二氧化铈和钇掺杂铈酸钡电解质电化学性能的影响[J].硅酸盐学报,2015,2:189-194.

[62]林晓敏,宋文福,李莉萍,等. $Ce_{1-x}Eu_xO_{2-\delta}$(x=0.05~0.50)固溶体的溶胶-凝胶法合成与性质研究[J]. 化学学报,2004,62(10):951-955.

[63]李泽彬,张刚,姚有峰. 氧化钐掺杂氧化铈纳米材料制备与其导电性研究[J]. 哈尔滨理工大学学报,2011,16(1):30-33.

[64]孙嘉苓,韦茵洁,林晓敏. $Ce_{1-x}Dy_xO_{2-\delta}$固体电解质的合成及其性能研究[J]. 北华大学学报:自然科学版,2010,11(6):507-509.

[65]吕秋月,林晓敏,魏白光,等. $Ce_{1-x}HO_xO_{2-\delta}$(x=0.05-0.3)固体电解质的性能研究[J]. 吉林化学化工学院学报,2012,29(5):92-95.

[66]唐安江,关星宇,高姗珊,等. 溶胶-凝胶法制备双掺杂的$CeO_2$基电解质粉末[J]. 干燥技术与设备,2009,7(4):175-179.

[67]S. Rajesh,D. A. Macedo,R. M. Nascimento,et al. One-step synthesis of composite electrolytesof Eu-doped ceria and alkali metal carbonates[J]. International Journal of Hydrogen Energy,2013,38:16539-16545.

[68]S.-P. Li,J.-Q. Lu,P. Fang,et al. Effect of oxygen vacancies on electrical properties of $Ce_{0.8}Sm_{0.1}Nd_{0.1}O_{2-\delta}$ electrolyte: An in situ Raman spectroscopic study[J]. Journal of Power Sources,2009,193:93-98.

[69]S. Buyukkilic,T. Shvareva,A. Navrotsky. Enthalpies of formation and insights into defect association in ceria singly and doubly doped with neodymia and samaria[J]. Solid State Ionics,2012,227:17-22.

[70]孙明涛,孙俊才,季世军. 草酸共沉淀制备超细$Ce_{0.8}Sm_{0.2}O_{1.9}$工艺优化[J]. 稀土,2005,26(3):1-4.

[71]尹艳红,杨书廷,夏长荣,等. 不同方法制备的$Ce_{0.8}Sm_{0.2}O_{1.9}$(SDC)性能对比[J]. 河南师范大学学报:自然科学版,2005,33(2):56-59.

[72]袁永瑞,邓莉萍,罗军明,等. $Ce_{0.8}Sm_{0.1}Gd_{0.1}O_{1.9}$电解质的制备及其性能研究[J]. 稀有金属与硬质合金,2007,35(2):11-13.

[73]燕萍,胡筱敏,祁阳. Sm-Gd掺杂$CeO_2$基纳米粉体的制备[J]. 东北大学学报(自然科学版),2009,30(12):1759-1762.

[74]刘巍,刘燕祎,李彬,等. Sm,Nd共掺$CeO_2$固体电解质的制备与性能[J]. 稀有金属材料与工程,2009,38(z2).

[75]李淑君,葛林,郑益锋,等. EDTA-柠檬酸络合法制备$(Ce_{0.8}Y_{0.2-x}Nd_xO_{1.9})_{0.99}(ZnO)_{0.01}$电解质材料及其性能研究[J]. 无机材料学报,2012,27(3):265-270.

[76]M. O. Mazan,J. Marrero-Jerez,A. Soldati,et al. Fe-doped ceria nanopowders synthesized by freeze-drying precursor method for electrocatalytic applications[J]. International Journal of Hydrogen Energy,2015,40:3981-3989.

[77]Y. Ji,J. Liu,T. M. He,et al. Single intermedium – temperature SOFC prepared by glycine – nitrate process[J]. Journal of Alloys and Compounds,2003,353:257 – 262.

[78]L. Zhang,R. Lan,X. X. Xu,et al. A high performance intermediate temperature fuel cell based on a thick oxide – carbonate electrolyte[J]. Journal of Power Sources,2009,194:967 – 971.

[79]孙明涛,孙俊才,季世军,等. 甘氨酸 – 硝酸盐法制备 Sm 掺杂 $CeO_2$ 电解质及性能研究[J]. 电源技术,2005,29(5):289 – 292.

[80]李艳华,于战华,刘晓梅. 甘氨酸 – 硝酸盐法制备中温 SOFC 电解质材料[J]. 稀土,2008,29(1):13 – 15.

[81]W. D. Shen,J. Jiang,C. Y. Ni,et al. Two – dimensional vacancy trapping in yttria doped ceria [J]. Solid State Ionics,2014,255:13 – 20.

[82]查少武,顾云峰,付清溪,等. $CeO_2$ – $Y_2O_3$ 固体氧化物燃料电池的电化学性能[J]. 功能材料 2000,31(6):612 – 614.

[83]邸婧,王成扬,陈明鸣,等. 低温固体氧化物燃料电池新型 $CeO_2$ 基复合电解质研究[J]. 无机材料学报,2008,23(3):573 – 577.

[84]M. Llusar,L. Vitásková,P. Sulcová,et al. Red ceramic pigments of terbium – doped ceria prepared through classical and non – conventional coprecipitation routes[J]. Journal of the European Ceramic Society,2010,30:37 – 52.

[85]J. H. Joo,G. M. Choi. Open – circuit voltage of ceria – based thin film SOFC supported on nano – porous alumina[J]. Solid State Ionics,2007,178:1602 – 1607.

[86] H. Inaba, R. Sagawa, H. Hayashi, et al. Molecular dynamics simulation of gadolinia – doped ceria[J]. Solid State Ionics,1999,122:95 – 103.

[87]T. Kobayashi, S. R. Wang, M. Dokiya. Oxygen nonstoichiometry of $Ce_{1-y}Sm_{2-0.5y-x}$ (y = 0. 1,0. 2)[J]. Solid State Ionics,1999,126:349 – 357.

[88]A. Trovarelli,M. Boaro,E. Rocchini,et al. Some recent developments in the characterization of ceria – based catalysts[J]. Journal of Alloys and Compounds,2001,323 – 324:584 – 591.

[89]O. Adamopoulos,Eva. Björkman,Y. Zhang,et al. A nanophase oxygen storage material:Alumina – coatedmetal – basedceria[J]. Journalof the European Ceramic Society,2009,29:677 – 689.

[90] C. W. Huang, W. C. J. Wei, C. S. Chen, et al. Molecular dynamics simulation on ionic conduction process of oxygen in $Ce_{1-x}M_xO_{2-x/2}$ [J]. Journal of the European Ceramic Society, 2011,31:3159 – 3169.

[91]T. V. Gestel,D. Sebold,H. P. Buchkremer. Processing of 8YSZ and CGO thin film electrolyte layers for intermediate – and low – temperature SOFCs[J]. Journal of the European Ceramic Society,2015,35:1505 – 1515.

[92]J. B. Huang,L. Z. Yang,R. F. Gao,et al. A high – performance ceramic fuel cell with sa-

marium doped ceria - carbonate composite electrolyte at low temperatures[J]. Electrochemistry Communications,2006,8:785 - 789.

[93]梁广川,陈玉如. $CeO_2$基电解质材料性能的理论计算[J]. 河北工业大学学报,2002,31(6):25 - 29.

[94]崔学军,李国军,任瑞铭. 提高$CeO_2$基固体电解质电性能的几种方法[J]. 陶瓷科学与艺术,2006,40(1):9 - 13.

[95]张志娟,劳令耳,范荣亮,等. $CeO_2$基固体电解质制备方法概述[J]. 化学推进剂与高分子材料,2006,4(6):38 - 42.

[96]周德凤,夏燕杰,梁鹏,等. Mo的掺杂对$Ce_{0.8}Gd_{0.2}O_{1.9}$烧结温度及电性能的影响[J]. 无机化学学报,2008,24(2):324 - 328.

[97]丁姣,刘江,郭为民. 用于制备SOFC电解质膜$Sm_{0.2}Ce_{0.8}O_{1.9}$的合成及性能研究[J]. 无机材料学报,2009,24(1):152 - 156.

[98]燕萍,胡筱敏,祁阳,等. $CeO_2$基固体氧化物燃料电池电解质研究[J]. 材料与冶金学报,2009,8(2):100 - 105.

[99]黄金,王延忠,苏庭庭,等. 中低温高电导率$CeO_2$基电解质的研究进展[J]. 材料导报,2013,27(11):140 - 143.

[100]韩建华,张瑞雪,吴冰,等. $CeO_2$基体掺杂材料及其在SOFC中的应用[J]. 电源技术,2014,38(11):2196 - 2198.

[101]荆波,孙俊才. IT - SOFC电解质$Ce_{0.8}Sm_{0.2}O_{1.9}$的制备与性能[J]. 大连海事大学学报,2011,37(1):128 - 130.

[102]程继海,鲍巍涛,朱德春,等. 溶胶 - 燃烧法制备$Ce_{0.8}Gd_{0.2}O_{1.9}$及其性能[J]. 功能材料与器件学报,2009(4):350 - 354.

[103]周明,葛林,李瑞锋,等. Co掺杂量对$(CeO_2)_{0.92}(Y_2O_3)_{0.06}(Sm_2O_3)_{0.02}$电解质材料性能的影响[J]. 南京工业大学学报,2013,35(1):10 - 13.

[104]于春华,梁秀红,梁广川. $CeO_2$基固体电解质烧结强度的研究[J]. 河北工业大学成人教育学院学报,2005(2):39 - 40.

[105]杨志宾,朱腾龙,项文龙,等. $Li_2O$助烧的$Gd_{0.1}Ce_{0.9}O_{1.95}$烧结过程及其电导性能研究[J]. 无机材料学报,2015,30(4):345 - 350.

[106]刘燕祎,潘伟,李彬,等. $Sm_2O_3$和$Nd_2O_3$共同掺杂$CeO_2$基电解质材料的研究[J]. 稀有金属材料与工程,2007,36(A02):609 - 612.

[107]郝红霞,刘瑞泉,韩慧. $Ce_{0.8}M_{0.2}O_{2-\delta}$(M = Co,Fe,Mn)用于天然气中温SOFCs阳极的研究[J]. 电源技术,2009,33(7):576 - 578.

[108]葛林,周明,李瑞锋,等. 掺杂Ce基$Ce_{0.8}Sm_xY_{0.2-x}O_{1.9}$($0 \leq x \leq 0.2$)电解质的电性能[J]. 南京工业大学学报,2012,34(3):14 - 19.

# 经典实例1

## 共沉淀法合成稀土元素掺杂的$CeO_2$纳米晶

### 一、背景

$CeO_2$具有图1所示的立方萤石结构。当$CeO_2$无掺杂时$CeO_2$离子电导率特别小,大约是$3.0\times10^{-4}S\cdot cm^{-1}$。反之$CeO_2$中掺杂少量的二价碱土金属氧化物和三价稀土金属氧化物,发生置换,晶体中产生氧离子空位,生成氧离子导体。由于掺杂$CeO_2$基电解质离子电导率高,掺杂$CeO_2$是最适合作中低温SOFC的电解质。大量的实验证明,将氧化钙等氧化物加入在$CeO_2$基电解质时会大幅度提高离子的导电性,稀土元素单掺杂得到效果比碱土元素单掺杂更好[1]。孙明涛等研究表明[2],当掺杂离子的晶格尺寸与母相的晶格尺寸相当时,氧空位和掺杂离子的结合焓降低,产生的电导率最大。所以在稀土金属氧化物中$Er^{3+}$、$Sm^{3+}$、$Gd^{3+}$等离子掺杂的$CeO_2$基电解质材料有最大的电导率,原因是$Er^{3+}$、$Sm^{3+}$、$Gd^{3+}$的离子半径和$Ce^{4+}$相近,从而使掺杂离子与氧空位的结合能最低。

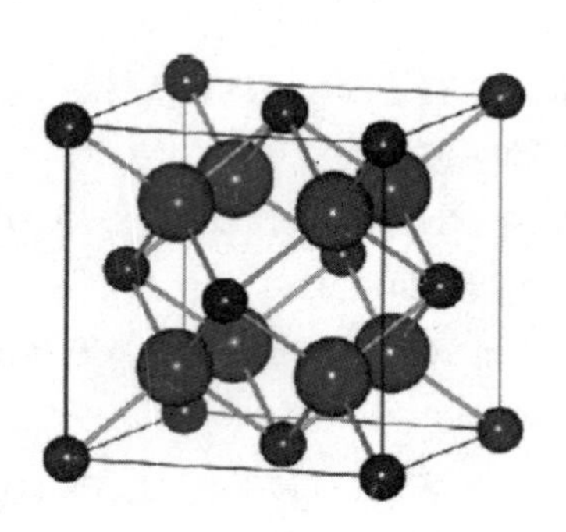

**图1 $CeO_2$的立方萤石结构**

### 二、原理

共沉淀法是指在含有两种或两种以上的金属离子的混合溶液中加入合适的沉淀剂,待反应生成沉淀,再把沉淀物质热分解后得到高纯细微颗粒产品的方法。

低温下掺杂的$CeO_2$具有电阻小、离子电导率高的特性,可用来降低 SOFC 的工作温度。迄今,众多文献报道了掺杂$CeO_2$基电解质的实验研究,李世萍细致全面研究了掺杂离子浓度、不同热处理方式、双掺杂、助烧结剂等对$CeO_2$基电解质的性能影响[3]。

## 三、仪器和试剂

1. 仪器

实验高温电炉(2 台);分析天平;玛瑙研钵;球磨机(2 台);

磁力加热搅拌器;酸度计;鼓风电热恒温干燥箱。

2. 试剂(分析纯)

$Ce(NO_3)_3 \cdot 6H_2O$;$(NH_4)_2CO_3$;稀土金属氧化物;浓氨水;无水乙醇;浓硝酸;柠檬酸。

## 四、步骤

(1)将计算所需量的稀土金属氧化物溶于浓硝酸;再加入$Ce(NO_3)_3 \cdot 6H_2O$配置成一定浓度的水溶液。另称取柠檬酸溶于上述混合金属离子的溶液中,使柠檬酸与金属离子的摩尔比按 1∶1 比例配合。

(2)将上述溶液 100mL 以 $3mLmin^{-1}$ 的速度滴加到 100mL1.5$mol \cdot L^{-1}$ 的$(NH_4)_2CO_3$溶液中,保持50℃水浴下温和搅拌,将悬浮液经 1h 的均质化处理后,经真空抽滤,沉淀物用蒸馏水反复洗涤,然后用无水乙醇漂洗,自然干燥。

(3)所得前驱体用研钵研磨,压制成圆柱形,置于马弗炉中空气气氛下在700℃下焙烧 2h,制得淡黄色纳米$Ce_{0.8}M_{0.2}O_{2-\alpha}$粉末。

## 五、参考文献

[1]徐红梅. $CeO_2$基固体电解质的低温燃烧合成及性能研究[J]. 湖南大学. 2007,03:3-6.

[2]孙明涛,孙俊才,季世军. $CeO_2$基固体电解质材料研究进展[J]. 稀土,2006,27(04):78-82.

[3]李世萍. 中温固体氧化物燃料电池掺杂$CeO_2$基电解质的制备和性能研究[D]. 金华:浙江师范大学,2009.

# 经典实例 2

## 天然气直接作为燃料气体的燃料电池测定

### 一、背景

固体电解质燃料电池[1]中一般使用固体氧化物作电解质,所以又称之为固体氧化物燃料电池(简称 SOFC)。SOFC 是作为磷酸盐燃料电池、熔融碳酸盐燃料电池之后的第三代燃料电池。它具有高效性、污染少、模块化、噪声低以及效率不随电池的功率等级和负荷大小而变化等优点[2]。SOFC 不仅具有一般燃料电池的优点,还具有其独特的特点[3]:能适应多种燃料甚至可以在碳基燃料的情况下运行;节约成本,SOFC 不需要使用贵金属作为催化剂;管理方便,不需要对漏液、腐蚀进行管理等。目前,以天然气直接作为燃料气体的 SOFC 已引起了人们的极大兴趣。天然气可在阳极直接氢化,不需要重整装置,不受中低温时的反应平衡限制,可更加节省能源,是 IT - SOFC 的一个发展方向。

SOFC[4]主要由燃料电极、电解质、空气电极以及连接材料、支撑材料、隔板材料等组成,典型的 SOFC 构成材料列于表 1。

表 1　典型的 SOFC 构成材料

| 电池组件 | 材　料 |
| --- | --- |
| 燃料电极 | Ni/NiO, $Ni/ZrO_2$ |
| 空气电极 | $LaCoO_3$, $La(Sr)MnO_3$ |
| 隔离膜 | α-$Al_2O_3$ |
| 电解质 | $(Y_2O_3)_{0.08-0.1}(ZrO_2)_{0.82-0.9}$ |
| 支撑体 | 多孔 α-$Al_2O_3$ 管(厚 2mm,气孔率 28%) |
|  | 多孔($CaO-ZrO_2$)管(厚 1.6mm,气孔率 30%) |
| 连接材料 | $La(Mg)CrO_3$ |

## 二、原理

固体电解质燃料电池是将燃料氧化反应所释放的化学能直接转化为电能的一种装置。它的工作原理[5]是通过固体电解质膜把空气和燃料气隔开，通过固体电解质氧离子的选择性透过性能将燃料燃烧反应的化学能直接转化为电能[6]。这点和普通的电池原理一样的。与一般电池不同的是，在燃料电池中可以连续不断地供给电池燃料及氧化剂，从而不断地生成反应物，从电池中排出，同时可不断地输出电能和热能。从这点讲，燃料电池可以看做是一种特殊的发电装置。依据所用电解质的不同，燃料电池可分为多个种类。而作为第三代燃料电池的固体氧化物型，其工作温度一般在 800℃ ~1000℃左右。工作原理如图 1 所示，不同的氧分压差来源于电动势的两侧。由于其全固态结构，具有比液态电解质优越的独特性能（无腐蚀、便于移动等），适用范围较广成为燃料电池的重要发展方向。

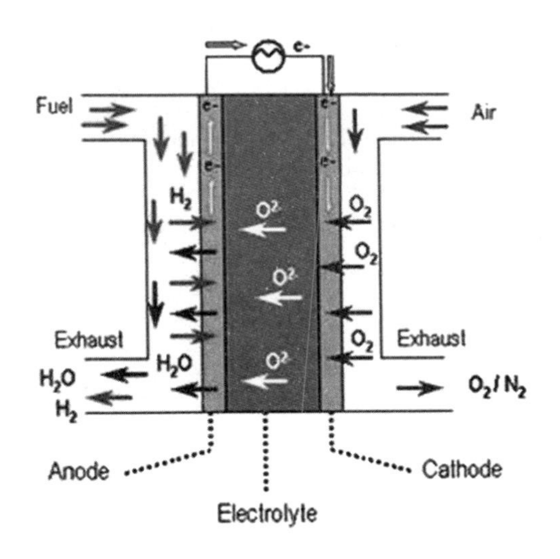


图 1　燃料电池工作原理

电池在工作时，阴极的氧分子在空气中得到电子，被还原为氧离子，在阴阳极氧的化学电位差作用下，通过电解质传输到阳极，并在阳极同燃料如氢气发生反应，生成水和电子，电子通过外电路的用电器做功，并形成回路。

阴极的电化学反应式为：$O_2 + 4e^- \rightarrow 2O^{2-}$

对于电解质为氧离子导体的 SOFC，在电极两侧氧浓度差驱动力下，氧离子通过氧离子导体迁移到阳极上与燃料反应：

$$C_nH_{2n+2} + (3n+1)O^{2-} \rightarrow nCO_2 + (n+1)H_2O + (6n+2)e^-$$

## 三、仪器和试剂

1. 仪器

高温箱式电炉；分析天平；玛瑙研钵；球磨机（2台）；电位差计；

磁力搅拌器；烘箱；DSC－TGA 热分析仪；酸度计。

2. 试剂（分析纯）

固相法：$CeO_2$；相应金属氧化物；无水乙醇。

溶胶－凝胶法：$Ce(NO_3)_3 \cdot 6H_2O$；相应金属硝酸盐；无水乙醇；

氨水；柠檬酸。

## 四、实验步骤

（1）采用固相法或溶胶－凝胶法合成 $Ce_{1-x}M_xO_{2-\alpha}$。

（2）取之前合成好样品，用砂纸打磨，打磨至符合要求。

（3）在打磨好的样品片两面的相同位置画上圆圈，在薄片两面涂布 0.5$cm^2$ 多孔性铂黑浆料，用铂线作为电极装入电性能测试用程控电炉中。

（4）玻璃圈将两端陶瓷管密封，两端引出铂金丝电极。确保正确后，打开电源，连接电脑进行测试。加热后玻璃垫圈融化，样品和陶瓷管即黏合成一体。在空气中900℃下处理1h。

## 五、参考文献

[1]唐先敏，钱晓良，孙尧抑．固体电解质燃料电池的结构及制造工艺进展[J]. 1995,19(2):40－43.

[2]孙宏林，田玫．固体电解质燃料电池的进展[J]．化学工程师，1997,62:32－33.

[3]余小燕．中温固体氧化物燃料电池用电解质等材料的制备及性能的研究[D]．成都四川大学，2007.

[4]晓霞，郑文君，孟广耀，等．固体氧化物燃料电池连接材料的研究进展[J]．功能材料，2000,31(1):23－25

[5]李广川，陈玉如，吴厚政，等．燃料电池固体氧化物电解质研究进展[J]．硅酸盐通报，1999,18(5):39－45.

[6]张胜涛，温彦．燃料电池发展及其应用[J]．世界科技研究与发展，2003,25(3):57－66.

# 经典实例3

## 掺杂氧化铈-碳酸盐复合电解质的制备

### 一、背景

$CeO_2$基电解质同$ZrO_2$基电解质一样也是萤石结构，呈典型的立方萤石($CaF_2$)结构，萤石结构的氧化铈与其他的氧化物结构不同，它从低温到高温始终保持此结构，从这个意义上讲，$CeO_2$基电解质的结构更稳定。纯的微米级别的氧化铈晶粒是非导电相，需要通过掺杂低价离子产生氧空位进行传导。氧化铈有较高的固溶度，并且始终呈现立方结构。据研究表明，掺杂的$CeO_2$是最适合于作中低温SOFC的电解质。$CeO_2$有利于成为SOFC的电解质材料的主要原因：(1)$CeO_2$自身就具有稳定的萤石结构，不像$ZrO_2$需要加稳定剂；(2)$CeO_2$的工作温度范围在500℃~700℃之间；(3)$CeO_2$自身就有比YSZ更高的离子电导率；(4)$CeO_2$自身就有较低的电导活化能[1-4]。相对于$ZrO_2$来讲，掺杂的$CeO_2$具有更好的离子导电率和较低的电导率活化能。用碱土金属氧化物或稀土金属氧化物($CaO$，$ZrO_2$，$La_2O_3$，$Sm_2O_3$，$Gd_2O_3$，$Y_2O_3$等)掺杂适当的浓度引入氧离子空位后，$CeO_2$离子电导率明显提高了，成为一种良好的氧离子导体[5]。然而，掺杂的$CeO_2$在还原气氛(低氧分压)和较高的温度下，该材料偏离理想的配比并伴随电子导电[6-7]。

### 二、原理

由于上述$CeO_2$基材料在还原气氛下易产生电子电导，为了抑制四价铈离子的价态降低，研究学者将无机盐与它形成复合电解质。这种复合电解质具有较高电导率、较高化学稳定性及优良的燃料电池性能。

沉淀法合成的纳米粒子包括直接沉淀法、共沉淀法等。直接沉淀法是指利用沉淀操作从溶液中制备氢氧化物或氧化物纳米粒子的方法。共沉淀法是在混合的金属盐溶液(含有两种或两种以上的金属离子)中加入合适的沉淀剂，反应生成较均匀沉淀，沉淀热分解后得到纯度比较高的细小颗粒。采用该法制备纳米粒子时，溶液的pH、浓度、沉淀的过滤、洗涤、干燥方式、热处理等都影响粒子大小[8]。

## 三、仪器和试剂

1. 仪器

高温箱式电炉(2 台);分析天平;玛瑙研钵;球磨机(2 台);

磁力搅拌器;烘箱 DSC - TGA 热分析仪;酸度计。

2. 试剂(分析纯)

浓氨水;无水乙醇;浓硝酸;$Ce(NO_3)_3 \cdot 6H_2O$;$(NH_4)_2CO_3$;

稀土金属氧化物;柠檬酸;$Na_2CO_3$;$Li_2CO_3$。

## 四、步骤

(1)将计算所需量的稀土金属氧化物溶于浓硝酸;再加入 $Ce(NO_3)_3 \cdot 6H_2O$ 配置成一定浓度的水溶液。另称取柠檬酸溶于上述混合金属离子的溶液中,使柠檬酸与金属离子的摩尔比按 2:1 比例配合。

(2)将上述溶液 100mL 以 $3mL \cdot min^{-1}$的速度滴加到 $100mL \cdot 1.5mol \cdot L^{-1}$的 $(NH_4)_2CO_3$溶液中,保持 50℃ 水浴下温和搅拌,将悬浮液经 1h 的均质化处理后,经真空抽滤,沉淀物用蒸馏水反复洗涤,然后用无水乙醇漂洗,自然干燥。

(3)所得前驱体用研钵研磨,压制成圆柱形,置于马弗炉中空气气氛下在 700℃ 下焙烧 2h,制得淡黄色纳米 $Ce_{1-x}M_xO_{2-\alpha}$粉末。

(4)初烧产物按照一定的质量比与 $Na_2CO_3$、$Li_2CO_3$ 的混合无机碳酸盐,在球磨机中球磨 5h,经 80mesh 过筛后,在不锈钢模具中以 $3 \times 10^3 kg \cdot cm^2$ 等静水压压制成直径约为 13mm、厚度约 1mm 的圆形薄片。得到 $Ce_{1-x}M_xO_{2-}/Na_2CO_3/Li_2CO_3$复合电解质材料,可以进行电性能测试。

## 五、参考文献

[1]张德新,岳慧敏. 固体氧化物燃料电池与电解质材料[J]. 武汉理工大学学报,2003,27(3):408 - 411.

[2]孙明涛,孙俊才,季世军. $CeO_2$基固体电解质材料研究进展[J]. 稀土,2006,27(04):78 - 82.

[3]崔学军,李国军,任瑞铭. 提高 $CeO_2$ 基固体电解质电性能的几种方法[J]. 陶瓷科学与艺术,2006,(01):9 - 13.

[4]李彬. 氧化铈基和磷灰石型硅酸镧基电解质材料的研究[D]. 北京:清华大

学,2010.

[5]田长安,曾燕伟．中低温SOFC电解质材料研究新进展[J]．综述电源技术,2006,4:329－333.

[6]梁广川,陈玉如,吴厚政,等．燃料电池固体氧化物电解质研究进展[J]．硅酸盐通报,1999,5:39－45.

[7]易光宇．吉林大学硕士学位论文[D]．长春:吉林大学,2006,5,3－20

[8]程继海．溶胶－凝胶法制备固体电解质材料 $Re_xLi_{0.5-X}Ca_{0.5}TiO_3$ 的研究[D]．合肥:合肥工业大学,2010,6,20－30.

## 第6章

# 新型氧离子导体钼酸镧($La_2Mo_2O_9$)

固体电解质是一种重要的功能材料,它们在固体燃料电池(SOFC)、氧传感器、氧泵、气体传感器、离子传感器、记忆元件、透氧膜、温度传感器、固态离子器件[1-5]等方面有着重要的应用价值和广阔的研究前景。氧传感器可用于汽车排气,锅炉排气等场所,用于检测残氧含量。氧泵则成功地应用到某些高温选择氧化反应中。固体电解质的广阔应用将会出现在人们生活的各个方面。

作为新型能源燃料电池有能量转换效率高,污染低,寿命长,损耗小等特点。其中固体氧化物燃料电池因独有的全固体结构,环境友好,模块化组装,对燃料适应性强,化学能高效等特点,成为燃料电池领域的研究热点。传统 SOFC 使用温度较高(800℃ ~1000℃)对相关材料性能要求很高,限制了 SOFC 的发展和应用,因此开发中低温 SOFC 已经成为必然趋势。固体电解质材料是 SOFC 的关键部件,因此开发高电导率的电解质材料对 SOFC 的发展和应用至关重要。

氧离子导体作为固体电解质的一种,其中多数载流子为氧离子,而且其离子电导率要远大于电子电导率。氧离子导体一般广泛应用于固体氧化物燃料电池(SOFC)、氧传感器、固态离子器件等方面。

新型氧离子导体 $La_2Mo_2O_9$具有电导率相对较高,制备温度较低等优点。近年来的研究方向主要集中在通过对 $La_2Mo_2O_9$的不同位置掺杂,从而达到抑制相变提高导电率的目的。本章主要从制备方法和性能两个方面来进行综述。

## 6.1 $La_2Mo_2O_9$电解质简介

钼酸镧($La_2Mo_2O_9$)是最近报道的一种新型氧离子导体材料,其晶体结构、固有的空位形成机制与传统的氧离子导体全然不同,具有导电温度低、电导率高等特点,潜在应用前景广阔[6],$La_2Mo_2O_9$的氧离子电导率在800℃达到了0.06S/cm,是其他氧离子导体无法比拟的。但$La_2Mo_2O_9$的结构复杂,在580℃附近,$La_2Mo_2O_9$存在两种晶格类型转变过程。低温结构被认为是一种扭曲的单斜晶系(α),而高温结构则为立方晶系(β)。这种相结构的转变同时也伴随其离子电导率的突变,导致电导率降低近两个数量级。目前如何有效地抑制该材料相转变的同时提高电导率是主要的研究方向。

## 6.2 相结构

钼酸镧($La_2Mo_2O_9$)晶体结构示意图如图6-1所示。

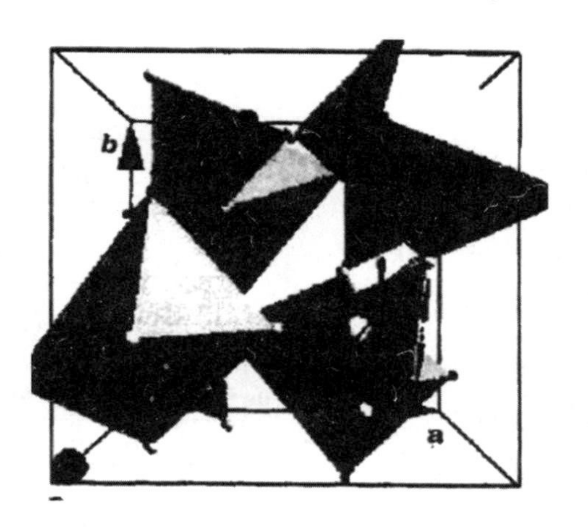


**图6-1 $La_2Mo_2O_9$的晶体结构示意图**

黄应龙[7]等对以高温固相法合成的$La_2Mo_2O_9$样品在不同温度下进行XRD检测并通过Raman分析,结果表明样品在600℃时开始形成$La_2Mo_2O_9$相,样品经700℃以上烧结可以得到具有完整氧空位的$La_2Mo_2O_9$相,而经900℃烧结10h的样品可获得具有高密度,高电导率的氧离子导体$La_2Mo_2O_9$。冯绍杰[8]等通过对900℃烧结的样品进行XRD检测,结果显示有W离子掺杂的样品XRD谱图与$La_2Mo_2O_9$的XRD谱图一致,分析表明同族元素W可以部分取代Mo进入$La_2Mo_2O_9$晶格中,而Fe离子则可以少量地在$La_2Mo_2O_9$的Mo位进行掺杂取代。冯绍杰[8]

等还通过对样品进行 DSC 检测，结果显示用 Mn 离子掺杂的样品与 $La_2Mo_2O_9$的行为完全一样，都有一个明显的吸热峰，分析表明 Mn 没有能够抑制 $La_2Mo_2O_9$的相变。而对于用 Fe、Ti 离子掺杂的样品则可以抑制 $La_2Mo_2O_9$的相变。

周德凤[9]等测试了在 177℃ ~727℃下的 $La_2Mo_2O_9$和单掺 15% W 的 $La_2Mo_2O_9$以及二次掺入 $Ca^{2+}$，$Sr^{2+}$和 $Ba^{2+}$的 $La_2Mo_2O_9$的 DTA，结果发现在 541℃附近 $La_2Mo_2O_9$出现了吸收峰，即出现低温 α 向高温 β 相的转变过程，单掺 W 的体系没有出现该吸收峰，说明 15% 的 W 掺杂抑制了该相变过程的发生，而 $Ca^{2+}$、$Sr^{2+}$、$Ba^{2+}$的再次掺入在 568℃附近没有出现特征的吸收峰，说明 $Ca^{2+}$、$Sr^{2+}$、$Ba^{2+}$的二次掺入没有破坏室温下稳定的 β 相结构。

李相虎[10]等通过 XRD 和 DSC 检测，发现 $Ga^{3+}$在 $La_2Mo_2O_9$中的最大固溶度小于 15%，$Ga^{3+}$掺杂并没有抑制纯 $La_2Mo_2O_9$的 α/β 相转变。田长安[11]等通过对样品进行 SEM 分析，结果表明 1100℃烧结 2h 的样品致密度可达 98%。此烧结温度与传统固相合成法相比，烧结温度降低了 100℃，显示出在材料制备上的明显优势。

T. Saradha[12]等对合成 $La_{2-x}Sm_xMo_2O_9$（$0 \leqslant x \leqslant 0.6$）进行 XRD 检测，结果表明单相材料到 $x \leqslant 0.5$ 时，合成中没有任何残留杂质。但是当 $x > 0.5$ 时，一些小的不确定杂质峰被观察到。I. P. Marozau[13]等通过 XRD 在 $La_2Mo_{1.7}W_{0.3}O_9$，$La_2Mo_{1.95}V_{0.05}O_9$和 $La_{1.7}Bi_{0.3}Mo_2O_9$中发现了一个单斜畸变的衍射峰，掺杂结构显然是扭曲的，如图 6－2。因此 XRD 结果证实了掺杂样品立方晶格的稳定性。

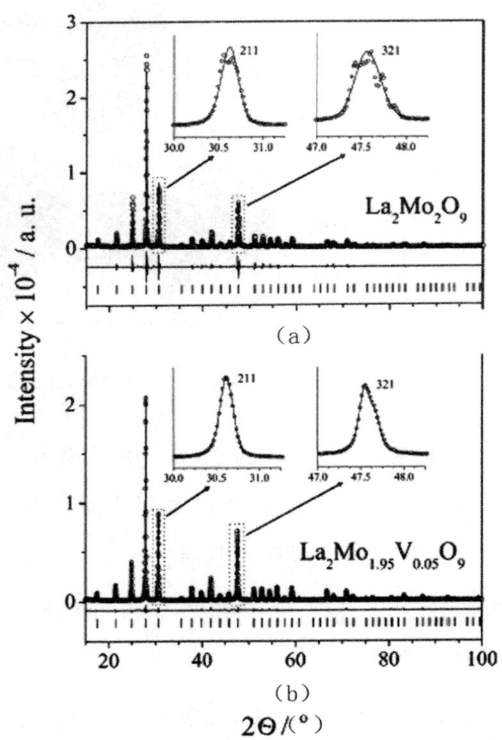


**图 6－2 $La_2Mo_2O_9$，$La_2Mo_{1.95}V_{0.05}O_9$的 XRD 图**

J. H. Yang[14]等在 800℃对 $La_{2-x}Sm_xMo_2O_9$（$x = 0.2, 0.3, 0.4$）进行 DSC 分析，结果显示 β 到 α 相变被抑制，与 Sm 掺杂作对比，Bi 掺杂样品中没发现相变。XRD 表明

在室温下所有 α - $La_2Mo_2O_9$ 样品有着相同的结构，没有任何其他相。T. P. Hutchinson[15]等用 XRD 来研究 $La_2O_3$ - $Ga_2O_3$ - $MoO_3$的固相反应。定量分析衍射数据表明加热过程先形成的是 $La_2Mo_2O_9$，然后是 $La_2MoO_6$，最后是 $LaGaO_3$。加热超过1000℃，由 $La_2Mo_2O_9$和 $LaGaO_3$变为 $La_2MoO_6$和 $Ga_2O_3$。

S. Takai[16]等对 $La_{2-x}Pb_xMo_2O_{9-x/2}$样品进行 XRD 检测，当 $x \leqslant 0.6$ 时，所有的衍射峰可以确定是 α 或 β 相结构。当 $x \geqslant 0.7$ 时，会出现一些额外的衍射峰。XRD 的 α 相和 β 相比较相似是因为 α 相是由 β 相有序晶格畸变衍生而来的，如图6-3。

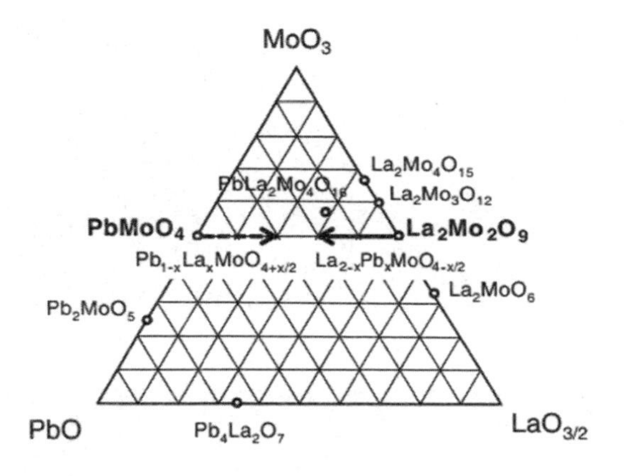


**图6-3 $La_{2-x}Pb_xMo_2O_{9-x/2}$体系示意图**

D. Marrero - Lopez[17]等通过热分析研究表明，在室温下 Nd 替换的 β 多形体并不稳定。G. Corbel[18]等通过热差分析耦合温度控制的衍射，找到了 $La_{2-x}Nd_xMo_2O_9$固溶体的拓扑亚稳态现象的证据。

L. Borah[19] 等通过 XRD 测得 $La_{2-x}Ho_xMo_{1.7}W_{0.3}O_{9-\delta}$ 为立方结构。A. Subramania[20]等对合成的 $La_2Mo_2O_9$ 纳米晶体粉体进行 XRD 检测表明合成样品为单相结构。甚至在520℃，XRD 峰越来越强说明有着良好的结晶度。

A. Selmi[21]等在高温下通过 XRD 可观察到 $La_{1.92}Ca_{0.08}Mo_2O_{8.96}$氧离子导体不同寻常的结构现象。超过640℃的分层过程，分离 Ca 导致产生 $CaMoO_4$杂质。它在更高的温度重组纯立方的 LAMOX 相(无序的 β 型)。

## 6.3 电镜分析

L. Borah[19]等通过 SEM 对 $La_{2-x}Ho_xMo_{1.7}W_{0.3}O_{9-\delta}$进行表征，当 x = 0.5 时，样品没有观察到明显的杂质，可能由于复合烧结温度较低或溶解度低于 x = 0.5，如图 6 -4 所示。A. Subramania[20]等用 TEM 表征发现，所得的 $La_2Mo_2O_9$纳米晶体粉体为球形，平均大小为 25nm，如图 6 -5 所示。

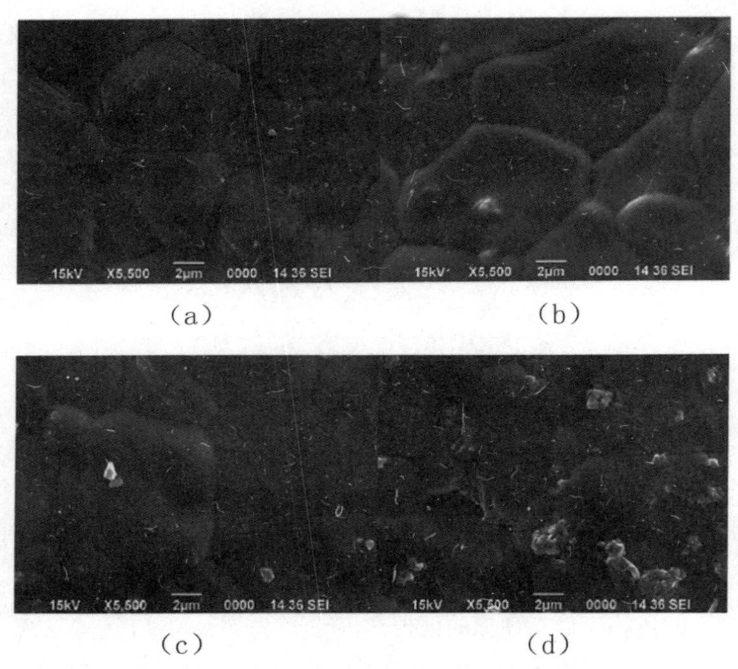


（a） （b）

（c） （d）

**图 6 -4 $La_{2-x}Ho_xMo_{1.7}W_{0.3}O_{9-\delta}$的 SEM 图**

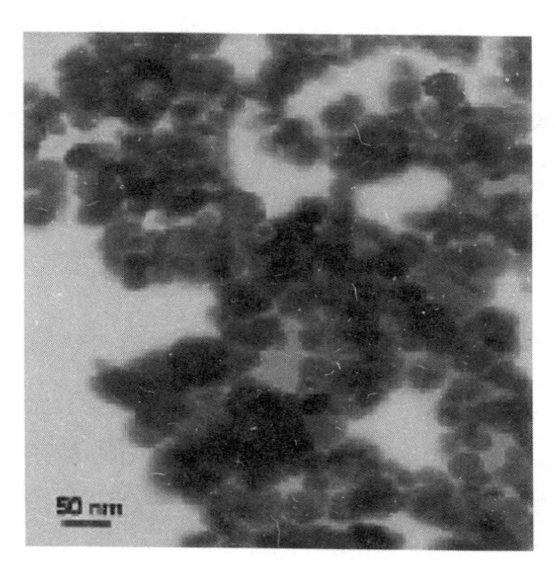


图6-5 $La_2Mo_2O_9$纳米晶体粉体的TEM图

T. Y. Jin[22]等使用SEM对$La_2Mo_2O_9$母体和($La_{1.8}Dy_{0.2}$)($Mo_{2-x}W_x$)$O_9$进行对比,$La_2Mo_2O_9$母体观察到微小的裂缝,这是由于突然的膨胀和收缩α-β相变过程中晶体发生突然的加热和冷却产生的热腐蚀。而($La_{1.8}Dy_{0.2}$)($Mo_{2-x}W_x$)$O_9$不存在这样的热腐蚀产生的裂缝表面,无裂缝微观结构是抑制相变的直接证据。D. Marrero-López[23]等通过粉末烧结性能,使起始晶粒的大小减少,可以在相对低的温度下获得致密的颗粒。

## 6.4 内耗-温度谱的机理研究

王先平[24]等通过变频和变升温速率的测量表明了内耗峰的峰高和峰温与频率和升温速率的关系符合一级相变的普遍特征,说明了在升温测量过程中位于567℃附近的内耗峰为一级相变内耗峰,并进一步通过使用高精度变温X射线衍射仪中内耗峰和DCS吸热峰的Kissinger关系曲线,证明了升温测量过程中位于840K附近所观察到的相变内耗峰是起因于一级结构相变。还通过实验表明在$La_2Mo_2O_9$晶格存在晶格位置不等效的两种不同的氧离子,对应两种不同的弛豫过程,分别需要不同的激活能。这些结果也支持了$La_2Mo_2O_9$晶体的氧离子的扩散运动符合三维的(或多弛豫过程)假说的特征[25]。

方前锋[26]等通过测量纯的多晶试样 $La_2Mo_2O_9$的内耗－温度谱和介电损耗－温度谱，结果显示两个弛豫内耗峰和介电弛豫峰，其与氧空位短程扩散有关，说明了氧空位扩散至少有两个不等同的弛豫过程。李丹[27]等测试了 0℃～700℃下不同频率样品的内耗和相对模量，结果发现在 150℃附近出现了一个明显的内耗峰，峰温随频率的增加向高温移动，在模量－温度曲线上也有对应的模量亏损，符合弛豫的特征，其本质对应于氧空位的短程扩散。

## 6.5　$La_2Mo_2O_9$的导电机理

J. Liu[28]等研究了加湿空气对 $La_2Mo_2O_9$氧气交换和表面扩散的影响。发现羟基的扩散过程不同于氧的扩散，表明 $La_2Mo_2O_9$可能存在氧化物离子和羟基的两极扩散。J. Liu[29]等还通过使用二次离子质谱分析来测量 $La_2Mo_2O_9$快速氧离子导体的同位素表面氧交换和随后的扩散，与之前使用湿空气的研究相比，在优化的干燥交换条件下，可以观察到没有晶界扩散的踪迹。氧气扩散的活化能被认为是 0.66（±0.09）eV 在高温下（>570℃），1.25（±0.01）eV 在低温下（<570℃）。通过调查相关的样品表面的银涂层和 $^{18}O$ 浓度来得到二次离子质谱。观察到银的存在和氧的结合密切相关。

S. Takai[30]等通过热分析来研究 $La_{2-x}Bi_xMo_2O_9$（$x=0.06$）的相关系和转移。当样品退火低于 460℃时，一个小的吸热信号出现在 470℃。这是归因于在退火中形成的 β 关联稳定相（β′相）。β′到 β 转变的焓变为 1.81kJ · $mol^{-1}$，这要比 α 相到 β 相转变小。R. A. Rocha[31]等以混合硝酸溶液为前驱体，通过热晶化法制备了 $La_2Mo_2O_9$化合物，获得了不同粒径的前驱体材料。实验结果表明，前驱体材料颗粒大小对烧结体 $La_2Mo_2O_9$相变和稳定性有很大的影响。R. Subasri[32]通过热分析还验证了碱土掺杂 $La_2Mo_2O_9$可以抑制相变。S. Basu[33]等通过柠檬酸盐自燃烧法在 $La_2Mo_2O_9$中掺杂 $Ba^{2+}$、$Sr^{2+}$和 $Ca^{2+}$，发现这种方法可以增强烧结性。

## 6.6　$La_2Mo_2O_9$型电解质的制备方法

### 6.6.1　固相反应法

王先平[24]等采用传统烧结工艺法以按化学配比的$La_2O_3$(w = 99.5%)和$MoO_3$(w = 99.9%)为原料,在677℃的温度下烧结合成了固体电解质$La_2Mo_2O_9$。还在950℃的煅烧温度下制备了尺寸为60mm × 4mm × 1.5mm多晶陶瓷样品$La_2Mo_2O_9$。黄应龙[7]等采用高温固相法在900℃下预烧2h的$La_2O_3$(w = 99.99%),然后与$MoO_3$(w = 99.5%)按摩尔比为1∶2称取为原料。压成片状后在500℃初烧12h,接着在600℃,700℃,800℃和900℃各烧结10h,制备了固体电解质$La_2Mo_2O_9$。

许睿[34]等通过高温固相合成法,按摩尔比分别为1: 0.9: 0.1的$La_2O_3$,$MoO_3$(w≥99.5%),$Ga_2O_3$(w≥99.5%)为原料,通过在电炉中600℃预烧10h,1150℃下再烧结10h,合成了陶瓷样品$La_2Mo_{1.8}Ga_{0.2}O_9$。高荣兵[35]等采用高温固相反应法按化学式计量比为1∶1的$La_2O_3$和$MoO_3$,分别在550℃,700℃煅烧10h,合成$La_2Mo_2O_9$粉体。周德凤[36]等采用固相合成法以在900℃中预烧2h的$La_2O_3$(w = 99.99%),然后与$MoO_3$(w = 99.5%)、$WO_3$(w = 99.99%)、CaO(w = 99.99%)共同为原料,化学计量比按$La_{2-x}Ca_xMo_{1.7}W_{0.3}O_{9-\delta}$($0 \leq x \leq 0.2$)精确称量原料,通过在马弗炉中500℃下预烧12h,900℃下再烧结12h,制得新型氧化物$La_{2-x}Ca_xMo_{1.7}W_{0.3}O_{9-\delta}$。

张国光[37]等采用传统固相法以$La_2O_3$,$MoO_3$,$V_2O_5$,$Nb_2O_5$,$Ta_2O_5$为原料,通过在铝坩埚中650℃下保温15h,850℃烧结10h,800℃下再保温30min,合成了陶瓷样品$La_2Mo_{1.9}M_{0.1}O_9$。任志华[38]等采用固相反应法以$La_2O_3$(w = 99.99%),$Sm_2O_3$(w = 99.99%)和$MoO_3$(w = 99.99%)为原料,在500℃空气中预烧24h,950℃空气中煅烧12h,合成了$La_{2-x}Sm_xMo_2O_9$。曹娜平[39]等采用高温固相法以$La_2O_3$(w≥99.5%),$MoO_3$(w≥99.5%),$Al(NO_3)_3 \cdot 9H_2O$(w≥99.5%)为原料,通过在电炉中800℃下初烧10h,1150℃下再烧结10h,合成了陶瓷样品$La_2Mo_{1.9}Al_{0.1}O_{9-\alpha}$。

孔德虎[40]等采用高温固相法以 $La_2O_3$(w = 99.99%)、$MoO_3$(w = 99.5%)、BaO(w = 99.5%)为原料，通过在电炉中800℃下初烧10h，1000℃下空气气氛中再烧结10h，合成了氧离子导体 $La_{1.9}Ba_{0.1}Mo_2O_{9-\alpha}$。陈蓉[41]等采用高温固相法以 $La_2O_3$，$Mo_2O_3$ 和 $SrCO_3$ 为原料，通过在电炉中600℃下预烧10h，900℃下再烧结10h，合成了陶瓷样品 $La_{2-x}Sr_xMo_2O_{9-\alpha}$。

李相虎[10]等采用高温固相法以 $La_2O_3$(w = 99.9%)，$MoO_3$(w = 99.5%)，$Ga_2O_3$(w = 99.9%)为原料，合成了 $La_2Mo_{2-y}Ga_yO_{9-\delta}$(y = 0，0.1，0.2，0.3)。阮北[42]等采用固相反应法，以在950℃下灼烧2h的 $La_2O_3$ 然后与 $MoO_3$(w = 99.99%)为原料，加无水乙醇研磨，压片在500℃空气中预烧12h，后在800℃下煅烧12h，950℃下煅烧12h，合成了 $La_2Mo_2O_9$。高喜梅[43]等采用固相反应法用在900℃预烧2h的 $La_2O_3$，然后与 $MoO_3$ 和 $SrCO_3$ 共同为原料，研磨压片500℃烧结12h，研磨成粉再压片在900℃煅烧8h，再次研磨压片在1000℃煅烧12h制得所需样品。

J. H. Yang[14]等通过高温固相合成法以 $La_2O_3$、$MoO_3$、$Bi_2O_3$、$Sm_2O_3$ 以及 $WO_3$ 为原料，混合后在500℃初烧12h，接着在850℃～1000℃烧结10h，分别合成了陶瓷样品 $La_2Mo_{1.7}W_{0.3}O_9$、$La_{1.7}Sm_{0.3}Mo_{1.7}W_{0.3}O_9$ 和 $La_{1.7}Bi_{0.3}Mo_{1.7}W_{0.3}O_9$。P. Pinet[44]等通过高温固相合成法，以 $La_2O_3$(99.9%)、$MoO_3$(99.95%)、$WO_3$(99.8%)和 $Y_2O_3$(99.99%)为原料，通过在500℃下预烧20h后，分别在1000℃下再烧结24h得到 $La_{1.9}Y_{0.1}Mo_2O_9$，1050℃下再烧结24h得到 $La_{1.9}Y_{0.1}Mo_{1.5}W_{0.5}O_9$。L. Borah[19]通过固相反应合成法使用 $La_2O_3$(99.5%)、$MoO_3$(99.5%)、$WO_3$(99.995%)和 $Ho_2O_3$(99.95%)，在甲醇研磨后在500℃预烧12h，接着在600℃，700℃和800℃各烧结12h，最后在1000℃烧结12h得到 $La_{2-x}Ho_xMo_{1.7}W_{0.3}O_{9-\delta}$ 样品。J. H. Xu[45]等通过高温固相合成法，使用 $La_2O_3$、$Sr(CH_3COO)_2 \cdot 0.5H_2O$(99.0%)、$Ga_2O_3$(99.99%)和 $MoO_3$(99.5%)通过在973～1073K下预烧10h，1273～1423K下再烧结10h制得 $(La_{0.97}Sr_{0.03})_2(Mo_{1-x}Ga_x)_2O_{9-\alpha}$。

H. Liu[46]等通过高温固相合成法，使用 $La_2O_3$、$K_2CO_3$、$MoO_3$ 和 $WO_3$(≥99%)为原料混合后，在650℃下预烧12h后，在800℃～1000℃下再烧结12h，最后在1050－1250℃煅烧5h得到致密的 $La_{2-x}K_xMoWO_{9-\delta}$ 陶瓷。L. Ge[47]等使用高温固相合成法，以 $La_2O_3$、$Y_2O_3$、$Pr_6O_{11}$、$Nd_2O_3$、$Gd_2O_3$、$MoO_3$ 以及 $WO_3$ 为原料混合后，在830℃煅烧10h后，在900℃～1200℃的空气中烧结得到 $La_{1.8}R_{0.2}MoWO_9$。

X. Liu[48]等采用固相反应法用在950℃预烧12h的 $La_2O_3$，然后与 $MoO_3$、$BiO_3$

和 $Nb_2O_5$ 共同为原料,研磨压片在550℃烧结12h,研磨成粉再压片再煅烧6h,再次研磨压片在1050℃～1100℃煅烧12h制得 $La_{2-x}Bi_xMo_{2-x}Nb_xO_{9-\delta}$ 陶瓷样品。T. He[49]等使用 $La_2O_3$(99.99%)、$MoO_3$(99.5%)和 $BaCO_3$(99.%)混合后在500℃初烧12h,接着在950℃烧结10h,冷却后得到 $(La_{1-x}Ba_x)_2Mo_2O_{9-\delta}$ 样品。

X. M. Gao[50]等通过固相反应法,使用 $La_2O_3$、$MoO_3$ 和 $SrCO_3$ 为原料混合后,研磨压片在500℃烧结12h,研磨成粉再压片在800℃煅烧6h,再次研磨压片在1050℃空气中煅烧12h制得 $(La_{1-x}Sr_x)_2Mo_2O_{9-\delta}$ 陶瓷样品。B. J. Yan[51]等使用固相反应法,将 $La_2O_3$,$MoO_3$ 和 $SrCO_3$ 按化学式计量数混合后,在773K预烧12h,然后在1123K烧结12h,最后在1143K和11173K烧结12h得到 $La_{2-x}Sr_xMo_2O_{9-\delta}$ 陶瓷样品。

### 6.6.2 溶胶－凝胶法

潘博[52]等采用溶胶－凝胶法以 $(NH_4)_6Mo_7O_{24}\cdot 4H_2O$、$Sr(NO_3)_2$ 和 $La(NO_3)_3\cdot 6H_2O$ 为原料,通过在电炉中600℃下预烧12h,950℃下烧结12h,合成了固体电解质 $La_{1.95}Sr_{0.05}Mo_2O_9$。冯绍杰[8,53]等采用溶胶－凝胶法,以柠檬酸为络合剂合成 $La_2Mo_2O_9$,并通过掺杂离子化合物 $Co(NO_3)\cdot H_2O$、$FeSO_4\cdot 7H_2O$、$MnO_2$、$Ni(NO_3)_2\cdot 6H_2O$、$Ti(SO_4)_2$ 和 $H_2WO_4$ 制备 $La_2Mo_{2-x}M_xO_9$($M=Fe,Mn,Ti,Co,Ni,W$)。

高荣兵[35]等采用溶胶－凝胶法以 $La(NO_3)_3\cdot 2H_2O$ 和 $(NH_4)_6Mo_7O_{24}\cdot 4H_2O$ 为原料,通过在烘箱中120℃下烘干,600℃煅烧4h,制得 $La_2Mo_2O_9$。季宏伟[54]等通过溶胶－凝胶法以 $(NH_4)_6Mo_7O_{24}\cdot 6H_2O$、$La(NO_3)_3\cdot 6H_2O$ 和 $Al(NO_3)_3\cdot 9H_2O$ 为原料,在60℃～70℃水浴中蒸发,110℃干燥,在马弗炉中500℃初烧12h,900℃下烧结12h,制得 $La_{2-x}Al_xMo_2O_9$。周德凤[9]等采用溶胶－凝胶法 $(NH_4)_6Mo_7O_{24}\cdot 6H_2O$、$La_2O_3$、$WO_3$、$Ba(NO_3)_2$ 按化学式计量比 $La_{1.84}R_{0.16}Mo_{1.7}W_{0.3}O_{8.92}$($R=Ca^{2+}$、$Sr^{2+}$、$Ba^{2+}$)精确称量为原料,通过在水浴中60℃～70℃蒸发12h,在马弗炉中500℃焙烧10h,压片后于950℃下再烧结10h,合成了 $La_{1.84}R_{0.16}Mo_{1.7}W_{0.3}O_{8.92}$。

田长安[11]等采用溶胶－凝胶法以 $La(NO_3)_3$,$(NH_4)_6Mo_7O_{24}$,$Ba(NO_3)_2$ 为原料,在80℃蒸发得凝胶,110℃变干凝胶,通过在马弗炉700℃中初烧2h,1100℃再煅烧2h,合成了陶瓷样品 $La_{1.9}Ba_{0.1}Mo_{1.9}Al_{0.1}O_{8.8}$。高喜梅[43]等采用溶胶－凝胶

法以一定比例的 $La(NO_3)_3 \cdot 6H_2O$（w≥99.95%），$(NH_4)_6Mo_7O_{24} \cdot 4H_2O$（w≥99%）和 $Sr(NO_3)_2$为原料，加络合剂得透明溶胶，通过在烘箱150℃烘5h得干凝胶，研磨成粉在马弗炉中600℃热处理8h，压片后分别在700℃烧结10h和800℃烧结8h合成所需样品。

D. M. Zhang[55]等通过用 $La(NO_3)_3 \cdot 6H_2O$、$(NH_4)_6Mo_7O_{24} \cdot 4H_2O$、$SrCO_3$、$Ca(NO_3)_2 \cdot 4H_2O$、$Ba(NO_3)_2$和 $KNO_3$在70℃～90℃蒸发得凝胶，120℃变干凝胶，通过在马弗炉450℃中初烧2h，650℃再煅烧2h，合成了陶瓷样品 $La_{2-x}A_xMo_2O_{9-\delta}$。

J. H. Yang[56]等使用凝胶－溶胶法 $La(NO)_{33} \cdot 6H_2O$、$(NH_4)_6Mo_7O_{24} \cdot 4H_2O$ 按化学式计量比混合后，在80℃蒸发得凝胶，120℃蒸发12h得到干凝胶，通过在马弗炉500℃中煅烧4h得到超细 $La_2Mo_2O_9$粉体。

C. G. Tian[57]等通过凝胶自燃烧法，将 $La(NO_3)_3 \cdot 6H_2O$、$La(NO_3)_3 \cdot 6H_2O$、$Ba(NO_3)_3$、$MnSO_3 \cdot 4H_2O$ 和 $(NH_4)_6Mo_7O_{24} \cdot 4H_2O$ 加入蒸馏水中，在室温下加入柠檬酸搅拌，在80℃加入 $NH_4NO_3$搅拌成凝胶，继续搅拌得到干凝胶前体，然后燃烧成自燃粉体，最后通过热处理得到合成粉体，如图6－6所示。

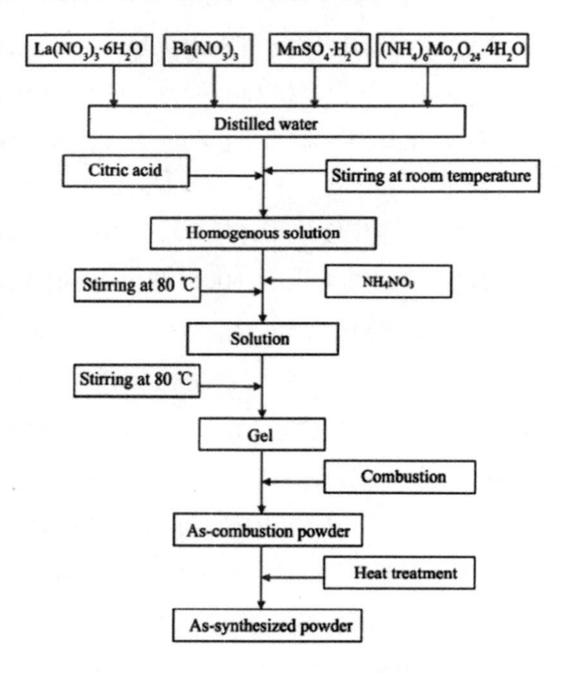


图6－6　凝胶溶胶自燃烧法流程图

### 6.6.3 电泳沉积法

张国光[58]等采用电泳沉积法以 $La(NO_3)_3 \cdot 2H_2O$ 和 $(NH_4)_6Mo_7O_{24} \cdot 4H_2O$ 为原料,首先在70℃下加热搅拌成凝胶,在烘箱中120℃下烘干得到干凝胶,接着在马弗炉中600℃下煅烧1h,合成了 $La_2Mo_2O_9$。按化学计量比称取 $La_2O_3$,$SrCO_3$ 和 $Co_2O_3$ 为原料,在1000℃煅烧15h后,加淀粉研磨,压制成片状后1200℃烧结15h后制成 $La_{0.8}Sr_{0.2}CoO_{3-x}$ 片状样品。

### 6.6.4 冷冻干燥法

D. Marrero - López[59]等采用冷冻干燥法,以 $La_2O_3$、$MoO_3$、$Ca(NO_3)_2$、$Sr(NO_3)_2$、$Ba(NO_3)_2$ 和 $K_2CO_3$ 为原料,分别溶解后加入EDTA,通过加氨调节pH等于9,所得溶液在液氮中闪光冷冻后放在冷冻干燥机三天,所得前体热解5h去除残余有机物得到掺杂的 $La_2Mo_2O_9$ 样品。还以 $La_2O_3$ 和 $MoO_3$ 为原料,溶解后加热蒸发氨使pH接近于7,所得溶液在液氨中闪光冷冻后放在冷冻干燥机两天,从而得到所需前体[60]。以 $La_2O_3$ 和 $MoO_3$ 为原料,溶解后加入浓氨水使pH调整为10。所得溶液在液氨中闪光冷冻后放在冷冻干燥机两天,所得前体在573K下加热10min使有机物快速去除[61]。

### 6.6.5 多元醇法

H. Sellemi[62]等使用多元醇法,以 $La(CH_3CO_2)_3 \cdot 1.5H_2O$ 和 $(NH_4)_2Mo_2O_7$ 为原料,加入多元醇的混合物加热搅拌使母体完全溶解,在60℃放置24h,最后通过快速加热处理5min或用马弗炉在200℃ ~900℃微波辅助加热2h。表面积在23 ~ 36$m^2 \cdot g^{-1}$的范围内。H. Sellemi[63]等通过多元醇法,使用 $La(CH_3CO_2)_3 \cdot 1.5H_2O$ 和 $(NH_4)_2Mo_2O_7$ 为原料,加入多元醇的混合物加热搅拌1 ~3h,冷却后将析出物快速加热处理5min或马弗炉在600℃加热,比表面积为24$m^2 \cdot g^{-1}$时得到 $La_2Mo_2O_9$ 粉体。

### 6.6.6 微波辅助加热法

T. Saradha[12]等采用微波辅助加热法以天冬氨酸、$La(NO_3)_3$、$(NH_4)_6Mo_7O_{24}$ 为原料,搅拌均匀后,微波照射10min得到前体,再用微波照射45min即可得到单

相 $La_{2-x}Sm_xMo_2O_9$ 纳米粉末。Sm 掺杂可以有效地阻止纯的 $La_2Mo_2O_9$ 从 α 到 β 相转变并在室温保持立方相。合成的 Sm 掺杂纳米晶样品有较好的烧结性和相对较低的烧结温度，在 800℃ 下 5h 达到 98% 的理论密度。Sm 掺杂可以有效地提高 $La_2Mo_2O_9$ 氧化物离子电导率和在 750℃ 的 $La_{1.7}Sm_{0.3}Mo_2O_9$ 获得最大氧化物离子电导率 0.196S·cm$^{-1}$。

### 6.6.7 聚天冬氨酸前体法

A. Subramania[64] 等采用天冬氨酸前体法，以天冬氨酸、$La(NO_3)_3$、$(NH_4)_6Mo_7O_{24}$ 为原料搅拌均匀后，在 100℃ 蒸发得到棕色的黏性黏胶。在 200℃ 加热，La－Mo 天冬氨酸前体，在 430℃ 热处理 4h 即可得到单相 $La_2Mo_2O_9$ 纳米粉末。

### 6.6.8 原位聚合法

A. Subramania[20] 等采用原位聚合法，以 $La(NO_3)_3 \cdot 6H_2O$ 和 $(NH_4)_6Mo_7O_{24} \cdot 4H_2O$ 为原料，混合后加入丙烯酸搅拌，再加入 $(NH_4)S_2O_8$ 引发剂促进聚合，80℃ 时 La－Mo 聚丙烯酸酯形成，然后在 120℃ 干燥 1－2h，在 520℃ 空气中加热 5h，可得到纳米 $La_2Mo_2O_9$ 粉体。还以 $La(NO_3)_3$，$Pr(NO_3)_3 \cdot 6H_2O$ 和 $(NH_4)_6Mo_7O_{24}$ 为原料，混合后加入丙烯酸搅拌，再加入 $(NH_4)S_2O_8$ 引发剂促进聚合，80℃ 时 La－Pr－Mo 聚丙烯酸酯形成，然后在 120℃ 干燥 1－2h，在 510℃ 空气中加热 5h，可得到纳米 $La_{2-x}Pr_xMo_2O_9$ 粉体[65]。

### 6.6.9 激光快速凝固法

J. M. Yu[66] 等采用激光快速凝固法，以 $La_2O_3$、$MoO_3$ 和 $WO_3$ 为原料，按一定的化学计量比研磨混合，在激光功率分别为 600W，700W，800W 下进行试验，从 0W 提高到 700W 用 30s，保持稳定 80s，然后用 30s 下降回 0s。随着激光功率的增加，材料融化发生化学反应。保持功率稳定，材料完全融化为液滴，关闭照射的激光，材料快速的凝固后在空气中冷却至室温，即得 $La_2Mo_{1.4}W_{0.6}O_9$ 陶瓷样品。陶瓷样品与常规烧结陶瓷的微观结构完全不同。交流阻抗谱表明晶界在晶体衍射方向的影响很小并且样品表现出高的电导率。如在干燥空气下 500℃、600℃、700℃、800℃ 时的值分别为 $2.2 \times 10^{-3}$S·cm$^{-1}$，0.017S·cm$^{-1}$，0.058S·cm$^{-1}$ 和 0.09S·cm$^{-1}$，这是常规反应法得到的 3～5 倍之多。

## 6.7 $La_2Mo_2O_9$电解质的性能研究

### 6.7.1 电导率

T. Saradha[12]等通过微波辅助加热合成$La_{2-x}Sm_xMo_2O_9$，Sm掺杂可以有效提高$La_2Mo_2O_9$氧化物离子电导率和在750℃的$La_{1.7}Sm_{0.3}Mo_2O_9$离子电导率0.196S·cm$^{-1}$。I. P. Marozau[13]等通过使温度从973K增加到1173K，发现会大幅增加电子对无掺杂$La_2Mo_2O_9$和$La_2Mo_{1.7}W_{0.3}O_9$、$La_2Mo_{1.95}V_{0.05}O_9$和$La_{1.7}Bi_{0.3}Mo_2O_9$总电导率的贡献。

J. H. Yang[14]等以$La_2Mo_2O_9$氧离子导体为基础的一个系列的Sm掺杂($La_{2-x}Sm_xMo_2O_9$, $x=0.1,0.2,0.3,0.4$)的制备。并用Bi掺杂($La_{2-x}Bi_xMo_2W_y$, $x=0.1,0.2,0.3,0.4$)做对比研究。结果表明La位掺入适当的Sm可以在室温下有效地抑制β相向α相的转变，因此与原始$La_2Mo_2O_9$相比，掺杂样品有更高的电导率，$La_2Mo_{1.7}W_{0.3}O_9$、$La_{1.7}Sm_{0.3}Mo_{1.7}W_{0.3}O_9$和$La_{1.7}Bi_{0.3}Mo_{1.7}W_{0.3}O_9$尤其在较低的温度，会提高$La_2Mo_2O_9$的离子电导率。

X. P. Wang[67]等通过传统固相法对$La_2Mo_2O_9$氧离子导体进行K掺杂，得出在2.5%钾掺杂$La_2Mo_2O_9$样品中，K掺杂可以有效地抑制相变并且在较低的温度下电导率更高。S. Takai[16]等对$La_{2-x}Pb_xMo_2O_{9-x/2}$($x\leqslant0.6$)固溶体的氧离子导电性研究发现在固溶范围内，随着铅掺杂量的增加离子电导率逐渐减少。

D. Marrero-López[60]等通过对$La_2Mo_2O_9$在523~1073K离散和晶界电导率的测定和研究发现离散和晶界电导率活化能的值是相似的，晶界的阻挡效应可能会持续到相对较高的工作温度。R. Subasri[68]等通过对$La_2Mo_2O_9$相变的热差分析追踪，在1173K测得总电导率$7.94\times10^{-5}$S·cm$^{-1}$，比文献报道的低三个数量级。

P. Pinet[44]等在氢气中$La_{1.9}Y_{0.1}Mo_{2-y}W_yO_{9-\delta}$, $y=0$, $y=0.5$, $y=1.0$电导率进行测量，发现605℃时电导率是空气中的10倍。L. Boraht[19]等用Ho进行掺杂得到$La_{2-x}Ho_xMo_{1.7}W_{0.3}O_{9-\delta}$。研究温度和电导率的关系发现，在中温范围导电率较高，在高温下$La_{2-x}Ho_xMo_{1.7}W_{0.3}O_{9-\delta}$($0.05\leqslant x\leqslant0.2$)导电率和$La_2Mo_2O_9$相似。

D. Li[69]等对双掺杂$La_{2-x}Ba_xMo_{2-y}A_yO_{9-\delta}$(A=W, Al, Ga)进行研究，发现单

W 掺杂的 $La_2Mo_2O_9$在较高温度下比纯 $La_2Mo_2O_9$电导率高。在 548 ~ 923K 温度下，Ba 和 W 双掺杂和 Al、Ga 单掺杂都可以提高电导率。D. Tsai[70]等在 $La_2Mo_2O_9$中替代 10% 摩尔的 Ce，Nd，Sm，Gd，Dy，Er 和 Yb，其中 Er 和 Dy 表现出抑制 α 到 β 相变和高的电导率。700℃掺杂样品导电性大约是纯 $La_2Mo_2O_9$的 5 ~ 7 倍，大约在 $0.26S \cdot cm^{-1}$。

X. P. Wang[71]等对 $La_2Mo_2O_9$进行 Ga 掺杂。发现可以抑制在 833K 下发生的相变并保持高温相到较低的温度，这将有助于提高氧离子导体的导电性能。S. Georges[72]等对 $La_{2-x}R_xMo_2O_9$（R = Nd，Gd，Y）进行研究发现对于 Nd 替代，在室温下单斜 α 相在整个组成范围内保持。对于 Gd 和 Y 超过一定掺杂量，在室温下立方体 β 相的相变被抑制，从而使 β 相的稳定能够实现。

J. X. Wang[73]等用三级热处理法增强了 $La_2Mo_2O_9$陶瓷的导电性。三级烧结样品电导率在 600℃为 $0.018S \cdot cm^{-1}$，700℃为 $0.05S \cdot cm^{-1}$，这数值要比通过传统固态反应法得到的样品高，但是和从相同的纳米晶体粉末在 950℃烧结 12h 的样品相似。T. Y. Jin[22]等对$(La_{1.8}Dy_{0.2})(Mo_{2-x}W_x)O_9$的离子电导率进行研究，结果显示在 $La_2Mo_2O_9$中替代 10% 摩尔的 Dy 可以抑制 α 到 β 相相变，从而提高较高温度下的离子电导率。W 替代减少了较高温度下的离子电导率，这与 Dy 掺杂的效果是相反的。

D. M. Zhang[55]等对 $La_{2-x}A_xMo_2O_{9-\delta}$（A = Ca，Sr，Ba，K）薄膜的电性能进行研究，发现纯的纳米晶体 $La_2Mo_2O_9$薄膜的导电性在 600℃达到 $0.07S \cdot cm^{-1}$，这要比相应的块状材料高。2.5% 的 Ca，Sr，Ba 和 K 掺杂可以抑制相变并且提高低温下的导电率。H. Liu[46]等通过固态反应法合成 $La_{2-x}K_xMoWO_{9-\delta}$（x = 0，0.01，0.03，0.05，0.07）。测得在 800℃ $La_{1.97}K_{0.03}MoWO_{9-\delta}$的电导率是 $La_2Mo_2O_9$的两倍高。

L. Ge[47]等通过固相反应合成 $La_{1.8}R_{0.2}MoWO_9$（R = Pr，Nd，Gd 和 Y），所有掺杂都提高了 $La_2Mo_2O_9$低温（<500℃）导电率，只有 Pr 掺杂可以明显增加相应电解质的高温电导率。Subramania[65]等通过原位聚合法合成了 $La_{2-x}Pr_xMo_2O_9$，研究发现随着 Pr 掺杂量提高氧离子电导率也随之提高，其中最大电导率是 $La_{2-x}Pr_xMo_2O_9$中 x = 0.5 时得到。

J. M. Yu[66]等通过激光快速凝固法得到导电性增强的 $La_2Mo_{1.4}W_{0.6}O_9$陶瓷，在干燥空气下 500℃、600℃、700℃、800℃时电导率的值分别为 $2.2 \times 10^{-3}S \cdot cm^{-1}$、$0.017S \cdot cm^{-1}$、$0.058S \cdot cm^{-1}$和 $0.09S \cdot cm^{-1}$，这是固态反应法得到样品的

3~5倍之多。T. He[49]等通过传统固相法制备($(La_{1-x}Ba_x)_2Mo_2O_{9-\delta}$(x = 0.02 ~ 0.10)氧离子导体,作为掺杂含量达到 x = 0.08,样品具有最佳的性能,在 x = 0.08 时$(La_{1-x}Ba_x)_2Mo_2O_{9-\delta}$的电导率最大值为800℃时0.046S·cm$^{-1}$,850℃时0.075S·cm$^{-1}$。

X. M. Gao[50]等通过传统固相法制备得到$(La_{1-x}Sr_x)_2Mo_2O_{9-\delta}$(x = 0.01 ~ 0.08)氧离子导体。随着Sr掺杂量的提高,发生相变的临界温度会下降,当掺杂量达到0.07时,相变完全被抑制。随着Sr掺杂量的提高,样品的导电率也跟着提高。当x = 0.07时样品电导率达到最大值,分别为0.078S·cm$^{-1}$在800℃和0.101S·cm$^{-1}$在850℃。对于La位掺杂7mol% Sr不但可以完全抑制$La_2Mo_2O_9$的结构相变,而且可以有效地提高在较高温度下样品的电导率。

C. Li[74]等研究用$Al^{3+}$,$Fe^{3+}$,$Mn^{4+}$,$Nb^{5+}$和$V^{5+}$离子替代Mo对结构的影响,与未掺杂化合物相比,所有掺杂样品有更高的电导率,用Al、Fe、Mn和Nb掺杂的材料不能抑制相变,然而K替代La位可以完全抑制相变并且在较低温度下保持较高的电导率。

S. Georges[75]等用机械研磨和球磨来减少$La_{2-x}R_xMo_{2-y}W_yO_9$(R:稀土)快速氧离子导体的晶粒大小,获得高密度的样品(大于96%的相对密度)。阻抗谱表明,$La_2Mo_2O_9$的转变温度在580℃时,所研究的化合物的导电率均低于母体化合物,在此之下的转变,大多数情况下稳定的立方相(β相)会增加导电率。B. J. Yan[51]等通过Hebb - Wagner极化法测定在氩气氛中Sr掺杂的$La_2Mo_2O_9$。发现Sr掺杂引起电子电导率的增加和氧离子迁移数的减少,一些Sr掺杂$La_2Mo_2O_9$样品的氧离子迁移数也能达到0.99。

方前锋[26]等在La位(或Mo位)用Ca,Bi或K对$La_2Mo_2O_9$掺杂。结果发现掺杂的$La_2Mo_2O_9$材料低温电导率大幅度提高。黄应龙[7]等通过对$La_2Mo_2O_9$的电导率测定发现在较高温度下烧结的样品,电导率也较高。以此说明了要获得高电导率的$La_2Mo_2O_9$样品,适宜的制备条件是十分重要的。潘博[52]等测试了在600℃ ~1000℃下不同气氛下溶胶 - 凝胶法合成的$La_{1.95}Sr_{0.05}Mo_2O_9$的电导率。不同气氛下电导率很接近,1000℃时达到最大值0.12S·cm$^{-1}$。

方前锋[76]等测试了纯$La_2Mo_2O_9$材料随温度变化的电导率,并与掺杂$ZrO_2$样品电导率做比较,结果发现在600℃以上,纯$La_2Mo_2O_9$的电导率高出YSZ(氧化钇稳定的氧化锆)近半个数量级。即表明如果用$La_2Mo_2O_9$替代YSZ作为电解质,可以降低工作温度100℃ ~200℃。许睿[34]等测试了在600℃ ~1000℃下两种气氛中以高温固相法合成的 $La_2Mo_{1.8}Ga_{0.2}O_9$ 电导率，两种气氛下电导率很接近，在1000℃下的电导率达到最大值 0.07S · $cm^{-1}$。周德凤[36]等测定了在 400℃ ~ 800℃下不同样品电导率与温度的关系以及与 $Ca^{2+}$ 掺杂量的关系，结果表明所有样品电导率随着温度的升高而增加，并且在同一温度下样品的电导率随着 $Ca^{2+}$ 掺杂量的增加而提高。

季宏伟[54]等测定了用不同 $Al^{3+}$ 掺杂量的 $La_{2-x}Al_xMo_2O_9$ 在不同温度下的电导率。发现在温度低于 550℃时，掺杂了 $Al^{3+}$ 样品的电导率均高于未掺杂 $Al^{3+}$ 样品的电导率，而在 600℃ ~800℃时，掺杂 $Al^{3+}$ 材料的电导率均低于未掺杂 $Al^{3+}$ 材料的电导率。说明了 Al 的掺杂显著提高了低温单斜相的电导率，而对高温立方相的电导率却没有明显改善。任志华[38]等测试了 Sm 掺入量一定的 $La_{2-x}Sm_xMo_2O_9$ 在不同气氛下 400℃ ~950℃的电导率并进一步测试了在同一温度下空气气氛中不同 Sm 掺入量的 $La_{2-x}Sm_xMo_2O_9$ 的电导率，结果显示样品电导率均随温度升高而非线性地增大，另外随着 Sm 掺入量增加，电导率基本上呈降低趋势。

周德凤[9]等通过在 $La^{3+}$ 位引入 +2 价离子合成了 $La_{1.84}Ba_{0.16}Mo_{1.7}W_{0.3}O_{8.92}$ 并测其电导率。发现在 500℃时，$La_{1.84}Ba_{0.16}Mo_{1.7}W_{0.3}O_{8.92}$ 的电导率明显高于本体材料 $La_2Mo_{1.7}W_{0.3}O_9$ 的电导率，说明了由于 +2 价碱土金属离子取代了 $La^{3+}$，体系的氧空位随之增加，使得氧离子扩散有了更多的通道，从而提高了体系的电导率。曹娜平[39]等测试了在 550℃ ~1000℃四种气氛下高温固相法合成的 $La_2Mo_{1.9}Al_{0.1}O_{9-\alpha}$ 的电导率。不同气氛下电导率很接近。在 1000℃时达到最大值 0.12S · $cm^{-1}$，明显高于相同条件下母体及 $La_2Mo_{1.9}Ga_{0.1}O_{9-\alpha}$ 氧离子电导率。

孔德虎[40]等测试了在 600℃ ~1000℃下不同气氛下高温固相法合成的 $La_{1.9}Ba_{0.1}Mo_2O_{9-\alpha}$ 的电导率，不同气氛下电导率很接近，在 1000℃时出现最大值 0.09S · $cm^{-1}$，远大于相同条件下测得的母体 $La_2Mo_2O_9$ 的离子电导率（1000℃时 0.03S · $cm^{-1}$）。陈蓉[41]等测试了 550℃ ~1000℃下不同掺入量的以高温固相法合成的 $La_{2-x}Sr_xMo_2O_{9-\alpha}$ 的电导率，结果表明其中 $x = 0.10$ 的样品 $La_{1.9}Sr_{0.1}Mo_2O_{9-\alpha}$ 具有最高的氧离子电导率，1000℃时达到最大值 0.17S · $cm^{-1}$。李丹[27]等测定了不同 W 掺入量的样品 $La_2Mo_{2-x}W_xO_9$ 在温度变化下的电导率，发现随着 W 掺杂量增加其电导率逐渐降低，在中温情况下，样品电导率值几乎不受 W 掺杂量的影响。

李相虎[10]等对样品 $La_2Mo_{1.9}Ga_{0.1}O_{9-\delta}$ 在不同温度下的交流阻抗进行分析，发现 Ga 掺杂可以提高 $La_2Mo_2O_9$ 的电导率。田长安[11]等测试了电解质 $La_{1.9}Ba_{1.9}$

$Mo_{1.9}Al_{0.1}O_{8.8}$在 400℃ ~800℃下的电导率,在此温度区间内都有较高的电导率,电导率随温度的升高而增大,在 800℃时电导率 17.87mS · $cm^{-1}$,是同温度下 $La_2Mo_2O_9$电导率的 3 倍,说明了 Ba/Al 共掺杂方式可有效地提高 $La_2Mo_2O_9$的电导率。高喜梅[43]等对溶胶－凝胶法和固相反应法合成的样品在不同温度下的电导率进行比较,发现溶胶－凝胶法在 La 位掺杂 Sr 合成的样品对相变的抑制效果更好,同时通过实例说明了烧结温度比烧结时间对电导率的影响更大。

### 6.7.2 浓差电池

黄应龙[7]等测试不同温度下 900℃烧结 10h 样品的阻抗谱,发现样品存在典型的离子极化现象,说明了样品是纯离子或离子导电为主的导电类型。潘博[52]等通过氧浓差电池测定表明样品的氧离子迁移数很高,说明样品是一个纯氧离子导体。并进一步通过氧浓差电池的放电曲线和氧泵证明了样品是纯氧离子导体。

许睿[34]等通过在氧气气氛中氧浓差电池测定表明氧离子迁移数很高,说明了在氧气气氛中该陶瓷样品 $La_2Mo_{1.8}Ga_{0.2}O_9$为纯氧离子导体,并进一步通过氧泵证实了该样品在氧气气氛中为纯氧离子导体。曹娜平[39]等通过氧浓差电池测定表明样品的氧离子迁移数很高,说明样品是一个纯的氧离子导体,并进一步通过氧浓差电池放电性能及氧的电化学透过实验证明了样品是纯氧离子导体。

陈蓉[41]等通过氧浓差电池的测定表明在氧化性气氛中离子迁移数很高,说明了此温度下各样品是纯的离子导体,并进一步通过氧浓差电池的放电曲线和氧泵证明了该样品在氧化性气氛中是一个纯的氧离子导体。

## 6.8 $La_2Mo_2O_9$电解质的应用——燃料电池

M. －V. Le,D. －S. Tsai[77]等在阳极氧化铈陶瓷加入 Ni,或在阴极氧化铈中加入 Sm 钴锶。性能测试结果表明,这两个开路电压随着 LDM 厚度增加欧姆损耗增加,导致最佳的 LDM 厚度为 60μm。60μm 厚的 LDM 膜电极组件在 700℃产生峰值功率为 330mW · $cm^{-2}$,可以通过促进阳极活性达到 420mW · $cm^{-2}$。

黄应龙[7]等测试了600℃ ~900℃下固相法合成的$La_2Mo_2O_9$的真密度,随着温度升高真密度先增大后略微下降,900℃时达到最大值。孔德虎[40]等测试了600℃、800℃和1000℃下陶瓷样品的燃料电池性能,结果发现在1000℃时氢气/氧气燃料电池的最大输出电流密度为280mA · $cm^{-2}$,最大输出功率密度为112mW · $cm^{-2}$。郭中一[78]等指出电解质材料的电导率依赖于样品的相对密度,样品的相对密度提高到90%以上,样品的电导率也将大幅度提高。阮北[79]等综述了$La_2Mo_2O_9$基新型氧离子导体具有较高的离子电导率,用$La_2Mo_2O_9$基固体电解质代替氧化钇稳定的氧化锆(YSZ),能使固体氧化物燃料电池的工作温度降低150℃以上。

## 6.9 结语与展望

钼酸镧($La_2Mo_2O_9$)是最近被报道的一种新型氧离子导体,即使不掺杂低价金属阳离子,其晶格内部也具有相当数量的氧空位,且在600℃ ~800℃中温范围内具有高于传统的稳定化$ZrO_2$的氧离子电导率。这种高的离子导电性使它在中温固体氧化物燃料电池、氧传感器、透氧膜、固态离子器件等领域有着重要的潜在应用前景。

$La_2Mo_2O_9$基电解质材料具有较高的氧离子电导率,在一定的温度范围和氧分压范围内稳定存在,再加上原材料便宜以及制备工艺简单,其有望在固体氧化物燃料电池、氧传感器、透氧膜等方面得到应用,其中要注意的是:

综合各种掺杂元素的积极因素,最大限度地提高材料性能。寻求在La位和Mo位同时进行多元掺杂的最佳掺杂方案,得到综合性能良好(如烧结性能、力学性能、离子电导率、化学稳定性等)的试样。

$La_2Mo_2O_9$基材料的性能与烧结前粉体的制备有很大关系,在条件允许的前提下,应该多尝试传统固态合成方法之外的方法,如对前驱体进行冷冻干燥、机械球磨[75]、溶胶-凝胶等方法,这些方法制得的粉体比较细小,能够很好地改善块体的显微结构,提高材料性能。

可以尝试将$La_2Mo_2O_9$基材料制备成薄膜试样和纳米晶块体[55],提高氧离子电导率。

**参考文献**

[1]侯春菊,黄慧莲,卢敏,等.氧离子导体$La_2Mo_2O_9$氧离子扩散行为的理论研究[J].江

西理工大学学报,2013,34(5):88－91.

[2]周德凤,叶俊峰,李东风,等. Sm,Pr掺杂$CeO_2$和$CeMoO_{15}$基固体电解质的结构与性能[J]. 高等学校化学学报,2007,28(11):2027.

[3]U. Reichel,R. R. Arons,W. Schilling. Investigation of n－type electronic defects in theprotonic conductor $SrCe_{1-x}Y_xO_{3-\delta}$[J]. Solid State Ionics,1996,86－88:639－645.

[4]汪灿,刘宁,石敏,等. Sr、Mg掺杂量对$LaGaO_3$基电解质离子电导率的影响[J]. 合肥工业大学学报(自然科学版),2004,27(10):1177－1180.

[5]Y. Z. Jiang,J. F. Gao,M. F. Liu,et al. Fabrication and characterization of $Y_2O_3$ stabilized $ZrO_2$films deposited with aerosol－assisted MOCVD [J]. Solid State Ionics,2007,177:3405－3410.

[6]P. Lacorre. The LPS concept,a new way to look at anionic conductors[J]. Solid State Sciences,2(2000)755－758.

[7]黄应龙,贺天民,纪媛,等. 新型固体电解质$La_2Mo_2O_9$的制备及其性能[J]. 中国稀土学报,2004,22(1):113－117.

[8]冯绍杰,谷少东,汪正红. $La_2Mo_2O_9$的离子掺杂行为研究[J]. 安徽工程科技学院学报,2006,21(2):1－4.

[9]周德凤,叶俊峰,朱建新,等. 新型氧离子导体$La_{1.84}R_{0.16}Mo_{1.7}W_{0.3}O_{8.92}$($R=Ca^{2+}$、$Sr^{2+}$、$Ba^{2+}$)的制备及其电性能[J]. 功能材料,2008,39(11):1828－1831.

[10]李相虎,李丹. 氧离子导体$La_2Mo_{2-y}Ga_yO_{9-\delta}$的结构和导电性能研究[J]. 西北师范大学学报(自然科学版),2009,45(6):69－71.

[11]田长安,曹严,尹奇异,等. $La_{1.9}Ba_{0.1}Mo_{1.9}Al_{0.1}O_{8.8}$电解质材料的制备及性能研究[J]. 硅酸盐通报,2013,32(12):2554－2558.

[12]T. Saradha,A. Subramania,K. Balakrishnan,et al. Microwave－assisted combustion synthesis of nanocrystalline Sm－doped $La_2Mo_2O_9$ oxide－ion conductors for SOFC application[J]. Materials Research Bulletin 68(2015)320－325.

[13]I. P. Marozau,D. Marrero－López,A. L. Shaula,et al. Ionic and electronic transport in stabilized－$La_2Mo_2O_9$ electrolytes. Electrochimica Acta 49(2004)3517－3524.

[14]J. H. Yang,Z. H. Gu,Z. Y. Wen,et al. Preparation and characterization of solid electrolytes $La_{2-x}A_xMo_{2-y}W_yO_9$(A=Sm,Bi). Solid State Ionics 176(2005)523－530.

[15]T. P. Hutchinson,I. R. Evans. Comment on new oxide ion conductors $La_3MMo_2O_{12}$(M=In,Ga,Al). Solid State Ionics 178(2008)1660－1662.

[16]S. Takai,Y. Doi,S. Torii,et al. Structural and electrical properties of Pb－substituted $La_2Mo_2O_9$ oxide ion conductors. Solid State Ionics 238(2013)36－43.

[17]D. Marrero－Lopez,J. Canales－Va′zquez,W. Z. Zhou,et al. Structural studies on $W^{6+}$

and $Nd^{3+}$ substituted $La_2Mo_2O_9$ materials. Journal of Solid State Chemistry 179(2006)278 – 288.

[18] G. Corbel, P. Durand, P. Lacorre. Comprehensive survey of $Nd^{3+}$ substitution In $La_2Mo_2O_9$ oxide – ion conductor. Journal of Solid State Chemistry 182(2009)1009 – 1016.

[19] L. Borah, B. Paik, A. Pandey. Effect of Ho substitution on the ionic conductivity of $La_2Mo_{1.7}W_{0.3}O_9$ oxygen ion conductor. Solid State Sciences 14(2012)387 – 393.

[20] A. Subramania, T. Saradha, S. Muzhumathi. Synthesis and characterization of nanocrystalline $La_2Mo_2O_9$ fast oxide – ion conductor by an in – situ polymerization method. Materials Research Bulletin 43(2008)1153 – 1159.

[21] A. Selmi, G. Corbel, P. Lacorre. Evidence of metastability and demixion/recombination process in fast oxide – ion conductor $La_{1.92}Ca_{0.08}Mo_2O_{8.96}$. Solid State Ionics 177(2006)3051 – 3055.

[22] T. Y. Jin, M. V. Madhava Rao, C. Cheng, et al. Structural stability and ion conductivity of the Dy and W substituted $La_2Mo_2O_9$. Solid State Ionics 178(2007)367 – 374.

[23] D. Marrero – López, J. Pena – Martlnez, D. Pérez – Coll, et al. Effects of preparation method on the microstructure and transport properties of $La_2Mo_2O_9$ based materials. Journal of Alloys and Compounds 422(2006)249 – 257.

[24] 王先平,方前锋,水嘉鹏. 氧离子导体 $La_2Mo_2O_9$ 中与相变有关的内耗[J]. 中山大学学报(自然科学版),2001,40:242 – 244.

[25] 王先平,方前锋,王灿. 氧离子导体 $La_2Mo_2O_9$ 中与氧离子扩散有关的弛豫内[J]. 中山大学学报(自然科学版),2001,40:248 – 250.

[26] 方前锋,王先平,易志国,等. $La_2Mo_2O_9$ 系新型氧离子导体中氧空位扩散的内耗与介电弛豫研究[J]. 金属学报,2003,39(11):1133 – 1138.

[27] 李丹,李相虎,方前锋. 氧离子导体 $La_2Mo_{2-x}W_xO_9$ 的研究进展[J]. 信阳师范学院学报(自然科学版),2009,22(4):635 – 639.

[28] J. Liu, R. J. Chater, S. J. Skinner. Effects of humidified atmosphere on oxygen transport properties in $La_2Mo_2O_9$. Solid State Ionics 192(2011)444 – 447.

[29] J. Liu, R. J. Chater, B. Hagenhoff, et al. Surface enhancement of oxygen exchange and diffusion in the ionic conductor $La_2Mo_2O_9$. Solid State Ionics 181(2010)812 – 818.

[30] S. Takai, K. Chisaka, H. Kawaji, et al. Low – temperature phase transition phenomena for bismuth – substituted $La_2Mo_2O_9$. Solid State Ionics 262(2014)540 – 542.

[31] R. A. Rocha, E. N. S. Muccillo. Particle size effect on formation and stability of $\beta - La_2Mo_2O_9$ ionic conductor. Journal of Alloys and Compounds 443(2007)149 – 154.

[32] R. Subasri, D. Matusch, F. Aldinger, et al. Synthesis and characterization of $(La_{1-x}M_x)_2Mo_2O_{9-\delta}$ $M = Ca^{2+}, Sr^{2+}$ or $Ba^{2+}$. Journal of the European Ceramic Society 24(2004)129 – 137.

[33] S. Basu, P. S. Devi, N. R. Bandyopadhyay. Sintering and densification behavior of pure and alkaline earth($Ba^{2+}$, $Sr^{2+}$ and $Ca^{2+}$) substituted $La_2Mo_2O_9$. Journal of the European Ceramic Society 33(2013)79－85.

[34]许睿,潘博,张峰,等.新型氧离子导体$La_2Mo_{1.8}Ga_{0.2}O_9$陶瓷的合成及其电性能[J].化学学报,2006,64(24):2442－2446.

[35]高荣兵,张国光,李琴,等.$La_2Mo_2O_9$粉体的制备及表征[J].南昌航空大学学报(自然科学版),2007,21(2):30－33.

[36]周德凤,葛志敏,郭微,等.固体电解质$La_{2-x}Ca_xMo_{1.7}W_{0.3}O_{9-\delta}$($0\leqslant x\leqslant 0.2$)的合成、表征及电性能[J].无机化学学报,2006,23(1):81－85.

[37]张国光,李琴,陈同彩,等.氧离子导体$La_2Mo_{1.9}M_{0.1}O_9$(M=V,Nb,Ta)的介电驰豫研究[J].中国稀土学报,2007,28(3):13－15.

[38]任志华,闫柏军,张家芸,等.Sm掺杂$La_2Mo_2O_9$的合成及其导电性[J].青岛科技大学学报(自然科学版),2008,29(4):294－297.

[39]曹娜平,孙林娈,孔德虎,等.新型氧离子导体$La_2Mo_{1.9}Al_{0.1}O_{9-\alpha}$陶瓷的合成及电性能[J].化学学报,2008,66(13):1553－1557.

[40]孔德虎,曹娜平,孙林娈,等.氧离子导体$La_{1.9}Ba_{0.1}Mo_2O_{9-\alpha}$的合成及其电性能研究[J].无机化学学报,2008,24(3):422－426.

[41]陈蓉,杨军,马桂林.$La_{2-x}Sr_xMo_2O_{9-\alpha}$的制备及氧离子导电性能[J].中国稀土学报,2009,27(3):362－367.

[42]阮北,闫柏军,张家芸.氧离子导体$La_2Mo_2O_9$中$\alpha\rightarrow\beta$相变非等温动力学的研究[J].无机化学学报,2012,28(7):1417－1422.

[43]高喜梅,周青军.新型电解质材料$La_{1.94}Sr_{0.06}Mo_2O_{9-\delta}$的制备与性能[J].四川师范大学学报(自然科学版),2015,38(1):95－99.

[44] P. Pinet, J. Fouletier, S. Georges. Conductivity of reduced $La_2Mo_2O_9$ based oxides: The effect of tungsten substitution. Materials Research Bulletin 42(2007)935－942.

[45] J. H. Xu, J. L. Yin, X. W. Wang, et al. Electrical conduction in $(La_{0.97}Sr_{0.03})_2(Mo_{1-x}Ga_x)_2O_{9-\alpha}$ ceramics. Solid State Ionics 189(2011)33－38.

[46] H. Liu, J. C. Zhang, Z. Y. Wen, et al. Synthesis, sinterability, conductivity and reducibility of $K^+$ and $W^{6+}$ double doped $La_2Mo_2O_9$. Solid State Ionics 276(2015)90－97.

[47] L. Ge, K. Guo, L. Guo. Sinterability, reducibility and electrical conductivity of fast oxide－ion conductors $La_{1.8}R_{0.2}MoWO_9$ (R1/4Pr, Nd, Gd and Y). Ceramics International 41(2015) 10208－10215.

[48] X. Liu, H. Fan, J. Shi, et al. High oxide ion conducting solid electrolytes of bismuth and

niobium co – substituted $La_2Mo_2O_9$. International Journal of Hydrogen Energy 39(2014)17819 – 17827.

[49]T. He,Y. L. Huang,Q. He,et al. The effects on the structures and properties in the oxide – ion conductor $La_2Mo_2O_9$ by partial substituting Ba for La. Journal of Alloys and Compounds 388 (2005)145 – 152.

[50]X. M. Gao,T. He,Y. Shen. Structures,electrical and thermal expansion properties of Sr – doped $La_2Mo_2O_9$ oxide – ion conductors. Journal of Alloys and Compounds 464(2008)461 – 466.

[51]B. J. Yan,M. Li,J. Y. Zhang. Structural and electrical properties of $La_{2-x}Sr_xMo_2O_{9-\delta}$. Journal of Rare Earths,2013,31(4):428.

[52]潘博,张峰,仇立干,等. $La_{1.95}Sr_{0.05}Mo_2O_9$固体电解质的电性质[J]. 中国稀土学报,2006,24:107 – 109.

[53]冯绍杰,谷少东,汪正红. $La_2Mo_2O_9$氧离子导体的合成及 XPS 研究[J]. 安徽工程科技学院学报,2006,21(1):5 – 7.

[54]季宏伟,葛志敏,周德凤. $La_{2-x}Al_xMo_2O_9$($0 \leqslant x \leqslant 0.18$)的溶胶凝胶合成及其电性能[J]. 长春工业大学学报(自然科学版),2008,29(4):446 – 450.

[55]D. M. Zhang,Z. Zhuang,Y. X. Gao,et al. Electrical properties and microstructure of nanocrystalline $La_{2-x}A_xMo_2O_{9-\delta}$(A = Ca,Sr,Ba,K)films. Solid State Ionics 181(2010)1510 – 1515.

[56]J. H. Yang,Z. Y. Wen,Z. H. Gu,et al. Ionic conductivity and microstructure of solid electrolyte $La_2Mo_2O_9$ prepared by spark – plasma sintering. Journal of the European Ceramic Society 25 (2005)3315 – 3321.

[57]C. G. Tian, Q. Y. Yin, J. S. Xie, et al. Chemical synthesis and properties of $La_{1.9}Ba_{0.1}Mo_{1.9}Mn_{0.1}O_9$ as electrolyte for IT – SOFCs. Journal of Rare Earths,2014,32(5):423.

[58]张国光,李琴,曹经倩,等. 电泳沉积法制备 $La_2Mo_2O_9$氧离子导体薄膜[J]. 中国稀土学报,2009,30(3):27 – 29.

[59]D. Marrero – López, D. Pérez – Coll, J. C. Ruiz – Morales, et al. Synthesis and transport properties in $La_{2-x}A_xMo_2O_{9-\delta}$($A = Ca^{2+}, Sr^{2+}, Ba^{2+}, K^+$) series. Electrochimica Acta 52(2007) 5219 – 5231.

[60]D. Marrero – López,J. C. Ruiz – Morales,J. C. C. Abrantes,et al. Synthesis and characterization of $La_2Mo_2O_9$ obtained from freeze – dried precursors. Journal of Solid State Chemistry 177 (2004)2378 – 2386.

[61]D. Marrero – López,J. Canales – Va′zquez,J. C. Ruiz – Morales,et al. Synthesis,sinterability and ionic conductivity of nanocrystalline $La_2Mo_2O_9$ powders. Solid State Ionics 176(2005) 1807 – 1816.

[62] H. Sellemi, S. Coste, R. Retoux. Synthesis of $La_2Mo_2O_9$ powders with nanodomains using polyol procedure. Ceramics International 39(2013)8853 – 8859.

[63] H. Sellemi, S. Coste, M. Barre, et al. Synthesis by the polyol process and ionic conductivity of nanostructured $La_2Mo_2O_9$ powders. Journal of Alloys and Compounds 653(2015)422 – 433.

[64] A. Subramania, T. Saradha, S. Muzhumathi. Synthesis and characterization of nanocrystalline $La_2Mo_2O_9$ oxide – ion conductor by a novel polyaspartate precursor method. Journal of Alloys and Compounds 456(2008)234 – 238.

[65] A. Subramania, T. Saradha, S. Muzhumathi. Synthesis, sinterability and ionic conductivity of nanocrystalline Pr – doped $La_2Mo_2O_9$ fast oxide – ion conductors. Journal of Power Sources 167 (2007)319 – 324.

[66] J. M. Yu, M. J. Chao, D. Li, et al. Enhanced electrical conductivity of $La_2Mo_1.4W_{0.6}O_9$ ceramic prepared by laser rapid solidification method. Journal of Power Sources 226 (2013) 334 – 339.

[67] X. P. Wang, Z. J. Cheng, Q. F. Fang. Influence of potassium doping on the oxygen – ion diffusion and ionic conduction in the $La_2Mo_2O_9$ oxide – ion conductors. Solid State Ionics 176 (2005)761 – 765.

[68] R. Subasri, H. Nafe, F. Aldinger. On the electronic and ionic transport properties of $La_2Mo_2O_9$. Materials Research Bulletin 38(2003)1965 – 1977.

[69] D. Li, X. P. Wang, Z. Zhuang, et al. Reducibility study of oxide – ion conductors $La_{2-x}Ba_xMo_{2-y}A_yO_{9-\delta}$ (A = W, Al, Ga) assessed by impedance spectroscopy. Materials Research Bulletin 44 (2009)446 – 450.

[70] D. Tsai, M. Hsieh, J. C. Tseng, et al. Ionic conductivities and phase transitions of lanthanider are – earth substituted $La_2Mo_2O_9$. Journal of the European Ceramic Society 25 (2005) 481 – 487.

[71] X. P. Wang, Q. F. Fang. Effects of Ca doping on the oxygen ion diffusion and phase transition in oxide ion conductor $La_2Mo_2O_9$. Solid State Ionics 146(2002)185 – 193.

[72] S. Georges, F. Altorfer, D. Sheptyakov, et al. Thermal, structural and transport properties of the fast oxide – ion conductors $La_{2-x}R_xMo_2O_9$ (R = Nd, Gd, Y). Solid State Ionics 161(2003) 231 – 241.

[73] J. X. Wang, X. P. Wang, F. J. Liang, et al. Enhancement of conductivity in $La_2Mo_2O_9$ ceramics fabricated by a novel three – stage thermal processing method. Solid State Ionics 177(2006) 1437 – 1442.

[74] C. Li, X. P. Wang, J. X. Wang, et al. Study on the electrical conductivity and oxygen diffu-

sion of oxide - ion conductors $La_2Mo_{2-x}T_xO_{9-\delta}$ (T = Al, Fe, Mn, Nb, V). Materials Research Bulletin 42(2007)1077 - 1084.

[75] S. Georges, F. Goutenoire, P. Lacorre. M. César Steil. Sintering and electrical conductivity in fast oxide ion conductors $La_{2-x}R_xMo_{2-y}W_yO_9$ (R: Nd, Gd, Y). Journal of the European Ceramic Society 25(2005)3619 - 3627.

[76] 方前锋,王先平,程帜军,等. 新型 $La_2Mo_2O_9$ 基氧离子导体的研究进展[J]. 无机材料学报,2006,21(1):1 - 10.

[77] M. - V. Le, D. - S. Tsai, C. - C. Yao, et al. Properties of 10% Dy - doped $La_2Mo_2O_9$ and its electrolyte performance in single chamber solid oxide fuel cell. Journal of Alloys and Compounds 582(2014)780 - 785.

[78] 郭中一,龚江宏. 钼酸镧基电解质材料的研究进展[J]. 稀有金属材料与工程,2009,38:712 - 715.

[79] 阮北,闫柏军,张家芸. 新型氧离子导体 $La_2Mo_2O_9$[J]. 化学进展,2010,22(1):44 - 49.

# 经典实例 1

## 氧离子导体 $La_2(Mo_{1-x}M_x)_2O_{9-\alpha}$ 的溶胶 - 凝胶法合成

### 一、背景

$La_2Mo_2O_9$ 与掺杂 $ThO_2$ 及掺杂 $CeO_2$ 等氧离子导体是不同的,$La_2Mo_2O_9$ 本身就存在高浓度的本征氧空位,并不需要掺杂低价金属阳离子,1mol $La_2Mo_2O_9$ 中其氧空位的物质的量分数可以达到 10%,正是因为这一原因,使得它的氧离子导电性能表现良好。在同样的条件下,YSZ 的氧离子电导率与其比较,低出近半个数量级[1]。$La_2Mo_2O_9$ 的结构很复杂,在 580℃ 左右会发生从高温立方相($\beta - La_2Mo_2O_9$)向低温单斜相($\alpha - La_2Mo_2O_9$)的相变过程,高温相结构被认为立方晶系($\beta - La_2Mo_2O_9$)而低温相结构被认为是一种扭曲的单斜晶系($\alpha - La_2Mo_2O_9$),当在这种相结构的转变同时,离子电导率也会发生突变,使电导率下降近 2 个数量级。研究表明,对 $La^{3+}$ 位置和 $Mo^{6+}$ 位置的阳离子掺杂可抑制相变的发生及提高电导率[2]。

## 二、原理

LPS 理论可分析钼酸镧的空位产生机制。工作原理如图 1 所示。

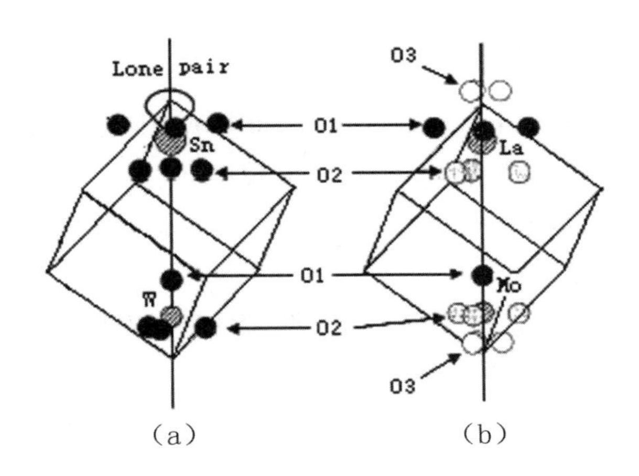


**图 1　LPS 理论分析钼酸镧空位产生的工作原理**

$La_2Mo_2O_9$可以看成是三价的 $La^{3+}$ 替代了 β - $SnWO_4$的二价 $Sn^{2+}$,$Mo^{6+}$ 替代了 $W^{6+}$。$La_2Mo_2O_9$的三价 $La^{3+}$ 没有孤对电子,而 β - $SnWO_4$的二价 $Sn^{2+}$ 有一对 $5S^2$电子,$SnWO_4$可以写成 $Sn_2W_2O_8E_2$(符号"E"来表示孤对电子),替代之后,$Sn_2W_2O_8E_2$的两个孤对电子 E 的位置其中一个恰好被 $La_2Mo_2O_9$中相比 $SnWO_4$多出来的那个氧离子占据,并用来满足电中性原则,同时,另一个孤对电子 E 的位置就产生了一个氧空位。

溶胶 - 凝胶法是一种在低温或温和条件下合成无机化合物或无机材料的重要方法。溶胶 - 凝胶法是将金属有机物或无机物经过溶液、溶胶、凝胶几个阶段而固化,再经过热处理形成氧化物或化合物固体的方法。该方法具有以下优点:(1)反应温度低;(2)均匀度高;(3)产品的纯度较高;(4)烧成温度比传统固相反应有较大降低,保温时间也缩短许多;(5)化学计量比准确。

## 三、仪器和试剂

1. 仪器

高温箱式电炉(2 台);分析天平;玛瑙研钵;球磨机(2 台);

磁力搅拌器;烘箱;DSC - TGA 热分析仪;酸度计。

2. 试剂(分析纯)

$La(NO_3)_3 \cdot 6H_2O$;$(NH_4)_6Mo_7O_{24} \cdot 6H_2O$;相应金属硝酸盐;无水乙醇;氨水;柠檬酸。

## 四、步骤

(1)按所需摩尔计量比称取 $La(NO_3)_3 \cdot 6H_2O$,相应金属硝酸盐和 $(NH_4)_6Mo_7O_{24} \cdot 6H_2O$,分别以适量蒸馏水溶解混合后搅拌均匀。

(2)将络合剂柠檬酸加入到混合溶液中,柠檬酸：总金属离子的摩尔比 =2：1,加热,搅拌至澄清溶液。

(3)以氨水调节 pH 至 8。所得溶液在 90℃反应 5h 得到透明的溶胶。

(4)溶胶经过鼓风电热恒温干燥箱在 110℃转变为凝胶。

(5)在瓷坩埚中灼烧灰化干凝胶,用玛瑙研钵研磨压片,置于高温电炉中,在 800℃预烧 10h。

(6)初烧产物在球磨机中球磨 1h,经 80mesh 过筛后,在不锈钢模具中以 100MPa 压力压制成直径约为 18mm、厚度约 2mm 的圆形薄片。

(7)置于高温电炉中于 1150℃下烧结 5h。

## 五、参考文献

[1]冯绍杰,谷少东,汪正红. $La_2Mo_2O_9$ 氧离子导体得合成及 XSP 研究[J]. 安徽工程科技学院学报,2006,21(01):5 -7.

[2]Corbel G. ,Laligant Y. ,Goutenoire F. ,et al. Chem. Mater. 2005,17:4678.

# 经典实例 2

## $(La_{1-x}M_x)_2Mo_2O_{9-\alpha}$ 的氧浓差电池放电平台测定

## 一、原理

氧浓差电池放电的测试方法:

$$负极反应:2O^{2-} \rightleftharpoons O_2(1) + 4e^-$$

$$正极反应:O_2(2) + 4e^- \rightleftharpoons 2O^{2-}$$

实验原理如图1所示。向电解质隔膜两侧的气室中通入湿润的 $O_2$ 及湿润的 $Ar-O_2$ 混合气体,组成如下氧浓差电池:

$$O_2,Pt \mid (La_{1-x}M_x)_2Mo_2O_{9-\alpha} \mid Pt,O_2-Ar(pO_2=0.1atm)$$

($O_2-Ar$ 混合气体中的 $O_2$ 体积含量为10%)

测定在一定温度下的放电曲线。

实验采用电化学工作站对样品进行测试[1]。

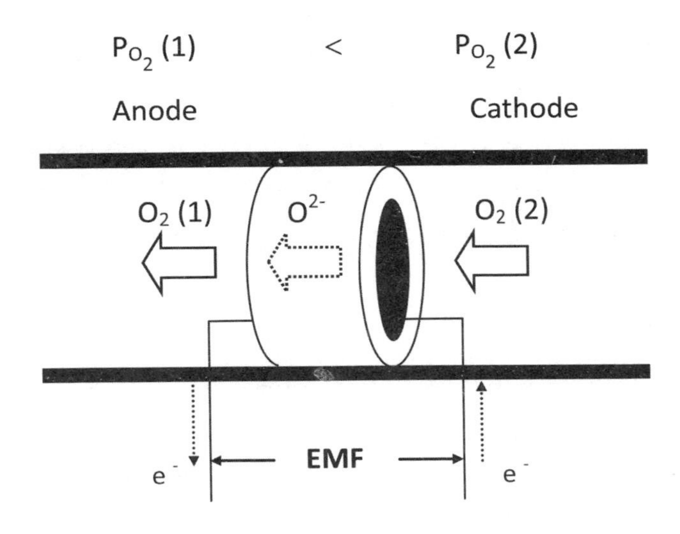


图1　氧浓差电池放电的原理图

## 二、仪器和试剂

1. 仪器

高温箱式电炉;分析天平;玛瑙研钵;球磨机(2台);电位差计;

磁力搅拌器;烘箱;DSC-TGA热分析仪;酸度计。

2. 试剂(分析纯)

固相法:$La_2O_3$;$MoO_3$;相应金属氧化物;无水乙醇。

溶胶-凝胶法:$La(NO_3)_3 \cdot 6H_2O$;$(NH_4)_6Mo_7O_{24} \cdot 6H_2O$;相应金属硝酸盐;无水乙醇;氨水;柠檬酸。

## 三、步骤

（1）采用固相法或溶胶 - 凝胶法合成$(La_{1-x}M_x)_2Mo_2O_{9-\alpha}$。

（2）取之前合成好样品，把表面平整、厚薄较均匀的片子进行打磨。先用规格型号较小的砂纸进行粗磨，再用规格型号较大的砂纸进行细磨，期间需用千分尺不断测厚度保持薄厚均一，以及用无水乙醇间歇性地进行润湿打磨，用细砂纸打磨至样品厚度约为1mm。在样品中间小心用铅笔和尺子画一个直径为8mm的圆圈，然后沿着圈在圈内涂上钯浆料，正反面都要涂上，注意正反面涂浆料的位置应该对称，在红外灯下进行烘干。

（3）把涂好的样片放在测试架的电炉中，盖以银网，玻璃圈将两端陶瓷管密封，两端引出银丝电极，连通电路后，接上电线。确保正确后，打开电源，连接电脑进行测试。采用电化学工作站测定样品在一定温度下的放电曲线[2]。

## 四、示例及分析

图2所示为测试样品氧浓差电池的放电曲线。氧浓差电池放电实验是证实氧离子导电性的重要方法。从图2可见，随着所加电流密度的增大，放电曲线出现一个个稳定的放电平台。这表明在该烧结体样品中必定存在稳定的电荷载流子，而这些载流子只可能是$La^{3+}$、$Mo^{6+}$、$Al^{3+}$和$O^{2-}$的一种或几种，不可能是电子。如果烧结体中的电荷载流子是电子，氧浓差电池就不会产生与理论值相等的电动势（58mV）。如果电荷载流子是$La^{3+}$、$Mo^{6+}$或$Al^{3+}$，那么就不会出现稳定的放电平台，因为在电池的正、负极气室中没有$La^{3+}$、$Mo^{6+}$和$Al^{3+}$的离子供应源。而在实验中，只有正极气室中才能源源不断地提供$O_2$作为$O^{2-}$的供应源，因此，样品中的电荷载流子只能是$O^{2-}$，由此可推断该样品是一纯的氧离子导体[3-6]。

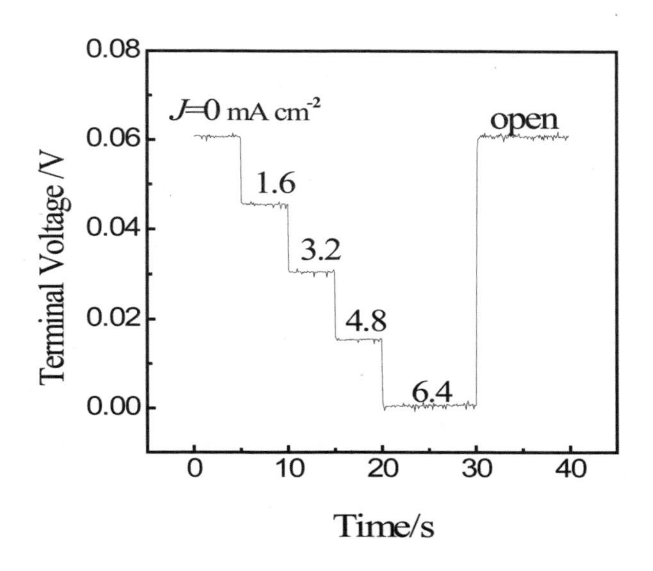


**图 2　氧浓差电池的放电曲线**

## 五、参考文献

[1]刘玉星. 钼酸镧基新型复合电解质材料的制备及其在电化学合成氨中的应用[D]. 乌鲁木齐:新疆大学,2007.

[2]韩慧芳. 快离子导体陶瓷的制备与应用[J]. 陶瓷学报,2004,25(1):64-68.

[3]洪新华,李保国. 溶胶-凝胶(Sol-Gel)方法的原理与应用[J]. 天津师范大学学报(自然科学版),2001,21(1):5-8.

[4]马桂林,许佳,张明,等. 无机质子导体的研究进展[J]. 化学进展,2011,23(2/3):441-448.

[5]李雪,赵海雷,张俊霞,等. SOFC 用钙钛矿型质子传导固体电解质[J]. 电池,2007,37(4):303-305.

[6]彭程、蒋凯、李五聚,等. $Ce_{1-x}Cd_xO_{2-x/2}$的溶胶-凝胶法合成及其性质[J]. 高等学校化学学报. 2001. No. 8. 1279-1282

# 经典实例 3

## $(La_{1-x}M_x)_2Mo_2O_{9-\alpha}$的氧泵测定

### 一、原理

实验原理如图 1 所示。分别向氧泵的阴、阳极气室通入氧气和氩气(作载气),并通入直流电,如果陶瓷样品的电荷载流子是氧离子,则载阴极氧分子接受电子成为氧离子,在电场的作用下通过电解质隔膜向阳极移动,并在阳极失去电子重新成为氧分子。电极反应如下:

$$阳极:2O^{2-} \rightarrow O_2 + 4e^-$$

$$阴极:O_2 + 4e^- \rightarrow 2O^{2-}$$

实验采用电化学工作站对样品进行测试[1]。

氧泵的测试方法:

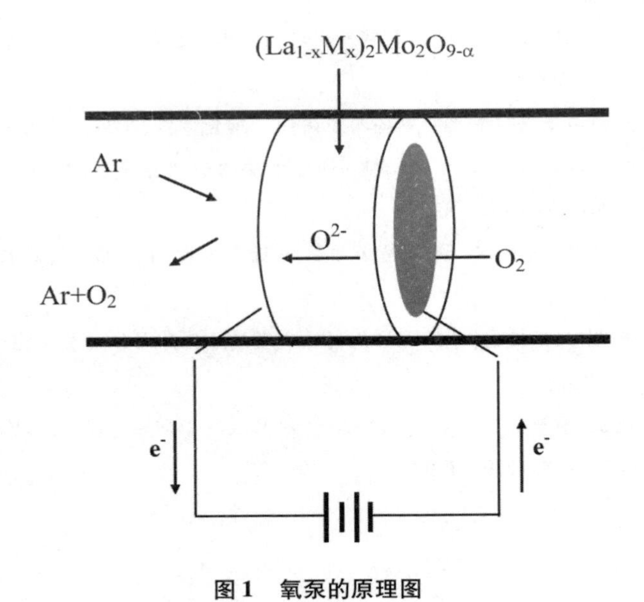


图 1　氧泵的原理图

## 二、仪器和试剂

1. 仪器

高温箱式电炉;分析天平;玛瑙研钵;球磨机(2台);电位差计;

磁力搅拌器;烘箱;DSC-TGA热分析仪;酸度计。

2. 试剂(分析纯)

固相法:$La_2O_3$;$MoO_3$;相应金属氧化物;无水乙醇。

溶胶-凝胶法:$La(NO_3)_3 \cdot 6H_2O$;$(NH_4)_6Mo_7O_{24} \cdot 6H_2O$;相应金属硝酸盐;无水乙醇;氨水;柠檬酸。

## 三、步骤

(1)采用固相法或溶胶-凝胶法合成$(La_{1-x}M_x)_2Mo_2O_{9-\alpha}$。

(2)取出片子,选一个表面较平整的用砂纸进行打磨,先用规格小的进行粗磨,再用规格大的进行细磨,用无水乙醇间歇性地进行润湿打磨,打磨的过程中为使片子厚度一致,要用千分尺不断地测量厚度,当磨至1.2~1.3mm,用细砂纸打磨至样品厚度约为1mm。在样品中间小心用铅笔和尺子画一个直径为8mm的圆圈,然后沿着圈在圈内涂上钯浆料,正反面都要涂上,注意正反面涂浆料的位置应该对称,在红外灯下进行烘干。

(3)把涂好的样片放在测试架的电炉中,在样品上涂好浆料并烘干;盖以银网,玻璃圈将两端陶瓷管密封,两端引出银丝电极,最后,将样品放到测试炉中,连接好电路,打开开关,测试,由电脑经过处理得到数据[2-4]。

(4)将温度调至测试温度,分别向阴阳两室氧气和氩气(作载气);在不加电流的情况下测试一个点,然后开始加电流分别记录氧传感器的读数;处理数据并与理论值作对比,作图。

## 四、示例及分析

数据处理:

(1)记录载气的流速记作:$V_{Ar}$;根据不同的电流值记录对应的电动势计算出载气中氧气的含量,记作:$P_2$/atm;不加电流时对应载气中的氧含量记作$P_1$/atm;

(2)加上电流后迁移的氧含量$\Delta P = P_2 - P_1$;求氧的电化学透过:

$V = [(273.15 + 0℃) \cdot V_{Ar} \cdot X]/[(273.15 + t) \cdot S]$(mL·min$^{-1}$·cm$^{-2}$);

其中，$V_{Ar}$为氩气的流速（$mLmin^{-1}$）；$X = \Delta P/1atm$；$t$ 为室温（℃）；S 为电极面积（$cm^2$）；氧气透过的理论值：$V_{th} = (60 \cdot I \cdot 22.4)/4FS(mL \cdot min^{-1}cm^{-2})$；其中，I 为电流强度（mA）。

图 2 所示为测试样品氧泵曲线。氧泵（氧的电化学透过）是直接从实验上证实电解质样品是否具有氧离子导电性的重要方法。图 2 所示为氧泵在 600℃ ~ 1000℃下的氧的电化学透过速率。虚线表示假设载流子全部为氧离子时的理论透过速率。图中的■、●、▲、▼和◆符号分别表示在 1000℃、900℃、800℃、700℃和 600℃的实验温度下氧的电化学透过实验中样品的透过速率实测值。在高于 800℃的温度下，氧的电化学透过速率的实验值与用虚线表示的理论值吻合得很好，表明样品具有优良的氧泵离子导电性能。在低于 700℃时，当施加于该氧泵的直流电的电流密度低于 $20mA \cdot cm^{-2}$时，样品的电化学透过速率的实验值也与理论值吻合得较好。从实验上进一步证实了陶瓷样品在氧气气氛中的确是一个纯氧离子导体，这与氧浓差电池方法得到的结果相一致。

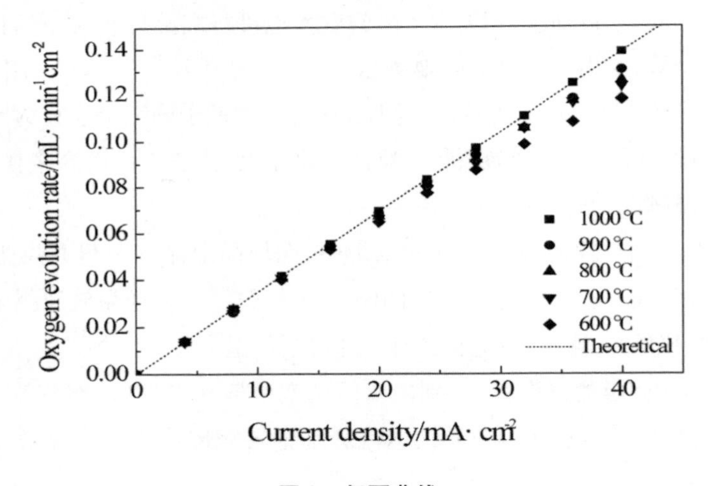


**图 2 氧泵曲线**

在低于 700℃时，当施加于该氧泵的直流电的电流密度高于 $20mA \cdot cm^{-2}$时，样品的电化学透过速率的实验值稍低于理论值，这可能是由于在较低温度下、外加直流电强度较大时电极极化作用较大，降低了电流效率所造成的，随着电流密度的增大，电极极化增大，电子导电性也增大的缘故[5-7]。

## 五、参考文献

[1]李景超. 大连理工大学硕士论文[D]. 辽宁大连:大连理工大学,2009.

[2]纪登峰. 浙江大学硕士论文[D]. 浙江杭州:浙江大学,2006.

[3]刘玉星. 钼酸镧基新型复合电解质材料的制备及其在电化学合成氨中的应用[D]. 乌鲁木齐:新疆大学,2007.

[4]王艳. 钙钛矿型氧化物的制备方法及应用[J]. 天津化工,2008,22(3):39-44.

[5]叶晓东,朱景. 燃料电池的研究进展[J]. 中小企业科技,2007:144-147.

[6]方前锋,王先平,张国光,等. 新型 $La_2Mo_2O_9$ 基氧离子导体的研究进展[J]. 无机材料学报. 2006,21(1):1-11.

[7]李丹,李相虎,方前锋,等. 氧离子导体 $La_2Mo_{2-x}W_xO_9$ 的研究进展[J]. 信阳师范学院学报:自然科学版,2009,22(4):635-640.

# 附　录

## 附录 1　饱和水蒸气压力表

| 饱和水蒸气压力表(2009-9-21更新) | | | | | | | | |
|---|---|---|---|---|---|---|---|---|
| T/℃ | 0 | 0.1 | 0.2 | 0.3 | 0.4 | 0.5 | 0.6 | 0.7 |
| 0 | 611.213 | 615.669 | 620.154 | 624.668 | 629.21 | 633.783 | 638.384 | 643.015 |
| 1 | 657.088 | 661.839 | 666.621 | 671.433 | 676.276 | 681.149 | 686.054 | 690.99 |
| 2 | 705.988 | 711.051 | 716.146 | 721.273 | 726.433 | 731.625 | 736.85 | 742.108 |
| 3 | 758.082 | 763.474 | 768.9 | 774.36 | 779.854 | 785.383 | 790.946 | 796.544 |
| 4 | 813.549 | 819.289 | 825.064 | 830.875 | 836.722 | 842.605 | 848.525 | 854.482 |
| 5 | 872.575 | 878.681 | 884.824 | 891.005 | 897.225 | 903.482 | 909.779 | 916.114 |
| 6 | 935.353 | 941.845 | 948.377 | 954.948 | 961.58 | 968.212 | 974.905 | 981.639 |
| 7 | 1002.087 | 1008.986 | 1015.927 | 1022.91 | 1029.035 | 1037.003 | 1044.113 | 1051.267 |
| 8 | 1072.988 | 1080.315 | 1087.687 | 1095.103 | 1102.564 | 1110.07 | 1117.62 | 1125.216 |
| 9 | 1148.277 | 1156.056 | 1163.881 | 1171.753 | 1179.672 | 1187.638 | 1195.652 | 1203.713 |
| 10 | 1228.184 | 1236.438 | 1244.74 | 1253.092 | 1261.493 | 1269.944 | 1278.444 | 1286.995 |
| 11 | 1312.949 | 1321.702 | 1330.507 | 1339.363 | 1348.271 | 1357.231 | 1366.244 | 1375.309 |
| 12 | 1402.822 | 1412.101 | 1421.433 | 1430.819 | 1440.26 | 1449.755 | 1459.306 | 1468.912 |
| 13 | 1498.064 | 1507.893 | 1517.78 | 1527.723 | 1537.724 | 1547.782 | 1557.897 | 1568.071 |
| 14 | 1598.944 | 1609.353 | 1619.821 | 1630.35 | 1640.938 | 1651.586 | 1662.296 | 1673.066 |
| 15 | 1705.745 | 1716.762 | 1727.841 | 1738.983 | 1750.188 | 1761.457 | 1772.789 | 1784.185 |
| 16 | 1818.759 | 1830.414 | 1842.134 | 1853.92 | 1865.772 | 1877.691 | 1889.676 | 1901.728 |
| 17 | 1938.291 | 1950.615 | 1963.007 | 1957.468 | 1987.999 | 2000.599 | 2013.269 | 2026.01 |
| 18 | 2064.657 | 2077.681 | 2090.778 | 2103.948 | 2117.189 | 2130.504 | 2143.892 | 2157.354 |
| 19 | 2198.184 | 2211.944 | 2225.779 | 2239.69 | 2253.677 | 2267.74 | 2281.88 | 2296.097 |
| 20 | 2339.215 | 2353.744 | 2368.352 | 2383.039 | 2397.807 | 2412.654 | 2427.581 | 2442.589 |
| 21 | 2488.102 | 2503.436 | 2518.854 | 2534.354 | 2549.938 | 2565.605 | 2581.357 | 2597.193 |
| 22 | 2645.211 | 2661.389 | 2577.653 | 2694.004 | 2710.442 | 2726.968 | 2743.582 | 2760.284 |
| 23 | 2810.924 | 2827.983 | 2845.133 | 2862.374 | 2879.705 | 2897.129 | 2914.644 | 2932.252 |
| 24 | 2985.633 | 3003.614 | 3021.69 | 3039.861 | 3058.127 | 3076.488 | 3094.946 | 3113.5 |
| 25 | 3169.747 | 3188.692 | 3207.735 | 3226.878 | 3246.12 | 3265.462 | 3284.904 | 3304.448 |
| 26 | 3363.687 | 3383.639 | 3403.639 | 3423.851 | 3444.113 | 3464.479 | 3484.95 | 3505.526 |

| 27 | 3567.892 | 3588.894 | 3610.004 | 3631.222 | 3652.548 | 3673.984 | 3695.529 | 3717.184 |
|---|---|---|---|---|---|---|---|---|
| 28 | 3782.813 | 3804.912 | 3827.124 | 3849.448 | 3871.886 | 3894.437 | 3917.103 | 3939.883 |
| 29 | 4008.917 | 4032.161 | 4055.522 | 4097.001 | 4102.598 | 4126.313 | 4150.148 | 4174.102 |
| 30 | 4246.688 | 4271.126 | 4295.686 | 4320.369 | 4345.175 | 4370.105 | 4395.159 | 4420.337 |
| 31 | 4496.626 | 4552.309 | 4548.119 | 4574.057 | 4600.123 | 4626.319 | 4652.643 | 4679.098 |
| 32 | 4759.247 | 4786.227 | 4813.34 | 4840.586 | 4867.965 | 4895.479 | 4923.128 | 4950.912 |
| 33 | 5035.083 | 5063.415 | 5091.885 | 5120.493 | 5149.241 | 5178.129 | 5207.157 | 5236.326 |
| 34 | 5324.685 | 5354.424 | 5384.307 | 5414.334 | 5444.507 | 5474.825 | 5505.289 | 5535.9 |
| 35 | 5628.62 | 5659.824 | 5691.178 | 5722.683 | 5754.338 | 5786.145 | 5818.104 | 5850.216 |
| 36 | 5947.474 | 5980.203 | 6013.087 | 6046.129 | 6079.327 | 6112.683 | 6146.197 | 6179.87 |
| 37 | 6281.849 | 6316.164 | 6350.642 | 6385.281 | 6420.085 | 6455.052 | 6490.184 | 6525.481 |
| 38 | 6632.37 | 6668.334 | 6704.467 | 6740.769 | 6777.241 | 6813.884 | 6850.697 | 6887.682 |
| 39 | 6999.676 | 7037.355 | 7075.209 | 7113.239 | 7151.445 | 7189.829 | 7228.39 | 7267.13 |
| 40 | 7384.427 | 7423.888 | 7463.531 | 7503.356 | 7543.365 | 7583.558 | 7623.935 | 7664.498 |
| 41 | 7787.306 | 7828.617 | 7870.118 | 7911.808 | 7953.688 | 7995.76 | 8038.024 | 8080.48 |
| 42 | 8209.01 | 8252.244 | 8295.673 | 8339.3 | 8383.124 | 8427.147 | 8471.368 | 8515.79 |
| 43 | 8650.261 | 8695.49 | 8740.922 | 8786.558 | 8832.4 | 8876.448 | 8924.702 | 8971.163 |
| 44 | 9111.8 | 9159.099 | 9206.609 | 9254.331 | 9302.266 | 9350.415 | 9398.778 | 9447.356 |
| 45 | 9594.36 | 9643.84 | 9693.5 | 9743.39 | 9793.49 | 9843.82 | 9894.37 | 9945.14 |
| 46 | 10098.81 | 10150.48 | 10202.39 | 10254.51 | 10306.87 | 10359.46 | 10412.28 | 10465.33 |
| 47 | 10625.87 | 10679.85 | 10734.07 | 10788.53 | 10843.22 | 10898.15 | 10953.32 | 11008.73 |
| 48 | 11176.4 | 11232.77 | 11289.39 | 11346.26 | 11403.37 | 11460.73 | 11518.33 | 11576.18 |
| 49 | 11751.27 | 11810.1 | 11869.2 | 11928.56 | 11988.18 | 12048.09 | 12108.18 | 12168.56 |
| 50 | 12351.27 | 12412.69 | 12474.38 | 12536.32 | 12598.53 | 12661.01 | 12723.75 | 12786.76 |
| 51 | 12977.38 | 13041.47 | 13105.82 | 13170.44 | 13235.34 | 13300.51 | 13365.95 | 13431.67 |
| 52 | 13630.5 | 13697.33 | 13764.45 | 13831.84 | 13899.85 | 13967.48 | 14035.72 | 14104.25 |
| 53 | 14311.56 | 14381.24 | 14451.21 | 14521.47 | 14592.03 | 14662.87 | 14734.01 | 14805.45 |
| 54 | 15021.54 | 15094.16 | 15167.09 | 15240.31 | 15313.84 | 15387.67 | 15461.81 | 15536.25 |
| 55 | 15761.41 | 15837.08 | 15913.07 | 15989.36 | 16065.96 | 16142.88 | 16220.12 | 16297.66 |
| 56 | 16532.31 | 16611.03 | 16690.17 | 16769.63 | 16849.42 | 16929.53 | 17009.96 | 17090.72 |
| 57 | 17334.97 | 17417.04 | 17499.45 | 17582.19 | 17665.26 | 17748.67 | 17832.41 | 17916.49 |
| 58 | 18170.75 | 18256.19 | 18341.97 | 18428.09 | 18514.56 | 18601.37 | 18688.53 | 18776.04 |
| 59 | 19040.66 | 19129.57 | 19218.83 | 19308.45 | 19398.42 | 19488.75 | 19579.44 | 19670.49 |
| 60 | 19945.8 | 20038.3 | 20131.16 | 20224.39 | 20317.98 | 20411.94 | 20506.28 | 20600.98 |

| T/℃ | 压力 |
|---|---|
| -20 | 102.00 |
| -19 | 113.00 |
| -18 | 125.00 |
| -17 | 137.00 |
| -16 | 150.00 |
| -15 | 165.00 |
| -14 | 181.00 |
| -13 | 198.00 |
| -12 | 217.00 |
| -11 | 237.00 |
| -10 | 259.00 |
| -9 | 283.00 |
| -8 | 309.00 |
| -7 | 336.00 |
| -6 | 367.00 |
| -5 | 400.00 |
| -4 | 436.00 |
| -3 | 475.00 |
| -2 | 516.00 |
| -1 | 561.00 |
| 0 | 611.21 |
| 1 | 657.09 |
| 2 | 705.99 |
| 3 | 758.08 |
| 4 | 813.55 |
| 5 | 872.58 |
| 6 | 935.35 |

| T/℃ | 压力 |
|---|---|
| 7 | 1002.09 |
| 8 | 1072.99 |
| 9 | 1148.28 |
| 10 | 1228.18 |
| 11 | 1312.95 |
| 12 | 1402.82 |
| 13 | 1498.06 |
| 14 | 1598.94 |
| 15 | 1705.75 |
| 16 | 1818.76 |
| 17 | 1938.29 |
| 18 | 2064.66 |
| 19 | 2198.18 |
| 20 | 2339.22 |
| 21 | 2488.10 |
| 22 | 2645.21 |
| 23 | 2810.92 |
| 24 | 2985.63 |
| 25 | 3169.75 |
| 26 | 3363.69 |
| 27 | 3567.89 |
| 28 | 3782.81 |
| 29 | 4008.92 |
| 30 | 4246.69 |
| 31 | 4496.63 |
| 32 | 4759.25 |

| T/℃ | 压力 |
|---|---|
| 33 | 5035.08 |
| 34 | 5324.69 |
| 35 | 5628.62 |
| 36 | 5947.47 |
| 37 | 6281.85 |
| 38 | 6632.37 |
| 39 | 6999.68 |
| 40 | 7384.43 |
| 41 | 7787.31 |
| 42 | 8209.01 |
| 43 | 8650.26 |
| 44 | 9111.80 |
| 45 | 9594.36 |
| 46 | 10098.81 |
| 47 | 10625.87 |
| 48 | 11176.40 |
| 49 | 11751.27 |
| 50 | 12351.27 |
| 51 | 12977.38 |
| 52 | 13630.50 |
| 53 | 14311.56 |
| 54 | 15021.54 |
| 55 | 15761.41 |
| 56 | 16532.31 |
| 57 | 17334.97 |
| 58 | 18170.75 |
| 59 | 19040.66 |

| T/℃ | 压力 |
|---|---|
| 60 | 19945.80 |
| 65 | 24938.00 |
| 70 | 31082.00 |
| 75 | 38450.00 |
| 80 | 47228.00 |
| 85 | 57669.00 |
| 90 | 69931.00 |
| 95 | 84309.00 |
| 100 | 101325.00 |

## 附录2 各种气体的安全使用方法

(1)$O_2$,air,Ar,$N_2$:先将钢瓶的总阀打开,再将总阀旁的减压阀旋紧,使得与减压阀相连接的压力表的指针打到一格。注意钢瓶出来的减压过的气体首先要经过流量计再接入线路中。气体使用完后,先旋紧钢瓶总阀,再打开一个没有接入线路的气体阀门,使得管道以及炉内的残余气排尽。关闭所有架上的气体阀门,打松减压阀。

(2)$H_2$:将钢瓶总阀打开,旋紧减压阀,使压力表的指针打到2.5格。再将最左边的小阀门打开。

注意:

①要使用氢气专门的流量计。

②首先要用氩气或氮气将管道以及炉内的空气排空;用氢气将氢气流量计中的空气排空。大约排空十分钟后才能将氢气通入炉内。

③所有的氢气尾气都必须排到室外。

④使用完氢气后,将流量计旋紧,关闭氢气总阀,排空残余氢气后,打松减压

阀,关闭最左边蓝色小阀。

⑤使用惰性气体取代氢气排尽管道及炉内的氢气残余气,大约十分钟后可将惰性气体关闭。

⑥使用氢气时将通风橱打开,并打开氢气报警器。如果出现氢气泄漏,立刻将氢气钢瓶关闭,用惰性气体取代。

# 附录3　各种仪器的规范使用

1. 氢气报警器

(1)在氢泵实验时,需要将报警器的报警值调到1000ppm,其他实验需要用到报警器时将报警值200以下ppm。

(2)氢气的实际值最高不能超过1000ppm,最低不能低于-25ppm。如果超出这个范围,必须立刻将报警器的插头拔下,不然对报警器有损坏。

(3)平时不用时应该用罩子将报警器罩住,防止外界对报警器的感应口有损伤。

2. 嵩山电炉使用说明

(1)**程序控温设置:**

打开电源;

大约2min后打开“仪表上电”键;

按PRG进入设置;

按SEL向下翻页

PV00T←程序处于00段

SV010←设置00段温度为10℃,可以通过上下建修改

PV00t←程序运行到下一段所需的时间

SV150←运行的时间为150min,通过上下键修改

PV00U

SV -50←该值一般不需修改

PV00F←该程序段的输出功率

SV043←该段的输出功率为总功率的43 %

按这样设置所需程序

设置完毕,按 PRG 跳出;

按 RUN 开始运行;

程序运行完毕按 RUN 即可停止运行;

关掉"仪表上电";

关闭电源

(2)**注意事项**:

一定要在打开电源约 2min 后在打开"仪表上电"按钮,否则容易出现跳闸;

电炉升温速率:低温 250℃ · $h^{-1}$;高温 200℃ · $h^{-1}$;

在运行过程中电流不能超过 180A。如果超过该值再按 RUN 关闭程序,稍后再按 RUN 重新运行;

若再运行过程中"超温指示"灯亮(红灯)停止程序运行。由于该现象一般在降温过程中出现。程序停止后使之自然降温即可;

炉温高于 200℃时不要打开炉门;

取出样品后要关上炉门以免由于温差过大损坏炉中加热设置。

3. 行星式球磨机的使用说明

操作过程:

(1)将样品粉末倒入玛瑙球磨罐中,放入玛瑙球,同时加入少量无水乙醇,使粉末成泥浆状。

(2)将两个罐子固定在对称的位置上,保证转动的平稳。

(3)分别在罐子的上面和下面铺橡胶垫,在拧紧的时候,先拧上面的把手后拧下面的,要取出罐子的时候,顺序相反。

(4)接通电源,屏幕显示转速为"0",按"运行"后读数为 30。

(5)按▲转速会增加,反之按▼转速减小。

(6)正常运行 5min 后,停下机器,重新检查玛瑙罐是否松动。

到达规定时间后,机器自动停止运行,反方向拧松把手取出玛瑙罐。

4. Yokogawa 温控仪使用说明

使用规则:

(1)接通电源,按"run"键 3s,电炉会按预先设定的程序执行。

$20 \xrightarrow{1} 900 \xrightarrow{2} 900 \xrightarrow{3} 600 \xrightarrow{4} 600 \xrightarrow{5} 700 \xrightarrow{6} 700 \xrightarrow{7} 800 \xrightarrow{8}$
$800 \xrightarrow{9} 900 \xrightarrow{10} 900 \xrightarrow{11} 1000 \xrightarrow{12} 1000 \xrightarrow{13} 900 \xrightarrow{14} 900 \xrightarrow{15} 800$
$\xrightarrow{16} 800 \xrightarrow{17} 700 \xrightarrow{18} 700 \xrightarrow{19} 600 \xrightarrow{20} 600 \xrightarrow{21} 500 \xrightarrow{22} 500 —^{23}$

→400—[24]→400—[25]→300—[26]→300—[27]→350—[28]→350—[29]→400—[30]→400—[31]→450—[32]→450—[33]→500—[34]→500—[35]→550—[36]→550—[37]→600—[38]→600—[39]→650—[40]→650—[41]→700—[42]→700—[43]→750—[44]→750—[45]→800—[46]→800—[47]→850—[48]→850—[49]→900—[50]→900—[51]→950—[52]→950—[53]→1000—[54]→1000—[55]→950—[56]→950—[57]→900—[58]→900—[59]→850—[60]→850—[61]→800—[62]→800—[63]→750—[64]→750—[65]→700—[66]→700—[67]→650—[68]→650—[69]→600—[70]→600—[71]→550—[72]→550—[73]→500—[74]→500—[75]→450—[76]→450—[77]→400—[78]→400—[79]→350—[80]→350—[81]→300—[82]→300

注：无论升温或降温的变化速度均为 50℃ · $10min^{-1}$，除了第二段保温时间为 1h 以外，其余保温时间均为 50h。

样品上测试架后都要执行前 3 段程序后才可以进行实验。

(2)执行下一程序段。

按"mod"键两次，屏幕出现 advon 的时候，按 set/ent 键。

(3)执行选定的任意一段程序。

先按 Reset 终止程序，按"mod"键三次，屏幕出现 sst1 的时候，用"▲"和"▼"选定到所要的程序段，按 set/ent 键，再按"disp"，最后按"run"3s。

(4)终止程序

回到主页面，按"reset"3s

注意事项：①程序跳段时不能跳到与实际温度相差很大的目标温度，这样容易造成急速升温，对电炉造成严重危害。②程序如无特殊需要，请不要随意修改。注意 Yokogawa 控温仪跳段时注意看清表头显示。③实际温度跳动很大时或是无显示时，可能是热电偶断掉。

## 附录 4　电化学工作站相关测试说明

1. 交流阻抗谱(电导率)测试

(1)按要求将样品装好，检查气密性，上下通入某种气体后，在某一温度下开始测试。

(2)将电化学工作站电源接上，USB 线与电脑连上，将测试摇杆打到"go"。双击桌面上“THALES USB”应用程序,将会跳出开机画面,按“D”第一次冷启动工作站。如果是重新启动,按“B”热启动,内存保持原来状态。

(3)启动后会跳出图1的界面,这是工作站的主要界面,“EIS”是电化学阻抗谱测试面,“I/E. CV”是电流对电势曲线、循环伏安曲线测试界面。“Time Domain”是我们测试电池放电平台时用到的时间控制测量,其中有项“PVI”就是用来实现这一功能的。“SIM”是结果数据处理和分析。

图1

(4)单击“EIS”进入阻抗测试,会跳出图2界面,首先单击“control potentiostat”进入电极选择界面如图3所示,在“check cell electrode”选择两电极无缓冲器方式,选择“POTENTIOSTAT”恒电位方式,“AMPLITUDE”值视情况而定,一般可以不动,其他也按默认设置。选择好后按鼠标中间滑轮间返回上一界面(在该软件里,鼠标中间滑轮已设置为返回键)。

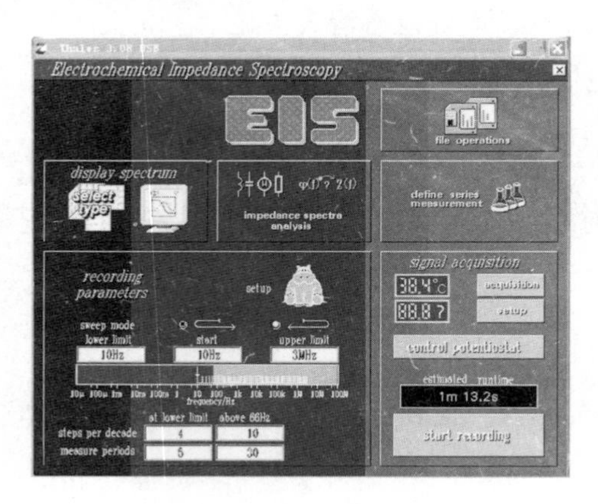


图2

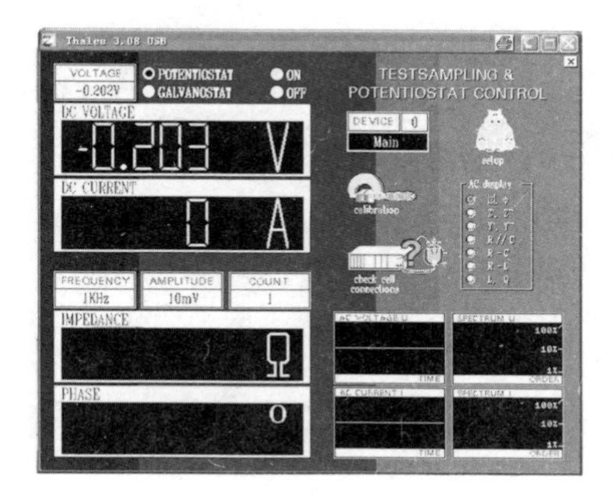


图 3

(5)返回图 2 界面后,将 recording parameters 的频率参数设置一下,具体频率范围设置视情况而定,最高为 3MHz,扫描方式可选从高频往低频扫,也可以反过来。图形显示方式也可以在这一界面的 display spectrum 里选择。选择设置好后可以单击“start recording” 进行测试。

(6)测试完后会显示测试结果的图形,可以在这一界面将数据以文本文件格式导出存盘,但本软件不能打开文本文件,也可以以本软件默认格式文件存盘,方法是返回图 2 界面,在“file operations”里进行存盘。数据存好后,可以在图 1 的“SIM”所提到的数据分析系统里进行打开、操作、数据导出和数据模拟操作。单击图 2 界面的“impedance spectrum analysis”也可以快速进入数据处理系统。

(7)这样一个温度条件下的阻抗测试完成了,可以换个温度再重复进行如上测试便可。剩下的便是数据处理了。对于电导率的计算,我们只要将以奈奎斯特图显示结果图形中的高频部分最前端实轴与虚轴的交点的实轴数据便是样品的在此条件下的体电阻。再将体电阻以公式转化为电导率便可。

(8)至于数据模拟,该工作较为烦琐,需要一定实际经验且经过多次试验才可以得到理想的模拟结果,大家可以平常多试试。

2. 电池放电平台测试(PVI)

(1)将样品组装好后,组装成浓差电池或燃料电池后,选择两电极或三电极方式均可,将工作电极(蓝黑)接电池正极,对电极(红绿)接电池负极。

(2)在图 2 界面中进入“PVI”,跳出图 4 界面,单击“define setpoints”进行测量设置。

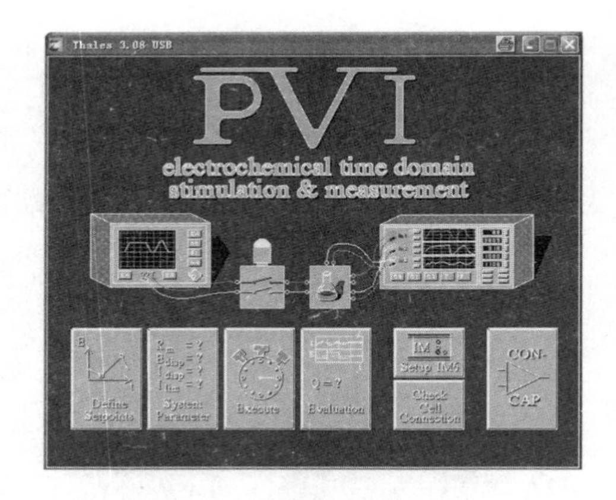


图 4

设置界面入图 5，将 POTmode 设置为“GAL”(恒电流)方式，在“Range & resolution”里设置好施加电流的范围。然后单击“APPEND”或“EDIT”进行 PVI 控制编辑，因为是对电池加一方向电流，所以所加电流为负值，加一电流保持一段时间，再加一电流稳定一段时间，然后返回上一界面。

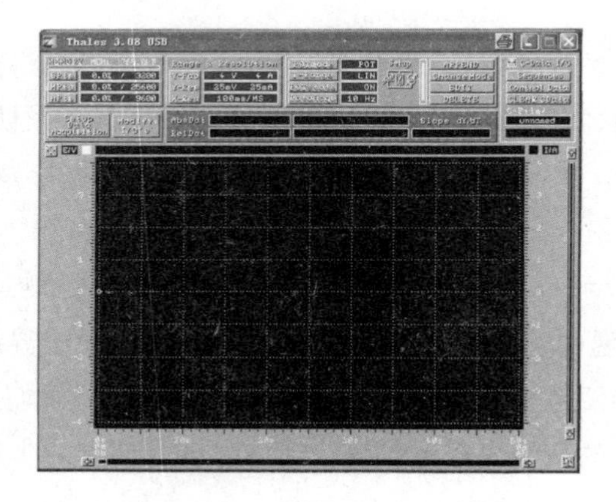


图 5

(3)返回图 4 界面后单击“Excute”准备进行测量。会跳出图 6 界面，如果此窗口显示电池的电势值与电位差计显示相差较大，可以通过调节参比电极调节，然后按开始测量就可以了。

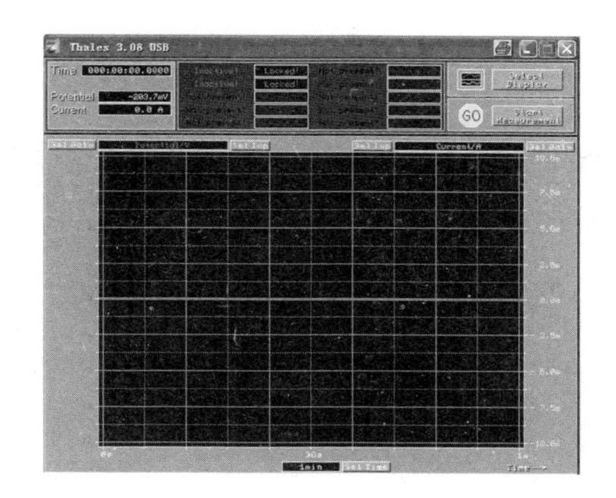


图 6

(4)测量后会弹出对话框要求保存,保存返回后到图 4 界面,随后可单击“E-valuation”查看结果图形和数据导出。图形如图 7 所示,在这界面可以进行文件打开和保存,“Data List”可以将数据以文本文件导出。然后在将数据导入 Origine 软件进行作图处理。

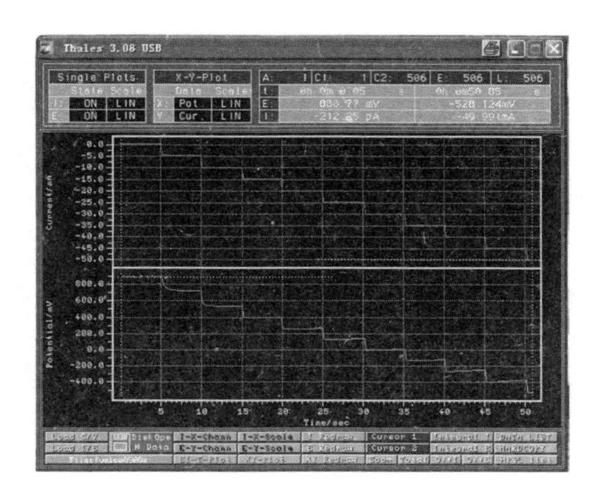


图 7

浓差电池和燃料电池均采用此方式进行测量,不同的只是因其电势大小不同,选择的电流大小范围不同。

3. 注意事项

(1)仪器主要参数不要随便改动,如非必要,软件不要随便重新安装,重新安装后要重新设置鼠标,需重新设置电流范围、编程扩大测量的频率范围。

(2)数据导出后,作图处理自己多摸索。特别是阻抗图,需将虚轴的刻度值反过来。

(3)仪器一般情况下不会死机,一旦出现,按墙上操作说明执行。注意可以不时地清理下仪器内存(如图 8 的垃圾篼)。关仪器时注意先关软件,再关仪器,开机时相反。长时间不测可关机,测完记录测试使用情况。

图 8